Eli Maor

Dem Unendlichen auf der Spur

Aus dem Englischen von Doris Gerstner

Birkhäuser Verlag
Basel · Boston · Berlin

Die Originalausgabe erschien 1987 unter dem Titel "To Infinity and Beyond. A Cultural History of the Infinite" bei Birkhäuser Boston, Inc.

CIP-Kurztitelaufnahme der Deutschen Bibliothek

Maor, Eli:
Dem Unendlichen auf der Spur / Eli Maor. Aus d. Engl. von Doris Gerstner. — Basel; Boston; Berlin: Birkhäuser, 1989
Engl. Ausg. u.d.T.: Maor, Eli: To infinity and beyond
ISBN 3-7643-1991-7

Umschlaggestaltung und Layout: Gregor Messmer
Printed in Germany
ISBN 3-7643-1991-7

*Zum Andenken an meinen Lehrer,
Professor Franz Ollendorff (geboren 1900
in Deutschland, gestorben 1981 in Israel)*

Inhalt

Vorwort

> Das Unendliche hat wie keine andere Frage von jeher so tief das Gemüt der Menschen bewegt; das Unendliche hat wie kaum eine andere Idee auf den Verstand so anregend und fruchtbar gewirkt; das Unendliche ist aber auch wie kein anderer Begriff so der Aufklärung bedürftig.
>
> *David Hilbert (1862–1943)*

Dem überragenden Mathematiker David Hilbert, von dem das obige Zitat stammt, wird folgende kleine Geschichte zugeschrieben. Ein Mann kommt spät nachts in ein Hotel und fragt nach einem Zimmer. Der Besitzer bedauert, es sei kein Zimmer mehr frei. Nach kurzem Nachdenken sagt er jedoch: „Mal sehen, was sich machen läßt. Vielleicht findet sich ja doch noch ein Zimmer für Sie." Er verläßt die Rezeption, beginnt widerstrebend seine Gäste zu wecken und bittet sie, jeweils ein Zimmer weiter zu ziehen. Der Gast auf Zimmer 1 bekommt Zimmer 2, der Inhaber von Zimmer 2 erhält Zimmer 3 und so weiter, bis schließlich jeder umgezogen ist. Zur größten Verblüffung des späten Gastes ist das Zimmer 1 auf einmal frei; überaus glücklich bezieht er es und will sich schlafen legen. Ein nagender Gedanke läßt ihn jedoch nicht zur Ruhe kommen: Wie konnte es sein, daß durch das bloße Umziehen jedes Hotelgastes in das nächste Zimmer das erste Zimmer frei geworden war? (Denn erinnern wir uns, *alle* Zimmer waren belegt, als er ankam.) Und dann dämmert es unserem Reisenden: dies mußte Hilberts Hotel sein, das einzige Hotel in der Stadt, das unendlich viele Zimmer besaß! Indem sich also jeder Gast ein Zimmer weiter begeben hatte, war das erste Zimmer frei geworden:

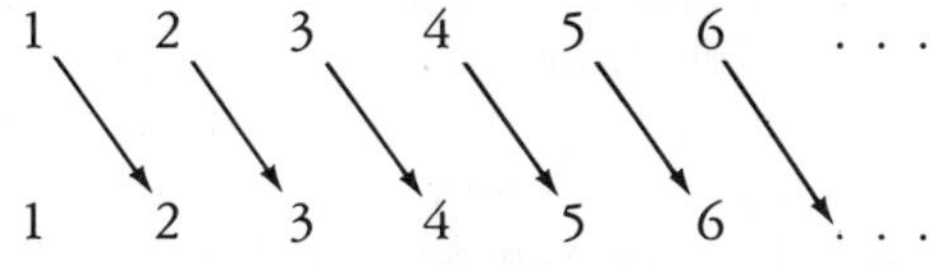

Diese berühmte Anekdote umreißt bereits die ganze Geschichte des Unendlichen. Es ist eine Geschichte faszinierender Paradoxien und scheinbar unmöglicher Situationen, die der Menschheit seit mehr als zwei Jahrtausenden Rätsel aufgeben. Der Ursprung dieser Paradoxien liegt in der Mathematik, jener Wissenschaft, die schließlich auch die fruchtbarsten Ansätze zu ihrer Lösung angeboten hat. Wirk-

Wenn wir von einer Sache sagen, sie sei unendlich, geben wir nur zu verstehen, daß wir nicht in der Lage sind, uns die Enden und Grenzen dieser Sache vorzustellen.
Thomas Hobbes (1588–1679)

lich erklärt und entmystifiziert wurde das Unendliche erst in diesem Jahrhundert, wobei jedoch auch das noch nicht als der Weisheit letzter Schluß angesehen werden kann. Wie jede Wissenschaft hat die Mathematik etwas erfrischend Unvollständiges an sich; kaum ist man einem Geheimnis auf die Spur gekommen, steht man schon vor dem nächsten. Das Ziel, eine Wissenschaft ein für allemal vollständig zu begreifen, ist nicht zu verwirklichen. Doch ist es gerade diese Schwierigkeit, die das Studium jeder Wissenschaft so anregend macht, und die Mathematik bildet da keine Ausnahme.

Viele Gelehrte haben sich mit dem Unendlichen beschäftigt. Im antiken Griechenland diskutierten die Philosophen endlos darüber, ob eine Strecke — oder eigentlich irgendeine Größe — unendlich teilbar sei, oder ob schließlich ein unteilbarer Punkt — ein Atom — erreicht werde. Ihre modernen Nachfolger, die Physiker, ringen auch heute noch mit derselben Frage. Um den „Elementarteilchen" auf die Spur zu kommen, diesen kleinsten Bausteinen, aus denen sich das gesamte Universum zusammensetzt, arbeiten sie mit riesigen Teilchenbeschleunigern. Die Astronomen beschäftigen sich dagegen mit dem anderen Extrem des Unendlichen — sie untersuchen das unendlich Große. Ist das Universum wirklich so unendlich, wie es uns scheint, wenn wir in einer klaren, dunklen Nacht den Himmel betrachten? Oder hat es eine Grenze, jenseits derer nichts existiert? Die Möglichkeit eines endlichen Weltalls scheint dem gesunden Menschenverstand zu widersprechen, denn ist es nicht selbstverständlich, daß wir in jeder Richtung unendlich weitergehen können, ohne je an den „Rand" zu stoßen? Doch wie wir noch feststellen werden, ist der „gesunde Menschenverstand" ein schlechter Ratgeber bei dem Versuch, das Unendliche zu begreifen!

Auch Künstler haben sich mit dem Unendlichen beschäftigt. Sie hielten es auf der Leinwand fest oder beschrieben es mit Worten, die heute zu den großen literarischen Schätzen zählen. „Ich male das Unendliche", so rief van Gogh aus, den Blick auf die weite Landschaft Frankreichs gerichtet, die sich vor ihm bis zum Horizont erstreckte. „Das ewige Schweigen dieser unendlichen Räume macht mich schaudern", klagte Blaise Pascal, aus der ihm eigenen, düsteren Weltanschauung heraus. Giordano Bruno hingegen, ein anderer Gelehrter, konnte sich an dem Gedanken eines unendlichen Weltalls begeistern: „Öffne uns das Tor, durch das wir hinausblicken können in die unermeßliche, einheitliche Sternenwelt." Dies war sein Grundsatz, und dafür wurde er von der Inquisition gefangengenommen und zum Tode verurteilt.

Das Unendliche ist ein dunkles, unermeßliches Meer ohne Grenzen.
John Milton (1608–1674)

Doch unter welchem Blickwinkel wir auch das Unendliche betrachten, immer stoßen wir letztlich auf die Mathematik, denn dort ist der Begriff am tiefsten verwurzelt. Manche sagen sogar, die Ma-

THE TWO-YEAR COLLEGE MATHEMATICS JOURNAL

FOUNDED BY PRINDLE, WEBER & SCHMIDT, INC. (ISSN 0049-4925)

VOLUME 13, NUMBER 2 March 1982

THIS ISSUE : Self-reference, TNT, Shunting, Truth Machines, and Gödel's Incompleteness Theorem □ Tarr and Fether and Asylums □

Abb. 1: Titelseite einer mathematischen Fachzeitschrift. Mit freundlicher Genehmigung der Mathematical Association of America.

thematik *sei* die Wissenschaft vom Unendlichen. In dem „Encyclopedic Dictionary of Mathematics", einem kürzlich von der Japanischen Mathematischen Gesellschaft herausgegebenen Handbuch,[1] erscheinen die Wörter „das Unendliche", „unendlich" und „infinitesimal" nicht weniger als 50mal im Index. Es ist in der Tat schwierig, sich vorzustellen, wie die Mathematik ohne den Begriff des Unendlichen existieren könnte, denn schon das erste, was ein Kind in der Mathematik lernt — das Zählen —, beruht auf der stillschweigenden Voraussetzung, daß jede Zahl einen Nachfolger hat. Auch die in der Geometrie so elementare Vorstellung einer Geraden beruht auf einer ähnlichen Voraussetzung — daß eine Gerade, zumindest prinzipiell, in beide Richtungen unendlich verlängert werden kann. Sogar in einem scheinbar so endlichen Zweig der Mathematik wie der Wahrscheinlichkeitsrechnung spielt der Gedanke des Unendlichen eine Rolle: wenn wir eine Münze zehnmal werfen, erhalten wir vielleicht fünfmal Wappen und fünfmal Zahl, oder sechsmal Wappen und viermal Zahl, oder jede beliebige andere Kombination. Wenn wir jedoch

1 Die englische Übersetzung erschien 1980 bei dem Verlag MIT Press.

Das Unendliche ist nur eine Façon de parler, indem man eigentlich von Grenzen spricht, denen gewisse Verhältnisse so nahe kommen als man will, während anderen ohne Einschränkung zu wachsen verstattet ist.
Carl Friedrich Gauß (1777–1855)

sagen, die Wahrscheinlichkeit, Wappen oder Zahl zu werfen, ist gleich groß, so setzen wir damit stillschweigend voraus, daß eine unendliche Anzahl von Würfen ein ausgewogenes Verhältnis ergeben würde.

Meine erste Begegnung mit dem Unendlichen hatte ich als kleiner Junge. Ich hatte ein Buch geschenkt bekommen — die Haggadah, die Geschichte des Auszugs aus Ägypten —, und auf der Vorderseite des Buches befand sich das Bild eines Jungen, der eben dieses Buch in der Hand hielt. Bei genauem Hinsehen konnte ich das gleiche Bild auf dem Buch des Jungen erkennen. Es könnte sogar sein, daß auch in diesem Bild wieder das Bild im Bild zu erkennen war — ich habe es vergessen. Genau erinnere ich mich jedoch an mein Gefühl äußerster Verwirrung bei dem Gedanken, daß eine Fortsetzung dieses Vorgangs nie zu einem Ende führen würde! Ein wahrlich faszinierender Gedanke. Ich hatte ja keine Ahnung, daß ein damals noch relativ unbekannter holländischer Künstler, Maurits C. Escher, von der gleichen faszinierenden Idee gepackt war und versuchte, sie in seinen graphischen Werken darzustellen, wobei er bis an die äußerste Grenze des zeichnerisch Möglichen ging.

Eine Menge ist unendlich, wenn zwischen ihr und einer ihrer echten Teilmengen eine umkehrbar eindeutige Zuordnung möglich ist.[2]
Georg Cantor (1845–1918)

Eine weitere Begegnung mit dem Unendlichen hatte ich viele Jahre später. Sie war jedoch völlig anderer Art. Eines Abends bei einem Spaziergang durch die Connecticut Avenue in Washington, D.C., stand ich auf einmal mitten auf dem Bürgersteig vor einer großen, abstrakten Skulptur. Eine Tafel wies sie als *Grenzen des Unendlichen III* aus. Die Skulptur bestand aus einem großen elliptischen Bronzering, an dessen äußersten Punkten ein propellerähnliches Gebilde befestigt war. Es sah so aus, als ob das längliche Gebilde frei an der Befestigung schwingen sollte, deshalb berührte ich es vorsichtig, in der Annahme, daß es sich dann bewegen würde. Statt dessen ging ein versteckter Alarm los, so schrill, daß ich völlig erschrak. Nachdem ich mich von meinem anfänglichen Schrecken erholt hatte, hörte ich eine innere Stimme sagen: „Du sollst nicht an das Unendliche rühren!“[3]

Das Unendliche verwandelt das Mögliche in das Unvermeidliche.
Norman Cousin, Saturday Review, 15. April 1978

2 Es handelt sich bei diesem Zitat um eine Übersetzung aus dem Englischen. Nicht bei allen Zitaten war die Originalfassung ausfindig zu machen. Rück- oder Zweitübersetzungen sind daher jeweils ausdrücklich gekennzeichnet. (Anm. d. Ü.)

3 Der Künstler John Safer war so freundlich, mir ein sehr interessantes Buch zu schicken, in dem er sein Werk beschreibt. In bezug auf *Grenzen der Unendlichkeit III* erklärt er folgendes: „Die gedrehte Bronzeform im Zentrum der Figur hängt innerhalb der Bronze-Umgrenzung, als würde sie im Raum schweben. Sie ist, wie die Form nahelegt, ein Symbol der Unendlichkeit.“ Und zum Sockel, auf dem das Werk ruht, schreibt er: „Der Granitblock, der nicht nur angemessener Standort, sondern wesentlicher Bestandteil der Skulptur ist, bringt die endliche, greifbare Erde in die Gleichung ein. Dieser Steinblock ist *unser* Fundament, von dem aus wir das Unendliche betrachten.“

Abb. 2: *Grenzen des Unendlichen III,* von John Safer (Washington, D.C.). Mit freundlicher Genehmigung des Künstlers.

Abb. 3: *Unendlichkeit,* von José de Rivera (Washington, D.C.). Mit freundlicher Genehmigung der Erben, Grace Borgenicht Gallery, New York, und The National Museum of American History, Washington, D.C.

In den folgenden Kapiteln habe ich versucht, dem Leser die Ehrfurcht und Erregung nahezubringen, die das Unendliche seit Jahrtausenden im Menschen erweckt. Der englische Titel dieses Buches, „To Infinity and Beyond", stammt wörtlich aus der Bedienungsanleitung für ein Teleskop. Bei der Aufzählung der vielen Vorteile dieses Gerätes hieß es dort unter anderem: „Die Reichweite des Teleskops erstreckt sich von 5 Metern bis unendlich und darüber hinaus (to infinity and beyond)." Wie der Untertitel „A Cultural History of the Infinite (Kulturgeschichte des Unendlichen)" andeutet, ist es mein Anliegen, die Geschichte des Unendlichen durch die Jahrhunderte hindurch nachzuzeichnen, ohne dabei jedoch eine strikt chronologische Reihenfolge einzuhalten. Meine Geschichte des Unendlichen ist in gewissem Maße subjektiv gefärbt — sie ist aus dem Blickwinkel eines Mathematikers geschrieben. Damit stand ich vor dem gleichen Problem wie jeder Wissenschaftler, der sein Gebiet dem gebildeten Laien nahebringen will: wie kann sich ein Autor für den Nicht-Fachmann verständlich ausdrücken, ohne dabei die wissenschaftliche Strenge zu verletzen, die seine Kollegen von ihm erwarten? Dieses Dilemma ist in der Mathematik besonders stark ausgeprägt, da sie nahezu ausschließlich auf einer nonverbalen Sprache von Symbolen und Gleichungen beruht. Ich hoffe, daß es mir gelungen ist, diesem Problem gerecht zu werden.

Unendlich ist dort, wo das ist, was es nicht gibt.
Unbekannter Schüler

Da dieses Buch einen weiten Leserkreis ansprechen soll, habe ich nach Möglichkeit darauf verzichtet, die „höhere" Mathematik im Text selbst zu verwenden. (Natürlich können gewisse Kenntnisse in der elementaren Algebra nicht schaden.) Einige mathematische Spezialgebiete werden im Anhang behandelt, damit sie den Gang der Diskussion nicht unterbrechen. Im allgemeinen sind die einzelnen Kapitel nur lose miteinander verknüpft, so daß der Leser durchaus ein paar Kapitel überspringen kann, ohne daß dadurch das Verständnis der folgenden Kapitel beeinträchtigt würde. Auch der Leser, der nur gelegentlich in diesem Buch herumblättern möchte, wird an den vielen Abbildungen und Photographien, den zahlreichen Zitaten, Gedichten und Aphorismen über das Unendliche viel Freude haben.

Unendlich ist jene unermeßliche Dimension, die der menschliche Geist nicht begreifen kann.
Anonym

Viele Freunde haben mir bei der Arbeit an diesem Buch geholfen, und ich möchte ihnen herzlich dafür danken. Besonderen Dank schulde ich meinen Kollegen Wilbur Hoppe und Robert Langer, die große Teile des Manuskripts durchgelesen und wertvolle Vorschläge gemacht haben; Blagoy Trenev stand mir in allen sprachlichen und stilistischen Fragen geduldig zur Seite; Hilde Bacharach und Raffaella Borasi machten mich auf zwei wunderschöne Gedichte über das Unendliche aufmerksam; Ruth Ollendorff ermöglichte mir den Zugang zu vielen unveröffentlichten Werken ihres verstorbenen Gatten, Professor Franz Ollendorf, dem ich dieses Buch widme; Mary Besser sah den größten Teil des Manuskriptes durch und half mir bei der Erstellung der endgültigen Version, und Lynn Metzker fertigte fast alle Skizzen an. Ich danke der Eau Claire Universität von Wisconsin und der Universität von Oakland in Rochester, Michigan, für zwei großzügige Stipendien, die meine Arbeit wesentlich gefördert haben; schließlich möchte ich noch den Lektoren und allen Mitarbeitern des Birkhäuser Verlags, Boston, für ihre besonderen Bemühungen danken, dieses Buch entstehen zu lassen. Vor allem danke ich jedoch meiner Mutter, Luise Metzger, für die geistige Anregung, die sie mir im Laufe der Jahre gegeben hat, und meiner Frau Dalia für ihre Ermutigung und für ihr Verständnis während der vielen Abende, die ich sie allein ließ, um in meinem Büro an diesem Buch zu arbeiten.

Das Unendliche ist ein bodenloser Raum ohne Wände und Decke.
Anonym

Noch eine letzte Bemerkung. Zu Beginn einer jeden Arbeit muß ein Mathematiker seine Symbole und seine Notation definieren. Ich möchte daher vorausschicken, daß ich das Pronomen „er" immer stellvertretend für „er/sie" benutze, „sein" für „sein/ihr" etc. Ich verwende in diesem Buch die traditionellere Sprache lediglich der Kürze wegen.

Rochester, Michigan,
im Juni 1986

Teil I

Das Unendliche in der Mathematik

Eins, zwei, drei... Unendlichkeit

George Gamow (1904–1968)

1 Erste Schritte ins Unendliche

Denn weder gibt es beim Kleinen ja ein Kleinstes, sondern stets ein noch Kleineres — aber auch beim Großen gibt es immer ein Größeres.

Anaxagoras (ca. 500—428 v. Chr.)

Das Unendliche hat viele Gesichter. Der Laie stellt sich darunter oft eine Art „Zahl" vor, die größer ist als alle anderen. Für manche primitiven Stämme beginnt das Unendliche schon bei drei, da alles, was darüber liegt, unter den Begriff „viel" fällt und somit unzählbar ist. Für den Photographen ist „unendlich" eine Entfernung von mehr als 10 Metern zwischen Kamera und Objekt, während für den Astronomen — oder besser gesagt, den Kosmologen — vielleicht nicht einmal das gesamte Universum groß genug ist, um das Unendliche zu umfassen. Denn auch heute wissen wir noch nicht, ob unser Weltall „offen" oder „geschlossen", begrenzt oder unbegrenzt ist. Der Künstler hat wiederum seine eigene Vorstellung vom Unendlichen. Van Gogh zum Beispiel dachte an eine weite, endlose Ebene, in der der Phantasie keine Grenzen gesetzt sind. In den abstrakten Ornamenten der Mauren hingegen ist das Unendliche in der unaufhörlichen Wiederholung eines einzigen Grundmotivs verwirklicht. Ferner gibt es den Philosophen, für den die Unendlichkeit gleichbedeutend ist mit der Ewigkeit, dem Göttlichen oder dem Allmächtigen selbst. Vor allem jedoch gehört das Unendliche in das Reich der Mathematik, denn dort ist dieser Begriff am tiefsten verwurzelt, dort wurde er geprägt und unzählige Male neu formuliert, dort feierte er schließlich seinen größten Triumph.

Das Unendliche als mathematischer Begriff hat seinen Ursprung bei den Griechen. Zwar war die Mathematik als Wissenschaft auch lange vor den Griechen schon recht weit entwickelt, wie aus Werken wie dem Papyrus Rhind[1] hervorgeht, einer Sammlung von 84 mathematischen Aufgaben in hieratischer Schrift,[2] die auf das Jahr 1650 v. Chr. zurückgeht. Jedoch beschränkte sich die klassische Mathematik der Inder, Chinesen, Babylonier und Ägypter ausschließlich auf praktische Probleme des täglichen Lebens, wie beispielsweise

1 Der Papyrus ist nach dem schottischen Ägyptologen A. Henry Rhind benannt, der ihn im Jahre 1858 erwarb. Er ist heute im Britischen Museum ausgestellt. Vergleiche dazu Arnold Buffum Chace: *The Rhind Mathematical Papyrus*. The National Council of Teachers of Mathematics, Reston, Virgina, 1979.

2 (Von den Priestern) zur Gebrauchsschrift vereinfachte Form der Hieroglyphen (Anm. d. Ü.).

das Messen von Fläche, Volumen, Gewicht und Zeit. In einem solchen System hatte eine so erhabene Vorstellung wie das Unendliche keinen Platz, denn nichts in unserem täglichen Leben hat je direkt mit dem Unendlichen zu tun. So blieb die Problematik des Unendlichen unbeachtet, bis die Mathematik den Wandel von einer rein praktischen zu einer geistigen Disziplin vollzogen hatte, einer Disziplin, in der das Wissen um seiner selbst willen als höchstes Ziel angesehen wurde. Dieser Wandel fand in Griechenland um das 6. Jahrhundert v. Chr. statt, und so war es den Griechen beschieden, als erste die Existenz des Unendlichen als ein zentrales Problem der Mathematik zu erkennen.

Doch obwohl sie es erkannten, stellten sie sich ihm nicht. Die Griechen waren sehr nahe daran, das Unendliche in ihr mathematisches System aufzunehmen, und fast hätten sie die Erfindung der Infinitesimalrechnung um gut zwei Jahrtausende vorweggenommen, wenn ihnen nicht eine klare Formelsprache gefehlt hätte. Die Griechen waren Meister der Geometrie, und nahezu die gesamte klassische Geometrie — wie wir sie aus der Schule kennen — geht auf sie zurück. Darüber hinaus waren es die Griechen, die in die Mathematik jenen strengen Maßstab logischer Exaktheit einführten, der auch heute noch das Kennzeichen dieser Wissenschaft ist. Sie erhoben die Forderung, daß nichts zum Bestand mathematischen Wissens gezählt werden sollte, was nicht logisch aus den bereits anerkannten Tatsachen erschlossen werden konnte. Gerade dieses Bestehen auf dem *Beweis,* das nur der Mathematik eigen ist, unterscheidet sie von allen anderen Wissenschaften. Doch während die Griechen auf dem Gebiet der Geometrie Hervorragendes leisteten und diesen Zweig der Mathematik zur Perfektion brachten, blieb ihr Beitrag zur Algebra recht dürftig. Die Algebra ist im wesentlichen eine Sprache, d.h. sie besteht aus einer Reihe von Symbolen und bestimmten Gesetzen, nach denen die Symbole verwendet werden (genau wie die gesprochene Sprache aus Wörtern besteht und aus Regeln, mit deren Hilfe sich die Wörter zu sinnvollen Sätzen verbinden lassen). Die Griechen kannten diese algebraische Sprache nicht und mußten folglich ohne ihre wesentlichen Vorteile auskommen — Allgemeinheit in der Ausdrucksweise zum einen, und die Möglichkeit, Beziehungen zwischen variablen Größen abstrakt zu beschreiben, zum anderen. Genau dieser Mangel bewirkte letztendlich, mehr als alles andere, ihren *Horror infiniti*, ihr tief verwurzeltes Mißtrauen gegenüber dem Unendlichen. „Das Unendliche war tabu", so Tobias Dantzig in seinem klassischen Werk *Number — The Language of Science*, „es mußte um jeden Preis ausgeschlossen bleiben oder, wo das nicht gelang, durch ad-absurdum-Schlüsse und dergleichen erklärt werden."

Nirgends zeigte sich diese Furcht vor dem Unendlichen deutlicher als in den berühmten Paradoxien des Zenon, eines Philosophen, der im 4. Jahrhundert v. Chr. in Elea lebte. Seine Paradoxien oder „Argumente", wie sie genannt wurden, handeln von Bewegung und Kontinuität. In einer seiner Paradoxien geht es ihm darum zu beweisen, daß Bewegung unmöglich ist. Seine Argumentation erscheint überzeugend: ein Läufer, der eine bestimmte Strecke zwischen zwei Punkten zurücklegen will, muß zunächst die erste Hälfte der Entfernung überwinden, dann die Hälfte des verbleibenden Weges, davon wiederum die Hälfte und immer so weiter, ad infinitum (Abb. 1.1). Dies erfordert laut Zenon eine unendliche Anzahl von Schritten, und so würde der Läufer nie an sein Ziel gelangen. Natürlich wußte auch Zenon sehr gut, daß der Läufer seinen Bestimmungsort nach einer endlichen Zeitspanne erreicht, doch löste er dieses Paradoxon nicht auf, sondern überließ dies künftigen Generationen. Er war also zumindest so bescheiden, einzugestehen, daß das Unendliche seine Verständnismöglichkeiten und die seiner Zeitgenossen überforderte. Es sollten noch zweitausend Jahre vergehen, ehe Zenons Paradoxien gelöst werden konnten.

Wenn die Griechen auch nicht in der Lage waren, das Unendliche zu begreifen, so wußten sie doch immerhin gelegentlich Gebrauch davon zu machen. Sie waren die ersten, die eine mathematische Methode ersannen, um jene berühmte, heute mit Pi (π) bezeichnete Zahl zu errechnen, die das Verhältnis zwischen Kreisumfang und Radius beschreibt. Seit frühester Menschheitsgeschichte hat diese Zahl Laien und Gelehrte gleichermaßen fasziniert. In dem bereits erwähnten Papyrus Rhind (ca. 1650 v. Chr.) wird sie mit dem Wert $(4/3)^4$ angege-

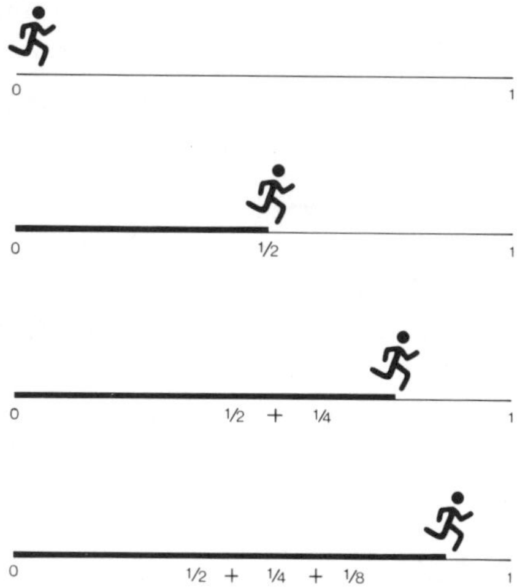

Abb. 1.1: Das Läufer-Paradoxon.

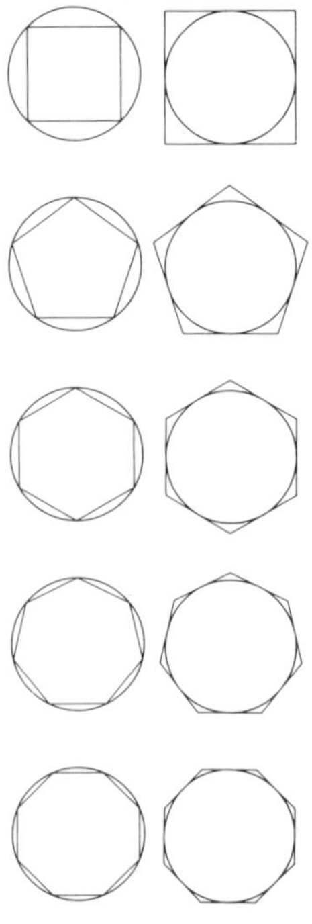

Abb. 1.2: Ein durch reguläre Polygone angenäherter Kreis.

ben, was ungefähr 3,16049 entspricht und nur um etwa 0,6% vom exakten Wert abweicht. Es ist in der Tat bemerkenswert, daß bereits die alten Ägypter ein solches Maß an Genauigkeit erreichten. Dagegen weicht der Wert 3, mit dem π in der Bibel angegeben wird, um mehr als 4,5% von seinem tatsächlichen Wert ab. Dort heißt es nämlich im Ersten Buch der Könige 7, Vers 23: „Und er machte das Meer, gegossen, von einem Rand zum andern zehn Ellen weit rundherum und fünf Ellen hoch, und eine Schnur von dreißig Ellen war das Maß ringsherum."

Nun waren all diese im Altertum vorgenommenen Schätzungen von π im wesentlichen empirischer Natur — sie beruhten auf dem Messen von Umfang und Radius eines Kreises. Die Griechen waren die ersten, die eine Methode entwickelten, mit der man π auf mathematischem Weg beliebig genau ermitteln konnte, ohne auf Messungen zurückgreifen zu müssen. Der Erfinder dieser Methode war Archimedes von Syrakus (ca. 287—212 v. Chr.), jener bedeutende Gelehrte, der als Entdecker des mechanischen Hebels und des Auftriebs schwimmender Körper unsterblichen Ruhm erlangte. Sein Verfahren beruhte auf einer einfachen Beobachtung: Man nehme einen Kreis und umschreibe ihn mit einer Reihe von regulären Vielecken, deren Seitenzahl ständig zunimmt. (In einem regulären Vieleck oder Polygon sind alle Seitenlängen und Winkel gleich.) Der Umfang jedes dieser Vielecke ist dann etwas größer als der des Kreises. Mit zunehmender Seitenzahl jedoch umschließen die Vielecke den Kreis enger und enger (Abb. 1.2). Wenn wir also in der Lage sind, den Umfang der einzelnen Polygone zu ermitteln und diesen jeweils durch den Radius des Kreises dividieren, erhalten wir eine gute Näherung an π. Archimedes wandte dieses Verfahren für Polygone mit 6, 12, 24, 48 und 96 Seiten an, deren Umfang er mit den bekannten Methoden berechnen konnte. Für das 96seitige Polygon ermittelte er den Wert 3,14271, der der in der Schule häufig benutzten Näherung von 22/7 sehr nahekommt. Anschließend wiederholte er das Verfahren mit einbeschriebenen Polygonen, d.h. solchen, die den Kreis von innen berühren, und erzielte Werte, die alle etwas unter dem wahren Wert von π lagen. Indem er wieder ein Polygon mit 96 Seiten zugrunde legte, fand er einen Wert von 3,14103 oder fast $3^{10}/_{71}$. Da der Kreis „eingezwängt" zwischen den einbeschriebenen und umbeschriebenen Polygonen liegt, ist der Wert von π irgendwo zwischen den beiden Ergebnissen anzusiedeln.

n	einbeschriebenes n-gon	umbeschriebenes n-gon
3	2,59808	5,19615
6	3,00000	3,46410
12	3,10583	3,21539
24	3,13263	3,15966
48	3,13935	3,14609
96	3,14103	3,14271
192	3,14145	3,14187

Annäherung an π mit Hilfe verschiedener einbeschriebener und umbeschriebener Polygone; n gibt die jeweilige Seitenzahl an.

Um kein Mißverständnis aufkommen zu lassen: die Methode des Archimedes ermöglichte eine Abschätzung von π, die alles Bisherige bei weitem übertraf. Die eigentliche Neuerung ist jedoch nicht in diesem verbesserten Wert zu sehen; sie besteht vielmehr in der Möglichkeit, π *mit beliebiger Genauigkeit* zu ermitteln, indem man einfach Polygone immer höherer Seitenzahl berechnet. Grundsätzlich ist der Genauigkeit dieser Methode keine Grenze gesetzt, wenn auch in der Praxis (beispielsweise in der Technik) die oben angegebenen Werte mehr als ausreichend sind. In der modernen Mathematik sagen wir, π sei der Grenzwert (*Limes*) der aus den Polygonen abgeleiteten Werte, wobei die Seitenzahl gegen unendlich strebt. Archimedes erwähnte den Grenzwertgedanken natürlich nicht explizit — um dies zu tun, hätte er sich der Sprache der Algebra bedienen müssen —, doch zweitausend Jahre später lieferte sein Konzept die Grundlage für die Entwicklung der Infinitesimalrechnung.

π = 3,1415926535
8979323846
2643383279
5028841971
6939937510
5820974944
5923078164
0628620899
8628034825
3421170679

π auf hundert Dezimalstellen genau angegeben.

Null, Eins, Unendlich

Erhalten ist der lebendige Gott und gepriesen,
er ist, und keine Zeit beschränkt sein Dasein.
Er ist einzig, und nichts ist einzig gleich seiner Einzigkeit,
er ist unsichtbar und unendlich ist seine Einheit.

(aus einem jüdischen Gebet nach den 13 Glaubensartikeln des Maimonides)

Null und unendlich werden vom Laien oft synonym für „nichts" und „viel" verwendet. Die Vorstellung, daß eine endlos fortgesetzte Division null ergibt, ist weit verbreitet, und auch folgende Gleichungen

$$\frac{1}{0} = \infty \text{ und } \frac{1}{\infty} = 0$$

finden sich noch in vielen alten Lehrbüchern. Sie sind jedoch mit Ausnahme eines Sonderfalls, den wir in Kapitel 12 besprechen werden, sinnlos. Null ist eine ganze Zahl wie die anderen, wenngleich mit besonderer Funktion. Unendlich hingegen ist ein *abstrakter Begriff*, er gehört nicht zu den reellen Zahlen und kann folglich nicht in der gleichen Weise reellen Zahlen zugeordnet werden, wie dies mit numerischen Größen geschieht.

Das englische Wort *zero* leitet sich aus dem Indischen *sunya* ab, das „leer" oder „unausgefüllt" bedeutet. Die Inder benutzten es bereits im 9. Jahrhundert nach Christus, um eine Leerstelle in ihrem Positionssystem der Zahlendarstellung kenntlich zu machen. Auf diese Weise wurde es möglich, etwa zwischen 12 und 102 zu unterscheiden. Als die Araber das indische System nach Europa einführten, wurde *sunya* mit dem arabischen Wort *as-sifr* übersetzt, woraus später das Lateinische *zephirum* entstand. Daraus wiederum entwickelte sich das italienische Wort *zuero*, von dem aus es nur noch ein kleiner Schritt zum heutigen englischen *zero* war. Das Symbol 0 erscheint zuerst in einer indischen Inschrift aus dem Jahre 870 n. Chr.

Genaugenommen hat das Symbol 0 in der Mathematik mehrere Bedeutungen. Auf der Zahlengeraden steht 0 nicht nur für die Zahl 0, sondern auch für die mit ihr verbundene *Position* — sie verkörpert den Ausgangspunkt, von dem aus wir sowohl zählen als auch messen. In der Ebene bezeichnet 0 den Ursprung des Koordinatensystems, den Punkt, dessen Koordinaten (0,0) sind. Eine Menge, die keine Elemente enthält — die *leere Menge* oder *Nullmenge* — wird durch den griechischen Buchstaben ϕ (Phi) dargestellt, ein Zeichen, das an die gewöhnliche 0 erinnert. In der höheren Algebra arbeitet man mit Matrizen — Feldern von Zahlen, die in Zeilen und Spalten angeordnet sind. Man kann Matrizen addieren, subtrahieren, multiplizieren und in gewisser Weise auch dividieren. Sei z.B. A die Matrix $\begin{pmatrix} 2 & 5 & 8 \\ 3 & 0 & -1 \end{pmatrix}$ und B die Matrix $\begin{pmatrix} 7 & 1 & 3 \\ 2 & -4 & 6 \end{pmatrix}$, dann ist A + B die Matrix $\begin{pmatrix} 9 & 6 & 11 \\ 5 & -4 & 5 \end{pmatrix}$, die man erhält, indem man die jeweils entsprechenden Elemente der Matrix A und B addiert. Eine Matrix, die nur aus Nullen besteht, wird Nullmatrix genannt und mit dem Buchstaben O bezeichnet. Sie hat vieles mit der Zahl 0 gemeinsam; so ist zum Beispiel A + O = A. Solche Matrizen erweisen sich in einer Vielzahl von Aufgabenbereichen als äußerst nützlich, darunter bei der Untersuchung mechanischer Schwingungen, elektrischer Schaltungen oder ökonomischer Systeme.

Die Division durch Null ist stets bedeutungslos, in welchem Zusammenhang sie auch auftritt. Denn angenommen, wir versuchen 5 durch 0 zu teilen. Das Ergebnis sei *x*: $x = 5/0$. Die Zahl *x* muß laut Definition die äquivalente Gleichung $0 \cdot x = 5$ erfüllen (so wie die Gleichung $6/2 = 3$ der Gleichung $2 \cdot 3 = 6$ äquivalent ist). Das Produkt $0 \cdot 5$ ist jedoch immer null, was zu dem absurden Ergebnis $0 = 5$ führt. Es gibt also keine Zahl *x*, die die Gleichung $x = 5/0$ erfüllt. Wie sieht es nun aber mit der Division von Null durch sich selbst aus? Sei wiederum $x = 0/0$, so daß $= 0 \cdot x = 0$. Dies ist jedoch für jede Zahl *x* wahr, so daß wir keine eindeutig bestimmte Lösung erhalten. (Ähnliche Schwierigkeiten ergeben sich, wenn man versucht, eine Matrix durch die Nullmatrix zu „dividieren".) Keines dieser Ergebnisse ist mathematisch zulässig, und so wird die Division durch Null zur ungültigen Rechenoperation erklärt.

Ein Ausdruck wie 1/0 ist zwar bedeutungslos, jedoch ist richtig, daß die Division einer Zahl, etwa 1, durch immer kleinere Teiler zu einem immer größeren Ergebnis führt. Wir sagen, daß der *Li-*

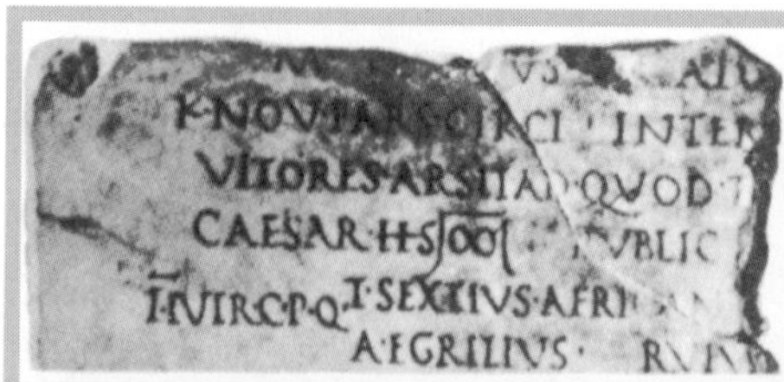

Abb. 1: Die römische Ziffer für 100 Millionen ist ein von einem Rahmen umgebenes Unendlichkeitssymbol. Aus einer Inschrift aus dem Jahr 36 n. Chr. Aus: Karl Menninger, *Zahlwort und Ziffer*, Göttingen 1957/58. Mit freundlicher Genehmigung des Verlages.

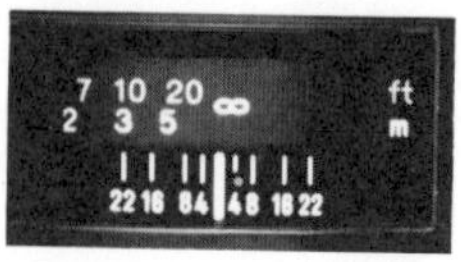

Abb. 2: Das Unendlichkeitssymbol am Objektiv einer Kamera. Mit freundlicher Genehmigung der Firma Minolta.

mes von $1/x$, für x gegen null „(x durchläuft positive Zahlenwerte)", unendlich ist, was nichts anderes bedeutet, als daß $1/x$ über alle Grenzen wächst, wenn x gegen null strebt. In der Formelsprache ausgedrückt heißt dies $lim_{x \to 0} 1/x = \infty$.

Während das Symbol 0 seit über tausend Jahren in Gebrauch ist, gibt es das Zeichen für unendlich, ∞, noch nicht sehr lange. Es wurde erstmals von dem englischen Mathematiker und Altphilologen John Wallis (1616—1703) verwendet, der es wahrscheinlich aus dem römischen Zeichen für 100 Millionen ableitete (Abb. 1).

Die Zahl 0 und der Begriff des Unendlichen sind für die Mathematik unentbehrlich. Ihre Bedeutung klärt sich jedoch erst vollständig durch ein drittes Element — die Zahl 1. Mathematisch gesehen ist Eins die Zahl, aus der die natürlichen Zahlen durch aufeinanderfolgende Addition hervorgehen: $2 = 1 + 1$, $3 = 2 + 1$, $4 = 3 + 1$, usw. (Die negativen ganzen Zahlen werden auf ähnliche Weise durch wiederholte Subtraktion erzeugt.) Geometrisch hat jedes dieser Symbole eine besondere Funktion auf der Zahlengeraden: 0 stellt den Anfangspunkt dar, 1 den zugrunde liegenden Maßstab (d.h. die Größe der Einheit), und ∞ verkörpert die Vollständigkeit der Zahlengeraden — bzw. die Tatsache, daß *alle* reellen Zahlen in ihr enthalten sind.

Der Zahl 1 sind oft philosophische oder gar göttliche Attribute zugeschrieben worden; in den meisten Religionen symbolisiert sie die Einheit Gottes und ist oft als solche mit der Unendlichkeit und der Allmacht des Schöpfers gleichgesetzt worden. Aristoteles weigerte sich, die Eins als eine Zahl zu betrachten, da sie alle anderen Zahlen erzeuge und nicht selbst erzeugt werden könne. Diesen Standpunkt teilten viele Gelehrte noch bis ins Mittelalter, doch haben solche Interpretationen selbstverständlich wenig mit Mathematik zu tun.

In der höheren Mathematik begegnen wir häufig sogenannten

Abb. 3: Warenzeichen von Dr. Hahn, Deutschland. Nachdruck aus Yusaka Kamekura, *Trademark Designs*, New York 1980. Mit freundlicher Genehmigung.

„unbestimmten Formen", Ausdrücken wie zum Beispiel ∞/∞. Solch ein Ausdruck hat keinen von vornherein festgelegten Wert; er kann nur durch einen Grenzprozeß ermittelt werden. Betrachten wir zum Beispiel die Gleichung $(2x + 1)/(x - 1)$. Wenn x gegen unendlich strebt, wachsen sowohl Zähler als auch Nenner über alle Grenzen, wobei sich der Quotient dem Grenzwert 2 nähert: $lim_{x \to \infty} (2x + 1)/(x - 1) = 2$. Es wäre jedoch völlig falsch, daraus zu schließen $\infty/\infty = 2$, denn hätten wir beispielsweise die Gleichung $(2x + 1)/(3x - 1)$ untersucht, wäre der Grenzwert 2/3 gewesen.

Eine weitere unbestimmte Form ist der Ausdruck $\infty - \infty$. Da die Subtraktion einer Zahl von sich selbst Null ergibt, ist die Versuchung groß, anzunehmen, $\infty - \infty = 0$. Daß diese Annahme falsch sein kann, zeigt die Untersuchung folgender Gleichung: $1/x^2 - (cos\ x)/x^2$, wobei $cos\ x$ die in der Trigonometrie definierte Cosinusfunktion ist. Wenn x gegen Null strebt, strebt jeder Term für sich gegen unendlich. Es kann jedoch mit einer kurzen Rechnung gezeigt werden, daß der gesamte Ausdruck gegen den Grenzwert 1/2 strebt: $lim_{x \to 0} [1/x^2 - (cos\ x)/x^2] = 1/2$. Einfach ausgedrückt heißt das, in jedem undeterminierten Ausdruck gibt es einen „Wettstreit" zwischen zwei Größen, die eine strebt danach, den Ausdruck größer werden zu lassen, die andere danach, ihn zu verkleinern. Das tatsächliche Ergebnis hängt von dem jeweiligen Grenzprozeß ab. Die sieben häufigsten unbestimmten Formen in der Mathematik sind: $0/0$, ∞/∞, $\infty \cdot 0$, 1^∞, 0^0, ∞^0 und $\infty - \infty$.

Abb. 4: Unendlichkeitssymbol auf einer Schweizer Briefmarke: „Zeit und Ewigkeit".

2 Der Weg zur Legitimität

Es zeugt von der Kraft des Geistes, daß er sich die unendliche Wiederholung eines und desselben Schrittes vorstellen kann, sobald dieser Schritt einmal als möglich erkannt ist.

Henri Poincaré (1854–1912)

Wie die meisten anderen Wissenschaften befand sich auch die europäische Mathematik während der langen dunklen Jahre des Mittelalters praktisch in einer Sackgasse. Erst im 16. Jahrhundert gelangte der Begriff des Unendlichen — der als Gegenstand wissenschaftlicher Untersuchungen längst vergessen und statt dessen zum Objekt theologischer Spekulationen geworden war — zu neuer Blüte. Auch diesmal war die Annäherung an π eines der ersten Probleme, mit dem man sich beschäftigte. Das Ergebnis dieser Bemühungen bestand in einer bemerkenswerten Formel, die aufgrund ihrer Schönheit auch heute noch Bewunderung weckt:

$$\frac{2}{\pi} = \frac{\sqrt{2}}{2} \cdot \frac{\sqrt{2+\sqrt{2}}}{2} \cdot \frac{\sqrt{2+\sqrt{2+\sqrt{2}}}}{2} \cdots$$

Dieses *unendliche Produkt* wurde im Jahr 1593 von dem französischen Mathematiker François Viète (1540–1603) entdeckt; es zeigt, daß π allein aus der Zahl 2 errechnet werden kann, und zwar mit Hilfe einfacher Rechenoperationen wie Addition, Multiplikation, Division und dem Ziehen der Quadratwurzel, die allesamt Bestandteil unserer Schulmathematik sind. Wichtigstes Merkmal dieser Formel sind jedoch die drei Punkte am Ende, die bedeuten, daß dieser Prozeß beliebig weitergeführt werden kann, immer weiter, *ad infinitum*. Zum ersten Mal wurde damit ein unendlicher Prozeß explizit als mathematische Formel ausgedrückt. Dies kündigte den Beginn eines neuen Zeitalters an: Das Unendliche wurde nicht länger als etwas Ominöses angesehen, als vager Begriff, der um jeden Preis vermieden werden mußte; ganz im Gegenteil, es durfte nun in wissenschaftlichen Arbeiten behandelt werden und fand so rechtmäßigen Eingang in das Reich der Mathematik.

Bald sollten auch andere Formeln folgen, die auf der unendlichen Anwendung grundlegender arithmetischer Operationen beruhten; Formeln, die der von Viète in nichts nachstanden. Eine dieser Formeln wurde 1650 von dem englischen Mathematiker John Wallis (1616—1703) aufgestellt, und auch sie enthält die Zahl π:

$$\frac{\pi}{2} = \frac{2 \cdot 2 \cdot 4 \cdot 4 \cdot 6 \cdot 6 \ldots}{1 \cdot 3 \cdot 3 \cdot 5 \cdot 5 \cdot 7 \ldots}$$

(Übrigens war es auch eben jener Wallis, der später das Symbol ∞ für unendlich vorschlug.) Im Jahr 1671 entdeckte der Schotte James Gregory (1638—1675) eine weitere Formel, die π enthielt, und zwar in diesem Fall eine *unendliche Reihe*:

$$\pi/4 = 1/1 - 1/3 + 1/5 - 1/7 +- \ldots$$

(Unabhängig von Gregory war im Jahr 1674 auch Gottfried Wilhelm Leibniz — mit Newton Erfinder der Infinitesimalrechnung — auf diese Reihe gestoßen. Sie wird deshalb manchmal als die Gregory-Leibniz-Reihe bezeichnet.) Auf diese und ähnliche Reihen werden wir später noch ausführlicher eingehen.

Wesentlich an diesen Formeln ist, daß der Wert π durch das Ausrechnen von immer mehr Gliedern der Reihe — zumindest prinzipiell — auf beliebig viele Dezimalstellen genau bestimmt werden kann. Wie wir heute wissen, ist die Zahl π jedoch so beschaffen, daß sie nicht „exakt“ bestimmt werden kann, da dies eine unendliche Anzahl von Dezimalstellen erfordern würde. Moderne Computer haben π auf Millionen von Stellen genau ausgerechnet — eine Arbeit, die zwar vom praktischen Standpunkt aus gesehen völlig nutzlos ist, die jedoch nichtsdestoweniger von theoretischem Interesse ist, da sie es ermöglicht, die statistische Verteilung der Ziffern in der Dezimaldarstellung zu untersuchen, und so eventuell auftretende Regelmäßigkeiten zu entdecken (bislang fand man noch keine). Zahlen wie π und e (die Basis des natürlichen Logarithmus, deren Wert ungefähr 2,71828 beträgt) gehören zu einer besonderen Klasse von Zahlen, den sogenannten *transzendenten* Zahlen; trotz der Mystik, die in diesem Wort mitschwingt, hat der Begriff in der Mathematik eine klar umrissene Bedeutung.[1] Die Transzendenz von π konnte erst 1882 bewiesen werden. Viertausend Jahre intensiver Bemühungen, das Wesen dieser einzigartigen Zahl zu ergründen, kamen damit zu einem Abschluß.

1 Eine Zahl heißt *algebraisch*, wenn sie die Lösung einer algebraischen Gleichung, das heißt, einer Polynomgleichung ist, deren Koeffizienten ganze Zahlen sind. So sind beispielsweise 5, $-2/3$, $\sqrt{2}$ und $2 + \sqrt{3}$ alles algebraische Zahlen, weil sie sich als Lösungen der folgenden Gleichungen darstellen lassen: $x - 5 = 0$, $3x + 2 = 0$, $x^2 - 2 = 0$ und $x^2 - 4x + 1 = 0$. Eine Zahl heißt *transzendent*, wenn sie nicht algebraisch ist, das heißt, wenn sie nicht Lösung einer algebraischen Gleichung ist.

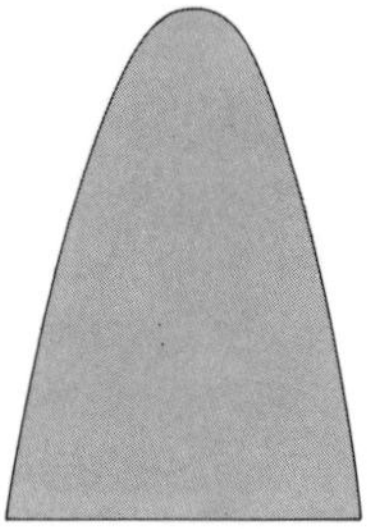

Abb. 2.1: Die Fläche unter einer Parabel.

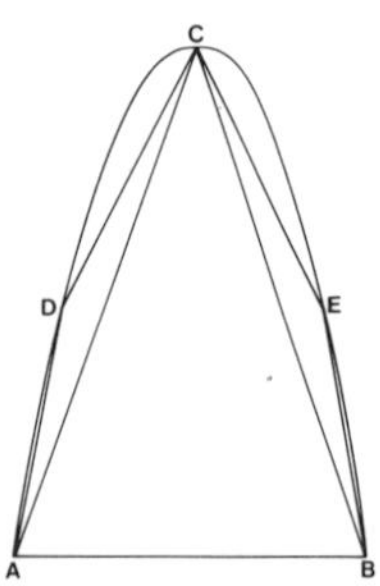

Abb. 2.2: Annäherung an die Fläche unter einer Parabel mit Hilfe der Exhaustionsmethode.

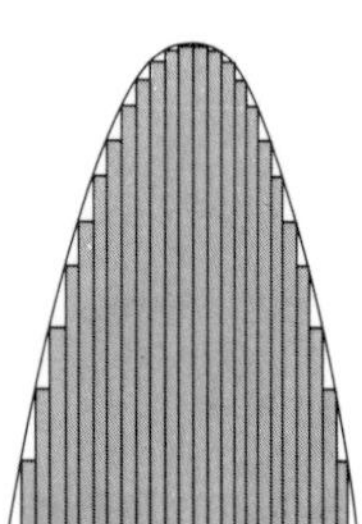

Abb. 2.3: Annäherung an die Fläche unter einer Parabel mit Hilfe der Methode der Indivisiblen.

Neben diesen Entwicklungen erlebte das Unendliche auch eine Renaissance ganz anderer Art. Wie wir gesehen haben, war die archimedische Methode der Annäherung an π ein früher Vorläufer unserer modernen Integralrechnung. Dies war jedoch nur einer von Archimedes' zahlreichen Beiträgen zur Mathematik. Sein besonderes Interesse galt der Flächen- und Volumenberechnung verschiedener ebener Figuren bzw. Körper. Er war der erste, dem es gelang, den Flächeninhalt eines Segments der Parabel zu berechnen, der Kurve, die ein Geschoß unter Vernachlässigung des Luftwiderstands beschreibt (Abb. 2.1). Er verwendete dabei die „Exhaustionsmethode", die darin besteht, die Figur (oder den Körper) in Teile zu zerlegen, deren Inhalt (bzw. Volumen) genau bestimmt werden kann, und diese Werte dann zu addieren, um die gewünschte Größe zu erhalten (Abb. 2.2). Der diesem Verfahren zugrunde liegende Gedanke bestand darin, die „elementaren" Teile immer kleiner zu wählen, so daß sie sich der Figur beliebig genau anpassen. Archimedes machte sich so zwar einen unendlichen Prozeß zunutze, vermied aber sorgfältig jeden direkten Bezug darauf. Während der ersten Hälfte des 17. Jahrhunderts erwachte nun erneut Interesse an dieser Methode. Angeregt wurde dieses Interesse zweifellos von den neuen Entdeckungen in der Astronomie, die zeigten, daß sich die Planeten und Kometen auf elliptischen und parabolischen Umlaufbahnen um die Sonne bewegen. Die modernen Väter der Infinitesimalrechnung besaßen jedoch nicht die Geduld, um die griechischen Maßstäbe mathematischer Strenge einzuhalten. Anwendbarkeit in Wissenschaft und Technik war die Devise jener Zeit, und so machte man sich die Archimedische Methode zunutze, ohne sich um die feineren Details zu kümmern. Das Ergebnis war ein eher grobschlächtiges Verfahren, das nichts mehr von der Eleganz der griechischen Methode besaß, aber trotzdem irgendwie zu funktionieren schien und brauchbare Ergebnisse lieferte — es war die Approximationsmethode mit Hilfe von „Indivisiblen".[2] Unter Verwendung dieser Methode entdeckten Mathematiker wie Galilei (1564—1642), Johannes Kepler (1571—1630) und Bonaventura Cavalieri (1598—1647) eine Vielzahl von Eigenschaften verschiedener Figuren und Körper der allgemeinen Geometrie sowie zahlreiche darauf beruhende Anwendungsmöglichkeiten in der Mechanik und Optik. Beson-

2 Der Hauptunterschied zwischen den beiden Methoden besteht darin, daß die Exhaustionsmethode ausschließlich endliche (wenn auch immer kleiner werdende) Größen zugrunde legt, während die Approximationsmethode mit Hilfe der Indivisiblen auf der Annahme beruht, daß eine Figur aus unendlich vielen Elementen zusammengesetzt ist, die alle unendlich klein sind. Zwar steht die Exhaustionsmethode auf einem solideren mathematischen Fundament als die der Indivisiblen, beide Verfahren sind jedoch im Grunde nichts anderes als ein Versuch, einen Grenzprozeß zu verwenden, ohne dies explizit zuzugeben.

ders Cavalieri trug mit seinem 1635 veröffentlichten Buch *Geometria indivisibilibus continuorum* ... wesentlich dazu bei, die Methode der Indivisiblen voranzutreiben. Indem die Wissenschaftler „Indivisiblen" benutzten und sie als die „Atome" von Fläche bzw. Volumen betrachteten, kamen sie der modernen Integralrechnung außerordentlich nahe. (Ein Beispiel für dieses Verfahren ist in Abb. 2.3 gezeigt.)

Seinen bislang größten Triumph feierte das Unendliche in der zweiten Hälfte des 17. Jahrhunderts, als Sir Isaac Newton (1642—1727) und Gottfried Wilhelm Leibniz (1646—1716) die Differential- und Integralrechnung erfanden. Das Unendliche ist hier der Schlüsselbegriff; alles dreht sich um das unendlich Kleine, das *Infinitesimale*, wie es später genannt wurde. Heftige Kontroversen gehen auf das Konto dieser wunderlichen Gebilde. Handelte es sich bei ihnen um endliche Größen? Wenn ja, warum sollte man sie dann nicht als ganz gewöhnliche Zahlen betrachten? Oder waren es etwa verschwindende Größen, die praktisch gleich Null waren? Aber warum sollte man sie dann überhaupt benutzen? Niemand brachte diese Zweifel pointierter zum Ausdruck als der Bischof George Berkeley (1685—1753), ein englischer Philosoph und Theologe, der 1734 ein satirisches Werk mit dem Titel *The Analyst, Or a Discourse Addressed to an Infidel Mathematician*[3] veröffentlichte. Darin attackiert er die Infinitesimalrechnung von allen Seiten — nicht zuletzt von der theologischen Warte — und verspottet schon die grundlegendsten Begriffe. Bezüglich der Infinitesimalen sagte er:

> Sie sind weder endliche Größen, noch unendlich kleine Größen, noch überhaupt irgend etwas. Sollten wir sie dann nicht die Geister von abgeschiedenen Größen nennen?

Und doch, die Tatsache bleibt bestehen: Mit Hilfe der neuen Methode konnten plötzlich zahlreiche Probleme in der Mathematik, Physik und Astronomie gelöst werden — noch dazu auf sehr effiziente Weise. Und so kam es, daß das, was von den „reinen" Mathematikern zunächst als illegitimer Sproß einer nicht zulässigen Argumentation heftig kritisiert worden war, von ihren „angewandten" Kollegen, den Physikern, Astronomen und Ingenieuren sehr bald übernommen und legitimiert wurde. Die ganze Geschichte dieser Ent-

3 Der „ungläubige" Mathematiker, auf den Berkeley anspielte, war der englische Astronom Edmond Halley (1656—1742), der heute hauptsächlich aufgrund seiner Arbeiten über den nach ihm benannten Kometen bekannt ist. Er war jedoch auch ein sehr begabter Mathematiker und half Newton bei der Veröffentlichung seines Hauptwerks, der *Principia* (1687).

wicklung, einschließlich der damit zusammenhängenden persönlichen Schicksale der Erfinder, ist viel zu lang, um hier ausführlich behandelt zu werden. (Von verschiedenen Ansätzen ausgehend, machten Newton und Leibniz ihre Entdeckungen unabhängig voneinander. Sie lösten einen heftigen — nicht ganz unpolitischen — Prioritätsstreit um die Erfindung der Infinitesimalrechnung aus, in dem das nationale Prestige der betreffenden Länder Großbritannien und Deutschland eine wesentliche Rolle spielte.) Lassen wir es dabei bewenden, festzustellen, daß der größte Teil unserer heutigen Kenntnisse in Wissenschaft und Technik ohne die Infinitesimalrechnung undenkbar wäre. Die Infinitesimalrechnung ebnete den Weg für einen weiten und äußerst fruchtbaren Zweig der Mathematik, die *Analysis*, die praktisch alles umfaßt, was mit Kontinuität und Veränderung und daher mit dem Unendlichen zusammenhängt.

Große und kleine Zahlen

> Ich will dein Geschlecht segnen und mehren wie die Sterne am Himmel und wie den Sand am Ufer des Meeres.
>
> *1. Buch Mose 22,17*

Laien — und insbesondere Kinder — zeigen sich immer fasziniert von großen Zahlen. Für den Mathematiker jedoch haben sie keinerlei besondere Bedeutung; tatsächlich bewegen sich die zwei wichtigsten mathematischen Konstanten, π und e, in einer völlig „normalen" Größenordnung (ca. 3,14 bzw. 2,72). Die grundlegenden physikalischen Konstanten haben zwar meistens sehr hohe oder sehr kleine Werte (die Lichtgeschwindigkeit beispielsweise ist 3×10^8 m/s, die Masse des Elektrons beträgt $9,1 \times 10^{-31}$ kg, und die Plancksche Konstante ist $6,6 \times 10^{-34}$ Js), doch liegt dies nur daran, daß wir diese Konstanten mit Hilfe unserer üblichen Maßeinheiten ausdrücken, die eben auf die Dimensionen unserer Erde abgestimmt sind. So ist ein Meter der vierzigmillionste Teil der Äquatorlänge, ein Kilogramm ist die Masse eines Kubikdezimeters Wasser bei 0 °C, und eine Sekunde ist der 86400ste Teil eines Sonnentages. Hätten wir andere Einheiten zugrunde gelegt, wie beispielsweise den Radius des bekannten Universums oder die Zeit seines Bestehens — so würden die fundamentalen Konstanten ganz andere Zahlenwerte annehmen.

Um das Schreiben von sehr großen und sehr kleinen Zahlen zu erleichtern, benutzen Wissenschaftler die „wissenschaftliche Notation", die auf Zehnerpotenzen beruht. So wird 1 000 000 (eine Million) geschrieben als 10^6, 1 000 000 000 (eine Milliarde) als 10^9 usw. Sehr kleine Zahlen werden ebenso geschrieben, nur erhält der Exponent ein negatives Vorzeichen: 0,000 001 (ein Millionstel) ist 10^{-6}, 0,000 000 001 (ein Milliardstel) ist 10^{-9} usw. Die Zahl 123 000 kann als $1,23 \times 10^5$, 0,00123 als $1,23 \times 10^{-3}$ geschrieben werden.

Sehr große Zahlen treten häufig im Zusammenhang mit Permutationen und in der Kombinatorik auf. Es gibt beispielsweise $1 \times 2 \times 3 = 6$ verschiedene Möglichkeiten, drei Objekte in einer Reihe anzuordnen (*ABC*, *BCA*, *CAB*, *ACB*, *BAC* und *CBA*). Bei vier Objekten sind es schon $1 \times 2 \times 3 \times 4 = 24$ verschiedene Möglichkeiten, und allgemein gilt, daß es für n Objekte $1 \times 2 \times 3 \times \ldots \times n$ verschiedene Möglichkeiten gibt. Diese Zahl heißt „n-Fakultät" und wird $n!$ geschrieben. Mit zunehmenden n wächst diese Zahl unglaublich schnell an, wie aus Tabelle 1 hervorgeht.

Tabelle 1: Werte von n-Fakultät

n	$n!$
0	1
1	1
2	2
3	6
4	24
5	120
6	720
7	5040
8	40,320
9	362,880
10	3,628,800
11	39,916,800
12	479,001,600
13	6,227,020,800
14	87,178,291,200
15	1,307,674,368,000
16	20,922,789,888,000
17	355,687,428,096,000
18	6,402,373,705,728,000
19	121,645,100,408,832,000
20	2,432,902,008,176,640,000
21	51,090,942,171,709,440,000
22	1,124,000,727,777,607,680,000
23	25,852,016,738,892,566,840,000
24	620,448,401,733,421,599,360,000
25	15,511,210,043,335,539,984,000,000
26	403,291,461,126,724,039,584,000,000
27	10,888,869,450,421,549,068,768,000,000
28	304,888,344,611,803,373,925,504,000,000
29	8,841,761,993,742,297,843,839,616,000,000
30	265,252,859,812,268,935,315,188,480,000,000
40	$8.15915 \cdot 10^{47}$ (annähernd)
50	$3.04141 \cdot 10^{64}$ (annähernd)
60	$8.32099 \cdot 10^{81}$ (annähernd)
70	$1.19786 \cdot 10^{100}$ (annähernd)
80	$7.15695 \cdot 10^{118}$ (annähernd)
90	$1.48572 \cdot 10^{138}$ (annähernd)
100	$9.33262 \cdot 10^{157}$ (annähernd)

Der berühmte Rubik Cube bietet 43252003274489856000 bzw. ungefähr 4×10^{19} verschiedene Möglichkeiten, seine sechs Seiten anzuordnen — das sind weitaus mehr als die „drei Milliarden", mit denen einige der Hersteller des Würfels prahlen!

Im Altertum scheint man den großen Zahlen eine fast mythische Verehrung entgegengebracht zu haben, sie symbolisierten Macht und Fruchtbarkeit. So segnete Gott Abraham und sprach: „Sieh gen Himmel und zähle die Sterne; kanst du sie zählen? ... So zahlreich sollen deine Nachkommen sein!" (1. Buch Mose

15,5.) Dann fuhr er fort: „Darum sollst du nicht mehr Abram heißen, sondern Abraham soll dein Name sein, denn ich habe dich gemacht zum Vater vieler Völker." (1. Buch Mose 17,5), (das „h" kommt von dem hebräischen Wort *ha'mon*, das große Menge bedeutet). Ironischerweise sind die Sterne am Nachthimmel nicht so zahlreich, wie man immer annimmt. Unter idealen Bedingungen kann man mit bloßem Auge, von welchem Standort und zu welcher Zeit auch immer, nie mehr als etwa 2800 Sterne erblicken. Die Sandkörner am Strand sind daher ein viel passenderes Symbol für Überfluß. In seiner Abhandlung *Der Sandrechner* demonstriert Archimedes jedoch, daß sogar diese riesige Menge zählbar ist:

> Etliche glauben, König Gelon, daß die Zahl der Sandkörner unendlich sei ... Andere gibt es, die zwar nicht der Ansicht sind, daß die Zahl der Sandkörner unendlich sei, die aber meinen, daß es keine so große Zahl gebe, die die Zahl der Sandkörner übertreffe ... Ich aber werde versuchen, dir mit Hilfe von geometrischen Beweisen klar zu machen, daß unter den von uns in den Schriften an Zeuxippos genannten Zahlen etliche vorhanden sind, die nicht nur die Zahl der Sandkörner in jener der Erdkugel gleichen Kugel, von der wir sprachen, übertreffen, sondern auch die Zahl der Sandkörner in einer Kugel, die so groß ist wie der Kosmos.

Die größte mit einem eigenen Namen bezeichnete Zahl (also keine Zahl in der Zehnerpotenz-Schreibweise) ist die buddhistische Zahl *asankhyeya*, die etwa 10^{140} entspricht. Die größte namentlich bekannte Zahl der westlichen Welt ist *Googol*, oder 10^{100}. Der Name geht auf den amerikanischen Mathematiker Edward Kasner zurück — besser gesagt, auf seinen 9 Jahre alten Neffen, den Kasner gebeten hatte, einen Namen für eine sehr große Zahl zu erfinden. 10 hoch ein Googol ist ein *Googolplex*: eine 10 gefolgt von 1 Googol Nullen. Solche monströsen Zahlen sind rein intellektuelle Schöpfungen und werden selten, wenn überhaupt je, für irgend etwas verwendet. Die Anzahl der Atome im gesamten Universum beispielsweise wird auf „nur" etwa 10^{85} geschätzt, das ist weit weniger als ein Googol.

So gewaltig diese Zahlen auch sind, so haben sie doch nichts mit dem Unendlichen zu tun. Das Unendliche ist von einem Googol genauso weit entfernt wie von 1. Von einer veränderlichen Größe sagt man, daß sie gegen unendlich strebt, wenn sie *größer als jede beliebige endliche Zahl* werden kann. Daraus folgt, daß unendlich überhaupt keine Zahl ist, sondern ein abstrakter Begriff.

3 Konvergenz und Grenzwert

Eine Größe ist die Grenze einer anderen Größe, wenn die zweite der ersten näher kommen kann als jede beliebige andere Größe, so klein sie auch sei.

Jean Le Rond d'Alembert (1717—1783)

Von zentraler Bedeutung für die Entwicklung der Infinitesimalrechnung waren die Begriffe Konvergenz und Grenzwert. Mit Hilfe dieser Begriffe wurde es endlich möglich, die klassischen Paradoxien des Unendlichen, die Zenon so gefesselt hatten, zu lösen. Das Läufer-Paradoxon läßt sich zum Beispiel durch folgende Beobachtung erklären: indem der Läufer erst die Hälfte der Gesamtstrecke zurücklegt, dann die Hälfte der verbleibenden Hälfte usw., bewältigt er eine Entfernung, die der folgenden Summe entspricht:

$$1/2 + 1/4 + 1/8 + 1/16 + \ldots$$

Diese unendliche Summe oder Reihe hat die Eigenschaft, daß sie, gleichgültig wie viele Glieder wir auch addieren, nie 1 erreichen, geschweige denn überschreiten wird. Die Zahl 1 kann jedoch beliebig nah approximiert werden, indem wir eine ausreichende Anzahl von Gliedern der Summe addieren (siehe Abb. 3.1). Wir sagen, die Reihe *konvergiert* gegen 1, bzw. sie hat den *Grenzwert* 1, wenn die Anzahl der Summanden gegen unendlich strebt. Nehmen wir nun an, daß der Läufer eine konstante Geschwindigkeit beibehält. Die Zeitintervalle, die er benötigt, um die entsprechenden Entfernungen zurückzulegen, folgen dann ebenfalls dieser Reihe, und so erreicht er sein Ziel in einer endlichen Zeitspanne — womit das Problem gelöst ist.[1] Die Griechen hatten bloß nicht einsehen wollen, daß eine unendli-

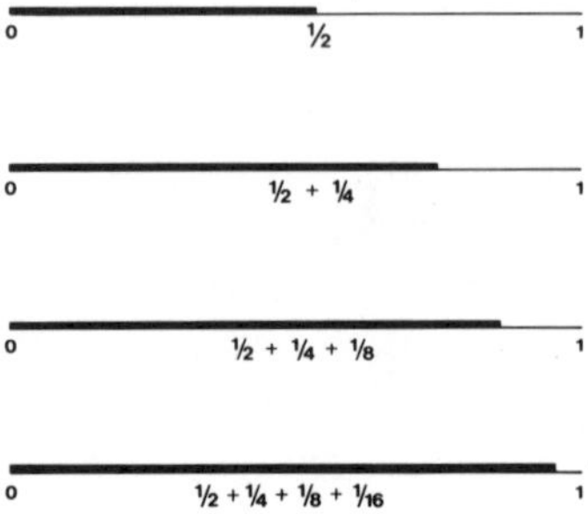

Abb. 3.1: Noch mal das Läufer-Paradoxon.

che Summe einen endlichen Wert erreichen kann, bzw. daß sie gegen einen Grenzwert konvergieren kann.

Bevor wir uns näher mit den unendlichen Reihen beschäftigen, müssen wir erklären, was wir unter dem Grenzwert einer unendlichen *Folge* verstehen. Eine Folge ist einfach eine Auflistung von Zahlen, die hintereinander geschrieben werden: $a_1, a_2, a_3, \ldots, a_n \ldots$; in der Regel (jedoch nicht immer) gibt es eine Vorschrift, die angibt, wie das jeweils nächste Folgenglied zu berechnen ist. Die Schreibweise a_n steht für „das n-te Glied" unserer Folge, und die drei Punkte am Ende sagen uns — falls wir es vergessen haben sollten —, daß die Folge unendlich ist. (Es dürfte wohl auch kaum von Interesse sein, den Grenzwert einer endlichen Folge zu untersuchen.)

Wenn wir nun eine gegebene Folge untersuchen, stellen wir vielleicht irgendwann fest, daß ihre Glieder immer näher an einen bestimmten Wert heranrücken, ohne ihn je ganz zu erreichen. In diesem Fall sprechen wir von dem Wert als dem Grenzwert oder *Limes* der Folge und sagen, daß die Folge gegen diesen Grenzwert *konvergiert*. Die Folge 1/1, 1/2, 1/3, 1/4, …, $1/n$, … hat beispielsweise den Grenzwert 0. Je mehr Glieder der Folge wir betrachten, desto kleiner werden sie; sie nähern sich der Null, ohne sie je ganz zu erreichen. Tatsächlich können wir die Glieder der Folge beliebig nah an Null herankommen lassen, wenn wir nur weit genug gehen. Soll unsere Folge kleiner als etwa ein Tausendstel werden, so erreichen wir das leicht, indem wir mindestens bis zum tausendsten Glied gehen (n = 1000); soll sie kleiner als ein Millionstel werden, untersuchen wir die Folge bis mindestens zum millionsten Glied (n = 1000000). Wenn uns auch dies noch nicht nah genug an der Null ist, lassen wir unsere Folge bis auf ein Milliardstel oder ein Billionstel herankommen — immer indem wir entsprechend viele Glieder der Folge betrachten. Genau dies macht nun das Wesen des Grenzwertbegriffes aus: Der Limes ist ein Wert, dem sich eine Folge beliebig nähern kann, den sie jedoch niemals erreicht.[2] Für die graphische Darstellung bedeutet das, daß sich die Folgenglieder zum Grenzwert hin häufen (in unserem Beispiel zur Null). (Siehe Abb. 3.2.)

1 Trotzdem gibt es auch heute noch Leute, die diese einfache Erklärung ablehnen und sich weigern, das Problem als gelöst zu betrachten. Anscheinend wird es immer Menschen geben, die hartnäckig all jene Argumente verwerfen, die nicht nur den „gesunden Menschenverstand" fordern, sondern ein tieferes Verständnis voraussetzen. Zu dieser Gruppe gehören alle diejenigen, die an die Quadratur des Kreises glauben, die die Erde für eine Scheibe halten oder die trotz offenkundiger Beweise immer noch jede Gelegenheit nutzen, die Relativitätstheorie zu bestreiten.

2 Wir wollen hier einmal von dem trivialen Fall absehen, in dem alle Glieder der Folge gleich sind, oder in dem der Grenzwert selbst als ein Glied in die Folge eingebracht wird. Die Bedingung, daß die Glieder der Folge den Grenzwert beliebig approximieren, gilt jedoch selbstverständlich auch hier.

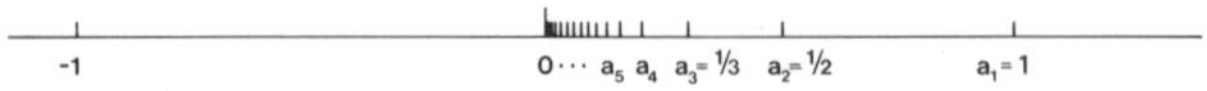

Abb. 3.2: Konvergenz gegen einen Grenzwert.

Nun verabscheuen Mathematiker aber lange, wortreiche Erklärungen; sie sind gewohnt, sich kurz und präzise auszudrücken. Statt zu sagen, daß die Folge $a_1, a_2, a_3, \ldots, a_n, \ldots$ gegen den Limes L konvergiert, schreiben wir:

$$a_n \rightarrow L \text{ für } n \rightarrow \infty$$

bzw.

$$\lim_{n \rightarrow \infty} a_n = L$$

Das Gleichheitszeichen in der zweiten Schreibweise bedarf jedoch noch einer Erläuterung: es bedeutet einzig und allein, daß der *Limes* der Folge gleich L ist; es bedeutet nicht — und das sollte auch keinesfalls gefolgert werden —, daß der Grenzwert tatsächlich erreicht wird. Um zu zeigen, daß die Glieder der Folge 1, 1/2, 1/3, …, $1/n$, … gegen den Grenzwert 0 streben, würde man also schreiben: $1/n \rightarrow 0$ für $n \rightarrow \infty$, bzw. $\lim_{n \rightarrow \infty} 1/n = 0$.

Die Grenzwertdefinition sagt nichts darüber aus, in welcher Weise sich die Folgenglieder dem Grenzwert annähern. In dem oben genannten Beispiel approximieren sie den Limes von einer Richtung, nämlich von oben (bzw. von rechts auf der Zahlengeraden); das heißt, die Glieder der Folge sind immer größer als Null. Dies muß jedoch nicht der Fall sein. Betrachten wir zum Beispiel die gleiche Folge mit alternierendem Vorzeichen: 1, –1/2, 1/3, –1/4, …,.[3] Diese Folge hat ebenfalls den Limes Null; der Grenzwert wird jedoch abwechselnd von oben und unten (bzw. von links und von rechts auf der Zahlengeraden) approximiert (siehe Abb. 3.3). Eine solche Folge

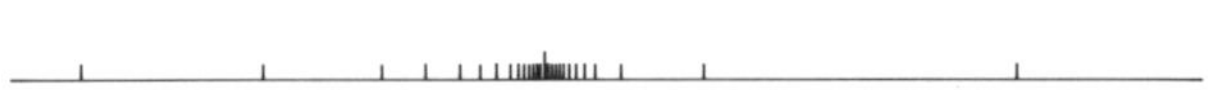

Abb. 3.3: Konvergenz gegen einen Grenzwert bei einer alternierenden Folge.

heißt alternierend. Auch muß die Konvergenz nicht „monoton" sein (das heißt, nicht jedes Glied muß näher am Grenzwert liegen als das vorangegangene.) Die Folge 2/1, 1/2, 3/2, 2/3, 4/3, 3/4, … konvergiert zum Beispiel in Sprüngen gegen den Grenzwert 1 und ist zudem alternierend. Die einzige Bedingung ist also, daß man dem Grenzwert beliebig nahe kommen kann.

3 Das allgemeine Glied der Folge wird folgendermaßen geschrieben: $\frac{(-1)^{n-1}}{n}$.

Die Primzahlen

> Die Primzahlen ... jene verzwickten, widerspenstigen Zahlen, die nur durch sich selbst und 1 ohne Rest teilbar sind.
>
> *Martin Gardner*

Eine ganze Zahl wie etwa 12 kann als das Produkt kleinerer ganzer Zahlen geschrieben werden: 12 = 3 x 4 oder 12 = 2 x 6. Eine solche Zahl heißt *zusammengesetzt* oder *zerlegbar*. Die Zahl 13 hingegen kann nur als Produkt von sich selbst und 1 geschrieben werden: 13 = 13 x 1. Eine solche Zahl heißt Primzahl. Genauer gesagt ist eine Primzahl eine positive ganze Zahl größer als 1, die keine anderen ganzzahligen Faktoren enthält als sich selbst und 1.

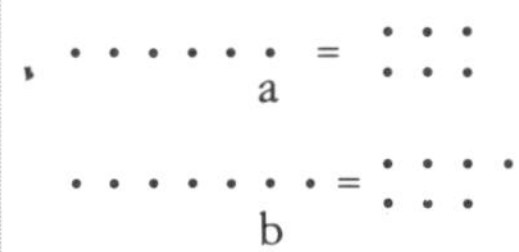

Abb. 1 (a): Eine zusammengesetzte Zahl wie 6 kann durch Perlen dargestellt werden, die in Reihen angeordnet sind. Die Reihen weisen dabei jeweils die gleiche Anzahl von Perlen auf. (6 = 2 x 3) (b): Eine Primzahl wie 7 kann nicht auf diese Weise dargestellt werden, da in einer Reihe zwangsläufig eine Perle übrig bleibt. (7 = 2 x 3 + 1).

Mit Ausnahme von 0 und 1 sind alle natürlichen Zahlen entweder Primzahlen oder zusammengesetzte Zahlen. Die ersten zehn Primzahlen sind 2, 3, 5, 7, 11, 13, 17, 19, 23 und 29. Die Zahlen 0 und 1 gehören keiner der beiden Klassen an. Alle Primzahlen außer der 2 sind ungerade Zahlen, da eine gerade Zahl durch 2 teilbar und damit eine zusammengesetzte Zahl ist.

Die Primzahlen sind von grundlegender Bedeutung in der Mathematik, besonders in der höheren Arithmetik (dem Zweig der Mathematik, der als „Zahlentheorie" bekannt ist). Der Grund dafür ist, daß sich jede zusammengesetzte Zahl auf genau eine Weise in Primfaktoren zerlegen läßt. So kann 12 in die Faktoren 3 und 4 zerlegt werden (das heißt, sie kann als Produkt dieser Faktoren geschrieben werden), oder in die Faktoren 2 x 6, wobei 4 und 6 jeweils weiter zerlegt werden können, so daß gilt: 12 = 3 x 4 = 3 x 2 x 2, bzw. 12 = 2 x 6 = 2 x 2 x 3. Abgesehen von der Anordnung sind die Primfaktoren dieselben. Diese Tatsache, bekannt als der *Fundamentalsatz der Arithmetik*, zeigt, daß die Primzahlen die „Bausteine" der Zahlen sind. Sie spielen in der Mathematik die gleiche Rolle wie die chemischen Elemente in der Natur.

So ganz passend ist die Analogie jedoch aus zwei Gründen nicht: erstens existieren, anders als bei den chemischen Elementen, unendlich viele Primzahlen. Zweitens gibt es kein „Periodensystem" der Primzahlen, das heißt, keine Systematik, in die sie sich einfügen lassen.

Die erste Eigenschaft wurde schon im 3. Jahrhundert v. Chr. von Euklid bewiesen und gehört zu den wenigen gesicherten Erkenntnissen, die wir von den Primzahlen besitzen (der Beweis ist im Anhang wiedergegeben). Der zweite Punkt hat viel Anlaß zu Spekulationen gegeben und den Primzahlen wohl auch etwas Ge-

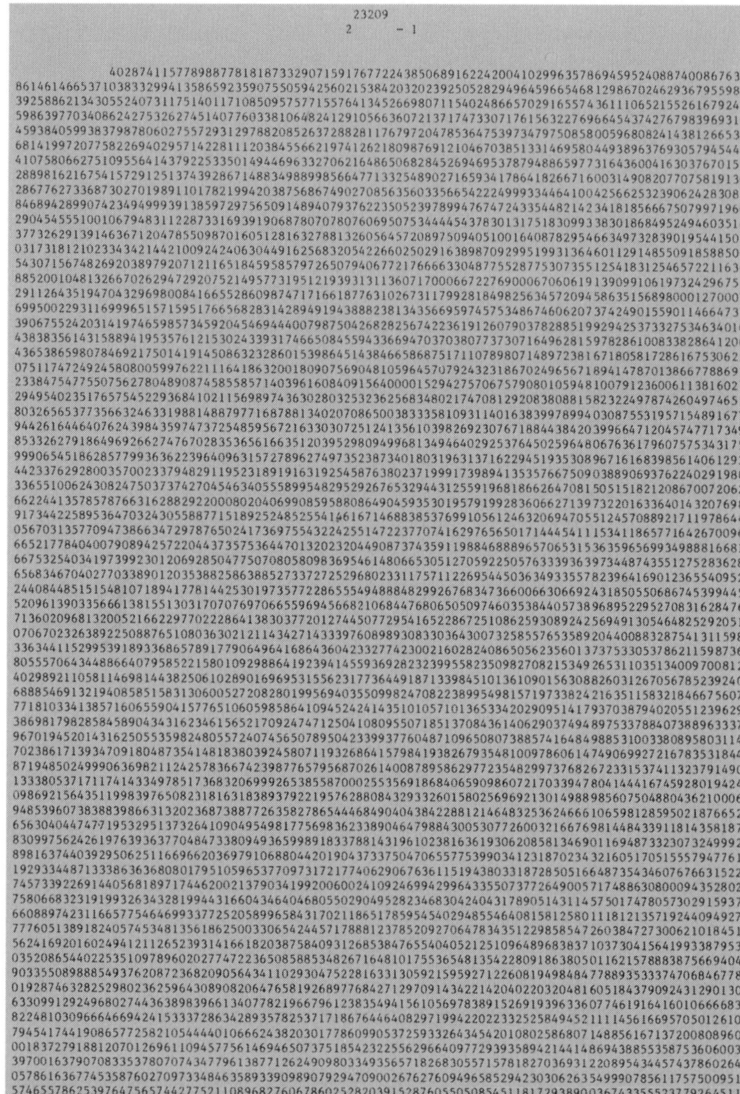

Abb. 2: 1979 war die größte bekannte Primzahl $2^{23209} - 1$, eine Zahl mit 6987 Stellen. 1986 wurde eine weitaus größere Primzahl entdeckt, die mehr als 65 000 Stellen aufweist. Da es unendlich viele Primzahlen gibt, ist es nur eine Frage der Zeit, bis eine noch größere Primzahl gefunden wird.

heimnisvolles verliehen. Man hat oft versucht, eine Formel oder einen mathematischen Ausdruck zu finden, nach dem Primzahlen erzeugt werden können, bzw. der es ermöglicht, zu einer gegebenen Primzahl die nächste Primzahl zu bestimmen (genau wie die Formel 2^n alle Potenzen von 2 vorhersagt). Bislang sind jedoch alle derartigen Versuche fehlgeschlagen. Die Primzahlen scheinen höchst unregelmäßig unter den ganzen Zahlen verteilt zu sein, und mit Ausnahme einiger weniger Zahlen ist es auch unmöglich, vom Aussehen einer Zahl zu schließen, ob sie eine Primzahl ist oder nicht (das heißt, ohne tatsächlich zu versuchen, sie durch kleinere ganze Zahlen zu teilen). Wir wissen jedoch, daß die *durchschnittliche* Häufigkeit der Primzahlen zu den großen Zahlen hin abnimmt, das heißt, daß die Primzahlen immer seltener werden. So gibt es zwischen 1 und 100 25 Primzahlen, zwischen 100 und 200 21, zwischen 200 und 300 16 usw. (Zwischen 300 und 400 gibt es zwar 17 Primzahlen, doch zeigt dies nur, daß es bei solchen Angaben auf die durchschnittliche Verteilung ankommt.) Einen der wichtigsten Fortschritte in unserem Verständnis der Primzahlen stellen die Arbeiten von Jacques Hadamard (1865—1963) und C. de la Vallée-Poussin (1866—1962) dar. Ihnen gelang der Beweis einer Vermutung, die Carl Friedrich Gauß (1777—1855) fast ein Jahrhundert vorher bezüglich der statistischen Primzahlverteilung aufgestellt hatte. Ihr Theorem, der sogenannte Primzahlsatz, besagt, daß die Dichte der Primzahlen — das heißt, die Anzahl der Primzahlen bis zu einer gegebenen ganzen Zahl N dividiert durch N — für $N \rightarrow \infty$ — gegen $1/ln\ N$ strebt (wobei $ln\ N$ der natürliche Logarithmus von N ist).

Viele Fragen im Zusammenhang mit den Primzahlen sind ungelöst, darunter auch einige Fragen, die scheinbar sehr einfach sind. Primzahlen treten häufig paarweise in der Form p, $p + 2$ auf: 3 und 5, 5 und 7, 11 und 13, 41 und 43, 101 und 103 usw. Man findet diese Paare auch unter sehr großen Zahlen: 29669 und 29671 oder 29879 und 29881. Ungeklärt ist, ob es endlich oder unendlich viele solcher „Primzahlzwillinge" gibt. Die meisten Mathematiker glauben zwar, daß es unendlich viele dieser Paare gibt — genauso wie es unendlich viele Primzahlen gibt —, doch alle Versuche, diese Vermutung zu beweisen, waren bislang erfolglos. (1982 hatte eine Computersoftware-Firma einen Preis in Höhe von $ 25000 für den Beweis ausgesetzt.) Im Jahr 1963 war das größte bekannte Primzahlpaar

$$140737488353699$$

und

$$140737488353701;$$

vor kurzem jedoch gelang es, einen weitaus größeren Primzahlzwilling zu entdecken:

$$1159142985 \times 2^{2304} \pm 1$$

(jede dieser Zahlen hat 703 Stellen).[1] Große *einzelne* Primzahlen werden natürlich jedes Jahr entdeckt; die größte bekannte Primzahl zur Zeit der Entstehung dieses Buches (Januar 1986) war $2^{216091} - 1$, eine Zahl mit 65050 Stellen. Sie wurde von David Slowinski, Mitarbeiter der Cray Research Company aus Chippewa Falls, Wisconsin, gefunden, als man ein Programm für neue Supercomputer testete.

1 C.W. Trigg: *J. Recreational Mathematics*, 14 (1981—82), 204.

4 Die Faszination der unendlichen Reihen

Wie die unendliche Reihe sich fügt zur endlichen Summe
Und der Grenze sich beugt, was dir grenzenlos scheint,
So im bescheidenen Körper verbirgt der unendlichen Gottheit
Spur sich, und grenzenlos wird, was doch so eng ist begrenzt.
Welche Wonne, zu schau'n im Unermessnen das Kleine
Und im Kleinen zu schau'n ihn, den unendlichen Gott!

Jakob Bernoulli (1654–1705)

Durch Addition der Glieder einer Folge erhält man eine *Reihe.* Aus der endlichen Folge $a_1, a_2, a_3, \ldots, a_n$ wird so die endliche Reihe oder Summe $a_1 + a_2 + a_3 + \ldots + a_n$. Bei der *unendlichen* Folge $a_1, a_2, a_3, \ldots, a_n, \ldots$ stellt sich jedoch das folgende Problem: wie soll man diese Summe ausrechnen? Natürlich können wir die unendlich vielen Glieder der Folge nicht wirklich alle addieren, statt dessen können wir jedoch eine zwar endliche, aber *stets wachsende* Anzahl von Gliedern summieren: a_1, $a_1 + a_2$, $a_1 + a_2 + a_3$, usw. Auf diese Weise erhalten wir eine neue Folge, die Folge der *Partial-* oder *Teilsummen* der ursprünglichen Folge. Aus der Folge 1, 1/2, 1/3, ..., $1/n$, ... beispielsweise erhalten wir die Folge der Partialsummen 1, 1 + 1/2 = 1,5, 1 + 1/2 + 1/3 = 1,83333 ... und so weiter. Wenn diese Folge der Partialsummen gegen einen Grenzwert S konvergiert, sagen wir: die unendliche Reihe $a_1 + a_2 + a_3 + \ldots$ *konvergiert gegen die Summe S.* Der Kürze halber sagen wir auch, „S ist die (unendliche) Summe der Reihe".

Auch in diesem Fall gibt es eine spezielle Schreibweise, um den Sachverhalt auszudrücken:

$$a_1 + a_2 + a_3 + \ldots = S$$

oder alternativ dazu:

$$\sum_{i=1}^{\infty} a_i = S$$

(Das Symbol Σ ist der große griechische Buchstabe Sigma und bedeutet „Summe von"; der Index i ist eine Variable, die die Zahlenwerte 1 bis unendlich durchläuft.) Es ist wichtig, sich zu vergegenwärtigen, daß diese Gleichungen eigentlich Abkürzungen für folgende Aussagen sind:

$$\lim_{n \to \infty} (a_1 + a_2 + a_3 + \ldots + a_n) = S$$

bzw.:

$$\lim_{n \to \infty} \sum_{i=1}^{n} a^i = S$$

Wie kann man jedoch feststellen, ob eine gegebene Reihe gegen einen Grenzwert konvergiert und wenn ja, welchen Zahlenwert dieser hat? Die Antwort auf die erste Frage ist relativ einfach (erfordert jedoch gewisse Kenntnisse in der Differential- und Integralrechnung); auf die zweite Frage gibt es keine allgemeingültige Antwort.

Es ist leicht zu sehen, wann eine Reihe *nicht* gegen einen Grenzwert konvergiert: dies ist zum Beispiel der Fall, wenn ihre Glieder immer größer werden. Es ist kaum überraschend, daß die Folge 1 + 2 + 3 … nicht konvergiert, da ihre Partialsummen über alle Grenzen wachsen. Eine Folge, die nicht gegen eine gegebene Summe konvergiert, heißt *divergent.*

Die Überraschung kommt jedoch, wenn wir feststellen, daß es Folgen gibt, deren Glieder zwar immer kleiner werden, die aber trotzdem nicht konvergieren! Das klassische Beispiel hierfür ist die *harmonische Reihe*, die man erhält, indem man die Kehrwerte der natürlichen Zahlen addiert:[1]

$$1/1 + 1/2 + 1/3 + 1/4 + \ldots$$

Hier werden die Folgenglieder zwar immer kleiner, die Reihe konvergiert jedoch nicht. Langsam — sehr langsam sogar — wächst die Summe über jeden endlichen Wert. Die Bedingung, daß die Folgenglieder immer kleiner werden für $n \to \infty$, ist also ein *notwendiges*, jedoch kein *hinreichendes* Kriterium für die Konvergenz einer Folge.

Das merkwürdige Verhalten der harmonischen Reihe verblüfft und fasziniert die Mathematiker seit Jahrhunderten. Der erste, der die Divergenz dieser Reihe bewies — fast 400 Jahre bevor man die Bedeutung des Grenzwertbegriffs vollständig verstanden hatte —, war der französische Gelehrte Nicolas Oresme (1323?—1382). (Sein Beweis, den man auch heute noch verwendet, wird im Anhang wiedergege-

1 Die Reihe heißt „harmonisch", da es eine gewisse Beziehung zwischen den Gliedern der Folge und den Intervallen der Tonleiter gibt.

ben.) Wenn wir beginnen, die Glieder der harmonischen Reihe zu addieren, gibt es im Verhalten der Partialsummen zunächst nicht den geringsten Hinweis darauf, daß die Reihe divergent sein könnte. Einige Zahlenangaben sollen dies verdeutlichen: Wenn wir die ersten tausend Glieder der Reihe addieren, beträgt die Partialsumme etwa 7,485 (auf drei Stellen gerundet), die erste Million Folgenglieder (10^6) ergibt 14,357; die erste Milliarde (10^9) ungefähr 21, die erste Billion (10^{12}) ungefähr 28 usw. Wir können die Frage auch umgekehrt stellen: Wie viele Glieder müssen wir addieren, damit die Partialsumme eine gegebene Zahl N übersteigt? Für $N = 5$ müßten wir die ersten 83 Glieder addieren[2], ist $N = 10$, sind es die ersten 12367 Glieder, für $N = 20$ sind es ungefähr dreihundert Millionen Glieder. Angenommen, wir sind wirklich ehrgeizig und setzen $N = 100$. Eine einfache Abschätzung mit Hilfe der Differential- und Integralrechnung zeigt, daß wir etwa 10^{43} Glieder addieren müßten; das heißt, eine 1 gefolgt von 43 Nullen! Dies ist nun gewiß eine gewaltige Zahl, doch wie groß sie wirklich ist, kann man erst ermessen, wenn man folgende Überlegung anstellt: Angenommen, wir haben einen Computer, der in der Lage ist, eine Million Glieder pro Sekunde zu addieren. Um unsere 10^{43} Glieder zu summieren, würde der Computer dann 10^{37} Sekunden benötigen. Das Alter des Universums schätzt man gegenwärtig auf „nur" ungefähr 10^{17} Sekunden; unsere Rechenmaschine würde also ein Vielfaches des „Lebensalters" unseres Weltalls brauchen, um diese Arbeit zu bewältigen! Wir können den Sachverhalt auch noch auf andere Weise verdeutlichen: Stellen wir uns vor, wir schreiben die Glieder unserer Reihe hintereinander auf ein Band Papier, bis die Partialsumme 100 überschreitet. Unter der Voraussetzung, daß jedes Glied einen Zentimeter Platz auf dem Papierband beansprucht (sicherlich eine Unterschätzung, da die Glieder zunehmend mehr Stellen aufweisen), müßte das Band 10^{43} Zentimeter bzw. 10^{25} Lichtjahre lang sein.[3] Da das bekannte Weltall auf eine Größe von nur 10^{12} Lichtjahren geschätzt wird, wäre also auch das gesamte Universum nicht groß genug, um unsere Reihe bis zur Partialsumme 100 niederzuschreiben. Und doch können wir sicher sein: Wenn wir in der Lage wären, die *gesamte* Reihe, das heißt, all ihre unendlich vielen Glieder zu addieren, würde die Summe tatsächlich gegen unendlich streben. Es liegt also in der Natur des Grenzprozes-

2 Man kann dies schon auf einem einfachen Taschenrechner leicht nachvollziehen, wenn es auch ein etwas langwieriges Unterfangen ist. Ein programmierbarer Taschenrechner oder ein Computer erledigen dies natürlich wesentlich schneller.

3 Ein Lichtjahr ist die Entfernung, die das Licht bei einer Lichtgeschwindigkeit von etwa 300000 km/s in einem Jahr zurücklegt. Dies entspricht ungefähr $9{,}5 \times 10^{12}$ oder grob gesprochen 10 Billionen Kilometern.

ses, daß manche Reihen gegen einen Grenzwert konvergieren, während andere, die konvergent scheinen, dies einfach nicht sind.[4]

Das merkwürdige Verhalten der harmonischen Reihe hat zahlreiche sehr interessante Fragen aufgeworfen, von denen einige bislang noch nicht beantwortet werden konnten. Wir wir gesehen haben, beruht die Besonderheit der Reihe darauf, daß ihre Glieder zwar immer kleiner werden, die Reihe jedoch trotzdem divergiert. Für diese Divergenz müssen einige der Glieder verantwortlich sein. Die Frage drängt sich nun von selbst auf: Welche Glieder — oder Gruppen von Gliedern — müssen aus der Reihe herausgenommen werden, damit sie konvergiert? Über diese Frage ist viel geforscht worden. Es konnte beispielsweise gezeigt werden, daß die Reihe auch dann noch divergiert, wenn man all jene Glieder entfernt, deren Nenner eine zusammengesetzte Zahl ist (etwa 1/4, 1/6, 1/8, 1/9 etc.). Dies ist äußerst erstaunlich, da die übrigbleibenden Glieder die Kehrwerte der Primzahlen sind (vgl. S. 39) und die Primzahlen zu den großen Zahlen hin immer seltener werden. Es wäre also intuitiv zu vermuten gewesen, daß die um die Kehrwerte der zusammengesetzten Zahlen verminderte Reihe konvergiert. Dies ist jedoch nicht der Fall.

Die Reihe, die nur noch aus den Kehrwerten der Primzahlzwillinge p, $p + 2$ besteht (wie z.B. 3 und 5, 5 und 7, 11 und 13 etc.), konvergiert dagegen tatsächlich. Hier muß jedoch einschränkend hinzugefügt werden, daß bislang noch nicht bekannt ist, ob die Anzahl der Primzahlpaare endlich oder unendlich ist. Die meisten Mathematiker glauben zwar, daß es unendlich viele gibt (obwohl sie in der Menge der natürlichen Zahlen noch wesentlich seltener vorkommen als die Primzahlen selbst); doch solange dies nicht als gesichert vorausgesetzt werden kann — und ein Beweis steht vielleicht noch lange aus —, ist es nicht gerechtfertigt, diese Reihe als unendliche Reihe zu betrachten.

Es gab auch noch weitere Versuche, die harmonische Reihe um bestimmte Glieder zu vermindern. Einen davon möchte ich noch kurz erwähnen. Wenn aus der Reihe all jene Glieder gestrichen werden, deren Nenner die Ziffer 9 enthält (z.B. 9, 19, 92, 199 usw.), konvergiert die so entstandene Reihe gegen eine Summe, die zwischen 22,4 und 23,3 liegt.[5]

Ein berühmtes ungelöstes Problem, das sich im Zusammenhang mit der harmonischen Reihe stellt, ist das folgende: mit Hilfe der Infinitesimalrechnung läßt sich zeigen, daß die N-te Partialsumme der

4 Vgl. R. P. Boas Jr. und J. W. Wrench Jr.: „Partial Sums of the Harmonic Series", *The American Mathematical Monthly*, 78 (1971), pp. 864—870.

5 Vgl. Frank Irwin: „A Curious Convergent Series", *The American Mathematical Monthly*, 23 (1916), pp. 149—152.

Reihe stets zwischen den Werten *ln N* und $1 + \ln N$ liegt, wobei *ln N* der natürliche Logarithmus von *N* ist. (So beträgt zum Beispiel die Summe der ersten tausend Glieder der Reihe — auf drei Stellen gerundet — 7,485, während $\ln 1000 = 6{,}908$ ist; es gilt also: $\ln 1000 < 7{,}485 < 1 + \ln 1000$.)[6] Daraus folgt, daß der Ausdruck $(1 + 1/2 + 1/3 + \ldots + 1/N) - \ln N$ für $N \to \infty$ gegen einen bestimmten Grenzwert strebt. Dieser Grenzwert, bekannt als die *Eulersche Konstante*, wird mit dem Buchstaben *C* bezeichnet; ihr Wert beträgt auf fünf Dezimalstellen gerundet 0,57722. Es ist nicht bekannt, ob *C* rational oder irrational ist (siehe Kapitel 7 und 8).

6 Die enge Verbindung zwischen der harmonischen Reihe und dem natürlichen Logarithmus geht auf die in der Infinitesimalrechnung so fundamentale Formel $\int_1^N dx/x = \ln N$ zurück.

5 Die geometrische Reihe

Mit Ausnahme der geometrischen Reihe gibt es in der gesamten Mathematik nicht eine einzige unendliche Reihe, deren Summe logisch streng bestimmt worden wäre.

Niels Henrik Abel (1802–1829)

Die harmonische Reihe ist zweifellos die berühmteste unter den divergierenden Reihen. Unter den konvergierenden Reihen gebührt diese Auszeichnung vorbehaltlos der geometrischen Reihe. Ihr sind wir schon im Zusammenhang mit dem Läuferparadoxon begegnet. In einer geometrischen *Folge* beginnen wir mit einem Anfangsglied a und erhalten die weiteren Glieder durch wiederholte Multiplikation mit einer konstanten Zahl q: $a, aq, aq^2, \ldots, aq^n, \ldots$ Diese Konstante q ist der *Quotient* der Folge. Es gibt Folgen, die nach einer bestimmten Anzahl von Gliedern enden; in diesem Fall schreiben wir natürlich keine drei Punkte am Schluß. Für solche endlichen geometrischen Folgen gibt es zahlreiche Beispiele aus dem täglichen Leben. Am bekanntesten ist wohl der Zinseszins: Legt man beispielsweise eine bestimmte Summe, sagen wir \$ 100, zu einem Jahreszins von 5% auf das Sparbuch, so vermehrt sich die Summe an jedem Jahresende um den Faktor 1,05, was die Folge \$ 100,00; 105,00; 110,25; 115,76; 121,55 usw. ergibt (die Zahlen sind gerundete Werte).[1] Zumindest auf dem Papier sieht dieses Wachstum sehr beeindruckend aus, doch leider macht die Inflationsrate die Freude, die man angesichts der Geldmehrung empfunden haben mag, schnell genug zunichte.

Die Wachstumsrate einer geometrischen Folge kann unvorstellbar hoch sein. Einer Legende zufolge gab es im alten Persien einen Schah, der so über alle Maßen von dem neu erfundenen Schachspiel begeistert war, daß er den Erfinder zu sich rufen ließ, um ihn zum Dank mit den Reichtümern seines königlichen Palastes zu überhäufen. Der Erfinder, ein armer, in der Mathematik jedoch sehr bewanderter Bauer, erbat sich nun aber lediglich das folgende: Auf das erste Feld des Schachbrettes lege man ein Korn Weizen, auf das zweite Feld zwei Körner, auf das dritte vier usw., bis alle Felder des Schachbrettes abgedeckt seien. Der Schah, erstaunt über die Bescheidenheit dieser Bitte, ließ sofort einen Sack Weizen herbeibringen und befahl seinen Die-

1 Auf manchen Taschenrechnern kann man dies leicht ausrechnen, indem man sich die Wiederholfunktion zunutze macht. Eine Multiplikation kann also beliebig fortgesetzt werden, indem man einfach die Taste des Gleichheitszeichens sooft wie nötig drückt.

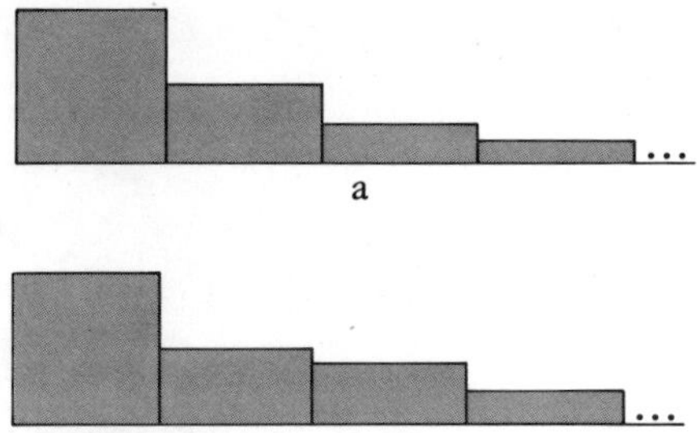

Abb. 5.1: Ein Vergleich der geometrischen und der harmonischen Reihe. Die Reihen sind durch Folgen von Rechtecken der Grundseitenlänge 1 dargestellt, deren Flächensummen sich wie die entsprechende Reihe verhalten. (a) Die geometrische Reihe: Jedes Rechteck ist halb so groß wie das vorangegangene. Die Summe der Flächen konvergiert gegen den Limes 2, das heißt gegen einen Wert, der der doppelten Fläche des ursprünglichen Quadrats entspricht. (b) Die harmonische Reihe: Die Größe der aufeinanderfolgenden Rechtecke entwickelt sich gemäß der Folge 1, 1/2, 1/3, 1/4, 1/5 .... Diese Reihe divergiert, so daß wir die Gesamtfläche beliebig wachsen lassen können, indem wir immer mehr Rechtecke addieren.

nern, die Weizenkörner auf das Brett zu legen. Zu ihrer allergrößten Verwunderung mußten sie bald feststellen, daß weder dieser Sack noch alle Kornkammern des Landes ausreichen würden, um der Bitte nachzukommen; der 64ste Term dieser Folge 1, 2, 4, 8, 16, 32, ... ist nämlich eine recht beeindruckende Zahl: 9223372036854775808. Nehmen wir an, ein Korn hat einen Durchmesser von einem Millimeter; wenn wir die Körner in eine Reihe legen wollten, wären diese Reihe etwa zwei Lichtjahre lang![2]

Viele Menschen sind von der besonderen Art des Wachstums der geometrischen Folge fasziniert. Sie haben irgendwie das Gefühl, daß das „natürliche" Wachstum einer Folge linear verlaufen müsse, das heißt, in gleichbleibenden Schritten, so wie beispielsweise in der Folge der natürlichen Zahlen. Eine solche Folge heißt *arithmetische Folge* (die Adjektive „arithmetisch" und „geometrisch" dienen hier nur zur Unterscheidung der zwei Typen). Arithmetische Folgen sind ebenfalls häufig anzutreffen: Die Steigung einer Treppe verläuft beispielsweise linear, die Straßenlaternen entlang einer Landstraße sind in regelmäßigen Abständen aufgestellt, und auch das Ticken einer Uhr wiederholt sich in gleichmäßigen Zeitabständen. Der Unterschied zwischen dem geometrischen und dem arithmetischen Wachstum läßt sich an Hand unseres Sparbuch-Beispiels verdeutlichen: wenn die Bank statt Zinseszins einfachen Zins gewährt hätte, hätte

2 Übrigens leitet sich das Wort „Schach" von „Schah" ab, was der Legende eine gewisse Glaubwürdigkeit verleiht.

Abb. 5.2: Wiederholte Spiegelungen eines Jungen in einem Spiegel. Jedes Bild ist genau halb so groß wie das vorangegangene. Die Spiegelbilder entwickeln sich damit gemäß einer geometrischen Folge, wobei $q = 1/2$ ist. Das Photo stammt von Charles Eames anläßlich der Ausstellung *Mathematica*, die von Charles und Ray Eames für IBM gestaltet wurde. Nachdruck mit freundlicher Genehmigung.

sich unser Guthaben folgendermaßen entwickelt: $ 100, 105, 110, 115, 120 etc. Wir sehen, daß die geometrische Folge ab dem dritten Glied schneller wächst als die arithmetische Folge.

Von weit größerem Interesse für uns sind jedoch die *unendlichen* geometrischen Folgen. Diese sind genauso häufig wie ihre endlichen Pendants. Ein gutes Beispiel ist der radioaktive Zerfall: Von einer gegebenen Ausgangsmenge radioaktiver Substanz ist nach Ablauf einer bestimmten Zeit nur noch die Hälfte übrig, nach Ablauf einer weiteren, gleich langen Zeitspanne ist nur noch ein Viertel der ursprünglichen Menge vorhanden usw. (Natürlich löst sich die zerfallende Substanz nicht einfach auf, sie wandelt sich in andere Elemente wie beispielsweise Blei um und sendet dabei Strahlung aus.) Theoretisch setzt sich dieser Prozeß zwar unbegrenzt fort, in Wirklichkeit erreicht er jedoch sein Ende, wenn das letzte Atom zerfallen ist. Die Zeitspanne, in der die Hälfte einer gegebenen Ausgangsmenge zerfallen ist, heißt „Halbwertszeit"; sie ist je nach Element sehr verschieden. Für das gewöhnliche Uran-Isotop (^{238}U) beträgt sie etwa fünf Milliarden Jahre, für gewöhnliches Radium (^{226}Ra) 1600 Jahre. Ein anderes Isotop des Radiums, ^{230}Ra, zerfällt nach einer halben Stunde, während die Halbwertszeit von ^{220}Ra nur 23 Millisekunden beträgt. Aus diesem Grunde kommen heute viele der instabilen Elemente nicht mehr im natürlichen Gestein vor. In welchen Mengen sie auch zur Zeit der Erdentstehung existiert haben mögen, so sind sie doch in der Zwischenzeit längst in stabilere Elemente zerfallen. Die Halbwertszeit ist für ein bestimmtes radioaktives Material charakteristisch und hängt nicht von der ursprünglichen Menge ab. Gleichgültig, ob es sich um ein Gramm ^{226}Ra oder um eine Tonne handelt, nach 1600 Jahren haben sich beide Mengen um die Hälfte verringert. Auf eben diesem Sachverhalt beruht die berühmte Kohlenstoff-14-Methode der Altersbestimmung archäologischer Funde.

Doch kehren wir zur unendlichen geometrischen Reihe zurück. Wir haben bereits gesehen, daß es eine notwendige Bedingung für die Konvergenz jeder unendlichen Reihe ist, daß ihre Glieder immer kleiner werden. Für die geometrische Reihe bedeutet dies, daß der Quotient q ein „echter" Bruch sein muß, das heißt, eine Zahl zwischen —1 und 1. Es zeigt sich, daß dies in unserem Fall auch eine hinreichende Bedingung ist: Immer wenn q zwischen —1 und 1 liegt, konvergiert die Reihe. Darüber hinaus gehört die geometrische Reihe zu den ausgesprochen wenigen Reihen, für die sich der Grenzwert exakt vorher bestimmen läßt. Einige Leser entsinnen sich vielleicht der Formel aus ihrem Mathematikunterricht:

$$a + aq + aq^2 + \ldots = \frac{a}{1-q} \, a, \textit{ dann und nur dann, wenn } -1 < q < 1.$$ [3]

Der Beweis dieser wichtigen Formel findet sich im Anhang. Setzen wir für a 1/2 und q 1/2 ein, so erhalten wir den Grenzwert jener Reihe, die uns aus dem Läuferparadoxon bekannt ist: 1/2 + 1/4 + 1/8 + … = (1/2)/(1 — 1/2) = 1. Die periodischen Dezimalzahlen sind ein weiteres Beispiel für die geometrischen Reihen: 0,999… (oft $0,\overline{9}$ geschrieben) ist nichts anderes als eine verkürzte Schreibweise für die geometrische Folge 9/10 + 9/100 + 9/1000 + …, wobei a = 9/10 und q = 1/10 ist. Diese Reihe konvergiert gegen den Grenzwert (9/10)/(1 — 1/10) = 1, und so ist es völlig korrekt zu sagen, daß 0,999… *gleich* 1 ist — nicht nur annähernd, sondern genau gleich 1. Viele Leute können sich mit dieser einfachen Tatsache nicht abfinden, und so gibt es gelegentlich erbitterte Diskussionen um die Richtigkeit dieser Aussage.

Je näher der Quotient q bei 1 oder —1 liegt, desto langsamer konvergiert die Reihe gegen den nach obiger Formel zu berechnenden Grenzwert. Das heißt, es sind immer mehr Glieder nötig, um in eine bestimmte Umgebung des Grenzwertes zu gelangen. Für a = 1 und q = 1 erhalten wir die Reihe: 1 + 1 + 1 + …, die offensichtlich diver-

3 Der Ausdruck „dann und nur dann, wenn" ist gleichbedeutend mit „notwendig und hinreichend".

giert. Für $a = 1$ und $q = -1$ ergibt sich jedoch folgende interessante Situation: Es entsteht die Reihe $1 - 1 + 1 - 1 + - \ldots$, die gegen keinen endlichen Grenzwert strebt. Trotzdem sagt unsere Formel voraus, daß wir einen Grenzwert von 1/2 erhalten sollten. Irgend etwas stimmt hier nicht! Und natürlich — wir haben unsere Formel unrechtmäßigerweise angewandt, da sie nur für solche Werte q gilt, die *zwischen* —1 und 1 liegen, und nicht für Werte, die *gleich* —1 oder 1 sind. Trotzdem haben wir den Eindruck, daß sich dieser Fall von jenem unterscheidet, in dem der Absolutwert von q tatsächlich größer ist als 1. In diesem Fall nämlich wachsen die Partialsummen über alle Grenzen, während sie bei q gleich 1 oder —1 lediglich zwischen 0 und 1 alternieren:

$$1 = 1,\ 1 - 1 = 0,\ 1 - 1 + 1 = 1,\ 1 - 1 + 1 - 1 = 0 \text{ etc.}$$

Dieses anscheinend ungewöhnliche Verhalten gab noch lange nach der Erfindung der Infinitesimalrechnung Anlaß zu heftigen Kontroversen. Sogar Leibniz selbst argumentierte folgendermaßen: Da die Summe mit der gleichen Wahrscheinlichkeit 0 oder 1 beträgt, ist der Mittelwert als der „wahre" Wert der Summe anzusehen (in Übereinstimmung mit unserer Formel also 1/2!).[4] Eine derart nachlässige Beweisführung scheint heute fast unglaublich, zu Leibnizens Zeit jedoch hatte man den Unendlichkeitsbegriff noch lange nicht vollständig verstanden, und so ging man unbekümmert mit unendlichen Reihen um, ohne die Frage der Konvergenz überhaupt zu berücksichtigen. Heute wissen wir, daß diese Frage von entscheidender Bedeutung ist: Eine divergente Reihe hat einfach *keine* Summe, und jeder Versuch, dieser nicht existenten Summe einen Zahlenwert zuzuschreiben, ist zum Scheitern verurteilt. Einer der ersten Mathematiker, der dies erkannte, war der Norweger Niels Henrik Abel (1802—1829), der 1828 schrieb:

> Die divergenten Reihen sind eine Erfindung des Teufels und es ist eine Schande, sie überhaupt für Beweise heranzuziehen. Sie lassen jede beliebige Schlußfolgerung zu und sind daher für eine ganze Reihe von Irrtümern und Paradoxien verantwortlich. …[5]

4 An anderen Ergebnissen für die Summe dieser Reihe hat es auch nicht gefehlt: Wenn wir unsere Reihe zum Beispiel auf folgende Weise schreiben: $1 + (-1 + 1) + (-1 + 1) + \ldots$, erhalten wir die Summe 1; wenn wir schreiben: $(1 - 1) + (1 - 1) + \ldots$, so ist sie 0. Wenn S unsere Summe ist, können wir auch schreiben: $S = 1 - (1 - 1 + 1 - 1 + \ldots) = 1 - S$, woraus wir schließen, $S = 1/2$. All diese „Schlüsse" sind natürlich falsch, da die Reihe divergiert.

5 Abel hatte jedoch nicht recht mit seiner Annahme, daß die divergenten Reihen nutzlos seien. Sie haben im Gegenteil zahlreiche Anwendungen gefunden und stellen ein wichtiges Werkzeug in der Analysis dar. Vgl. Godfrey Harold Hardy, *Divergent Series*, New York 1949.

6 Mehr zu unendlichen Reihen

Im Umgang mit dem Unendlichen muß der Anfänger achtgeben und gut nachdenken, denn nur allzuleicht gelangt der Ungeübte zu absurden Schlußfolgerungen, wenn er in seiner Beweisführung das Unendliche verwendet.

Elisha S. Loomis (1852–1940)

Unendliche geometrische Folgen und Reihen treten nicht nur in der reinen Mathematik auf, sie kommen auch in der Geometrie, der Physik und der Technik vor. Auch mindestens ein zeitgenössischer Künstler, Maurits C. Escher nämlich, beschäftigte sich mit ihnen und verwendete sie in vielen seiner Werke. Davon werden wir in späteren Kapiteln ausführlicher berichten. Vorher wollen wir uns jedoch noch kurz verschiedenen anderen Reihen zuwenden, von denen einige bedeutende Meilensteine in der Geschichte der Mathematik darstellen. Wie wir im vorigen Kapitel gesehen haben, ist die harmonische Reihe $1 + 1/2 + 1/3 + 1/4 + \ldots$ divergent. Die entsprechende Reihe aus den reziproken *Quadratzahlen* der natürlichen Zahlen ist dagegen konvergent. Obwohl dies eine längst bekannte Tatsache war, standen die Mathematiker — darunter auch einige aus der Bernoulli-Dynastie — viele Jahre lang vor einem Rätsel, da es einfach nicht gelang, die Summe dieser Reihe zu bestimmen.[1] Erst 1736 glückte es dem großen Schweizer Mathematiker Leonhard Euler (1707–1783), das Problem zu lösen. Sein Ergebnis ist ebenso überraschend wie elegant:

$$1/1^2 + 1/2^2 + 1/3^2 + 1/4^2 + \ldots = \pi^2/6$$

Der Beweis, der durchaus nicht einfach ist, fällt heute vor allem durch seine Methodik auf, denn Euler benutzte ein Verfahren, das den heutigen Maßstäben wissenschaftlicher Strenge keineswegs mehr standhalten könnte. Das Verblüffende an Eulers Entdeckung ist das unerwartete Auftauchen der Zahl π im Grenzwert einer Reihe, die

1 Die Familie Bernoulli ist für die Mathematik das, was die Familie Bach für die Musik darstellt. Mehr als ein Jahrhundert lang beherrschten die Bernoullis die mathematische Szene in Europa und leisteten maßgebliche Beiträge zu allen damals bekannten Zweigen der Mathematik. Angefangen mit Jakob Bernoulli (1654–1705) gelangten mindestens neun Mitglieder der Familie zu mathematischem Ruhm. Die meisten stammten aus Basel, wo sie auch lebten und arbeiteten. Jakob Bernoulli war der erste, dem es gelang, die Konvergenz der Reihe $1/1^2 + 1/2^2 + 1/3^2 + \ldots$ zu beweisen.

nur aus natürlichen Zahlen entsteht. Auch heute noch gilt die Eulersche Reihe als eines der schönsten Ergebnisse in der analytischen Mathematik.

Unter Verwendung ähnlicher Methoden gelang es Euler, die Summen von verschiedenen anderen unendlichen Reihen zu finden, die alle ebenfalls aus den natürlichen Zahlen gebildet werden. Seine gesammelten Ergebnisse erschienen 1748 in dem monumentalen Werk *Introductio in analysin infinitorum*, das sich ausschließlich mit unendlichen Prozessen beschäftigte und das als die Grundlage der modernen Analysis angesehen wird. Zu seinen zahlreichen Entdeckungen gehört auch die Summe der Reihe $1/1^k + 1/2^k + 1/3^k + 1/4^k + \ldots$ für alle geraden Werte von k zwischen 2 und 26. Für den letzten Wert ist die Summe:

$$\frac{2^{24} \cdot 76977927 \cdot \pi^{26}}{1 \cdot 2 \cdot 3 \cdot \ldots \cdot 27}$$

Für die *ungeraden* Werte von k ist die gleiche Reihe wesentlich schwieriger zu berechnen, so kennt man die Summe für den Fall $k = 3$ erst seit jüngster Zeit.[2]

Euler war nicht der erste, der entdeckte, daß zwischen den unendlichen Reihen und der Zahl π eine Beziehung besteht. Die von Gregory im Jahr 1671 entdeckte Reihe haben wir ja bereits kennengelernt:

$$1 - 1/3 + 1/5 - 1/7 +- \ldots = \pi/4$$

2 Bekannt ist jedoch, daß die allgemeine Reihe $1/1^k + 1/2^k + 1/3^k + \ldots$ für $k > 1$ konvergiert, und für $k \leqq 1$ divergiert. (Der Fall $k = 1$ ist identisch mit der harmonischen Reihe.) Dieser Satz wird in der Infinitesimalrechnung bewiesen. Für den Fall $k = 3$ siehe Alfred Van der Poorten, „A Proof that Euler Missed … — Apéry's Proof of the Irrationality of $\zeta(3)$", *The Mathematical Intelligencer*, 1 (1979), pp. 195—203. Apéry bewies 1978, daß die Summe der Reihe ungefähr 1,202 beträgt. Wenn die Reihe $\sum_{n=1}^{\infty} 1/n^s$ als eine Funktion des Exponenten s betrachtet wird, heißt sie *Zeta-Funktion* und wird $\zeta(s)$ geschrieben. Sie taucht, manchmal völlig unerwartet, in verschiedenen Bereichen der Mathematik auf. 1737 entdeckte Leonhard Euler ein bemerkenswertes unendliches Produkt, das diese Funktion zur Menge der Primzahlen in Beziehung setzt: für $s > 1$ gilt, $\zeta(s) = 2^s/(2^s - 1) \cdot 3^s/(3^s - 1) \cdot 5^s/(5^s - 1) \ldots$, wobei im Zähler Potenzen von Primzahlen stehen. Gerade aufgrund dieser Beziehung ist die Zeta-Funktion von großer Bedeutung für die Untersuchung der Primzahlenverteilung.

Eine der großen Herausforderungen in der Mathematik besteht immer noch darin, eine Hypothese zu beweisen, die der deutsche Mathematiker Bernhard Riemann (1822—1866) im Jahr 1859 aufstellte. Diese Vermutung besagt: wenn s komplexe Werte $x + iy$ annehmen kann, dann besitzen alle imaginären Wurzeln von $\zeta(s)$, das heißt die nicht-reellen Lösungen der Gleichung $\zeta(s) = 0$, einen Realteil $x = 1/2$. Trotz zahlreicher Versuche konnte diese Riemannsche Vermutung bis heute weder bewiesen noch widerlegt werden.

Diese Reihe war eines der ersten Ergebnisse der neu erfundenen Infinitesimalrechnung. Wenn wir jedoch versuchen, mit ihrer Hilfe den Wert von π zu berechnen, erleben wir eine Enttäuschung: die Reihe konvergiert so langsam, daß allein 628 Glieder erforderlich sind, um π auf zwei Dezimalstellen genau anzunähern (das heißt, auf 3,14)! Andere Formeln haben sich hier als wesentlich praktischer erwiesen, so z.B.:

$$1/1^4 + 1/2^4 + 1/3^4 + 1/4^4 + \ldots = \pi^4/90$$

Dies ist die Eulersche Reihe für $k = 4$, und sie konvergiert sehr rasch. Die genannten Beispiele verdeutlichen bereits den Unterschied zwischen dem theoretischen Begriff der Konvergenz und dem praktischen Aspekt der *Geschwindigkeit* der Konvergenz, einem Aspekt, der seit dem Anbruch des Computer-Zeitalters besondere Bedeutung gewonnen hat.

Im Zusammenhang mit den unendlichen Reihen stoßen wir auf einige der bemerkenswertesten Paradoxien des Unendlichen überhaupt, Paradoxien, die den Mathematikern des 17. und 18. Jahrhunderts ebenso Rätsel aufgaben wie die Paradoxien der Bewegung den alten griechischen Philosophen vor rund 2000 Jahren. In der elementaren Arithmetik lernen wir beispielsweise, daß die Glieder in einer *endlichen* Summe umgeordnet werden können, ohne daß dadurch das Ergebnis der Summe beeinflußt wird. So ist $1 + 2 + 3$ das gleiche wie $2 + 1 + 3$, was wiederum gleichbedeutend ist mit $3 + 2 + 1$. (Mathematisch ausgedrückt, haben wir uns hierbei des Assoziativ- und des Kommutativgesetzes der Addition bedient.) Die letzte Summe entspricht der ersten, nur ist sie in umgekehrter Reihenfolge geschrieben. Ein solcher Umkehrprozeß wird häufig in der Buchführung benutzt, um Rechenfehler bei der Addition langer Zahlenlisten auszuschließen. Können wir bei *unendlichen* Summen ebenso vorgehen? Natürlich können wir hier die Summe nicht in umgekehrter Reihenfolge niederschreiben, das heißt, bei dem letzten Glied beginnen und bei dem ersten aufhören, da es einfach *kein* letztes Glied gibt. Wir können unsere Summe jedoch umordnen, indem wir einige Glieder weiter nach vorne holen und andere weiter nach hinten in die Reihe setzen. Beeinflußt eine solche Umordnung nun die Summe der Reihe? Unerwarteterweise lautet die Antwort auf diese Frage ja: die Umordnung der Glieder einer unendlichen Reihe kann unter bestimmten Bedingungen den Grenzwert, gegen den die Reihe konvergiert, verändern, sie kann sogar eine konvergente Reihe in eine divergente verwandeln! Ein klassisches Beispiel hierfür liefert die harmonische Reihe mit alternierendem Vorzeichen, die gegen den natürlichen Logarithmus von 2 konvergiert (die Schreibweise für den natürlichen Logarithmus ist *ln* 2):

$$1/1 - 1/2 + 1/3 - 1/4 + 1/5 - 1/6 + 1/7 - 1/8 +- \ldots = \ln 2$$

Multiplizieren wir zunächst beide Seiten der Gleichung mit 1/2:

$$1/2 \quad - 1/4 \quad + 1/6 \quad - 1/8 +- \ldots = 1/2 \ln 2$$

Und nun addieren wir die zwei Reihen Glied für Glied, indem wir jeweils die untereinander stehenden Glieder zusammenzählen:

$$1/1 \quad + 1/3 - 1/2 + 1/5 \quad + 1/7 - 1/4 + 1/9 + 1/11 - 1/6 +- \ldots = 3/2 \ln 2$$

Die letzte Reihe ist nichts anderes als eine Umordnung der ursprünglichen Reihe, und trotzdem beträgt ihre Summe 3/2 *ln* 2. Courant bemerkt dazu in seinen *Vorlesungen über Differential- und Integralrechnung:* „Man kann sich leicht vorstellen, wie die Entdeckung dieses scheinbaren Paradoxons auf die Mahematiker des 18. Jahrhunderts gewirkt haben muß, welche gewohnt waren, mit unendlichen Reihen ohne Rücksicht auf ihr Konvergenzverhalten zu operieren."

Der Grund für dieses paradoxe Verhalten liegt darin, daß die Reihe 1 — 1/2 + 1/3 — 1/4 +— ... nur aufgrund ihrer wechselnden Vorzeichen konvergiert bzw. aufgrund der Tatsache, daß sich die einzelnen Glieder teilweise gegeneinander aufheben. Hätten wir den Absolutbetrag der Glieder genommen (das heißt, hätten wir allen Gliedern ein positives Vorzeichen gegeben), hätten wir die harmonische Reihe erhalten, die ja divergiert. Dadurch ist eine grundlegende Unterscheidung zwischen zwei Klassen konvergierender Reihen gegeben: jene Reihen, die ungeachtet der Vorzeichen ihrer Glieder konvergieren (die *absolut* oder *unbedingt* konvergenten Reihen), und jene, die nur aufgrund der wechselnden Vorzeichen ihrer Glieder konvergieren (die *bedingt* konvergenten Reihen). Die erste Gruppe repräsentiert den stärkeren Konvergenztypus, denn hier ist die Konvergenz unmittelbar auf die Glieder der Reihe zurückzuführen, die rasch gegen Null streben. In der Infinitesimalrechnung wird bewiesen, daß nur die absolut konvergenten Reihen umgeordnet werden können, ohne daß dies die Summe beeinflußt. Wir erhalten hier also einen ersten Hinweis darauf, daß die für das Rechnen mit endlichen Größen geltenden Regeln der Arithmetik im Zusammenhang mit unendlichen Größen versagen können.

Die Reihen, die wir hier diskutiert haben, gehören zu der sehr umfangreichen und bedeutenden Klasse der *Potenzreihen.* Solche Reihen haben die allgemeine Form $a_0 + a_1x + a_2x^2 + \ldots$, oder kürzer $\sum_{n=0}^{\infty} a_n x^n$, wobei a_n die Koeffizienten bzw. die Konstanten symbolisiert, während x die Variable ist, deren Wert bestimmt, ob die Reihe konvergiert oder nicht.[3] Die geometrische Reihe $1 + x + x^2 + \ldots$, zum Beispiel, ist eine Potenzreihe, für die alle Werte a_n gleich 1 sind, während x einen Wert zwischen 1 und —1 annehmen muß, damit die Reihe konvergiert. Auf ähnliche Weise kann man die harmonische Reihe aus der Potenzreihe $x + x^2/2 + x^3/3 + \ldots$ bilden, indem man $x = 1$ wählt. Um die Potenzreihen — und insbesondere den Aspekt der Konvergenz — wirklich zu verstehen, ist es notwendig, über die reellen Zahlen hinauszugehen und das Reich der *komplexen Zahlen* in die Betrachtung einzubeziehen. Dies sind Zahlen der Form $x + iy$, wobei x und y reelle Zahlen sind und i die berühmte „imaginäre Einheit", die Quadratwurzel aus —1, darstellt. Wenn die technischen Einzelheiten auch den Rahmen dieses Buches sprengen würden, so möchte ich sie doch wenigstens kurz umreißen. Um sagen zu können, ob eine gegebene Potenzreihe konvergiert, müssen wir die Reihe im Bereich der komplexen Zahlen untersuchen, das heißt, wir müssen uns all ihre Glieder (einschließlich der Koeffizienten) als komplexe Zahlen vorstellen.[4] Dann wird jeder Reihe ein *Konvergenzkreis* zugeordnet, innerhalb dessen die Reihe stets konvergiert, während sie außerhalb des Kreises divergiert. Wie sich die Reihe *auf* dem Kreis verhält, kann in der Regel nicht vorausgesagt werden: für einige Punkte mag vielleicht gelten, daß sie konvergiert, für andere, daß sie divergiert. Der Konvergenzkreis der geometrischen Reihe $1 + z + z^2 + \ldots$ zum Beispiel (z steht hier für die komplexe Zahl $x + iy$) ist identisch mit dem Einheitskreis, dessen Radius 1 und dessen Mittelpunkt O ist. Für alle Punkte, die genau auf dem Konvergenzkreis liegen, *divergiert* die Reihe. (Wir können dies für die Punkte 1 und —1, i und $-i$ überprüfen, die alle auf dem Kreis angesiedelt sind, vgl. Abb. 6.1.) Die Reihe $z + z^2/2 + z^3/3 + \ldots$, hingegen, die den gleichen Konvergenzradius hat, divergiert für $z = 1$ (dies ergibt die harmonische Reihe) und konvergiert für $z = -1$. Die Summe beträgt in diesem Fall $-ln\ 2$. Es gibt auch Potenzreihen, die für *alle* Werte von z konvergieren, in diesem Fall ist der Konvergenzradius unendlich. Andere wiederum konvergieren für *keinen* Wert von z, ausgenommen $z = 0$; hier schrumpft der Konvergenzkreis auf einen einzigen Punkt zusammen.

3 Manchmal wird eine solche Reihe auch als „unendliches Polynom" bezeichnet, um ihre Verwandtschaft mit den Polynomen der elementaren Algebra anzudeuten. (Ein *Polynom* ist ein Ausdruck der Form $a_0 + a_1x + a_2x^2 + \ldots + a_nx^n$; wobei a_i für die *Koeffizienten* steht und die Zahl n, die höchste Potenz von x, den *Grad* des Polynoms bestimmt. Der Ausdruck $3 - 2x + 7x^2$, etwa, ist ein Polynom zweiten Grades, und seine Koeffizienten sind $a_0 = 3$, $a_1 = -2$ und $a_2 = 7$). Die Verwendung des Begriffs „Polynom" für unendliche Potenzreihen ist jedoch nicht ganz gerechtfertigt, da solche Reihen — wie wir gesehen haben — nicht allen arithmetischen Regeln für endliche Polynome gehorchen.

4 Eine reelle Zahl ist der Spezialfall einer komplexen Zahl. Die Zahl 5 beispielsweise ist die komplexe Zahl $5 + 0i$.

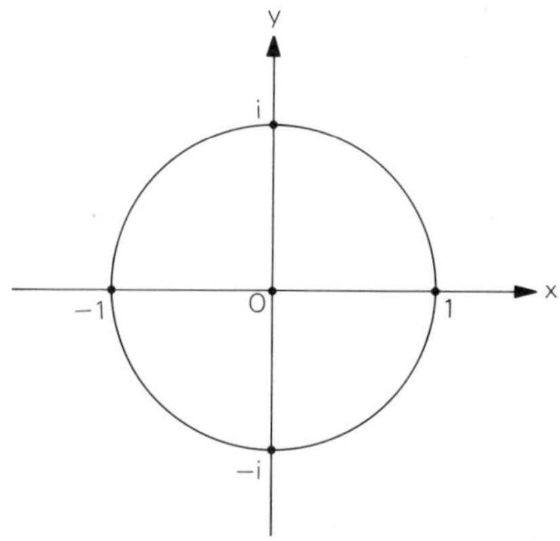

Abb. 6.1: Der Konvergenzkreis für die Reihe $1 + z + z^2 + z^3 + \ldots$, wobei $z = x + iy$. Das Symbol i steht für die „imaginäre Einheit“, $\sqrt{-1}$.

Als der französische Mathematiker Augustin Louis Cauchy (1789–1857) im Jahr 1831 diese Entdeckungen machte, ebnete er damit den Weg zu einem vollen Verständnis der unendlichen Reihen. Die Potenzreihen haben sich seitdem zu einem unentbehrlichen Werkzeug in fast allen Bereichen der Mathematik entwickelt. Sie wurden zunehmend verallgemeinert und in eine Form gebracht, in der die Glieder der Reihe nicht Potenzen von z (d.h. z^n), sondern kompliziertere, hauptsächlich trigonometrische Funktionen von z sind.[5] Ihren Höhepunkt erreichte diese Entwicklung mit der Entdeckung, daß fast jede Funktion als eine unendliche Reihe dargestellt werden kann. Diese Entdeckung fand in der Physik zahlreiche Anwendungen und spielte auch bei der Entwicklung der Quantentheorie eine maßgebliche Rolle. Etwa zur gleichen Zeit entstanden auch die theoretischen Grundlagen der Analysis; es wurden Regeln für den Umgang mit unendlichen Prozessen festgelegt, so daß auch die letzten Bedenken ausgeräumt wurden und jedes Paradoxon zur Zufriedenheit auch des kritischsten Mathematikers gelöst war.

Gegen Ende des 19. Jahrhunderts schien es dann, als ob die langen, intensiven Bemühungen, den Unendlichkeitsbegriff zu verstehen, einen erfolgreichen Abschluß gefunden hätten und der Begriff nun endlich auf einem soliden Fundament stünde. Genau zu jener Zeit machte jedoch ein junger, weitgehend unbekannter Mathematiker von sich reden, der diese Fundamente zutiefst erschütterte. Sein Name war Georg Cantor.

5 Eine *Funktion* in der Mathematik ist eine Vorschrift, die jedem zulässigen Wert einer sogenannten *unabhängigen Variablen* (im allgemeinen mit x oder z bezeichnet) genau einen Wert einer zweiten, abhängigen Variablen zuordnet (im allgemeinen mit y bezeichnet). Die Gleichung $y = x^2$ beispielsweise ordnet jedem Wert von x seine Quadratzahl zu und ist deshalb eine Funktion. Das gilt auch für die Gleichung $y = 1/x$; sie ordnet jedem Wert von x ungleich Null ihren Kehrwert zu. Funktionen allgemeinerer Art werden wir noch in Kapitel 11 betrachten.

7 Exkurs über den Zahlbegriff

Zahlen beherrschen das Universum.

Motto der Pythagoreischen Schule

Die natürlichen Zahlen hat der liebe Gott gemacht, alles andere ist Menschenwerk!

Leopold Kronecker (1823–1891)

Um Cantors revolutionäre Ideen zum Unendlichen würdigen zu können, ist es erforderlich, einen kurzen Überblick über die Geschichte des Zahlenbegriffs zu geben. Die einfachsten Zahlen sind natürlich diejenigen, mit denen man zählt: 1, 2, 3, ... Mathematiker nennen sie die *natürlichen* oder die *positiven ganzen Zahlen.* So simpel diese Zahlen auch sein mögen, so sind sie doch seit Anbeginn der Menschheitsgeschichte Gegenstand von Forschung und Spekulationen gewesen, und in vielen Kulturen hat man ihnen die verschiedensten mystischen Eigenschaften zugeschrieben. Ein bedeutsamer Zweig der modernen Mathematik, die Zahlentheorie, beschäftigt sich ausschließlich mit den natürlichen Zahlen, und doch sind einige der grundlegendsten Probleme in diesem Zusammenhang — Fragen zu den Primzahlen etwa — bis heute ungelöst. Die wichtigste einzelne Eigenschaft der natürlichen Zahlen ist unumstritten ihre Unendlichkeit. Die Tatsache, daß es keine größte Zahl gibt, erscheint uns so offensichtlich, daß wir uns kaum die Mühe machen, über die sich daraus ergebenden Konsequenzen nachzudenken. Das ganze System des Rechnens mit Zahlen — unsere vertrauten Regeln der Arithmetik — würden zusammenfallen wie ein Kartenhaus, wenn es eine größte Zahl gäbe, die von keiner anderen übertroffen würde. Nehmen wir für einen Augenblick an, es gäbe eine solche Zahl, zum Beispiel 1000. Wir müßten nicht nur alle Zahlen ignorieren, die größer als 1000 sind, wir müßten auch solche Rechnungen, die zu einem Ergebnis größer als 1000 führen, zum Beispiel 999 + 2 oder 500 + 600, zu unerlaubten Operationen erklären. Mit anderen Worten, wir müßten unsere gewohnte Art zu rechnen aufgeben. Glücklicherweise ist dies nicht der Fall. Wir wollen die Unendlichkeit der natürlichen Zahlen als ein Axiom voraussetzen, das heißt als eine Aussage, deren Wahrheit keines Beweises bedarf. Formal ausgedrückt besagt dieses Axiom: *jede natürliche Zahl n hat einen Nachfolger $n + 1$.*

Wenn wir der Menge der natürlichen Zahlen den Begriff der Richtung hinzufügen, erhalten wir die Menge der *ganzen Zahlen.* Diese besteht aus den natürlichen Zahlen, den negativen Zahlen und der Zahl Null. Von den natürlichen Zahlen unterscheiden sich die ganzen Zahlen nur in einem Punkt: Sie erstrecken sich in beide Richtungen gegen unendlich. Jede negative Zahl kann also als das „Spiegelbild" der entsprechenden positiven Zahl angesehen werden, was sich auf der bereits bekannten Zahlengeraden graphisch veranschaulichen läßt (Abb. 7.1).[1]

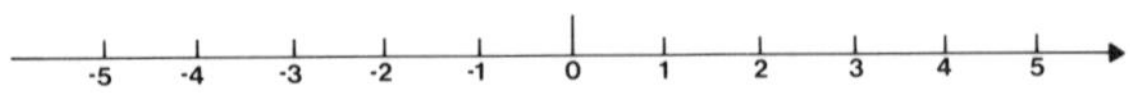

Abb. 7.1: Die Zahlengerade.

Die nächst komplexeren Zahlen sind die gewöhnlichen Brüche bzw. die rationalen Zahlen; dies sind Zahlen der Form $\frac{a}{b}$ (oder *a/b* bzw. *a:b*), wobei *a* und *b* ganze Zahlen sind. Der Nenner *b* muß natürlich immer verschieden von Null sein, da die Division durch Null eine unzulässige Operation ist. Beispiele für rationale Zahlen sind 2/3, 3/2, —17/9 und auch 5, da 5 als 5/1 geschrieben werden kann. Die Menge der ganzen Zahlen ist also eine Untermenge oder Teilmenge der rationalen Zahlen (ebenso wie die natürlichen Zahlen eine Teilmenge der ganzen Zahlen sind). Die Bruchzahlen kennt der Mensch fast so lange, wie er zählen kann, denn jede Messung, die nicht genau aufgeht, führt zur Verwendung von Brüchen. Besonders die Griechen maßen den Bruchzahlen eine große Bedeutung bei. Sie glaubten — und das ist die Kernaussage der pythagoreischen Lehre —, daß sich alles in der Natur als Verhältnis ganzer Zahlen darstellen lasse. Aller Wahrscheinlichkeit nach hatte diese Philosophie ihren Ursprung in der Musik. Wie Pythagoras entdeckte, entsprechen die musikalischen Intervalle vibrierender Saiten einfachen Zahlenverhältnissen der Saitenlängen. Um zwei Töne zu produzieren, die genau eine Oktave auseinander liegen, lassen wir eine Saite zunächst über ihre volle Länge vibrieren, dann über die Hälfte ihrer Länge. Eine Oktave entspricht also dem Zahlenverhältnis 2:1. Auf die gleiche Weise kön-

1 Obwohl die negativen Zahlen eigentlich sehr einfach sind, fanden sie in der Mathematik doch erst spät Anerkennung. Die Griechen schlossen sie entweder völlig aus oder behandelten sie als „absurde" Größen, ein Schicksal, das später auch die „imaginäre Zahl" *i* (die Quadratwurzel von —1) ereilte. Erstmals erwähnt wurden die negativen Zahlen in den Werken von Brahamagupta, einem indischen Mathematiker, der im 7. Jahrhundert n. Chr. lebte. In das europäische Zahlsystem wurden die negativen Zahlen jedoch erst im 17. Jahrhundert aufgenommen. Eine ausführlichere Untersuchung ihrer Geschichte findet sich bei David Eugene Smith: *History of Mathematics*, New York 1958, Vol. II, pp. 257—260.

nen wir der Quinte das Verhältnis 3:2 zuordnen, der Quarte 4:3, usw. Je harmonischer das Intervall klingt, das heißt, je „konsonanter" es ist, desto einfacher ist das zugrunde liegende Zahlenverhältnis. Dissonante Intervalle weisen kompliziertere Zahlenverhältnisse auf, wie zum Beispiel 9:8 für die große Sekunde oder den Ganzton, oder 16:15 für den Halbton. Da sich die Musik im alten Griechenland der gleichen hohen Wertschätzung erfreute wie die Mathematik und die Philosophie, deuteten die griechischen Gelehrten diesen Tatbestand als Zeichen dafür, daß das gesamte Universum nach den musikalischen Harmoniegesetzen, das heißt auf Bruchzahlen aufgebaut sei. Die rationalen Zahlen prägten also das Weltbild der alten Griechen, ebenso wie das rationale Denken ihre Philosophie bestimmte. (Tatsächlich leitet sich unser heutiges Wort „logisch" von dem griechischen Wort *logos* ab, das man mit „Vernunft" übersetzen könnte.)

Ebenso wie es unendlich viele ganze Zahlen gibt, existieren auch unendlich viele Brüche. Es gibt jedoch einen grundlegenden Unterschied: Während zwischen den ganzen Zahlen große Lücken existieren, Lücken nämlich in Größe einer Einheit, liegen die rationalen Zahlen *dicht* beieinander. Dies bedeutet, daß es zwischen zwei beliebigen Brüchen, gleichgültig wie eng sie zusammen liegen, immer noch einen weiteren Bruch gibt. Zwischen den zwei Bruchzahlen 1/1001 und 1/1000 (die nun wirklich sehr nah beieinander sind, ihr

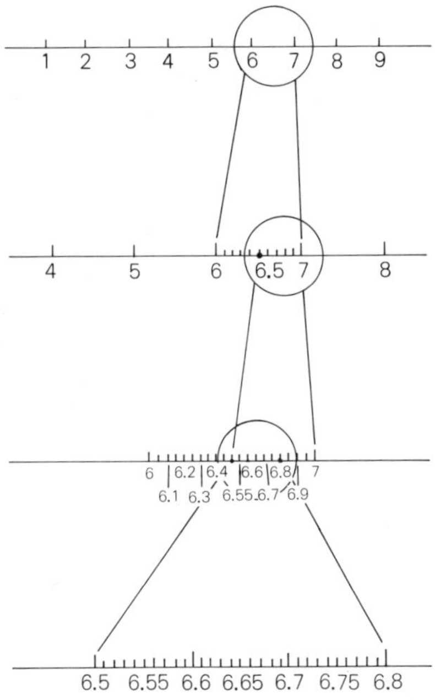

Abb. 7.2: Die Dichte der rational Zahlen: Zwischen zwei beliebig nahen rationalen Zahlen liegen unendlich viele andere rationale Zahlen.

Unterschied beträgt nur etwa ein Millionstel) gibt es etwa noch die Zahl 2/2001. (Die entsprechenden Dezimalwerte dieser Bruchzahlen sind 0,000999; 0,001 und 0,0009995). Wir können diesen Prozeß nun beliebig wiederholen und zwischen 2/2001 und 1/1001 immer neue Brüche finden, 3/3001 zum Beispiel (siehe Abb. 7.2). Zwischen zwei beliebigen Bruchzahlen gibt es also nicht nur eine, sondern *unendlich viele* Bruchzahlen. Dies besagt nun aber nichts anderes, als daß der Prozeß der Division unendlich fortgesetzt werden kann. Anders als in der Welt der Materie, wo wir irgendwann schließlich die atomare bzw. subatomare Ebene (die sog. „Elementarteilchen“) erreichen, gibt es in der Mathematik kein kleinstes „Teilchen“, kein „mathematisches Atom“, das nicht weiter zerlegt werden kann.

Es scheint nun, daß die rationalen Zahlen eine enorm große, dichte Menge von Zahlen bilden, zwischen denen keine Lücken existieren. Dies wiederum würde bedeuten, daß die Zahlengerade vollständig aus rationalen Zahlen bzw. „rationalen Punkten“ besteht. Um so bedeutsamer in der Geschichte der Mathematik war daher die Entdeckung, daß dies nicht der Fall ist. Trotz ihrer Dichte existieren zwischen den rationalen Zahlen „Lücken“, das heißt, es gibt Punkte auf der Zahlengeraden, die keiner rationalen Zahl entsprechen!

8 Die Entdeckung der irrationalen Zahlen

Der Versuch, die Arithmetik der rationalen Zahlen auf ein geometrisches Problem anzuwenden, führte zur ersten Krise in der Geschichte der Mathematik. Zwei relativ einfache Probleme — die Bestimmung der Diagonalen eines Quadrats und die Bestimmung des Kreisumfangs — brachten die Existenz neuer mathematischer Gebilde zum Vorschein, die sich nicht in die Menge der rationalen Zahlen einordnen ließen.

Tobias Dantzig (1884–1956)

Die Entdeckung dieser „Lücken" wird Pythagoras zugeschrieben, dem Gründer der berühmten pythagoreischen Schule, die in Griechenland im 6. Jahrhundert v. Chr. vor allem in der Mathematik und Philosophie richtungweisend war. Das Leben des Pythagoras ist von einem Schleier des Geheimnisses umgeben, und das Wenige, was wir über ihn wissen, ist wohl auch mehr Legende als Wahrheit. Dies liegt zum Teil daran, daß kaum Dokumente aus jener Zeit erhalten sind, ein anderer Grund ist aber auch, daß die Pythagoreer einen geheimen, dem Mystizismus verschriebenen Orden bildeten, dessen Mitglieder sich einer strengen Gemeinschaftsordnung unterwarfen. Es wird manchmal bezweifelt, daß die Pythagoras zugeschriebenen Entdeckungen wirklich von ihm selbst stammen; unbestritten ist jedoch, daß seine Lehre die Entwicklung der Mathematik in den folgenden zwei Jahrtausenden nachhaltig beeinflußt hat. Unsterblich verknüpft ist sein Name natürlich mit dem berühmten Satz des Pythagoras, der das Verhältnis der Seiten eines rechtwinkligen Dreiecks beschreibt, obwohl es mittlerweile sichere Anhaltspunkte dafür gibt, daß der Satz bei den Babyloniern und den Chinesen schon mindestens 1000 Jahre früher bekannt war. Der Satz besagt, daß in jedem rechtwinkligen Dreieck das Quadrat der Hypotenuse gleich der Summe der Quadrate der Katheten ist: $c^2 = a^2 + b^2$ (Abb. 8.1). Der Satz des Pythagoras ist wahrscheinlich der bekannteste und sicherlich der am meisten benutzte Satz in der gesamten Mathematik. Direkt oder indirekt taucht er in fast jedem Zweig der Mathematik auf.

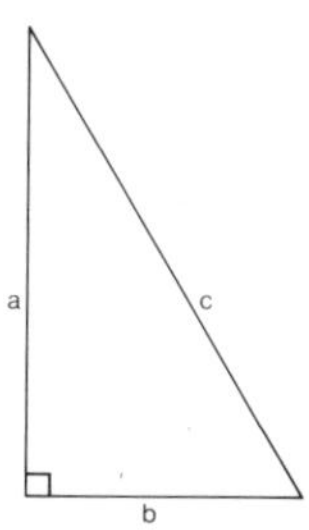

Abb. 8.1: Der Satz des Pythagoras: In jedem rechtwinkligen Dreieck gilt: $c^2 = a^2 + b^2$, wobei a und b die Katheten sind und c die Hypotenuse ist.

Von besonderer Bedeutung für unsere Fragestellung ist das gleichschenklige, rechtwinklige Dreieck, das heißt das Dreieck, in dem gilt: $a = b$. Da wir unsere Länge beliebig wählen können, geben wir jeder Seite die Länge einer Einheit, das heißt, $a = b = 1$. Der Satz des

Pythagoras besagt nun, $c^2 = 1^2 + 1^2 = 2$, oder in Worten ausgedrückt, die Länge der Hypotenuse c entspricht der Quadratwurzel aus 2, geschrieben als $\sqrt{2}$. Auf dem Taschenrechner können wir den ungefähren Wert leicht errechnen: 1,41421.

Wenn es auch unmöglich ist, den Zahlenwert von $\sqrt{2}$ „exakt" zu ermitteln, da dies wie bei π eine unendliche Anzahl von Dezimalstellen erfordern würde, so gibt es doch verschiedene Methoden oder Algorithmen,[1] um den Wert beliebig genau zu approximieren. Auf der Zahlengeraden hingegen können wir den $\sqrt{2}$ entsprechenden Punkt ganz *exakt* bestimmen. Wir wählen als unsere Längeneinheit den Abschnitt zwischen 0 und 1 auf der Zahlengeraden (Abb. 8.2). Am Endpunkt dieses Abschnitts fällen wir das Lot, das ebenfalls eine Längeneinheit mißt. Dann nehmen wir den Zirkel und schlagen um den Mittelpunkt 0 einen Kreis, dessen Radius durch den Endpunkt der Senkrechten gegeben ist. Dort, wo der Kreis die Zahlengerade schneidet, finden wir den gesuchten Punkt, denn der Abstand zwischen 0 und dem Schnittpunkt entspricht genau $\sqrt{2}$. Beachtenswert ist, daß die gesamte Konstruktion als Hilfsmittel nur Zirkel und Lineal erfordert und damit ganz in der griechischen Tradition steht, derzufolge alle geometrischen Konstruktionen allein mit Hilfe dieser beiden Geräte möglich sein sollten. Unsere Konstruktion zeigt auch, daß der gesuchte Punkt zwischen 1 und 2 auf der Zahlengeraden liegt.

Was für eine Art Zahl ist $\sqrt{2}$ jedoch? Die Griechen nahmen natürlich an, es handele sich um eine rationale Zahl, da dies die einzige Art von Zahl war, die sie kannten. Eines Tages machte jedoch ein unbekanntes Mitglied der pythagoreischen Schule — vielleicht sogar Pythagoras selbst — die bestürzende Entdeckung, daß $\sqrt{2}$ und die Einheit nicht kommensurabel sind, das heißt, daß die Zahlen kein gemeinsames Maß haben. Dies ist nun gleichbedeutend mit der Aussage, daß $\sqrt{2}$ nicht als Bruch zweier ganzer Zahlen geschrieben werden kann, denn wenn dies der Fall wäre, könnten wir aus der Gleichung $\sqrt{2} = a/b$ schließen, daß b mit $\sqrt{2}$ multipliziert genau gleich a sei, und dies hieße, $\sqrt{2}$ und 1 wären kommensurabel. Hier stieß man also auf eine Zahl (dies war klar, da sie eine Länge angab), die weder zu den ganzen Zahlen gehörte noch als Verhältnis zweier ganzer Zahlen ausgedrückt werden konnte. Und so wurde man zum ersten Mal auf die Existenz der irrationalen Zahlen aufmerksam.

1 Ein Algorithmus ist ein aus einer endlichen Anzahl von Schritten bestehendes „Rezept", das zur Lösung eines mathematischen Problems führt. Ein Algorithmus für $\sqrt{2}$ würde es also ermöglichen, das Ergebnis auf beliebig (jedoch endlich) viele Dezimalstellen genau festzustellen. Das Wort für „Algorithmus" leitet sich von Al-Chwarismi ab, einem arabischen Mathematiker aus dem 9. Jahrhundert n. Chr., der maßgeblich an der Verbreitung des indischen Zahlensystems in Europa beteiligt war.

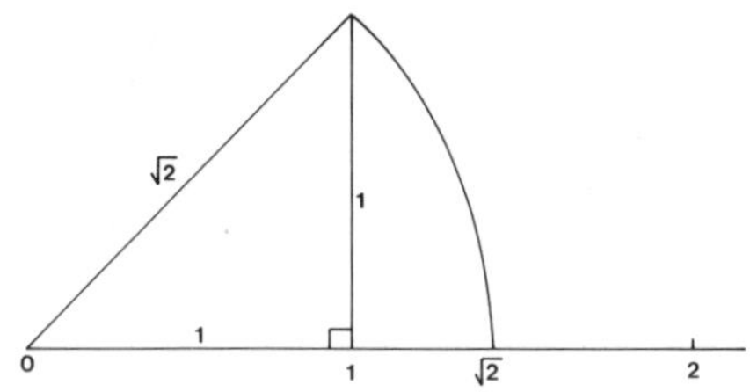

Abb. 8.2: Die geometrische Konstruktion der irrationalen Zahl $\sqrt{2}$; dabei werden als einzige Hilfsmittel Zirkel und Lineal verwendet.

Die Umstände, unter denen diese Entdeckung gemacht wurde, liegen leider völlig im dunkeln, und so wissen wir auch nicht, welcher Beweis dabei verwendet wurde. Heute gibt es mindestens drei unterschiedliche Beweise für die Irrationalität von $\sqrt{2}$, von denen einer im Anhang angegeben ist. Aller Wahrscheinlichkeit nach gingen die Griechen bei dem Beweis geometrisch und nicht algebraisch vor, denn sie waren hauptsächlich an der Geometrie interessiert und beherrschten zudem die algebraische Sprache nicht, wie wir im ersten Kapitel gesehen haben. Auf jeden Fall war diese Entdeckung ein schwerer Schlag für die Griechen, denn hier stießen sie auf eine geometrische Größe, die mit ihrem Glauben an die Vormachtstellung der rationalen Zahlen nicht zu vereinbaren war. Ihre Bestürzung war so grenzenlos, daß sie sich eine Zeitlang einfach weigerten, $\sqrt{2}$ überhaupt als eine Zahl zu betrachten, so daß die Diagonale eines Quadrats tatsächlich eine nicht in Zahlen ausdrückbare Größe war! Der Legende nach sollen die Pythagoreer aus Angst, daß die Entdeckung das Volk verderben könne, das Gelübde abgelegt haben, darüber strengstes Stillschweigen zu bewahren. Einer von ihnen, Hippasus, verstieß jedoch gegen dieses Gebot und gab die Entdeckung preis — ob aus rein wissenschaftlichen oder aus politischen Gründen werden wir wohl nie erfahren, denn seine Gefährten warfen ihn von einem Schiff aus ins Mittelmeer, wo er wohl auch heute noch ruht.

Es gibt noch einen anderen Grund, die irrationalen Zahlen in die Mathematik einzuführen. Wir wissen aus der elementaren Arithmetik, daß die Addition, Subtraktion, Multiplikation oder Division zweier oder mehrerer Brüche wieder einen Bruch ergibt; zum Beispiel: $1/1 + 1/4 + 1/9$ ist $49/36$. Mathematiker nennen diese Eigenschaft die *Abgeschlossenheit* der rationalen Zahlen für die Operationen: Addition, Subtraktion, Multiplikation und Division. Diese Regel unterliegt jedoch gewissen Einschränkungen, wenn wir versuchen, sie auf unendliche Summen oder unendliche Produkte zu übertragen. Wir haben bereits erwähnt, daß die unendliche Reihe $1/1 + 1/4 + 1/9 + 1/16 + \ldots$ gegen $\pi^2/6$ und das unendliche Produkt $(2 \cdot 2 \cdot 4 \cdot 4 \cdot 6 \cdot 6 \ldots)/(1 \cdot 3 \cdot 3 \cdot 5 \cdot 5 \cdot 7 \ldots)$ gegen $\pi/2$ konvergiert, beides irrationale Zahlen, die folglich nicht als Brüche geschrieben werden können. Die rationalen Zahlen sind also für die vier Grundrechenarten nur dann abgeschlossen, wenn es sich um eine endliche Anzahl von Operationen handelt. Wenn wir sie unendlich oft anwenden, gehört das Ergebnis möglicherweise nicht mehr zum Bereich der rationalen Zahlen.

Heute beunruhigt die Existenz der irrationalen Zahlen niemanden mehr. Neben der Quadratwurzel aus 2 gibt es eine Vielzahl anderer irrationaler Zahlen: zum Beispiel die Quadratwurzeln sämtlicher Primzahlen ($\sqrt{3}$, $\sqrt{5}$, $\sqrt{7}$, $\sqrt{11}$ etc.), die der meisten zusammengesetzten Zahlen, die Zahlen π und e sowie sie enthaltende Ausdrücke. Eine in jeder Hinsicht zufriedenstellende Theorie der irrationalen Zahlen wurde erst 1872 von Richard Dedekind (1831—1916) in seiner berühmten Abhandlung *Stetigkeit und die irrationalen Zahlen* vorgelegt. Die technischen Details sollen uns hier nicht kümmern, wesentlich ist die Aussage, daß die rationalen Zahlen trotz ihrer unendlichen Anzahl weder abgeschlossen hinsichtlich der vier Grundrechenarten sind noch ausreichen, um die gesamte Zahlengerade abzudecken. Sie sind zwar *dicht*, doch bilden sie kein *Kontinuum*. Es bleiben zahlreiche — genaugenommen unendlich viele — Lücken übrig, die von den irrationalen Zahlen ausgefüllt werden.

$$\sqrt{2} = 1 + \cfrac{1}{2 + \cfrac{1}{2 + \cfrac{1}{2 + \cfrac{1}{2 + \cdots}}}}$$

Abb. 8.3: Die Quadratwurzel aus 2, geschrieben als ein unendlicher Kettenbruch.

Wenn wir nun die rationalen mit den irrationalen Zahlen vereinen, erhalten wie die Menge der *reellen Zahlen*. Das Adjektiv „reell" soll hier übrigens nicht auf den „realen" Charakter dieser Zahlen hinweisen, denn sie sind nicht mehr und nicht weniger wirklich als etwa die imaginären Zahlen oder jedes beliebige andere Zeichensystem, das in der Mathematik benutzt wird. Es ist nur eine der Ironien unserer Sprache, daß ein Wort, wenn es in einer Fachsprache verwendet wird, oft eine von der Umgangssprache völlig verschiedene Bedeutung annimmt. In jedem Fall aber können die reellen Zahlen als jene Zahlen definiert werden, die als Dezimalzahlen geschrieben werden können, zum Beispiel 0,5; 0,121212...; —2,513 usw. Diese Dezimalzahlen lassen sich in drei verschiedene Kategorien unterteilen: die endlichen Dezimalzahlen, wie 0,5; die nicht-endlichen, periodischen Dezimalzahlen, wie 0,121212... (oder $0,\overline{12}$ geschrieben);[2] und schließlich die nicht-endlichen und nicht-periodischen Dezimalzahlen, wo die Dezimalstellen niemals in der gleichen Reihenfolge auftreten (z.B. 0,1010010001...). Es gehört zu den grundlegenden Tatsachen der Arithmetik, daß Dezimalbrüche der ersten und zweiten Kategorie immer rationale Zahlen darstellen (in unserem Beispiel stellt

2 Die endlichen Dezimalzahlen können auch als periodische Dezimalzahlen angesehen werden, wobei die sich endlos wiederholende Dezimalstelle die Null ist, die man sich an die letzte von Null verschiedene Dezimalstelle angefügt denken kann.

0,5 den Bruch 1/2 und 0,12 4/33 dar),[3] während Dezimalzahlen der dritten Kategorie die irrationalen Zahlen sind. Da wir jedoch nur mit Zahlen umgehen und rechnen, die eine endliche Anzahl von Dezimalstellen aufweisen, gibt es vom *praktischen* Standpunkt aus keine wirkliche Unterscheidung zwischen rationalen und irrationalen Zahlen. Das heißt, wir können die Ziffernfolge einer irrationalen Zahl nach einer gewissen Anzahl von Stellen abschneiden und erhalten dann eine *rationale Approximation* an unsere Zahl. Diese Näherung ist beliebig genau, denn wir können stets so viele Dezimalstellen betrachten, wie nötig sind. (Zur Verdeutlichung noch ein Beispiel: 1; 1,4; 1,41; 1,414 und 1,4142 sind alles rationale Approximationen an $\sqrt{2}$, wobei die Genauigkeit der Annäherung mit der Anzahl der Dezimalstellen zunimmt.) Einem Techniker wird es also völlig gleichgültig sein, ob die Länge eines Objektes eine rationale oder eine irrationale Zahl ist, denn selbst wenn die Länge irrational wäre (wie beispielsweise die Diagonale eines Quadrats), ließe sie sich aufgrund der von Natur aus unvollkommenen Meßgeräte doch nur mit begrenzter Genauigkeit messen. Dies sollten wir nicht aus den Augen verlieren, wenn wir nun Cantors revolutionäre Ideen zum Unendlichen untersuchen, denn ihnen liegen theoretische und nicht praktische Aspekte des Zahlbegriffs zugrunde.

3 Dies folgt aus der Tatsache, daß eine periodische Dezimalzahl eigentlich eine unendliche geometrische Reihe ist. Wenn eine solche Reihe konvergiert, hat sie, wie wir auf S. 51 gesehen haben, die rationale Zahl $a/(1 - q)$ als Summe. Ein Beispiel soll dies veranschaulichen: $0,\overline{12}$ stellt eine geometrische Reihe dar (die Dezimalzahl kann nämlich als folgende Summe geschrieben werden: 0,12 + 0,0012 + ...), wobei a = 0,12 und q = 0,01 ist; die Summe beträgt also 0,12/(1 — 0,01) = 0,12/0,99 = 12/99 = 4/33.

Eine einfache Methode der Approximation an $\sqrt{2}$

Es gibt verschiedene Algorithmen, um die Quadratwurzel einer gegebenen positiven Zahl zu bestimmen. Einer der einfachsten Algorithmen, ein sog. Iterationsverfahren, war bereits den Babyloniern bekannt. Um sich dem Wert von $\sqrt{2}$ anzunähern, geht man zunächst von einem geratenen Anfangswert x_0 aus, der eine beliebige positive Zahl sein kann. Ausgehend von diesem Näherungswert x_0 erhalten wir eine bessere Näherung x_1, indem wir die folgende Formel anwenden:

$$x_1 = 1/2\ (x_0 + 2/x_0)$$

Wiederholen wir diesen Vorgang, erhalten wir eine noch bessere Näherung x_2:

$$x_2 = 1/2\ (x_1 + 2/x_1)$$

Wir fahren so fort, bis die gewünschte Genauigkeit erreicht ist. Beginnen wir zum Beispiel mit $x_0 = 1{,}5$, so erhalten wir die Näherung $x_1 = 1{,}4166$; $x_2 = 1{,}4142$; $x_3 = 1{,}4142$; ... Bereits nach zwei Schritten ist das Ergebnis auf zehn Tausendstel genau.

Es kann gezeigt werden, daß die Folge

$$x_1 = 1/2\ (x_{i-1} + 2/x_{i-1}) \quad i = 1, 2, 3, \ldots$$

gegen $\sqrt{2}$ konvergiert, gleichgültig, von welcher Zahl x_0 wir zunächst ausgehen. Beginnen wir zum Beispiel mit $x_0 = 10$ — sicherlich ein sehr schlecht geratener Anfangswert — so erhalten wir die Werte $x_1 = 5{,}1$; $x_2 = 2{,}746$; $x_3 = 1{,}737$; $x_4 = 1{,}444$; $x_5 = 1{,}415$; $x_6 = 1{,}414$; ...

Auf einem Taschenrechner ist dieses Verfahren leicht durchzuführen; es ist noch nicht einmal erforderlich, sich jedes x_1 zu notieren, um zur nächsten Näherung zu gelangen — wir können es einfach im Rechner speichern. Mit Hilfe dieser Methode läßt sich die Quadratwurzel jeder beliebigen positiven Zahl a approximieren. Die Folge wird durch die folgende Formel angegeben:

$$x_{i+1} = 1/2\ (x_i + a/x_i) \quad i = 1, 2, 3, \ldots,$$

wobei der zunächst geratene Näherungswert x_0 eine beliebige positive Zahl sein kann. Diese Methode ist ein Spezialfall des Approximationsverfahrens von Newton-Raphson. Ausführlicher behandelt wird dieses Thema in jedem Lehrbuch der höheren Differential- und Integralrechnung.

π, ϕ und e — drei berühmte irrationale Zahlen

Aus einer Entdeckung von de Moivre entwickelte Euler eine berühmte Formel — vielleicht die berühmteste und kompakteste Formel überhaupt: $e^{\pi i} + 1 = 0$ ... Sie fasziniert sowohl den Mystiker als auch den Wissenschaftler, den Philosophen ebenso wie den Mathematiker.

Edward Kasner und James Newman

Ich glaube, daß der Schöpfer dieses geometrische Verhältnis im Sinn hatte, als Er die kontinuierliche Erzeugung ähnlicher Objekte aus ähnlichen Objekten schuf.[1]

Johannes Kepler (1571—1630)

Eine irrationale Zahl ist eine Zahl, die nicht als Verhältnis zweier ganzer Zahlen ausgedrückt werden kann. Die erste bekannte irrationale Zahl war die Quadratwurzel aus 2 ($\sqrt{2}$). Die Zahl π, das Verhältnis von Kreisumfang zu Kreisdurchmesser, war zwar bereits den Babyloniern und Ägyptern bekannt, und später gelang es auch Archimedes zu zeigen, daß der Wert zwischen $3^{10}/_{71}$ und $3^{1}/_{7}$ liegt; der Beweis, daß π irrational ist, wurde jedoch erst 1761 von dem Elsässer Mathematiker Johann Heinrich Lambert (1728—1777) erbracht.

Wenn wir eine Strecke AB in zwei Abschnitte teilen, von denen sich das Ganze zum längeren Abschnitt wie der größere Abschnitt zum kleineren verhält ($\overline{AB}/\overline{AC} = \overline{AC}/\overline{CB}$), dann heißt die Teilung in dem Punkt C der „Goldene Schnitt". Der zahlenmäßige Wert dieses Verhältnisses wird mit dem griechischen Buchstaben ϕ (phi) bezeichnet. Wenn AB die Einheitsstrecke ist ($AB = 1$) und x die Teilstrecke AC, dann ist $\phi = 1/x = x/(1 - x)$. Dies führt zu der quadratischen Gleichung $x^2 + x - 1 = 0$, deren Lösung im positiven Bereich $x = (-1 + \sqrt{5})/2$, bzw. ungefähr 0,61803 ist. Es gilt also $\phi = 1/x = 1{,}61803\ldots$ Wie $\sqrt{2}$ ist ϕ eine irrationale Zahl, deren Ziffernfolge nie endet und nie periodisch wiederkehrt.

Der Goldene Schnitt war schon den alten Griechen bekannt und spielte eine wichtige Rolle in ihrer Architektur. Viele Künstler glauben, daß Rechtecke, deren Verhältnis zwischen Länge und

1 Rückübersetzung aus dem Englischen. Vgl. Fußnote 2 auf S. 12.

Abb. 1: Der Goldene Schnitt: C teilt die Strecke *AB* dergestalt, daß sich die ganze Strecke zum größeren Teil verhält wie der größere Teil zum kleineren.

Breite ϕ entspricht, unter allen Rechtecken die harmonischsten Proportionen aufweisen — dies erklärt auch die Bedeutung, die der Zahl in verschiedenen Theorien zur Ästhetik beigemessen wird. Überraschenderweise taucht dieses Verhältnis auch in der Blattanordnung verschiedener Pflanzen auf. ϕ besitzt eine Vielzahl interessanter mathematischer Eigenschaften: zum Beispiel: 1 geteilt durch ϕ ist gleich ϕ minus 1 ($1/\phi = \phi - 1$), was aus der oben angegebenen Gleichung folgt. Wenn wir ein „goldenes

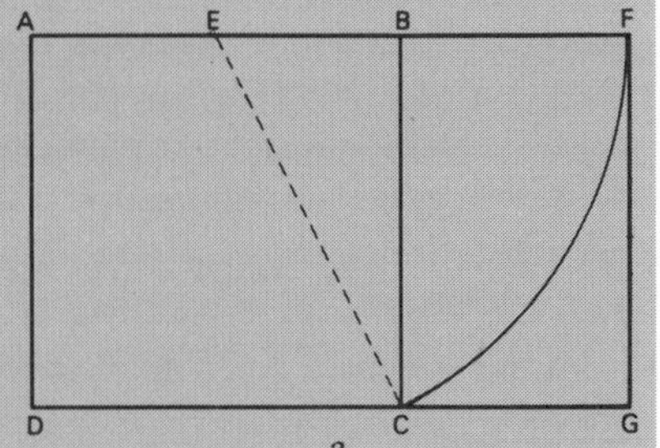

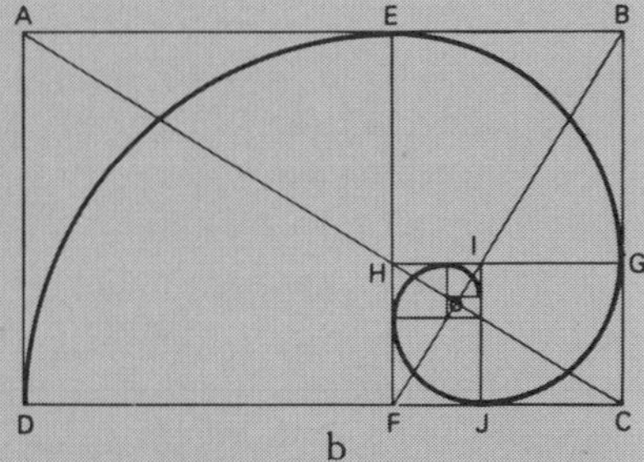

Abb. 2: Die geometrische Konstruktion der Zahl ϕ: (a) Man beginnt mit einem Quadrat der Seitenlänge 1 und bestimmt den Mittelpunkt der Seite *AB*. Dann schlägt man um diesen Mittelpunkt *E* einen Kreis mit dem Radius *EC*, bis er die Verlängerung der Strecke *AB* in *F* schneidet. Bei dem so entstandenen Rechteck *AFGD* entspricht nun das Verhältnis von Länge zu Breite genau der Zahl ϕ bzw. dem Bruch $(1 + \sqrt{5})/2$. (b) Indem man diesen Prozeß unendlich fortsetzt, erhalten wir eine Folge von immer kleiner werdenden „goldenen Rechtecken", die schließlich gegen einen Punkt konvergieren. Die Punkte *D, E, G, J* dieser Rechtecke liegen auf einer logarithmischen Spirale, die wir in Kapitel 11 noch ausführlicher besprechen werden. Aus H. E. Huntley, *The Divine Proportion: A Study in Mathematical Beauty*, New York 1970. Mit freundlicher Genehmigung.

Rechteck" konstruieren, das heißt, ein Rechteck, dessen Verhältnis zwischen Länge und Breite ϕ entspricht, ist es möglich, ein zweites goldenes Rechteck zu konstruieren, dessen Länge die Breite des ursprünglichen Rechtecks ist. Dieser Vorgang kann unbegrenzt wiederholt werden, wobei eine unendliche Folge goldener Rechtecke entsteht, deren Größe gegen Null strebt (Abb. 2).

Die Zahl e ist die einzige der drei berühmten irrationalen Zahlen, die im Altertum unbekannt war. Als Basis des natürlichen Logarithmus spielt sie eine zentrale Rolle in der Infinitesimalrechnung. Sie ist der Grenzwert, gegen den der Ausdruck $[1 + 1/n]^n$, für n gegen unendlich, strebt. Ihr Wert ist, auf fünf Dezimalstellen genau angegeben, 2,71828. Wie die anderen irrationalen Zahlen ist sie eine unendliche, nichtperiodische Dezimalzahl und kann daher nie „exakt" angegeben werden. Eine interessante und verblüffende Anwendung der Zahl e läßt sich in der Finanzwelt denken: Stellen wir uns vor, wir legen \$ 1 zu 100% Jahreszins auf einer Bank an, die den Zinseszins kontinuierlich zuschlägt — konti-

Tabelle 2: Einige unendliche Reihen und Produkte

$$\phi = \sqrt{1 + \sqrt{1 + \sqrt{1 + \sqrt{1 + \ldots}}}}$$

Unendliche Wurzel
(Entdecker unbekannt)

$$\phi = 1 + \cfrac{1}{1 + \cfrac{1}{1 + \cfrac{1}{1 + \ddots}}}$$

Kettenbruch
(Entdecker unbekannt)

$$\frac{4}{\pi} = 1 + \cfrac{1^2}{2 + \cfrac{3^2}{2 + \cfrac{5^2}{2 + \ddots}}}$$

Kettenbruch
(William Brouncker, 1655)

$$\frac{2}{\pi} = \frac{\sqrt{2}}{2} \cdot \frac{\sqrt{2 + \sqrt{2}}}{2} \cdot \frac{\sqrt{2 + \sqrt{2 + \sqrt{2}}}}{2}$$

Unendliches Produkt
(François Viète, 1593)

$$\frac{\pi}{2} = \frac{2 \cdot 2 \cdot 4 \cdot 4 \cdot 6 \cdot 6 \ldots}{1 \cdot 3 \cdot 3 \cdot 5 \cdot 5 \cdot 7 \ldots}$$

Unendliches Produkt
(John Wallis, 1650)

$$\frac{\pi}{4} = \frac{1}{1} - \frac{1}{3} + \frac{1}{5} - \frac{1}{7} + - \ldots$$

Unendliche Reihe
(James Gregory, 1671)

$$\frac{\pi^2}{6} = \frac{1}{1^2} + \frac{1}{2^2} + \frac{1}{3^2} + \frac{1}{4^2} + \ldots$$

Unendliche Reihe
(Leonhard Euler, 1736)

$$e = 1 + \frac{1}{1} + \frac{1}{1 \cdot 2} + \frac{1}{1 \cdot 2 \cdot 3} + \frac{1}{1 \cdot 2 \cdot 3 \cdot 4} + \ldots$$

Unendliche Reihe
(Leonhard Euler, 1748)

nuierlich bedeutet hier wirklich in jedem Augenblick und nicht nur jährlich oder vierteljährlich. Natürlich würden wir nun erwarten, daß der Geldbetrag über alle Grenzen wächst. Erstaunlicherweise ist dies nicht der Fall; nach einem Jahr entspricht die Summe der Zahl *e*, das heißt, ungefähr $ 2,72.

Auch wenn $\sqrt{2}$, ϕ und π allesamt irrationale Zahlen sind, so gehören sie doch zwei völlig verschiedenen Klassen von Zahlen an: $\sqrt{2}$ und ϕ sind *algebraische Zahlen*, das heißt, sie sind Lösungen einer Polynomgleichung mit ganzzahligen Koeffizienten. (So ist $\sqrt{2}$ die Lösung der Polynomgleichung $x^2 - 2 = 0$, und ϕ ist die Lösung der Gleichung $x^2 - x - 1 = 0$). Zahlen, die nicht Lösungen einer polynomialen Gleichung sind, heißen *transzendente* Zahlen. π und *e* gehören in diese Klasse. Die Transzendenz von *e* ist relativ leicht zu beweisen — sie wurde 1873 von Charles Hermite (1822—1901) zum ersten Mal gezeigt. Die Transzendenz von π nachzuweisen stellte sich dagegen als wesentlich schwieriger heraus, und es gelang schließlich erst Ferdinand Lindemann (1852—1939) im Jahr 1882, den Beweis zu erbringen. Damit konnte nun ein für alle mal das uralte Problem der „Quadratur des Kreises" geklärt werden, das darin bestand, nur mit Zirkel und Lineal ein flächengleiches Quadrat zu einem beliebigen Kreis zu konstruieren. Die Transzendenz von π machte die Unmöglichkeit dieser Konstruktion deutlich, womit das Problem im negativen Sinne gelöst war. Cantor (1845—1918) hatte 1874 gezeigt, daß es zwar unendlich viele algebraische Zahlen und auch unendlich viele transzendente Zahlen gibt, daß aber trotzdem letztere zahlreicher sind als erstere. Damit wurde erstmals deutlich, daß es verschiedene Arten von Unendlichkeit gibt.

Eine der schönsten Entdeckungen in der Mathematik machte im Jahr 1748 der Schweizer Mathematiker Leonhard Euler (1707—1783). Er fand, daß die Zahlen 0, 1, π, *e* und *i* (*i* ist die „imaginäre Einheit", die Quadratwurzel von —1) durch eine Formel zueinander in Beziehung gesetzt werden können:

$$e^{\pi i} + 1 = 0$$

Dies ist die berühmte Eulersche Formel, die von vielen als eine wahre Wunderformel angesehen wird, da sie die fundamentalen Konstanten der Arithmetik (0 und 1), der Geometrie (π), der Analysis (*e*) und der komplexen Zahlen (*i*) in einer einfachen Gleichung zusammenfaßt.

Die drei Zahlen π, ϕ und *e* treten in einer Vielzahl von unendlichen Reihen und Produkten auf, einige davon sind in Tabelle 2 (S. 72) dargestellt.

9 Cantors neue Sicht des Unendlichen

Ich sehe es, aber ich glaube es nicht!

Georg Cantor in einem Brief an Richard Dedekind, 1877

Georg Cantor wurde am 3. März 1845 in St. Petersburg (heute Leningrad) geboren. Seine Eltern waren aus Dänemark ausgewandert. Obwohl sein Vater zum evangelischen Glauben übergetreten und seine Mutter eine geborene Katholikin war, gibt es gewisse Hinweise darauf, daß beide Elternteile jüdischer Abstammung waren. Möglicherweise ist es gerade dieser Vielfalt der Kulturen in seinem familiären Hintergrund zu verdanken, daß er frühzeitig begann, sich für theologische Streitfragen des Mittelalters zu interessieren, insbesondere für jene, die sich mit Unendlichkeit und Kontinuität beschäftigten. Von St. Petersburg aus zog die Familie nach Deutschland, wo Cantor an der Universität in Halle im Jahre 1874 seine erste bedeutsame Arbeit zum Begriff des Unendlichen veröffentlichte. Dies war nur der Anfang einer ganzen Reihe von Arbeiten, die alle zwischen 1874 und 1884 veröffentlicht wurden und binnen kürzester Zeit das Fundament, auf dem das Verständnis dieses Begriffes bis dahin beruht hatte, erschütterten.

Vor Cantor hatte man das Unendliche stets in einem numerischen Sinne aufgefaßt, als eine Art Zahl also, die größer ist als alle anderen Zahlen. Da aber natürlich jede Zahl einen Nachfolger hat, gibt es *die* größte Zahl einfach nicht. Trotzdem war der Begriff des Unendlichen im Wesentlichen an die Vorstellung des sehr Großen oder des sehr Kleinen gebunden.

Darüber hinaus unterschieden Mathematiker seit Aristoteles' Zeiten sorgsam zwischen dem sogenannten *Potentiell-Unendlichen* und dem *Aktual-Unendlichen.* Das Potentiell-Unendliche impliziert einen Prozeß, der zwar unbegrenzt wiederholt werden kann, der jedoch zu jedem beliebigen Zeitpunkt nur aus einer endlichen Anzahl von Schritten besteht. Die Menge der natürlichen Zahlen 1, 2, 3, ... ist potentiell unendlich, weil zwar jede Zahl einen Nachfolger hat, weil aber auch zu jedem beliebigen Zeitpunkt des Zählprozesses, gleichgültig wie weit fortgeschritten er ist, nur eine endliche Anzahl von Elementen abgezählt wurde. Das Aktual-Unendliche impliziert dagegen einen Prozeß, dem bereits zu jedem beliebigen Zeitpunkt unendlich viele Wiederholungen vorangegangen sind. Die entsprechend ihrer „natürlichen" Reihenfolge angeordnete Menge der ganzen Zahlen ..., –3, –2, –1, 0, 1, 2, 3, ... ist eine aktual-unendliche Menge, da zu jedem beliebigen Zeitpunkt bereits unendlich viele ganze Zahlen existieren. Die Mathematiker waren zwar bereit, den ersten Typus des Unendlichen anzuerkennen, den zweiten lehnten sie jedoch kategorisch ab. Aristoteles selbst erklärte in seiner *Physik*: „Das Unendliche hat ein mögliches, aber kein wirkliches Dasein."[1] Und etwa zwei Jahrtausende später, im Jahr 1831, vertrat Gauß (1777—1855) in einem Brief an seinen Freund Schumacher die gleiche Meinung:

> So protestire ich zuvörderst gegen den Gebrauch einer unendlichen Größe als einer Vollendeten, welcher in der Mathematik niemals erlaubt ist. Das Unendliche ist nur eine Façon de parler, indem man eigentlich von Grenzen spricht, denen gewisse Verhältnisse so nahe kommen als man will, während anderen ohne Einschränkung zu wachsen verstattet ist.

Mit anderen Worten heißt das: Der Grenzwert wird als potentiell-unendlicher Prozeß angesehen. Die Gaußsche Bemerkung sollte also all jene gelegentlichen Missetäter zurechtweisen, die den Unendlichkeitsbegriff — und sogar das Symbol für unendlich — so verwendeten, als ob es sich dabei um eine gewöhnliche Zahl handelte, die folglich den gleichen arithmetischen Regeln unterlag wie diese.[2]

Cantor räumte mit diesen überkommenen Vorstellungen auf. Zunächst akzeptierte er das Aktual-Unendliche als vollwertige mathematische Größe, indem er darauf bestand, daß eine Menge, insbesondere eine unendliche Menge, als eine *Gesamtheit* anzusehen sei, das heißt, als ein Objekt, das unser Geist als ein Ganzes begreifen sollte. Die Unterscheidung zwischen aktual und potentiell Unendlichem wurde damit aufgehoben. Tatsächlich wird die Bedeutungslosigkeit dieser Unterscheidung sofort offensichtlich, wenn man die ganzen Zahlen, anstatt in ihrer natürlichen Reihenfolge, in der folgenden Anordnung niederschreibt: 0, 1, —1, 2, —2, 3, —3, ...[3] Weiterhin argumentierte Cantor, daß die Ablehnung des Aktual-Unendlichen der Leugnung der Existenz der irrationalen Zahlen gleichkäme, da solche Zahlen unendlich viele Dezimalstellen aufwiesen, während endliche Dezimalzahlen eben nur rationale Näherungen darstellten.

Als nächstes zeigte Cantor, daß es — wieder entgegen der damals vorherrschenden Meinung — nicht nur eine Art des Unendlichen,

1 Übersetzung aus dem Englischen. Vgl. Fußnote 2 auf S. 12.

2 Sogar große Mathematiker waren gegen diesen Irrtum nicht gefeit. Euler zum Beispiel behauptete ohne die geringsten Bedenken, daß 1/0 unendlich und daß 2/0 doppelt so groß wie 1/0 sei.

3 Definitionsgemäß ist es unerheblich, in welcher Reihenfolge die einzelnen Elemente einer Menge angeordnet werden. So ist die Menge der Buchstaben *a, b, c* identisch mit der Menge *b, a, c*.

sondern viele verschiedene *Klassen* gibt. Diese Klassen unterscheiden sich grundsätzlich voneinander, können jedoch, ähnlich wie die gewöhnlichen Zahlen, miteinander verglichen werden. Es gibt also mit anderen Worten eine ganze Hierarchie von verschiedenen Klassen des Unendlichen, wobei man durchaus sagen kann, daß eine unendliche Menge größer ist als eine andere!

Es braucht wohl nicht betont zu werden, daß die Verkündung derart ungewöhnlicher Ansichten im 19. Jahrhundert einer wahren Revolution gleichkam, da sie den Lehren der größten Mathematiker jener Zeit völlig zuwiderliefen. Cantor selbst war sich dessen wohl bewußt, als er 1883 sagte: „Ich stelle mich mit meinen Ansichten über das mathematische Unendliche und das Wesen der Zahl in einen gewissen Widerspruch zu den allgemein herrschenden Ansichten."[4] Dies war eine feine Anspielung auf die scharfe Kritik, die seine Auffassung bei den Kollegen auslöste. Der Sturm, der auf seine Veröffentlichungen hin ausbrach, übertraf an Erbitterung alles, was man bis dahin erlebt hatte; diese fast feindselige Reaktion ist schließlich auch die Ursache für die Tragik seiner letzten Lebensjahre.

Cantor gründete seine Theorie auf zwei bemerkenswert einfache Begriffe: den der Menge und den der umkehrbar eindeutigen Entsprechung. Eine *Menge* ist einfach eine Sammlung von Objekten, wie zum Beispiel die Spielsachen eines Kindes, die Buchstaben des Alphabets oder die natürlichen Zahlen 1, 2, 3, …, wobei das letztere ein Beispiel für eine *unendliche* Menge ist, das heißt, für eine Menge, die aus unendlich vielen Elementen besteht. Betrachten wir nun zwei verschiedene Mengen, wie etwa die Menge der Buchstaben *a*, *b*, *c*, und die Menge der Zahlen 1, 2, 3. Zwischen den Elementen dieser Mengen können wir eine *umkehrbar eindeutige* oder *eineindeutige* Zuordnung herstellen (kurz 1:1 Zuordnung geschrieben), indem wir dem Buchstaben *a* die Zahl 1, *b* die 2 und *c* die 3 zuordnen. Wir könnten auch *a* die 2 zuordnen, *b* die 3 und *c* die 1. Die konkrete Art der Zuordnung ist unerheblich, solange jeweils ein Element der einen Menge einem Element der anderen Menge zugeordnet werden kann und kein Element der beiden Mengen übrigbleibt. Nun kann man einwenden, daß dies nur deshalb möglich sei, weil die zwei Mengen die gleiche Anzahl von Elementen haben. Das ist in der Tat richtig — gilt aber nur für endliche Mengen. Wenn zwei *endliche* Mengen die gleiche Anzahl von Elementen besitzen, ist es stets möglich, sie umkehrbar eindeutig aufeinander abzubilden. Der Umkehrschluß gilt ebenso: Wenn zwischen zwei endlichen Mengen eine 1:1 Beziehung hergestellt werden kann, ist daraus mit völliger Sicherheit zu schließen, daß sie die gleiche Anzahl von Elementen besitzen.

4 Übersetzung aus dem Englischen. Vgl. Fußnote 2 auf S. 12.

Wie steht es aber mit unendlichen Mengen? Ist es beispielsweise möglich, die Menge der natürlichen Zahlen umkehrbar eindeutig auf die Menge der geraden Zahlen abzubilden? Auf den ersten Blick erscheint dies unmöglich, da es scheinbar doppelt soviele natürliche Zahlen wie gerade Zahlen gibt. Und doch, wenn wir alle geraden Zahlen der Größe nach in eine Reihe schreiben, wird bereits deutlich, daß eine solche Zuordnung möglich ist:

2	4	6	8	10	12	...
↕	↕	↕	↕	↕	↕	
1	2	3	4	5	6	...

Unsere Intuition war also falsch! Die scheinbare Paradoxie dieser Situation liegt darin, daß zwischen den Elementen einer unendlichen Menge und den Elementen einer ihrer Teilmengen eine eineindeutige Zuordnung möglich ist. Nun war dies zu jener Zeit keineswegs neu, bereits Galileo hatte in seinem Werk *Unterredungen und mathematische Demonstrationen über zwei neue Wissenszweige* (1638) erkannt, daß die Quadratzahlen der natürlichen Zahlen (also 1, 4, 9, 16, 25, ...) den natürlichen Zahlen umkehrbar eindeutig zugeordnet werden können, obwohl es doch wesentlich mehr natürliche Zahlen als Quadratzahlen zu geben scheint.[5] Während Galileo jedoch lediglich die Absurdität dieser Situation feststellte, ohne den Versuch zu unternehmen, das Problem zu lösen, ging Cantor von der anderen Seite an die Sache heran. Er erklärte einfach, daß *zwei Mengen – gleichgültig ob endlich oder unendlich – genau dann gleich groß sind, wenn sie einander umkehrbar eindeutig zugeordnet werden können.* Die logische Schlußfolgerung daraus ist, daß es genauso viele natürliche Zahlen wie Quadratzahlen der natürlichen Zahlen gibt und genauso viele ganze Zahlen wie natürliche Zahlen. Diese letzte Aussage läßt sich leicht verdeutlichen, indem wir die ganzen Zahlen folgendermaßen anordnen: 0, 1, –1, 2, –2, 3, –3, ... Auch hier beweist allein die Möglichkeit einer solchen Anordnung, daß die ganzen Zahlen eineindeutig auf die natürlichen Zahlen abbildbar sind:

0	1	–1	2	–2	3	–3	...
↕	↕	↕	↕	↕	↕	↕	
1	2	3	4	5	6	7	...

5 Mit diesen und ähnlichen Paradoxien des Unendlichen beschäftigte sich auch der tschechische Theologe, Philosoph und Mathematiker Bernard Bolzano (1781–1848). In dem kleinen, 1851 posthum veröffentlichten Band *Paradoxien des Unendlichen* (das Manuskript wurde 18 Tage vor dem Tod des Autors fertiggestellt) entwickelt er eine Theorie, die der Cantorschen Vorstellung der unendlichen Mengen sehr nahekommt. Leider fand sein Buch jedoch lange Zeit keine Anerkennung.

Cantor nannte jede Menge, die zur Menge der natürlichen Zahlen äquivalent ist, *abzählbar*. So sind die geraden Zahlen, die ungeraden Zahlen, die ganzen Zahlen, die Quadratzahlen und auch die Primzahlen abzählbar.

Allem Anschein nach verstoßen also die unendlichen Mengen gegen eine unserer ursprünglichsten Erfahrungen, daß nämlich das Ganze größer als der Teil ist.[6] Unsere Erfahrungen beschränken sich jedoch notwendigerweise auf die endliche Welt, das Unendliche bleibt davon unberührt. Warum, so fragte Cantor, sollten die unendlichen Mengen den gleichen Gesetzen folgen wie die endlichen Mengen? Schließlich sind wir bereits auf etliche Fälle gestoßen, in denen die für endliche Rechnungen geltenden Regeln der Arithmetik versagen, erinnern wir uns nur an die unendlichen Reihen. Es ist also keineswegs gerechtfertigt, *a priori* anzunehmen, daß die unendlichen Mengen sich wie endliche Mengen verhalten. Wie wir gesehen haben, hatte man zwar schon lange vor Cantor erkannt, daß eine unendliche Menge nicht unbedingt größer sein muß als eine ihrer echten Teilmengen, hatte dies jedoch als ein unerklärliches Paradoxon angesehen. Es ist Cantors Verdienst, erkannt zu haben, daß dies keineswegs eine Paradoxie, sondern die fundamentalste Eigenschaft jeder unendlichen Menge ist: *sie kann umkehrbar eindeutig auf eine ihrer echten Teilmengen abgebildet werden.*[7] Genau diese Eigenschaft wird auch von Cantor zur Definition der unendlichen Menge herangezogen — es ist dies das erste Mal, daß der Begriff klar und präzise, frei von Mystik und Ungenauigkeit definiert wird.

Kehren wir jedoch für einen Augenblick zu den Mengen zurück, die wir soeben betrachtet haben — zu den Mengen der natürlichen Zahlen, der geraden Zahlen, der ganzen Zahlen, der Quadratzahlen und der Primzahlen. Man wird hier vielleicht einwenden wollen, daß diese Mengen nur deshalb abzählbar seien, weil es zwischen ihren Elementen große Lücken gibt. Diese Lücken betragen bei den natürlichen und den ganzen Zahlen eine Einheit, bei den geraden Zahlen genau zwei Einheiten; sie sind bei den Quadratzahlen von zunehmender Größenordnung (wobei der Abstand der Lücken der Folge der ungeraden Zahlen entspricht) und bei den Primzahlen unregel-

6 Diese Aussage entspricht dem letzten Postulat aus Euklids *Elementen*. Mehr zu diesen Postulaten in Kapitel 16.

7 Eine Teilmenge ist eine Sammlung von Objekten, die aus einer ursprünglichen Menge herausgenommen und als neue Menge betrachtet wird. Die Menge *(a, b)* ist zum Beispiel eine Teilmenge der Menge *(a, b, c)*, ebenso die Mengen *(a, c)*, *(b, c)*, *(a)*, *(b)*, *(c)*, *(a, b, c)*, ( ). Die letzte Teilmenge ist die *leere Menge*. Eine *echte* Teilmenge ist jede Untermenge, die nicht gleich der ursprünglichen Menge ist; in unserem Beispiel sind also außer der Menge *(a, b, c)* alles echte Teilmengen der ursprünglichen Menge.

mäßiger Natur. Wir könnten zu der Schlußfolgerung kommen, daß die Zuordnung dieser Mengen zu der Menge der natürlichen Zahlen ein reiner Umordnungsprozeß ist, der bestimmten Regeln folgt. *Jede beliebige* unendliche Menge, die Lücken dieser Art aufweist, ist der Menge der natürlichen Zahlen äquivalent und damit abzählbar. Umgekehrt scheint es, als ob die Abzählbarkeit einer Menge von der Existenz derartiger Lücken zwischen ihren Elementen abhängt.

Doch weit gefehlt! Die erste Schlußfolgerung ist zwar in der Tat richtig, die zweite jedoch nicht. Cantor gelang es, zu zeigen, daß sogar „dichte" Mengen, das heißt, Mengen, die keine solche Lücken aufweisen, abzählbar sein können. Eine dieser Mengen kennen wir bereits — die rationalen Zahlen. Cantor hatte im Jahr 1874 die historische Entdeckung gemacht, daß die rationalen Zahlen trotz ihrer Dichte abzählbar sind. Unsere Intuition, so scheint es, ist im Umgang mit dem Unendlichen wirklich ein sehr schlechter Ratgeber.

Um die Abzählbarkeit der rationalen Zahlen zu beweisen, zeigte Cantor zuerst einmal, daß unsere natürliche Neigung, Zahlenmengen ihrer Größe nach zu ordnen, nicht immer sinnvoll ist. Zwar hatten wir das ja bereits aufgegeben, als wir die Abzählbarkeit der ganzen Zahlen bewiesen, bei den rationalen Zahlen ist dies jedoch gerade aufgrund ihrer Dichte wesentlich schwieriger, da zwischen beliebig nah aufeinander folgenden Zahlen immer noch weitere Zahlen gefunden werden können. Ihre Dichte legt also die Vermutung nahe, daß jeder Versuch, die rationalen Zahlen *irgendwie* abzuzählen, zum Scheitern verurteilt ist. Cantor bewies jedoch, daß genau dies möglich ist: Man kann die rationalen Zahlen einzeln auflisten, ohne auch nur eine einzige auszulassen. Seine Methode bestand darin, die positiven rationalen Zahlen in einem *unendlichen Feld* anzuordnen:

1/1	2/1	3/1	4/1	5/1	...
1/2	2/2	3/2	4/2	5/2	...
1/3	2/3	3/3	4/3	5/3	...
1/4	2/4	3/4	4/4	5/4	...
1/5	2/5	3/5	4/5	5/5	...
.....	.....	.....	.....	.....	.....

Die erste Reihe in diesem Feld umfaßt all jene Brüche, deren Nenner 1 ist, die natürlichen Zahlen also; die zweite Reihe besteht aus den Brüchen, deren Nenner 2 ist usw. (Innerhalb einer solchen Reihe sind die Zahlen der Größe nach geordnet.) Cantor durchlief dieses Schema dann auf folgende Weise:

1/1 → 2/1   3/1 → 4/1   5/1 …

↙   ↗   ↙   ↗

1/2   2/2   3/2   4/2   5/2 …

↓   ↗   ↙   ↗

1/3   2/3   3/3   4/3   5/3 …

↙   ↗

1/4   2/4   3/4   4/4   5/4 …

↓   ↗

1/5   2/5   3/5   4/5   5/5 …

. . . .

Wenn wir diesem Pfad immer weiter folgen — zunächst einen Schritt nach rechts, dann diagonal nach unten gehen, dann einen Schritt nach unten, und wieder diagonal nach oben laufen, dann wieder einen Schritt nach rechts und so weiter, *ad infinitum* — dann erfassen wir nach und nach alle positiven Brüche. Zwar entdecken wir auf unserem Weg immer wieder Bruchzahlen, die unter anderem „Namen" bereits erfaßt wurden — zum Beispiel 2/2, 3/3, 4/4 etc., die alle gleich 1 sind — doch streichen wir diese Brüche einfach aus und folgen dem Pfad weiter wie bisher. Damit haben wir im Grunde genommen die positiven Brüche, einen nach dem andern, in einer Reihe angeordnet und können sie zählen! Die Entdeckung, daß die rationalen Zahlen — unserer Intuition zum Trotz — abzählbar sind, machte einen so tiefen Eindruck auf Cantor, daß er ausrief: „Ich sehe es, aber ich glaube es nicht!"

Die Menge der Bruchzahlen ist also trotz ihrer Dichte nicht größer als die Menge der natürlichen Zahlen mit ihren Lücken. An diesem Punkt angelangt, beschloß Cantor, den abzählbaren Mengen einen Namen zu geben: Er nannte sie Mengen der Mächtigkeit $\aleph_0$ ($\aleph$, gesprochen „aleph", ist der erste Buchstabe des hebräischen Alphabets).[8] Alle Mengen der Mächtigkeit $\aleph_0$ sind zur Menge der natürlichen Zahlen äquivalent und folglich abzählbar.

Allmählich drängt sich uns (wie damals auch Cantor) der Verdacht auf, daß vielleicht alle unendlichen Mengen abzählbar sind. Cantor bewies jedoch, daß es auch Mengen gibt, deren Elemente so dicht liegen, daß sie nicht gezählt werden können. Eine solche Menge ist die Menge der Punkte auf einer (unendlichen) Geraden, der Zahlengeraden zum Beispiel. Diese Punkte wiederum entsprechen den reellen Zahlen bzw. der Menge aller Dezimalzahlen, wie wir sie auf S. 66 kennengelernt haben.

8 Cantor hatte zunächst den Ausdruck *Mächtigkeit* verwendet, der jedoch später durch den Begriff der *Kardinalzahl* ersetzt wurde.

Beide Mengen bilden ein *Kontinuum*. Sie sind nicht abzählbar und enthalten weitaus mehr Elemente als eine abzählbare Menge. Ihre Unendlichkeit ist von einer höheren Mächtigkeit als $\aleph_0$. Cantor bezeichnete diese Art der Unendlichkeit, die Mächtigkeit des Kontinuums, mit *C*.

10 Jenseits des Unendlichen

... ein(em) Volk, so groß, daß es wegen seiner Menge niemand zählen noch berechnen kann.

1. Könige 3.8

Um zu zeigen, daß die reellen Zahlen nicht abzählbar sind, bewies Cantor zunächst einen anderen, völlig unglaublich erscheinenden Satz: *Die Anzahl der Punkte auf einer unendlichen Geraden und auf einem endlichen Teilstück dieser Geraden ist gleich.* Der Beweis, dargestellt in Abb. 10.1, ist so einfach, daß man sich fragt, warum die Entdeckung nicht schon viel früher gemacht wurde. Er macht uns auch klar, daß unsere Vorstellung von einer Geraden, als einer großen Anzahl linear angeordneter, gegenständlicher Punkte oder „Kleckse", völlig falsch ist: ein Punkt im gemeinsprachlichen Sinn hat mit dem Punkt im mathematischen Sinne nicht das geringste zu tun!

Nachdem Cantor dies bewiesen hatte, brauchte er nur noch zu zeigen, daß die Punkte auf einem endlichen Teilstück der Geraden nicht abzählbar sind. Dies gelang ihm mit Hilfe seines berühmten „Diagonalverfahrens". Als endliche Teilstrecke wählte er den Abschnitt zwischen 0 und 1 auf der Zahlengeraden, die Einheitsstrecke. Jeder Punkt auf dieser Strecke entspricht einem echten Bruch, das heißt, einer Dezimalzahl zwischen 0 und 1. Um etwaige Mißverständnisse zu vermeiden, definieren wir alle Dezimalzahlen als unendlich, so daß ein Bruch wie 0,5 durch die äquivalente Zahl 0,4999... dargestellt wird (vgl. S. 51). Cantor nahm dann an, daß es *möglich* sei, die Menge der Dezimalzahlen zu zählen; bzw. daß es möglich sei, alle Dezimalzahlen zwischen 1 und 0 einzeln aufzulisten, ohne dabei auch nur eine einzige zu übersehen. Anstatt wirkliche Zahlen zu verwenden,

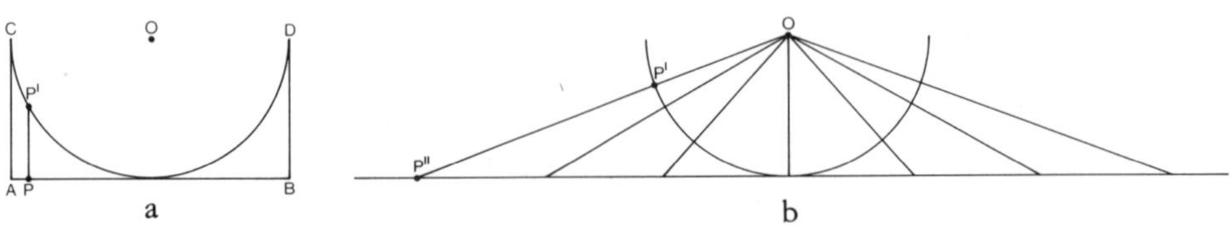

Abb. 10.1: (a) Die Punkte der Strecke *AB* werden umkehrbar eindeutig auf die Punkte des Halbkreises *CD* abgebildet, wodurch bewiesen ist, daß die Anzahl der Punkte auf der Geraden und auf dem Halbkreis gleich ist. (b) Nun werden die Punkte des Halbkreises *CD* umkehrbar eindeutig auf die Punkte der Geraden *AB* abgebildet. Damit ist gezeigt, daß ein endliches Teilstück einer Geraden genauso viele Punkte besitzt wie eine unendliche Gerade!

wollen wir die Auflistung der Dezimalzahlen symbolisch mit Hilfe von Buchstaben vornehmen, so daß die erste Dezimalzahl $0{,}a_1a_2a_3\ldots$, die zweite $0{,}b_1b_2b_3\ldots$ usw. lautet, so lange, bis wir *alle* Brüche zwischen 0 und 1 erfaßt haben.[1] Unsere Liste sieht nun folgendermaßen aus:

$$\begin{aligned} r_1 &= 0{,}a_1a_2a_3\ldots \\ r_2 &= 0{,}b_1b_2b_3\ldots \\ r_3 &= 0{,}c_1c_2c_3\ldots \\ &\ldots\ldots\ldots\ldots \end{aligned}$$

Entsprechend unserer Annahme enthält diese Liste alle Dezimalbrüche zwischen 0 und 1. Als nächstes ging Cantor daran, eine reelle Zahl zwischen 0 und 1 zu „konstruieren", die nicht in der Liste enthalten ist. Sein Vorgehen war das folgende: Als erste Dezimalziffer wählte er eine beliebige von a_1 verschiedene Zahl, als zweite Dezimalstelle eine von b_2 verschiedene Ziffer, als dritte eine von c_3 verschiedene Ziffer usw., *ad infinitum*. (Ich möchte dies an einem Zahlenbeispiel verdeutlichen: Wenn die ersten drei Zahlen unserer Liste 0,274...; 0,851... und 0,308... wären, dann würden wir für die erste Stelle eine beliebige Zahl außer 2 wählen, für die zweite Ziffer irgendeine Zahl außer 5 und für die dritte irgendeine Zahl außer 8 etc.) Unsere Zahl hätte also die Form:

$$r = 0{,}x_1x_2x_3\ldots$$

wobei $x_1 \neq a_1$, $x_2 \neq b_2$, $x_3 \neq c_3$ ist usw. (Aus diesem Muster leitet sich der Name Diagonalverfahren ab.) Die neue Zahl ist offensichtlich eine reelle Zahl zwischen 0 und 1, die sich aufgrund ihrer Konstruktion von allen Zahlen in der ursprünglichen Aufzählung unterscheidet. Und hier liegt nun ein Widerspruch, da wir vorausgesetzt hatten, daß unsere Aufzählung *alle* reellen Zahlen zwischen 0 und 1 enthält. Die Annahme, daß die reellen Zahlen in diesem Abschnitt (und damit auch auf der gesamten Zahlengeraden) abzählbar seien, hat sich also als falsch erwiesen. Die reellen Zahlen bilden folglich eine nicht-abzählbare oder *überabzählbare* Menge, ein Zahlenkonti-

1 Wir benutzen zwar Buchstaben, doch bedeutet dies keineswegs, daß unsere Liste nach dem 26. Glied endet. Wir hätten auch eine allgemeinere Notation wie beispielsweise einen zweistelligen Index verwenden können: unseren ersten Dezimalbruch hätten wir dann mit $0{,}a_{11}\,a_{12}\,a_{13}\ldots$ bezeichnet, den zweiten Dezimalbruch mit $0{,}a_{21}\,a_{22}\,a_{23}\ldots$ usw. Der Einfachheit halber verwenden wir jedoch die einstellige Indizierung.

nuum, dessen Mächtigkeit Cantor mit dem Buchstaben *C* bezeichnete.[2]

So schuf Cantor also eine *Hierarchie* des Unendlichen, in der alle Mengen der Kardinalzahl *C* als mächtiger anzusehen sind als die abzählbaren Mengen der Kardinalzahl $\aleph_0$. Es gibt keine unendliche Menge, deren Kardinalzahl kleiner als $\aleph_0$ ist; sogar wenn wir eine unendliche Menge vermindern, um die Menge der geraden Zahlen beispielsweise, erhalten wir trotzdem wieder eine Menge der Kardinalzahl $\aleph_0$ (die unendliche Menge der ungeraden Zahlen nämlich). Das gleiche gilt auch, wenn wir die Menge der natürlichen Zahlen um die Menge der ungeraden Zahlen vermindern (übrig bleiben die geraden Zahlen) oder um die Menge der zusammengesetzten Zahlen (übrig bleiben die Primzahlen) und so weiter, zurück bleibt immer eine Menge, die genauso viele Elemente wie die ursprüngliche Menge hat!

Cantor fand sogar Mengen, deren Kardinalzahlen noch größer sind als *C*. Dies gelang ihm, indem er bewies, daß die Menge aller Teilmengen, die sogenannte *Potenzmenge* einer gegebenen Menge, stets mehr Elemente enthält als die ursprüngliche Menge. Für endliche Mengen ist dies ganz offensichtlich: die Menge {a, b, c} zum Beispiel hat die folgenden Teilmengen {a}, {b}, {c}, {a, b}, {a, c} und {b, c} nicht zu vergessen, die sogenannte „leere Menge" { } und die Menge selbst *(a, b, c)*. Aus der ursprünglich drei Elemente enthaltenden Menge läßt sich also eine Menge mit acht (= 2^3) Elementen ableiten. Dieses Ergebnis kann verallgemeinert und auf jede beliebige endliche Menge übertragen werden: Besitzt eine Menge *n* Elemente, dann zählt ihre Potenzmenge, einschließlich der leeren Menge und der Menge selbst, 2^n Elemente, eine Zahl, die notwendigerweise größer ist als *n*. Cantor übertrug diese Ergebnisse nun auf die unendlichen Mengen: Kühn führte er die neue, revolutionäre Vorstellung ein, daß aus jeder *unendlichen* Menge eine größere, unendliche Menge abgeleitet werden könne, indem man einfach alle Teilmengen der Ausgangsmenge zu einer neuen Menge zusammenfaßt. Dies ist ein wahrlich verwirrender Gedanke, denn wie kann man sich eine Menge vorstellen, die noch größer ist als das Kontinuum, die Menge aller Punkte auf einer Geraden? Wir müssen uns bewußt machen — und Cantor hat dies

2 Die reellen Zahlen setzen sich aus den rationalen und den irrationalen Zahlen zusammen. Da nun die rationalen Zahlen abzählbar sind, können wir aus der Überabzählbarkeit der reellen Zahlen schließen, daß die irrationalen Zahlen ebenfalls nicht abzählbar sind. Dies impliziert jedoch, daß die von den irrationalen Zahlen besetzten „Lücken" auf der Zahlengeraden weitaus zahlreicher sind als die „lückenhaften" rationalen Zahlen! Auch dies ist eine der Paradoxien des Unendlichen, die wir intuitiv nur sehr schwer verstehen.

klar betont —, daß wir es hier größtenteils mit abstrakten Überlegungen zu tun haben. Wir nutzen unsere geistigen Fähigkeiten, um uns solche Mengen vorzustellen; ob sie tatsächlich existieren (in einem physikalischen Sinn), ist in diesem Zusammenhang völlig unerheblich.[3]

Den unvermeidlichen Höhepunkt dieser Argumentation stellte jedoch Cantors Schlußfolgerung dar: Wenn man aus jeder beliebigen Menge — endlich oder unendlich — eine neue Menge bilden kann, die größer als die Ursprungsmenge ist (bei endlichen Mengen größer im wörtlichen Sinne, bei unendlichen Mengen im Sinne der Mächtigkeit), dann kann dieser Prozeß wiederholt werden; das heißt aus jeder neuen Menge kann wiederum eine noch größere Menge geschaffen werden, und dies läßt sich *ad infinitum* fortsetzen.[4] Auf diese Weise schuf Cantor eine unendliche Hierarchie unendlicher Mengen, in der jede neue Potenzmenge eine höhere Mächtigkeit besitzt als die vorherige. Cantor bezeichnete diese zunehmende Mächtigkeit mit $2^{\aleph_0}$, $2^{2^{\aleph_0}}$, usw. — in Analogie zu den endlichen Mengen, bei denen die Mächtigkeit der Folge 2^n, 2^{2^n} usw. entspricht. Innerhalb dieser Hierarchie sind alle Mengen der gleichen Kardinalzahl äquivalent, das heißt, sie können umkehrbar eindeutig aufeinander abgebildet werden, während Mengen verschiedener Kardinalzahlen nicht äquivalent sind bzw. nicht umkehrbar eindeutig aufeinander abgebildet werden können.

Die Kardinalzahlen $\aleph_0$, $2^{\aleph_0}$, $2^{2^{\aleph_0}}$, … heißen *transfinite Kardinalzahlen.*[5] Sie übertragen die numerische Hierarchie der endlichen auf die unendlichen Mengen: So schreiben wir in Analogie zu den endlichen Mengen, für die gilt $n < 2^n < 2^{2^n} < \ldots$, $\aleph_0 < 2^{\aleph_0} < 2^{2^{\aleph_0}} < \ldots$ für die unendlichen Mengen. Cantor führte die Analogie sogar noch einen Schritt weiter, indem er eine Arithmetik der transfiniten Kardinalzahlen schuf. Diese Arithmetik erscheint uns, die wir mit der

3 Man könnte annehmen, daß es in einer zweidimensionalen Ebene mehr Punkte gibt als auf einer eindimensionalen Geraden, doch auch hier läßt uns unsere Intuition im Stich: Cantor bewies, daß in einer Ebene genauso viele Punkte existieren wie auf einer Geraden. Das gleiche gilt für den dreidimensionalen Raum und sogar für jeden beliebigen „hyperdimensionalen“ Raum, der eine abzählbare Anzahl von Dimensionen hat. Dimensionalität hat folglich nichts mit der Anzahl von Punkten zu tun, die ein Raum enthält.

4 Sogar bei endlichen Mengen ist es erstaunlich, wie schnell die Anzahl der Elemente in diesem Prozeß wächst. Wenn unsere Ausgangsmenge 3 Elemente besitzt, dann hat ihre Potenzmenge $2^3 = 8$ Elemente, die Potenzmenge der Potenzmenge $2^8 = 256$ Elemente, die nächste Potenzmenge 2^{256} Elemente (was einer riesigen Zahl, nämlich ungefähr 10^{77}, entspricht) usw. Wie unermeßlich groß die letzte Zahl ist, läßt sich vielleicht am besten verdeutlichen, wenn wir als Vergleich dazu die Gesamtanzahl der Sterne im Universum betrachten, die auf nur 10^{22} geschätzt wird.

5 Die natürlichen Zahlen heißen in der Mengentheorie finite Kardinalzahlen.

Arithmetik der endlichen Zahlen vertraut sind, natürlich höchst seltsam. Hier finden wir nämlich so merkwürdige Regeln wie $1 + \aleph_0 = \aleph_0$ (diese Regel erklärt das Hilbert-Paradoxon aus dem Vorwort), $\aleph_0 + \aleph_0 = \aleph_0$ (die Vereinigung zweier abzählbarer Mengen ergibt wieder eine abzählbare Menge)[6], $\aleph_0 \cdot \aleph_0 = \aleph_0$ (auch die Vereinigung abzählbar vieler abzählbarer Mengen ergibt wieder eine abzählbare Menge) und ähnliche abwegig erscheinende Formeln.

Dank dieser Entwicklungen schien das lange und beschwerliche Ringen um die Klärung und Entmystifizierung des Unendlichkeitsbegriffs zu einem erfolgreichen Ende gekommen zu sein. „Die Lösung der Probleme, die früher mit dem mathematischen Unendlichkeitsbegriff verbunden waren, ist wahrscheinlich eine der größten Errungenschaften, derer wir uns in diesem Zeitalter rühmen können." So äußerte sich Bertrand Russell einmal im Jahr 1910. Und David Hilbert (1862—1943), einer der größten Mathematiker unserer Zeit, ehrte Cantors Verdienst mit den Worten: „Niemand soll uns aus dem Paradies vertreiben, das Cantor uns geschaffen hat." Cantors Leben nahm jedoch bald eine tragische Wende. Gegen Ende seines Lebens litt er unter heftigen depressiven Anfällen, die ihn zunehmend an seiner schöpferischen Arbeit hinderten. Ausgelöst wurden sie zumindest teilweise von der heftigen Kritik, der er von seiten seiner Kollegen ausgesetzt war. Besonders scharf griff ihn einer seiner früheren Lehrer an, Leopold Kronecker (1823—1891), der selbst ein berühmter, jedoch ultrakonservativer Mathematiker war. Er lehnte nicht nur die Auffassung des Aktual-Unendlichen ab, sondern auch alle Konstrukte, die nicht direkt aus den natürlichen Zahlen abgeleitet werden konnten.[7] Es drängt sich jedoch der Verdacht auf, daß Kroneckers vehemente Kritik an Cantor nicht rein wissenschaftlich begründet war. Es schwang darin auch Eifersucht auf seinen früheren Schüler mit, der ihn plötzlich an Berühmtheit weit übertraf. Cantor starb 1918 in einer psychiatrischen Anstalt.

Das Paradies, von dem Hilbert gesprochen hatte, sollte nicht lange währen. In seiner historischen Ansprache vor dem Zweiten Internationalen Kongreß der Mathematiker in Paris, die er im ersten Jahr des neuen Jahrhunderts hielt, konfrontierte Hilbert die Mathematiker mit einer Liste von 23 ungelösten Problemen, deren Lösung er für die Zukunft der Mathematik für äußerst wichtig erachtete. Das erste Problem betraf eine Frage, die Cantor selbst bereits 1884 aufgeworfen

6 Diese Regel haben wir bei unserem Beweis, daß die rationalen Zahlen abzählbar sind (siehe S. 79f.), stillschweigend vorausgesetzt.

7 Auf Kronecker geht das berühmte Zitat zurück „Die natürlichen Zahlen hat der liebe Gott gemacht, alles übrige ist Menschenwerk!" Seine kompromißlose Ablehnung des Aktual-Unendlichen führte ihn sogar dazu, die irrationalen Zahlen aus der Mathematik auszuschließen. Damit befand sich die Mathematik wieder in einem Stadium wie zu Pythagoras' Zeiten.

hatte. Wie wir gesehen haben, schuf Cantor eine Hierarchie des Unendlichen, die sich in den transfiniten Kardinalzahlen $\aleph_0$, $2^{\aleph_0}$, $2^{2^{\aleph_0}}$, ... ausdrückt. Daneben zeigte er, daß die reellen Zahlen eine transfinite Kardinalzahl C haben, die größer ist als $\aleph_0$; es gelang ihm sogar der Beweis, daß C *gleich* $2^{\aleph_0}$ ist, das heißt, daß die Potenzmenge der natürlichen Zahlen genauso viele Elemente hat wie die Menge der reellen Zahlen. Cantor stellte sich nun die Frage, ob es eine Menge gibt, deren Mächtigkeit *zwischen* $\aleph_0$ und C liegt? Er vermutete zwar, daß die Antwort nein lautete, war jedoch nicht in der Lage, seine Vermutung zu beweisen.

Ein Vergleich mit den endlichen Mengen ist hier vielleicht angebracht. Angenommen, wir haben eine Menge aus zwei Elementen ($n = 2$), so erhalten wir durch fortgesetzte Bildung der Potenzmengen die Folge $2^2 = 4$, $2^4 = 16$, $2^{16} = 65536$ usw. In diesem Prozeß ist es jedoch unmöglich, eine Menge aus, sagen wir, drei Elementen zu erhalten (das gilt auch, wenn wir für n einen beliebigen anderen Wert einsetzen). Die Potenzmengen unserer Menge stellen also nur einen Bruchteil aller möglichen endlichen Mengen dar. Cantor hatte zunächst angenommen, daß die Situation für unendliche Mengen ähnlich ist, das heißt, daß es zwischen Mengen der Mächtigkeit $\aleph_0$ und $2^{\aleph_0}$ noch andere Mengen gibt (so wie für die endlichen Mengen gilt: $2 < 3 < 2^2$). Als jedoch sämtliche Versuche fehlschlugen, eine solche Menge zu „finden", nahm er an, daß es keine Menge gibt, deren Mächtigkeit größer als $\aleph_0$ und kleiner als $2^{\aleph_0}$ (bzw. C) ist. Cantors Vermutung wurde als die *Kontinuumshypothese* bekannt.[8] In seiner historischen Ansprache im Jahr 1900 forderte Hilbert die Mathematiker auf, die Kontinuumshypothese entweder zu beweisen oder durch ein Gegenbeispiel zu widerlegen, das heißt eine Menge zu finden, deren Kardinalzahl zwischen $\aleph_0$ und C liegt.

Diese Herausforderung sollte noch weitere 60 Jahre auf den Mathematikern lasten. Als es schließlich 1963 gelang, die Frage zu klären, war die Lösung äußerst überraschend: Es stellte sich heraus, daß die Hypothese sowohl richtig als auch falsch war, je nachdem, von welchen Voraussetzungen man ausging! Diese erstaunliche Entdeckung erschütterte die Mathematik derart, daß die Auswirkungen heute noch spürbar sind.[9] Es wurde gezeigt, daß die Kontinuumshypothese von den Axiomen der Mengentheorie unabhängig ist; sie kann als zusätzliches Axiom betrachtet werden, das wir nach Belieben anerkennen oder ablehnen können. So überraschend diese Erkenntnis

8 Allgemeiner wurde die Vermutung ausgesprochen, daß es zwischen den Kardinalzahlen $\aleph_0$ und $2^{\aleph_0}$, zwischen $2^{\aleph_0}$ und $2^{2^{\aleph_0}}$, etc. keine anderen Kardinalzahlen gibt. Man bezeichnet dies auch als die Verallgemeinerte Kontinuumshypothese.

9 Einige der Folgen werden wir im Anhang kurz besprechen.

auch war, so hatte sie doch einen Vorläufer. Eine ähnliche Vorstellung hatte sich schon etwa hundert Jahre zuvor in einem anderen Bereich der Mathematik durchgesetzt, in der Geometrie nämlich, der wir uns nun zuwenden wollen.

Teil II

Das Unendliche in der Geometrie

Unendlich ist dort, wo das ist, was es nicht gibt.

Unbekannter Schüler

Die Schlange, die sich selbst in den Schwanz beißt, als Symbol der Ewigkeit. Aus: Bruno Murari, *Discovery of the Circle*, New York 1970. Mit freundlicher Genehmigung von Wittenborn Art Books, Inc.

Notenschrift ohne Anfang und Ende für ein klangerzeugendes Objekt. Aus: Bruno Murari, *Discovery of the Circle*, New York 1970. Mit freundlicher Genehmigung von Wittenborn Art Books, Inc.

11 Einige Funktionen und ihre Graphen

Die Reichweite Ihres Teleskops erstreckt sich von 5 Metern bis unendlich und darüber hinaus.

Aus der Bedienungsanleitung für ein Teleskop

Die Geometrie ist das Studium von Form und Gestalt. Bei unserer ersten Begegnung mit der Geometrie lernen wir gewöhnlich Figuren wie Dreiecke, Quadrate und Kreise kennen, oder Körper wie den Würfel, den Zylinder und die Kugel. All diese Objekte haben, wie die meisten Objekte unserer Umgebung, eine endliche Ausdehnung. Auf den ersten Blick scheint es daher, als spielte der Begriff des Unendlichen in der allgemeinen Geometrie keine Rolle. Daß dies *nicht* zutrifft, zeigt jedoch bereits die einfachste aller geometrischen Figuren, die Gerade. Eine Gerade erstreckt sich in beiden Richtungen ins Unendliche, und wir können sie uns als ein Hilfsmittel vorstellen, um „immer tiefer" in die eindimensionale Welt „vorzudringen". Wie wir noch sehen werden, war es genau diese einfache Vorstellung, die in der Mitte des vorigen Jahrhunderts eine der revolutionärsten Wandlungen des mathematischen Denkens auslöste und zur Schaffung der nichteuklidischen Geometrie führte.

Der Geraden kommt an Einfachheit der Kreis am nächsten. Obwohl er von endlicher Größe ist, kann man sich auf der Kreislinie endlos fortbewegen. Aus diesem Grund betrachtet man den Kreis (und sein dreidimensionales Gegenstück, die Kugel) als *endliches, aber unbegrenztes* Gebilde. Seit undenklichen Zeiten verkörpert der Kreis regelmäßige Wiederkehr, Periodizität und unaufhörliche Bewegung — man denke nur an den Wechsel von Tag und Nacht, den Zyklus der Jahreszeiten und den ewigen Kreislauf von Leben und Tod. Kann man nun die tatsächliche Unendlichkeit der Geraden mit der symbolischen Unendlichkeit des Kreises in Verbindung bringen? Wie wir noch sehen werden, gibt es tatsächlich eine mathematische Transformation, mit deren Hilfe beide ineinander überführt werden können.

Die elementare Algebra behandelt Funktionen und ihre Graphen. Eine *Funktion* ist eine Beziehung zwischen zwei oder mehr Variablen,[1] die zum Beispiel durch eine mathematische Gleichung ausgedrückt werden kann. Häufig erweist es sich jedoch als bequemer, die Funktion graphisch in einem Koordinatensystem darzustellen. Diese

1 Strenggenommen erfordert die Definition der Funktion, daß jedem zulässigen Wert einer Variablen genau ein Wert einer anderen Variablen zugeordnet wird.

Abb. 11.1: Das rechtwinklige kartesische Koordinatensystem.

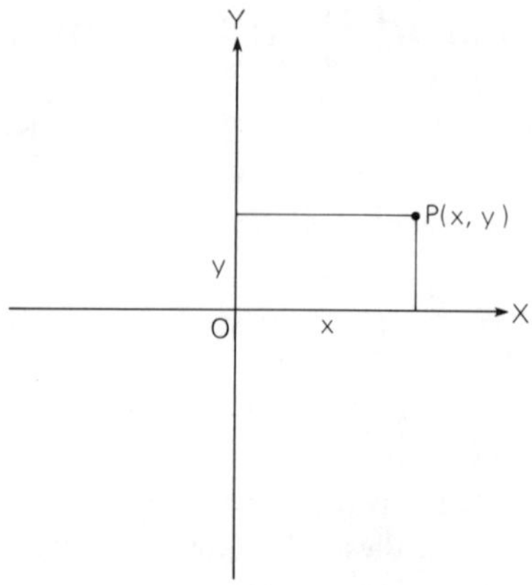

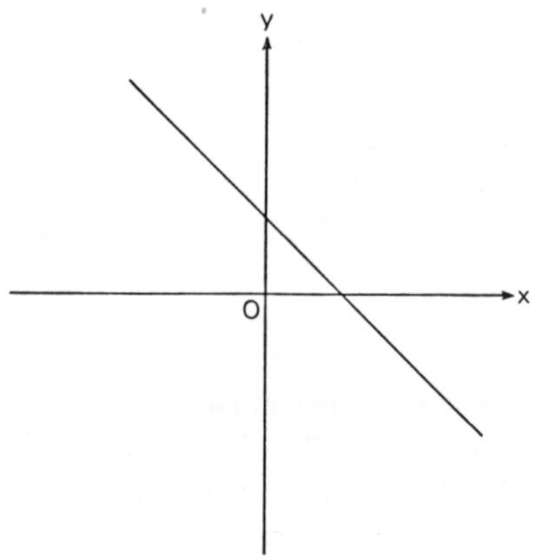

Abb. 11.2: Eine Gerade: $Ax + By = C$.

Abb. 11.3: Der Einheitskreis: $x^2 + y^2 = 1$

Abb. 11.4: Die Ellipse: $Ax^2 + By^2 = 1$ ($A, B > 0$).

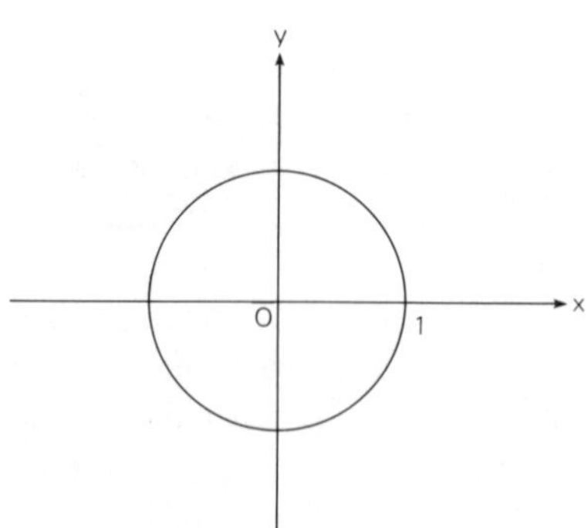

Abb. 11.3

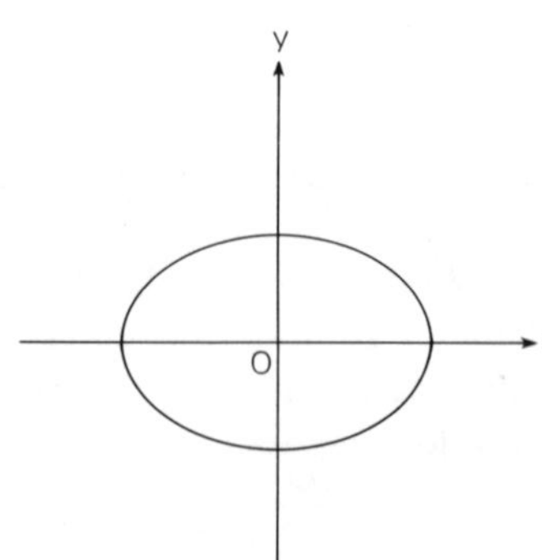

Abb. 11.4

Methode wurde erstmals 1637 von René Descartes (1596—1650) vorgeschlagen. Im allgemeinen besteht unser Koordinatensystem aus zwei senkrecht aufeinanderstehenden Geraden, oder „Achsen", die in Einheiten unterteilt sind (das sog. kartesische Koordinatensystem). Ein Punkt P in der Ebene ist durch seine Entfernungen x und y von den Achsen genau bestimmt. Wir sagen, daß P die Koordinaten x und y hat, und schreiben (x, y) (Abb. 11.1). Wenn nun y eine Funktion von x ist, dann beschreibt der Punkt P bei Veränderung von x eine Kurve, die die graphische Darstellung der Funktion ist. Die Gleichung $2x + 3y = 1$ (oder allgemein ausgedrückt, $Ax + By = C$) wird zum Beispiel durch eine Gerade dargestellt, $x^2 + y^2 = 1$ durch den Einheitskreis, und $2x^2 + 3y^2 = 1$ durch eine Ellipse (der allgemeine Ausdruck ist hier: $Ax^2 + By^2 = 1$, wobei A und B positive Konstanten sind). (Siehe Abb. 11.2—11.4.)

Sowohl der Kreis als auch die Ellipse sind von endlicher Ausdehnung — das heißt sie beanspruchen jeweils nur ein endliches Gebiet der Koordinatenebene. Andere Kurven erstrecken sich hingegen in einer oder mehr Richtungen ins Unendliche; wir haben bereits die Gerade kennengelernt, weitere Kurven dieser Art sind die Parabel und die Hyperbel (Abb. 11.5 und 11.6). Zusammengenommen stellen diese fünf Kurven die Familie der sogenannten Kegelschnitte dar: Sie entstehen, wenn man den Kegel unter verschiedenen Einfallswinkeln mit einer Ebene schneidet (Abb. 11.7). Alle fünf Kegelschnitte waren schon den Griechen bekannt und sollten später eine Schlüsselrolle in der Astronomie spielen, da sich sämtliche Himmelskörper, seien sie Planeten, Kometen oder Satelliten, auf solchen Kurven bewegen müssen.

Von besonderem Interesse ist für uns hier die Parabel. Sie ist der geometrische Ort all jener Punkte, die von einer gegebenen Geraden d und einem nicht auf d gelegenen Punkt F gleich weit entfernt sind

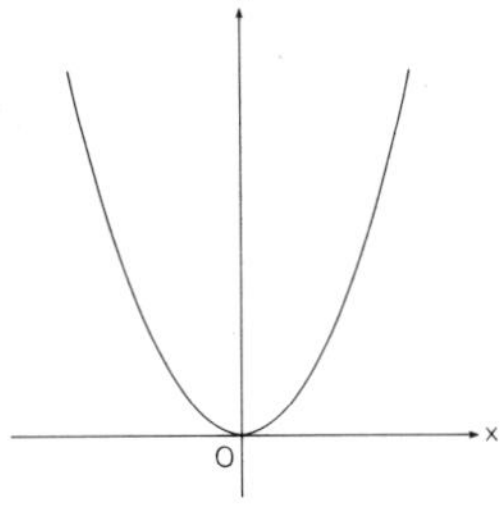

Abb. 11.5

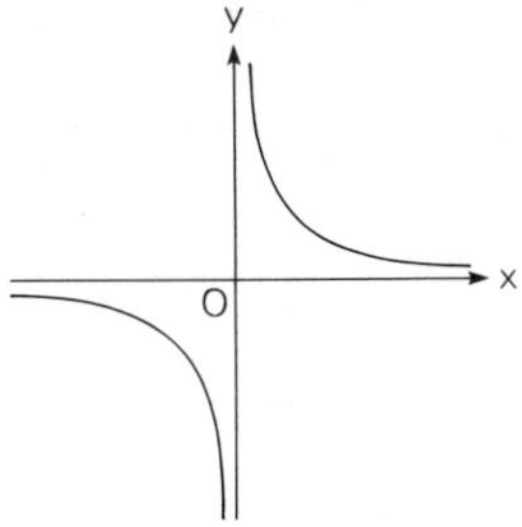

Abb. 11.6

Abb. 11.5: Die Parabel: $y = ax^2$ $(a > 0)$.

Abb. 11.6: Die Hyperbel: $y = a/x$ $(a > 0)$.

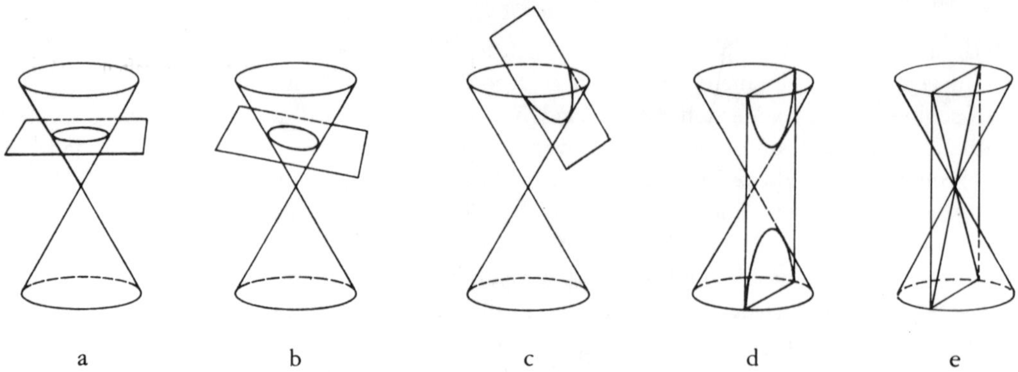

Abb. 11.7: Die fünf Kegelschnitte.

(Abb. 11.8). Die Gerade *d* heißt die *Leitlinie* und der Punkt *F* der *Brennpunkt* der Parabel. Wie die anderen Kegelschnitte ist die Parabel eine symmetrische Kurve. Ihre *Symmetrieachse* verläuft senkrecht zur Leitgeraden durch den Brennpunkt. Wenn wir uns die Parabel als eine reflektierende Oberfläche vorstellen und genau im Brennpunkt eine Lichtquelle aufstellen, dann werden die Lichtstrahlen, die von dieser Quelle ausgehen, in eine Richtung, nämlich parallel zur Achse reflektiert; umgekehrt treffen sich Lichtstrahlen, die parallel zur Achse aus dem Unendlichen einfallen, im Brennpunkt (Abb. 11.9). Diese besondere Eigenschaft der Parabel wird auch technisch genutzt, zum Beispiel bei den Scheinwerfern eines Autos, die im Querschnitt gesehen parabolisch geformt sind und die daher sehr wirkungsvoll Licht reflektieren. Anscheinend ist diese Idee jedoch nicht neu, denn der Legende nach machte sich Archimedes diese Eigenschaft während des Zweiten Punischen Kriegs zunutze, um die Stadt Syrakus gegen die

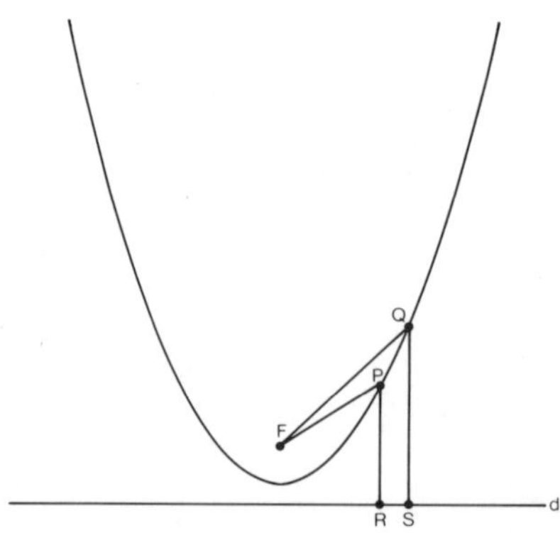

Abb. 11.8: Die Parabel ist der geometrische Ort aller Punkte, die vom Brennpunkt *F* und der Leitlinie *d* den gleichen Abstand haben.

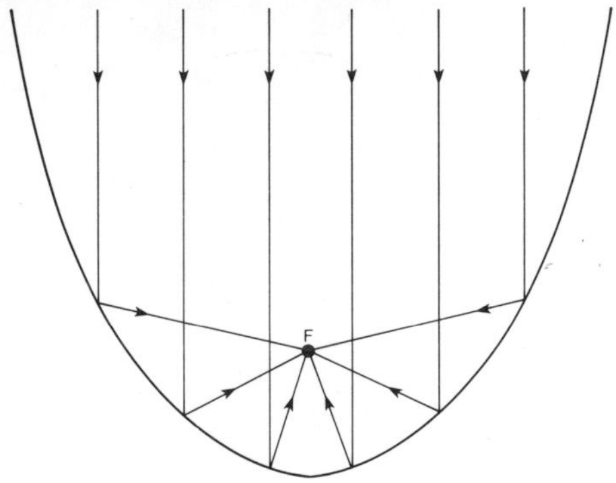

Abb. 11.9: Die Reflexionseigenschaften der Parabel: Lichtstrahlen, die parallel zur Achse aus dem Unendlichen einfallen, werden im Brennpunkt *F* gebündelt.

römischen Eroberer zu verteidigen. Wohl vertraut mit den Eigenschaften der Kegelschnitte, soll er riesige Parabolspiegel gebaut und auf die römische Belagerungsflotte gerichtet haben, so daß die im Brennpunkt der Parabeln gebündelten Sonnenstrahlen die gegnerischen Schiffe in Brand setzten.

Die Parabel ist wie die Gerade eine *stetige* Kurve: Sie kann sozusagen in einem Strich, ohne abzusetzen, gezeichnet werden. Das gilt nicht für die Hyperbel, die aus zwei getrennten und auseinanderstrebenden divergierenden Ästen besteht. Ein Ast verläuft ins positiv Unendliche, der andere ins negativ Unendliche, es ist jedoch nicht möglich, von einem Ast zum anderen zu gelangen: Fast scheint es, als ob die Hyperbel aus dem Blickfeld ins Unendliche verschwindet, nur um aus dem negativ Unendlichen wieder aufzutauchen. Dieses merkwürdige — in der Mathematik jedoch durchaus nicht ungewöhnliche — Verhalten hat schon manchen Laien in äußerstes Erstaunen versetzt, wie Winston Churchill in seinem Buch *My Early Life* humorvoll beschreibt:

> Wie die vorbeiziehende Venus sah ich es eines Abends vor mir: eine Größe verschwand im Unendlichen, änderte ihr Vorzeichen von plus zu minus und erschien wieder. Ich sah genau, wie es geschah und erkannte, warum dieser Gesinnungswandel unvermeidlich war ... Es war jedoch nach dem Abendessen, und so ließ ich es dabei bewenden.

Die Hyperbel ist an zwei Geraden gebunden, die „den Weg ins Unendliche weisen“. Diese Geraden heißen *Asymptoten* und sind die Tangenten an die Hyperbel im Unendlichen. Die Kurve nähert sich diesen Linien beliebig an, ohne sie je zu berühren. Die Asymptoten sind folglich das graphische Äquivalent zu dem in Kapitel 3 besprochenen Grenzwertbegriff.

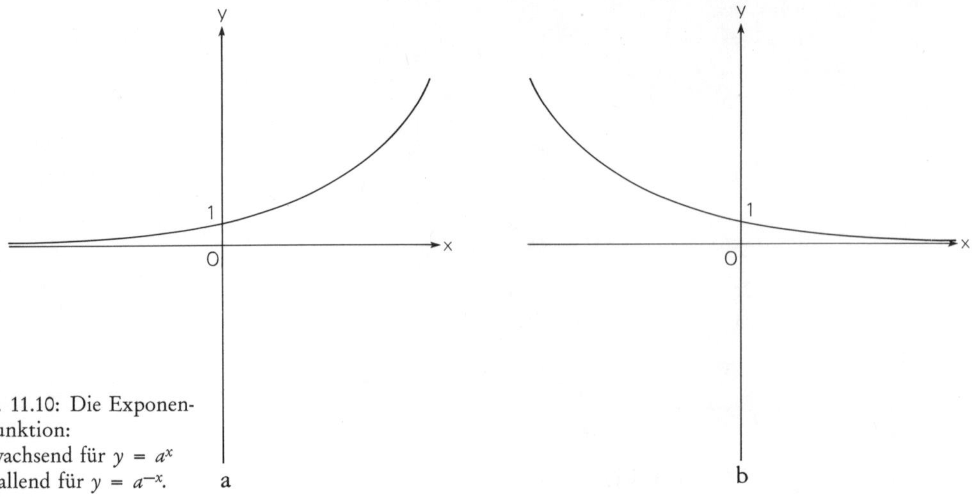

Abb. 11.10: Die Exponentialfunktion:
(a) wachsend für $y = a^x$
(b) fallend für $y = a^{-x}$.

Eine weitere Funktion mit einer Asymptoten ist die *Exponentialfunktion* $y = a^x$, wobei die Konstante a eine beliebige Zahl größer als 1 ist. Diese Funktion stellt eine stetig wachsende geometrische Folge dar (vgl. S. 48). Wenn die „unabhängige Variable" x in gleichen Schritten erhöht wird, dann wächst die „abhängige Variable" y in gleichen Verhältnissen. Der Graph dieser Funktion steigt zunächst langsam, dann jedoch immer schneller gegen unendlich. Analog dazu stellt die Funktion $y = a^{-x}$ eine abnehmende geometrische Folge dar: ihr Graph „fällt" asymptotisch gegen Null. Die zwei Graphen, die sich in Abb. 11.10 einander gegenüberstehen, sind exakte Spiegelbilder voneinander.

Das kartesische Koordinatensystem bietet nicht die einzige Möglichkeit, eine Funktion graphisch darzustellen. Wir könnten statt dessen auch *Polarkoordinaten* verwenden, wobei die unabhängige Variable eine Drehung um einen Ursprungspunkt, den Pol, beschreibt und durch den Winkel θ gegeben ist, während die abhängige Variable der Abstand r von diesem Nullpunkt ist (Abb. 11.11). Die Darstellung einer Funktion mit Hilfe von Polarkoordinaten kann den wohl vertrauten Funktionsgraphen bis zur Unkenntlichkeit verändern: Eine Gerade wird zu einer linearen Spirale (Abb. 11.12),[2] die Hyperbel wird zu einer hyperbolischen Spirale (Abb. 11.13) und die Exponentialfunktion zu einer *logarithmischen Spirale* (Abb. 11.14). Die

2 Diese Spirale ist auch unter dem Namen archimedische Spirale bekannt; sie hat die Form eines eng um eine Stange gewundenen Seils.

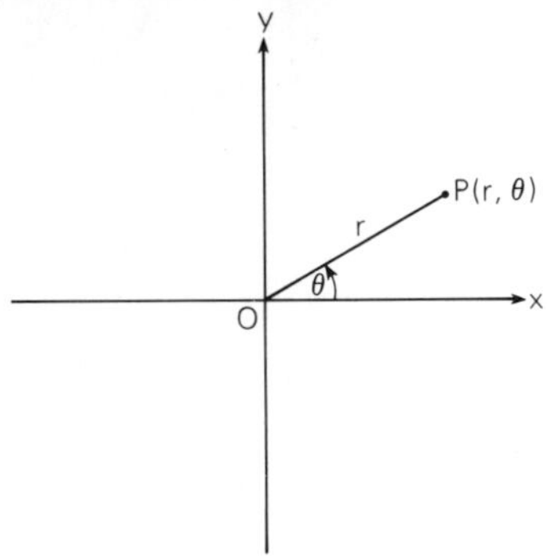

Abb. 11.11: Polarkoordinaten.

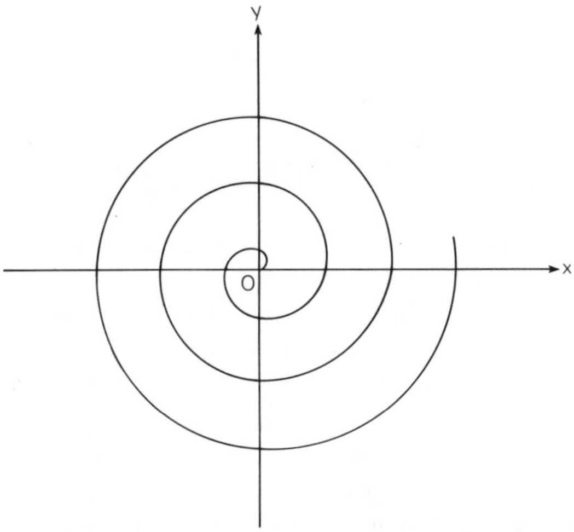

Abb. 11.12: Eine lineare Spirale, auch unter dem Namen Archimedische Spirale bekannt: $r = a\theta$.

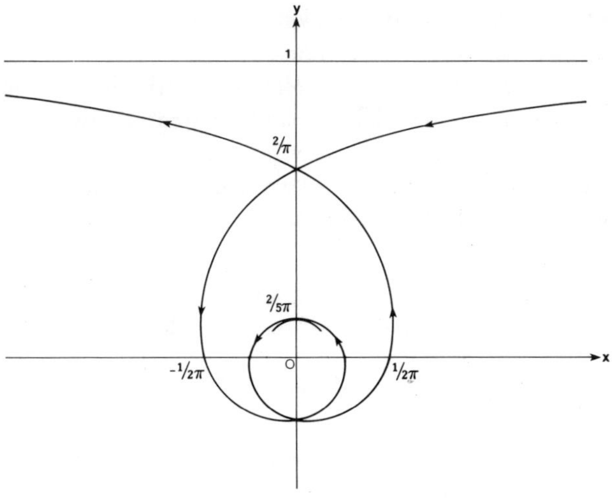

Abb. 11.13: Eine hyperbolische Spirale: $r = 1/\theta$.

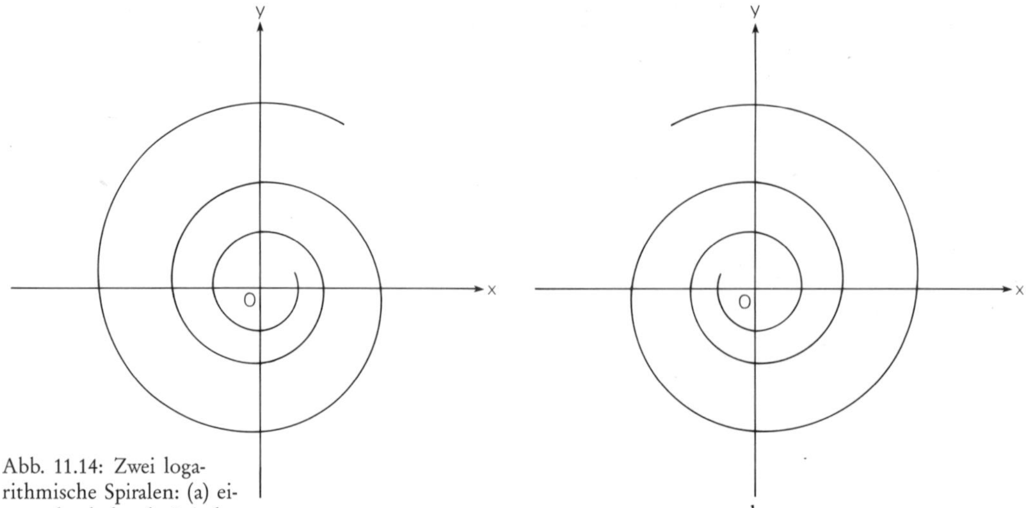

Abb. 11.14: Zwei logarithmische Spiralen: (a) eine rechtsdrehende Spirale, $r = a^{-\theta}$; (b) eine linksdrehende Spirale, $r = a^{\theta}$.

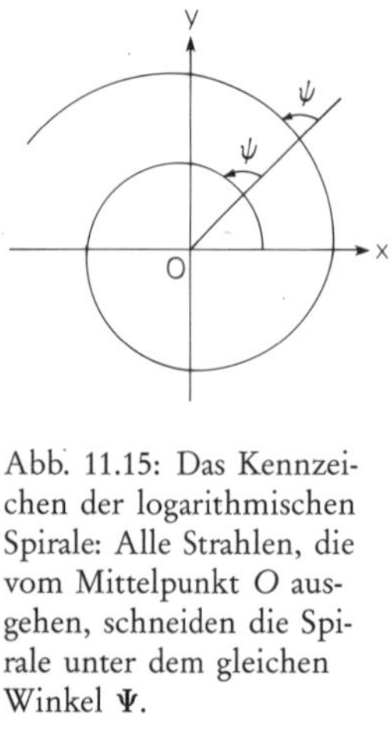

Abb. 11.15: Das Kennzeichen der logarithmischen Spirale: Alle Strahlen, die vom Mittelpunkt *O* ausgehen, schneiden die Spirale unter dem gleichen Winkel Ψ.

letztgenannte, sehr anmutig geformte Spirale hat nicht nur aufgrund ihres häufigen Auftretens in der Natur, sondern vor allem auch dank ihrer ungewöhnlichen mathematischen Eigenschaften viele Gelehrte fasziniert. Drei dieser Eigenschaften möchte ich im Folgenden erläutern. Erstens, bei jeder vollen Umdrehung nimmt der Abstand des Spiralbogens vom Ursprung um einen bestimmten Faktor zu; dieser Faktor, der von Spirale zu Spirale verschieden ist, legt ihre Wachstumsgeschwindigkeit fest.[3] Zweitens, jede Gerade durch den Mittelpunkt schneidet die Spirale unter dem gleichen Winkel (Abb. 11.15).[4] Die logarithmische Spirale ist also eng mit dem Kreis verwandt, wo der Schnittwinkel zwischen Kreislinie und einer durch den Mittelpunkt verlaufenden Geraden immer 90° beträgt. (In der Tat ist der Kreis ein Sonderfall der logarithmischen Spirale, in der die Wachstumsrate nämlich Null ist.) Drittens, wenn man die Spirale von außen nach innen zurückverfolgt, kommt man auf eine unendliche Anzahl von Windungen — trotzdem ist die zurückgelegte Entfernung endlich! Diese bemerkenswerte, in Abb. 11.16 dargestellte Ei-

3 Die logarithmische Spirale entwickelt sich also wie in einer geometrischen Folge. Dies folgt aus den oben besprochenen Eigenschaften der Exponentialfunktion $r = a^{\theta}$.

4 Beliebige Ausschnitte der Spirale, die jedoch den gleichen Winkelbereich abdecken, sind sich folglich ähnlich. Diese Eigenschaft ist wahrscheinlich der Grund für das häufige Auftreten der Spirale in der Natur — sie kommt zum Beispiel in den Gehäusen von Nautilus, in der Sonnenblume oder in den Spiralgalaxien vor, um nur drei Beispiele aufzuzählen.

genschaft wurde zuerst im Jahr 1645 von Evangelista Torricelli (1608—1647), einem Schüler Galileis, entdeckt, der heute jedoch eher aufgrund seiner physikalischen Experimente bekannt ist. Systematisch erforscht wurde die logarithmische Spirale dann von Jakob Bernoulli (1654—1705), dem ersten der Bernoulli-Brüder, der mathematische Berühmtheit erlangte. Er entdeckte die meisten ihrer Eigenschaften und gab ihr aufgrund dessen den Namen „spira mirabilis". Für seinen Grabstein wünschte er sich das Bild einer logarithmischen Spirale mit der Inschrift *Eadem mutata resurgo* („obwohl verändert, werde ich gleichwohl als dieselbe wieder erstehen") (Abb. 11.17). Diese Worte offenbaren bereits das bemerkenswerteste Kennzeichen der logarithmischen Spirale: ihre Invarianz gegenüber den meisten geometrischen Transformationen. Ob man sie nun streckt, verkleinert oder dreht, immer erhält man die gleiche Spirale!

Gegen Ende des 19. Jahrhunderts — gerade als die Begriffe Unendlichkeit und Stetigkeit endlich geklärt schienen — machte man verschiedene Entdeckungen, die erneut Zweifel an diesen Begriffen aufkommen ließen. Die Revolution, die Cantors Theorie der unendlichen Mengen auslöste, haben wir ja bereits besprochen. Weniger revolutionär, jedoch keinesfalls von geringerer Bedeutung war die Entdeckung einer neuen Klasse von Kurven, die unserer Vorstellung von geometrischer Stetigkeit völlig zuwiderläuft. Von den Mathematikern als „pathologisch" bezeichnet, stellen diese Kurven einige der bemerkenswertesten Paradoxien des Unendlichen in der Geometrie dar. Die erste dieser Kurven wurde 1890 von dem Italiener Giuseppe Peano (1858—1932) entwickelt: Man nehme ein Quadrat und teile es in vier gleichgroße, kleinere Quadrate, dann verbinde man die Mittelpunkte der kleinen Quadrate, indem man bei dem linken oberen

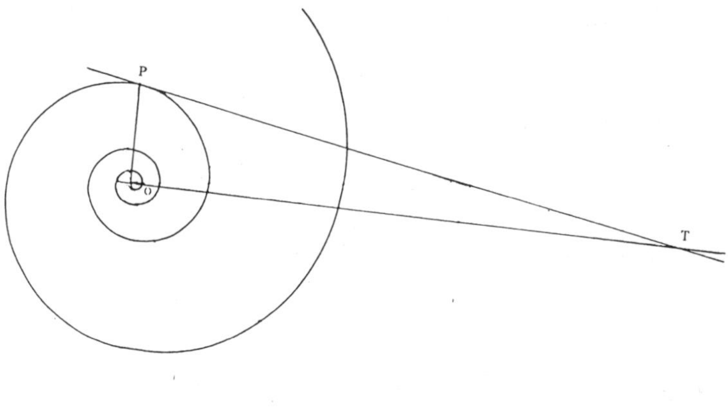

Abb. 11.16: Rektifizierung der logarithmischen Spirale: Die Bogenlänge der Spirale vom Punkt P zum Mittelpunkt O ist gleich der Länge der Tangente von P zu T.

Abb. 11.17: Jakob Bernoullis Grabstein in Basel. Sein Wunsch, auf seinem Grabstein möge eine logarithmische Spirale eingemeißelt werden, sollte ihm erfüllt werden, doch der Steinmetz verwechselte die logarithmische mit der Archimedischen Spirale!

Quadrat beginnt und bei dem linken unteren Quadrat aufhört (Abb. 11.18a). Als nächstes teile man jedes der kleinen Quadrate wieder in vier gleiche Quadrate (nun haben wir schon $4^2 = 16$ Quadrate) und verbinde ihre Mittelpunkte wie in Abb. 11.18b dargestellt. Dieser Vorgang kann im Prinzip unendlich oft wiederholt werden, Abb. 11.18d zeigt das Ergebnis nach sechs Schritten, wenn das ursprüngliche Quadrat in $4^6 = 4096$ kleinere Quadrate aufgeteilt ist. Setzen wir diesen Vorgang fort, so beansprucht die Kurve allmählich einen immer größeren Teil der Fläche des ursprünglichen Quadrats, bis es schließlich den Anschein hat, als ob das gesamte Quadrat gleichmä-

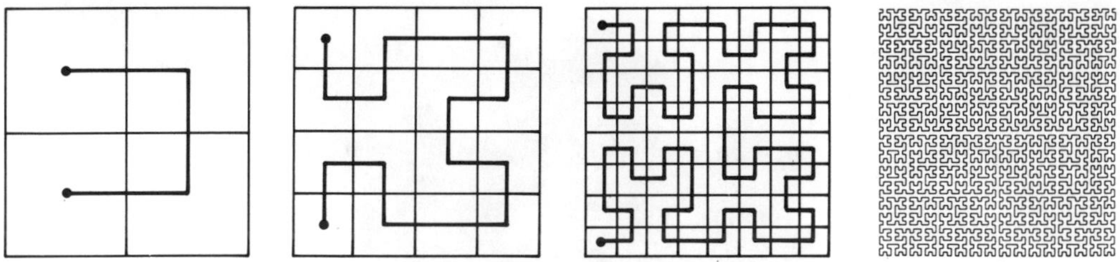

a b c d

Abb. 11.18: Die Peano-Kurve: Das Einheitsquadrat wird zunächst in vier kleinere, gleich große Quadrate aufgeteilt (a), dann weiter in $4^2 = 16$ Quadrate (b), in $4^3 = 64$ (c) und schließlich in $4^6 = 4096$ Quadrate (d). Dabei werden die Mittelpunkte so verbunden, wie in der Abbildung gezeigt wird. Die Grenze dieses Prozesses ist eine ebenenfüllende Kurve, die durch jeden Punkt des ursprünglichen Quadrates verläuft. Sie ist unendlich lang. Abb. (d) aus Hans Hahn, *Geometry and Intuition*. Copyright © 1954 Scientific American, Inc. Alle Rechte vorbehalten.

ßig von der Kurve ausgefüllt sei. Die Grenze dieses Prozesses, wenn die Anzahl der Quadrate gegen unendlich strebt, heißt Peano- oder „ebenenfüllende" Kurve.[5] Ihre endlosen Windungen führen sie durch jeden Punkt innerhalb des Quadrats, und ihre Länge ist unendlich.

Eine weitere berühmte pathologische Kurve ist die „Schneeflocken-" oder Koch-Kurve aus dem Jahr 1904, so benannt nach ihrem Erfinder, dem Schweden Helge von Koch (1870—1924): Wir beginnen mit einem gleichseitigen Dreieck der Seitenlänge 1 und dritteln seine Seiten. Über den Mittelteilen konstruieren wir wiederum je ein gleichseitiges Dreieck und entfernen anschließend die Mittellinien (Abb. 11.19). Das Ergebnis ist ein dem Davidstern ähnliches Gebilde, dessen Gesamtlänge 4/3 der Länge des ursprünglichen Dreiecks beträgt. Wir wiederholen nun diesen Vorgang an allen zwölf Seiten und erhalten so ein Gebilde mit 48 Seiten, dessen Gesamtlänge 4/3 der vorhergehenden Länge und damit $(4/3)^2 = 16/9$ der Länge des ursprünglichen Dreiecks beträgt. Wenn wir diesen Prozeß unendlich fortsetzen, erhalten wir die seltsam gezackte Kurve in Abb. 11.20. Wie die Peano-Kurve besteht sie vollständig aus geradlinigen Strecken, so daß die Kurve nirgends „glatt" ist — nirgends eine bestimmte Richtung verfolgt.[6] Darüber hinaus strebt nicht nur die Gesamtlänge der Kurve gegen unendlich (was schon daraus folgt, daß die Länge mit jedem Schritt um den Faktor 4/3 zunimmt), auch die

5 Sie wird auch oft nach David Hilbert (1862—1943) benannt, der sie 1891 untersuchte.

6 Mathematisch heißt das, daß die Kurve nirgends eine Tangente besitzt bzw. daß sie nicht differenzierbar ist.

Abb. 11.19: Die Schneeflocken- oder Koch-Kurve; die ersten drei Schritte.

Abb. 11.20: Die Grenze der Koch-Kurve: Nicht nur die Gesamtlänge der Kurve strebt gegen unendlich, auch die Entfernung *zwischen* zwei beliebigen Punkten der Kurve ist unendlich! Aus: Benoit B. Mandelbrot *Die fraktale Geometrie der Natur*, Basel 1987. Mit freundlicher Genehmigung des Autors.

Entfernung zwischen zwei beliebigen Punkten auf der Kurve, gleichgültig wie nah sie beieinander zu liegen scheinen, wird unendlich! Trotzdem umschließt die Figur immer nur eine endliche Fläche, so daß wir in der Tat eine endliche Figur erhalten, die von einer unendlichen Grenze umgeben ist.[7]

Die Entdeckung einer derart ungewöhnlichen Geometrie stellte eine Herausforderung für die Mathematiker des späten 19. Jahrhunderts dar, denn sie erschütterte ihre intuitive Vorstellung, daß eine stetige Kurve ohne abrupte Unterbrechungen in einem Zug gezeich-

7 In seinem Buch *Die fraktale Geometrie der Natur* (Birkhäuser 1986) spricht der in Polen geborene Amerikaner Benoit B. Mandelbrot ein mit diesen pathologischen Kurven zusammenhängendes interessantes Problem an. Er stellt nämlich die Frage: „Wie lang ist die Küste Britanniens?", und bemerkt dazu, daß eine wirklich zerklüftete Küstenlinie so unregelmäßig ist, daß sie jede konventionelle Längenbestimmung (die darauf beruht, die Küste in viele gerade Streckenabschnitte aufzuteilen) unmöglich macht. Er folgert daraus: „Alle Meßmethoden führen letztlich zu dem Schluß, daß die Länge einer typischen Küstenlinie sehr groß und so schlecht bestimmt ist, daß sie am besten als unendlich angesehen werden kann." Nichtsdestoweniger schlägt er doch eine Methode vor, mit deren Hilfe solche Längen gemessen werden können. Diese Methode beruht auf der Einführung von *Fraktalen*, geometrischen Gebilden, deren Dimension keine ganze Zahl ist.

Abb. 11.21: Zvi Heckers Entwurf für das Stadtzentrum von Ashdod, Israel. Das Muster erinnert an die Konstruktion der Koch-Kurve und deutet die Möglichkeit unendlicher Wiederholung an. Aus: Zvi Hecker, *Polyhedric Architecture*, Jerusalem 1976. Mit freundlicher Genehmigung des Autors und des Israel Museums.

net werden könne. Auch dies ist ein weiterer Hinweis darauf, daß die Intuition in der Mathematik — und insbesondere im Umgang mit unendlichen Prozessen — ein schlechter Ratgeber ist. Die Mathematiker waren gezwungen, neue Anforderungen an die logische Strenge ihrer Wissenschaft zu stellen. Um auch die pathologischen Fälle zu erfassen, mußte die Definition des Kurvenbegriffs selbst überarbeitet werden.[8]

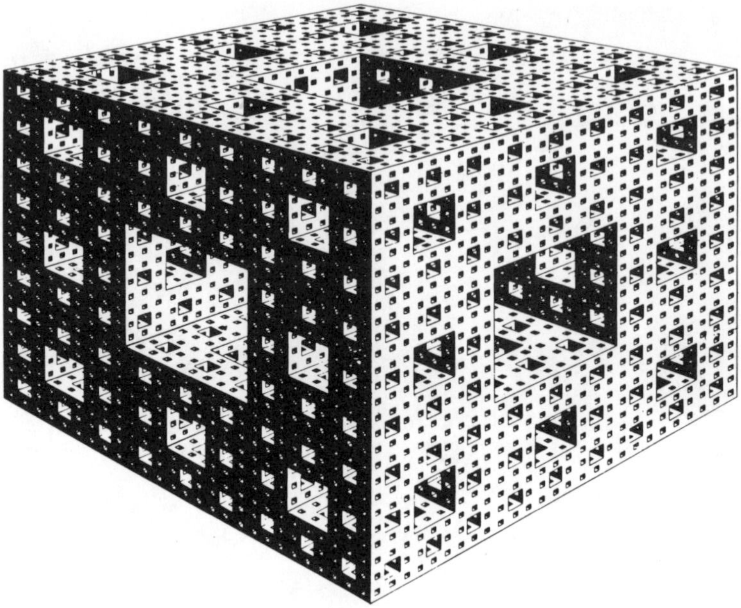

Abb. 11.22: Der „Menger Schwamm": Sein Volumen verschwindet, während die die Löcher umgebende Fläche unendlich ist. Jede seiner Außenflächen ist auch als ein „Sierpinski-Teppich" bekannt, so benannt nach dem polnischen Mathematiker Waclaw Sierpinski (1882—1969): Die Fläche dieses Teppichs verschwindet, während der Gesamtumfang seiner Löcher unendlich ist. Aus: Leonard M. Blumenthal und Karl Menger, *Studies in Geometry*, San Francisco 1970. Mit freundlicher Genehmigung.

Der Ursprung dieser Paradoxien liegt auch hier wieder darin, daß im Zusammenhang mit dem Unendlichen der Teil so groß sein kann wie das Ganze. Dies trifft sowohl für unendliche Mengen als auch für pathologische Kurven zu: Jeder beliebige Teil der Peano-Kurve sieht unter dem Vergrößerungsglas wie die ursprüngliche Kurve aus. Sogar unter dem stärksten Mikroskop betrachtet, löst sich der Teil ebensowenig in seine elementaren Bestandteile auf wie die ursprüngliche Kurve. Der Teil ist eine exakte Nachbildung des Ganzen![9]

8 Vergleiche den Artikel „Geometry and Intuition" von Hans Hahn, *Scientific American*, Juni 1954.

9 Das Education Development Center hat im Rahmen des Topology Film-Projekts einen Film mit dem Titel „Ebenenfüllende Kurven" gedreht, der in atemberaubender Weise einige ihrer charakteristischen Eigenschaften zeigt. Mit Hilfe von Computer-Simulationen wird eine Kurve immer weiter vergrößert; neue Ausschnitte, die alle exakt die gleiche Form haben wie das Ganze, scheinen aus dem Nichts auf den Zuschauer zuzufliegen.

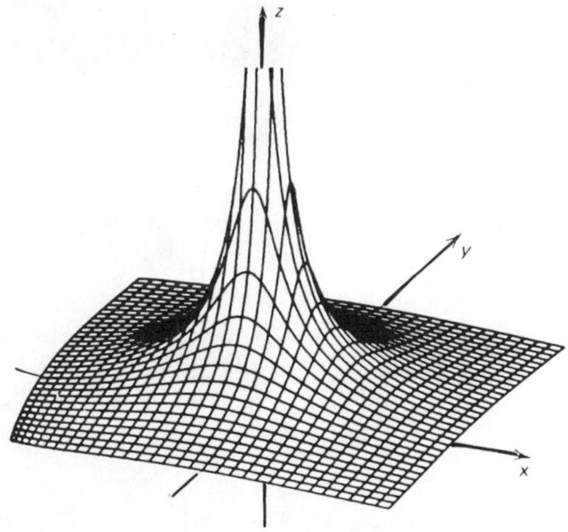

Abb. 11.23: Die Oberfläche von $z = ln\,(x^2 + y^2)$, wobei *ln* den natürlichen Logarithmus bezeichnet. Diese Fläche stellt eine Funktion zweier unabhängiger Variablen dar. Wenn x und y gegen 0 streben, strebt die Funktion gegen $-\infty$. Aus: Al Shenk, *Calculus and Analytic Geometry.* Copyright © 1977 Scott, Foresman and Company. Nachdruck mit freundlicher Genehmigung.

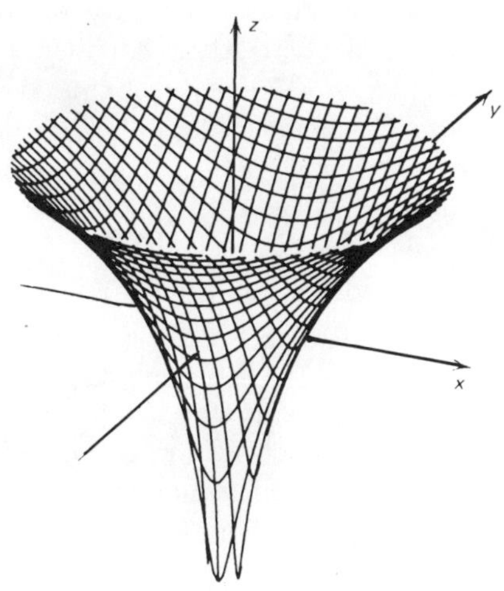

Abb. 11.24: Die Oberfläche von $z = \frac{1}{\sqrt{x^2 + y^2}}$; ein weiteres Beispiel für eine Funktion, die im Ursprung gegen unendlich strebt, hier $+\infty$. Aus: Al Shenk, *Calculus and Analytic Geometry.* Copyright © 1977 Scott, Foresman and Company. Nachdruck mit freundlicher Genehmigung.

Paradoxien des Unendlichen in der Geometrie

In Teil I haben wir einige der mit dem Unendlichkeitsbegriff verbundenen Paradoxien untersucht. Diese Paradoxien betrafen numerische Größen, zum Beispiel Mengen reeller Zahlen, unendliche Reihen etc. Ähnliche Paradoxien gibt es auch in der Geometrie, wo an die Stelle von Zahl und Größe Form und Gestalt treten. Einige dieser Paradoxien sind leicht zu erklären, während andere die grundlegenden Begriffe der Geometrie, zum Beispiel die Stetigkeit, in Frage stellen.

Betrachten wir doch einmal ein Quadrat mit der Seitenlänge 1. Wir unterteilen es in vier gleichgroße Quadrate und schraffieren, wie in Abb. 1a dargestellt, das rechte obere Quadrat. Die schraffierte Fläche beträgt also ein Viertel der Fläche des Ausgangsquadrats (dessen Fläche 1 ist). Nun teilen wir jedes der drei unschraffierten Quadrate wiederum in vier gleiche Quadrate und schraffieren jeweils das rechte obere (Abb. 1b). Die gesamte schraffierte Fläche beträgt dann 1/4 + 3/16 bzw. insgesamt 7/16. Es stellt sich nun die Frage, wie sich die schraffierte Fläche verhält, wenn dieser Vorgang fortgesetzt wird? Strebt sie gegen einen Grenzwert, und wenn ja, gegen welchen Grenzwert?

Am leichtesten läßt sich diese Frage beantworten, wenn wir die *nicht-schraffierte* Fläche betrachten. Nach der ersten Teilung haben wir drei nicht-schraffierte Quadrate mit einer Fläche von jeweils 1/4, also insgesamt 3/4. Im nächsten Schritt erhalten wir neun nicht-schraffierte Quadrate, jedes mit einer Fläche von 1/16, was insgesamt 9/16 bzw. $(3/4)^2$ ergibt. Teilen wir die Quadrate ein drittes Mal, haben wir 27 nicht-schraffierte Quadrate, jedes mit einer Fläche von 1/64; die gesamte nicht-schraffierte Fläche beläuft sich also auf 27/64 bzw. $(3/4)^3$. Wiederholen wir diesen Vorgang n Mal, erhalten wir die Folge 3/4, $(3/4)^2$, $(3/4)^3$, … $(3/4)^n$. Dies ist eine geometrische Folge mit dem Quotienten 3/4. Bei wachsendem n werden die Glieder der Folge immer kleiner und streben gegen 0, so daß die nicht-schraffierte Fläche immer mehr zu vernachlässigen ist. Die *schraffierte* Fläche muß folglich gegen den Grenzwert 1 streben — die Fläche des ursprünglichen Quadrats. Mit anderen Worten, nach einer genügend großen Anzahl von Schritten bedeckt der schraffierte Teil fast das gesamte Quadrat, obwohl bei jedem Schritt drei Viertel der Fläche unschraffiert bleiben.

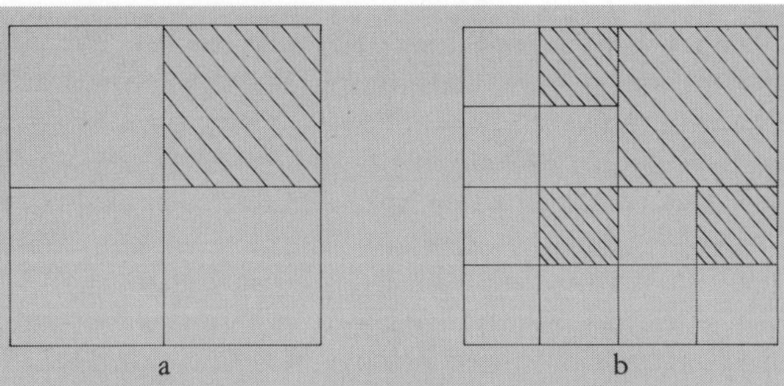

Abb. 1: Das Paradoxon der schraffierten Quadrate: Wir beginnen mit einem Quadrat der Seitenlänge 1, teilen es in vier gleich große, kleinere Quadrate und schraffieren von diesen das rechte obere, wie in (a) gezeigt. Dann wiederholen wir diesen Vorgang mit den verbleibenden, unschraffierten Quadraten, wie in (b) dargestellt. Bei unendlicher Wiederholung dieses Prozesses nähert sich die gesamte schraffierte Fläche der Fläche des ursprünglichen Quadrats an. Dieses Paradoxon kann mit Hilfe einer geometrischen Folge leicht erklärt werden.

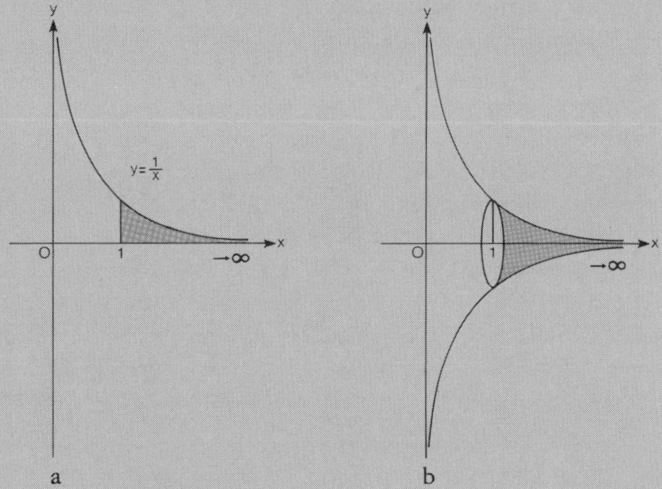

Abb. 2: Wenn man in der Hyperbel $y = 1/x$ den dunkel markierten Abschnitt von $x = 1$ bis unendlich um die x-Achse dreht, entsteht ein sogenanntes Dreh- oder Rotationshyperboloid, das in (b) gezeigt ist. Mit Hilfe der Infinitesimalrechnung läßt sich zeigen, daß das von dieser Oberfläche eingeschlossene Volumen endlich ist, während die Oberfläche selbst unendlich ist. Anders ausgedrückt, man kann das Innere dieses Drehhyperboloids mit einer endlichen Menge Farbe füllen, während eine unendliche Menge Farbe erforderlich wäre, um die Oberfläche anzustreichen! Dieses Paradoxon hat keine „einfache“ Erklärung.

Das nächste Paradoxon ist noch erstaunlicher. Wir betrachten die Funktion $y = 1/x$, deren Graph die in Abb. 2a dargestellte Hyperbel ist (gezeigt ist nur der Ast für die positiven x-Werte). Wenn wir uns nun vorstellen, daß wir diesen Graphen um die x-Achse drehen, so erhalten wir einen Körper, der unter dem Namen Rotationshyperboloid bekannt ist (Abb. 2b). Mit Hilfe von Methoden aus der Infinitesimalrechnung kann man zeigen, daß die Oberfläche des Körpers, für $x = 1, \ldots \infty$, unendlich groß ist. Genauer ausgedrückt, wenn wir die Oberfläche des Hyperboloids für $x = 1$ bis $x = t$ $(t > 1)$ berechnen und t gegen unendlich streben lassen, so wächst die Fläche über alle Grenzen. Das *Volumen* hingegen nähert sich in dem genannten Bereich, für $x = 1$ bis $x = t$, mit $t \to \infty$, einem endlichen Grenzwert. Das heißt mit anderen Worten, der Rauminhalt ist endlich, obwohl der Körper eine unendliche Ausdehnung hat. Stellen wir uns nun vor, wir wollten die Oberfläche mit einer dünnen, gleichmäßigen Schicht Farbe bestreichen. Dies ist eine unmögliche Aufgabe, da wir eine unendliche Menge Farbe benötigen würden. Wenn wir jedoch das Innere des Körpers mit Farbe füllen wollten, wäre eine endliche Menge ausreichend! Für dieses Paradoxon gibt es keine einfache „Erklärung"; es zeigt uns nur wieder einmal, daß der gesunde Menschenverstand im Zusammenhang mit dem Unendlichen nicht sehr tauglich ist.[1]

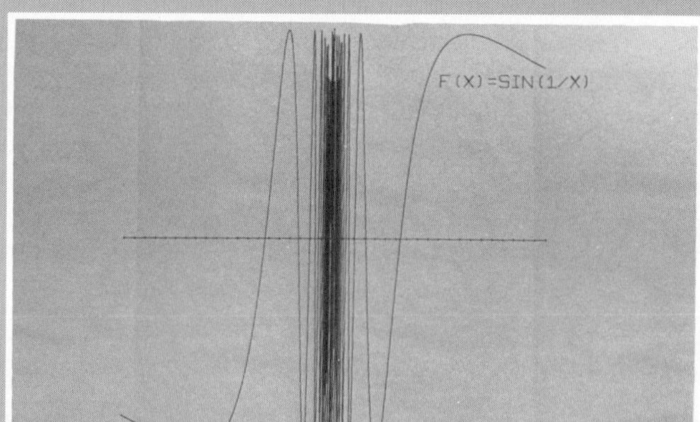

Abb. 3: Der Graph der Funktion $y = \sin(1/x)$, wobei sin die in der Trigonometrie untersuchte Sinusfunktion bezeichnet. Die Werte dieser Funktion liegen stets zwischen 1 und —1, die Frequenz der Schwingungen strebt jedoch für $x = 0$ gegen unendlich. Der Plotter, der diese Kurve zeichnete, war ab einem gewissen Punkt nicht mehr in der Lage, die Scheitelpunkte zu „treffen"; daher rühren die Unregelmäßigkeiten der Zeichnung in der Nähe von $x = 0$.

1 Eine ausführliche Diskussion dieses Paradoxons findet sich bei Philip Gillett: *Calculus and Analytic Geometry*, Lexington, Massachusetts 1984, p. 370.

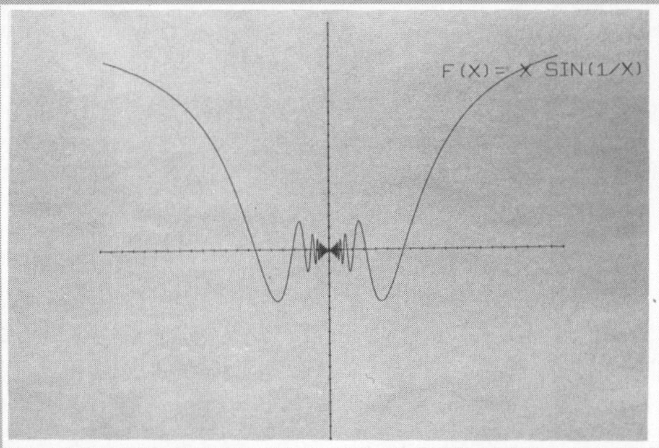

Abb. 4: Der Graph der Funktion $y = x \sin(1/x)$. Für $x \to 0$ strebt hier die Amplitude der Schwingungen (die Schwingungsweite) gegen Null, wodurch die „Singularität" der vorigen Kurve (Abb. 3) beseitigt ist.

Einige Paradoxien betreffen die in Kapitel 11 besprochenen „pathologischen Funktionen". Die Funktion $y = \sin(1/x)$ hat beispielsweise die merkwürdige Eigenschaft, daß der Funktionsgraph für $x \to 0$ mit ständig zunehmender Frequenz auf- und abschwingt (Abb. 3), so daß es niemals gelingt, die Kurve vollständig zu zeichnen. Dies ist natürlich keine Eigenheit, die auf diese Funktion beschränkt ist; auch die Hyperbel ist bei $x = 0$ „unterbrochen" — doch im Gegensatz zur Hyperbel strebt hier kein Teil der Kurve gegen unendlich, sondern die Dichte der einzelnen Kurvenbogen, die *Frequenz*, wird unendlich. Betrachten wir dagegen die verwandte Funktion $y = x \sin(1/x)$, so stellen wir fest, daß die „Singularität" bei $x = 0$ verschwunden und die Funktion stetig ist (Abb. 4).[2]

Wenden wir uns schließlich der Funktion $y = f(x)$ zu, die folgendermaßen definiert ist: Wenn x eine rationale Zahl ist, dann ist $y = 1$; wenn x irrational ist, dann ist $x = -1$. Der Graph dieser Funktion scheint aus zwei waagerechten Geraden zu bestehen (siehe Abb. 5). Jede dieser Geraden ist jedoch „punktiert", das heißt, sie hat unendlich viele Löcher, da zwischen zwei beliebigen rationalen Zahlen, gleichgültig, wie nah sie beieinanderliegen, immer irrationale Zahlen gefunden werden können, und umgekehrt. Um die Situation noch verwirrender zu machen, besitzt die untere Gerade eine abzählbare Anzahl von Löchern, während die obere Gerade eine nicht-abzählbare Anzahl von Löchern aufweist

2 Strenggenommen ist die Funktion für $x = 0$ nicht definiert. Wir können diese „Singularität" jedoch verschwinden lassen, indem wir der Kurve an diesem Punkt den Wert 0 zuordnen. Durch diese Definition wäre die Stetigkeit der Funktion bei $x = 0$ erhalten, da $\lim_{x \to 0} x \sin(1/x) = 0$ ist.

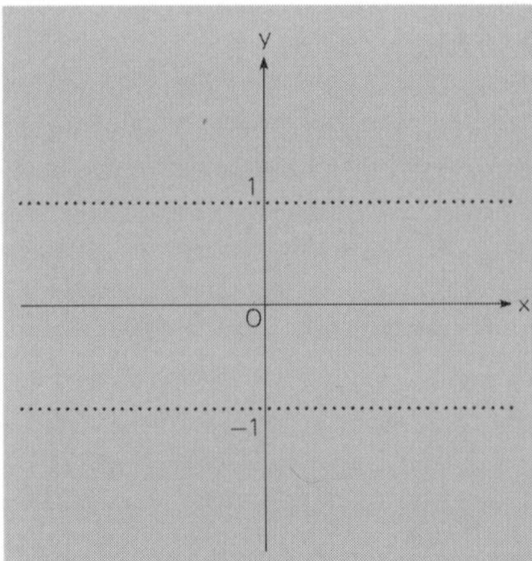

Abb. 5: Die Funktion $y = \begin{cases} 1 \text{ wenn } x \text{ rational} \\ -1 \text{ wenn } x \text{ irrational} \end{cases}$

Der Funktionsgraph scheint aus zwei horizontalen Geraden zu bestehen, doch ist jede Gerade von unendlich vielen Löchern durchbrochen. Darüber hinaus besitzt die obere Gerade mehr Löcher als die untere, da es wesentlich mehr irrationale Zahlen als rationale Zahlen gibt. Dies ist ein Beispiel für eine „pathologische Funktion" — das heißt für eine Funktion, die unserer intuitiven Vorstellung von Stetigkeit widerspricht.

— dies liegt daran, daß die rationalen Zahlen abzählbar und die irrationalen Zahlen überabzählbar sind. Trotzdem ist nicht einmal das leistungsfähigste Mikroskop in der Lage, diese Löcher sichtbar zu machen, denn sowohl rationale als auch irrationale Zahlen liegen dicht an dicht auf der Zahlengeraden. Diese einfache und doch ungewöhnliche Funktion wurde gegen Ende des 19. Jahrhunderts als Beweis dafür angeführt, daß es Funktionen gibt, die *nirgends stetig* sind. Die durch solche Beispiele ausgelösten Kontroversen führten zu einer vollständigen Revision des scheinbar so einfachen Begriffs der Stetigkeit.

12 Inversion am Kreis

O Gott, ich könnte in eine Nußschale eingesperrt sein und mich für einen König von unermeßlichem Gebiete halten.

William Shakespeare (1564–1616), Hamlet, 2. Akt., 2. Szene

Man kann sich eine Funktion auch als eine Art Transformation oder „Abbildung" der x-Achse auf die y-Achse vorstellen, wobei es sich bei den beiden Achsen um eindimensionale Punktmengen handelt. In der höheren Mathematik gibt es auch Transformationen zweidimensionaler Punktmengen in andere zweidimensionale Punktmengen, das heißt, Transformationen einer Ebene in eine andere Ebene. Eine der interessantesten Transformationen dieser Art ist die *Inversion*, oder genauer gesagt, die *Inversion am Einheitskreis*. Gegeben sei ein Kreis mit dem Mittelpunkt O und dem Radius 1; zu jedem Punkt P mit dem Abstand r von O ($r = OP$) gibt es einen Bildpunkt Q, der auf dem gleichen Strahl wie O und P liegt und von O den Abstand $OQ = 1/r$ hat (Abb. 12.1). Auf diese Weise erhalten wir zwischen den Punkten der ursprünglichen und denen der neuen Ebene eine eindeutige Entsprechung: Jeder Punkt der einen Ebene wird auf einen Punkt der anderen Ebene abgebildet.[1] Zu dieser Regel gibt es nur eine Ausnahme, nämlich den Punkt O selbst. Um dies zu verstehen, beobachten wir, wie sich der „Bildpunkt" Q verändert, wenn sich P in der Ebene bewegt. Entsprechend unserer Abbildungsvorschrift muß $OQ = 1/r = 1/OP$ sein. Je näher also P bei O liegt (das heißt, je kleiner der Wert von r ist), desto weiter entfernt sich Q von O. Für $P \to O$ gilt also, daß Q gegen unendlich strebt. Der Punkt O hat folglich keinen endlichen Bildpunkt, und wir müssen ihn da-

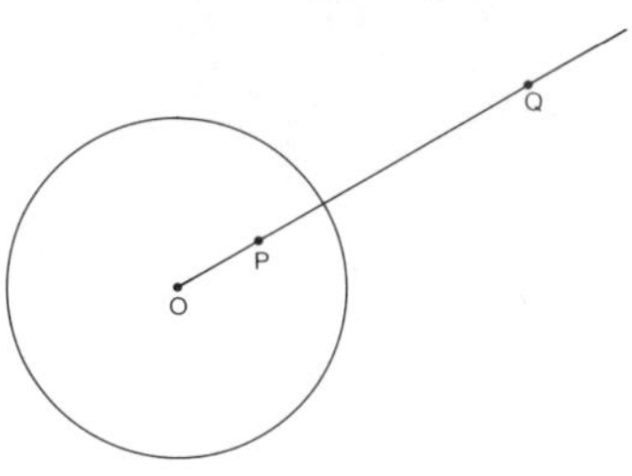

Abb. 12.1: Die Inversion am Kreis.

1 Natürlich können wir uns auch vorstellen, daß die beiden Ebenen übereinstimmen. In diesem Fall denken wir uns die Abbildung als eine Bewegung der Punkte auf der Ebene.

her aus unserer Transformation ausschließen.[2] Die Versuchung ist jedoch groß, einen „Punkt“ zu definieren, den *unendlich fernen Punkt*, der bei Inversion das Abbild von O ist. Natürlich ist dieser „Punkt“ kein wirklicher Punkt, zumindest nicht im üblichen Sinne: Man kann ihm weder einen Ort in der Ebene zuordnen, noch ist durch ihn selbst ein Ort eindeutig bestimmt, wie dies durch einen Punkt üblicherweise geschieht. Der Zweck dieser Definition besteht allein darin, die Transformation ohne Einschränkungen zu ermöglichen. In dieser Bedeutung — und zwar ausschließlich in dieser Bedeutung — sind folgende Gleichungen zulässig:

$$1/0 = \infty, \quad 1/\infty = 0$$

Die Inversion besitzt einige interessante Eigenschaften, die alle auf die eine oder andere Weise mit dem unendlich fernen Punkt zusammenhängen. Zunächst einmal werden alle Punkte innerhalb des Inversionskreises — einschließlich des Mittelpunkts O — auf Punkte außerhalb des Kreises abgebildet und umgekehrt. Dies ist dadurch bedingt, daß für alle $r < 1$ gilt: $1/r > 1$, und umgekehrt. Wir können uns also das Innere des Einheitskreises als ein komprimiertes Abbild, als einen Mikrokosmos seiner Umgebung vorstellen (Abb. 12.2). Wenn nun der unendlich ferne Punkt aus unserer Diskussion ausgeklammert würde, müßten wir für den Mittelpunkt des Einheitskrei-

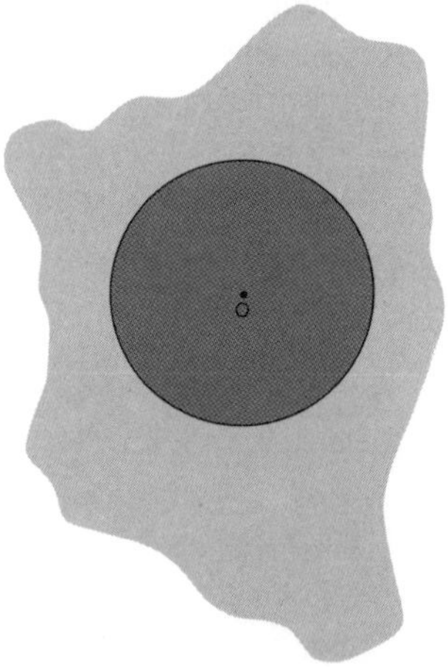

Abb. 12.2: Die Inversion bildet das Innere des Kreises auf sein Äußeres ab und umgekehrt das Äußere auf das Innere.

2 Das folgt natürlich auch schon daraus, daß der Abstand r für den Punkt O gleich 0 und die Division durch null ungültig ist.

ses eine Lücke lassen, denn der Mittelpunkt läßt sich nicht auf einen gewöhnlichen, sprich endlichen Punkt abbilden. Um eben jene Lücke zu vermeiden, wurde der unendlich ferne Punkt eingeführt.

Eine zweite wichtige Eigenschaft der Inversion ist ihre *Symmetrie*: wenn Q der Bildpunkt von P ist, dann ist auch P der Bildpunkt von Q. Dies folgt aus der Definition $OQ = 1/r = 1/OP$, die auch folgendermaßen geschrieben werden kann: $OP = 1/(1/r) = 1/OQ$. Diese Schreibweise macht deutlich, daß P aus Q nach der gleichen Vorschrift abgeleitet wird wie Q aus P. Die Worte „Punkt" und „Bildpunkt" sind also austauschbar, was bedeutet, daß jede Aussage über die Inversion einer gegebenen Menge von Punkten auch für die Menge der Bildpunkte gilt. Diese Symmetrie ermöglicht eine Vereinheitlichung der Theorie: so können wir allgemeine Aussagen über die Inversion machen, ohne zwischen „Punkt" und „Bildpunkt" unterscheiden zu müssen. Auch diese Symmetrie wird erst durch den unendlichen fernen Punkt möglich, denn ohne diesen müßten wir den Mittelpunkt O aus jeder Aussage ausklammern.

Im folgenden wollen wir uns nun der Frage zuwenden, wie sich eine gegebene Kurve verändert, wenn jeder ihrer Punkte am Kreis gespiegelt wird. Es zeigt sich sofort, daß die Punkte, die auf dem Einheitskreis liegen (das heißt, alle Punkte, für die $r = 1$ ist), auf sich selbst abgebildet werden. Der Einheitskreis verändert sich daher überhaupt nicht — er ist *invariant unter der Transformation*. Ebenso deutlich zeigt sich, daß auch jede Gerade durch den Mittelpunkt O insgesamt gesehen invariant bleibt, obwohl ein Austausch von Punkten auf der Geraden stattfindet. Die Punkte, die innerhalb des Kreises liegen, tauschen den Platz mit jenen Punkten, die außerhalb des Kreises liegen, und umgekehrt. Überraschend ist jedoch, daß die Geraden, die *nicht* durch O gehen, auf *Kreise* abgebildet werden, die den *Mittelpunkt berühren*, und umgekehrt. (Der Beweis findet sich im Anhang.) Abb. 12.3 zeigt drei solcher Geraden: in (a) befindet sich die Gerade l außerhalb des Inversionskreises c, weshalb ihr Abbild, der Kreis k, vollständig im Innern von c liegt. In (b) berührt l den Einheitskreis c von außen, weshalb k den Einheitskreis c von innen berührt. In (c) schließlich schneidet die Gerade l den Kreis c in zwei Punkten, P und Q. Der Bildkreis k muß folglich durch alle drei Punkte O, P und Q verlaufen, wobei der in c liegende Teil des Kreises k das Abbild des außerhalb von c liegenden Geradenabschnitts ist, und umgekehrt. Je näher die Gerade also am Zentrum der Inversion O liegt, desto größer ist ihr inverses Bild, der Kreis k. Bemerkenswert ist, daß alle drei Bildkreise k durch den Mittelpunkt O gehen; dies liegt daran, daß alle Geraden durch den unendlich fernen Punkt verlaufen und ihre Abbilder daher das Zentrum der Inversion, das ja der Bildpunkt des unendlich fernen Punkts ist, treffen müssen. Wir wer-

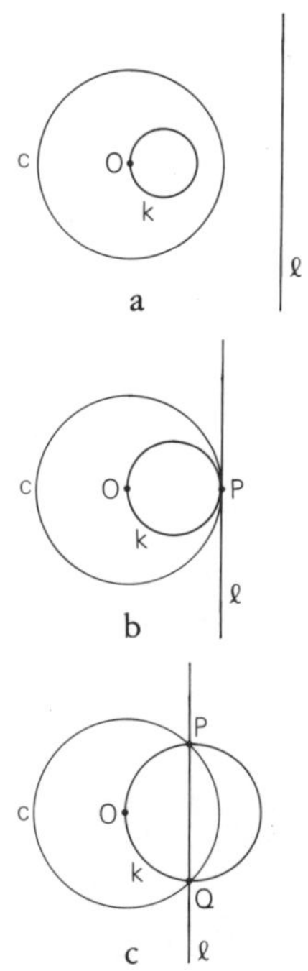

Abb. 12.3: Bei Inversion wird eine Gerade, die nicht durch den Mittelpunkt O verläuft, auf einen Kreis abgebildet, der O berührt, und umgekehrt. Gezeigt sind drei verschiedene Anordnungen von Geraden und ihren Bildkreisen.

den in Kürze auf dieses Thema zurückkommen, doch betrachten wir erst noch das in Abb. 12.4 dargestellte reizvolle Muster, das ein von seinem inversen Bild überlagertes gewöhnliches Schachbrett zeigt. Deutlich lassen sich hier die oben erwähnten Eigenschaften der Inversion erkennen: Wir sehen, wie der Inversionskreis die äußeren Quadrate nach innen projiziert und sie in kleine gekrümmte Gebilde verwandelt. Die winzige leere Fläche im Zentrum ist natürlich das Abbild der gesamten, außerhalb des Schachbretts liegenden Ebene.

Selbstverständlich besitzt nicht jede Kurve ein so einfaches Spiegelbild wie die Gerade oder der Kreis. Besonders die Kegelschnitte (mit Ausnahme des Kreises) bleiben bei Inversion nicht erhalten, sondern verwandeln sich in mathematisch kompliziert zu beschreibende Gebilde. Abb. 12.5 zeigt, wie sich Ellipse, Parabel und Hyperbel bei Inversion verändern. Die kleine ellipsen-förmige Figur in (a) ist nur scheinbar einfach, denn in Wirklichkeit ist sie überhaupt keine Ellipse! (Die Inversion einer Ellipse ergibt eine Kurve, die durch eine Gleichung vierten Grades ausgedrückt wird, während die Ellipse selbst durch eine Gleichung zweiten Grades beschrieben wird.) Die Parabel verwandelt sich in die anmutige, herzförmige Figur aus (b), die als Kardioid bekannt ist — die Spitze im Zentrum des Kreises ist das Abbild des unendlich fernen Punktes, wo die beiden Arme der Parabel zusammentreffen. Die Hyperbel schließlich nimmt die Form einer Acht an (c) und ähnelt damit einem geneigten Unendlichkeitssymbol.

Es zeigt sich also, daß die Inversion manche Kurven stark verzerrt, während andere völlig unverändert bleiben. Dies sollte uns eigentlich

Abb. 12.4: Ein Schachbrett und sein Bild bei Inversion. Die kleine leere Fläche im Zentrum ist das Abbild der gesamten Ebene außerhalb des Schachbretts. Nachdruck aus: Harold R. Jacobs, *Geometry*, New York 1974. Mit freundlicher Genehmigung. Nach: Martin Gardner, „Mathematical Games", Copyright © 1965 Scientific American, Inc. Alle Rechte vorbehalten.

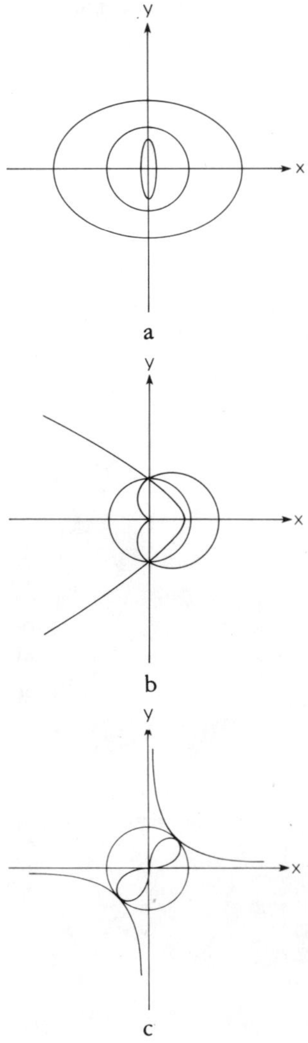

Abb. 12.5

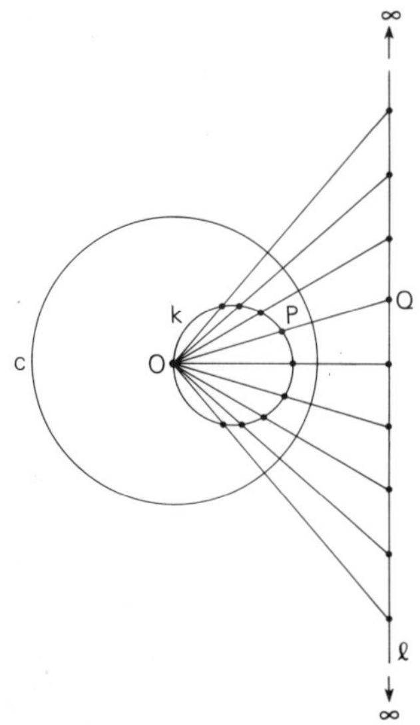

Abb. 12.6

Abb. 12.5: Die Abbilder von Ellipse, Parabel und Hyperbel bei Inversion am Kreis.

Abb. 12.6: Die Transformation einer Geraden in einen Kreis bei Inversion: Darstellung einzelner Schritte.

nicht überraschen, da die Inversion das sehr nah Gelegene in weit Entferntes überführt, und Kurven, die gegen unendlich streben, folglich zu Gebilden zusammengepreßt werden, die nur eine endliche Fläche in der Ebene beanspruchen. Abb. 12.6 veranschaulicht den Vorgang. Es wird gezeigt, wie die einzelnen Punkte eines Kreises *k* durch *O* auf eine Gerade *l* abgebildet werden. Entsprechend der Position von *P* auf *k*, verändert sich *Q* auf *l*. Je näher *P* dem Zentrum *O* kommt, desto weiter rückt *Q* auf der Geraden in einer Richtung gegen unendlich, bis er schließlich völlig verschwindet. In dem Moment, wo P jedoch *durch* O verläuft, erscheint Q plötzlich wieder, und zwar aus der entgegengesetzten Richtung. In der Art, wie ein Kreis auf eine Gerade abgebildet wird, scheint also eine Unstetigkeit vorzuliegen, denn je nachdem, ob wir uns O im Uhrzeigersinn oder entgegengesetzt dem Uhrzeigersinn nähern, können wir uns in die

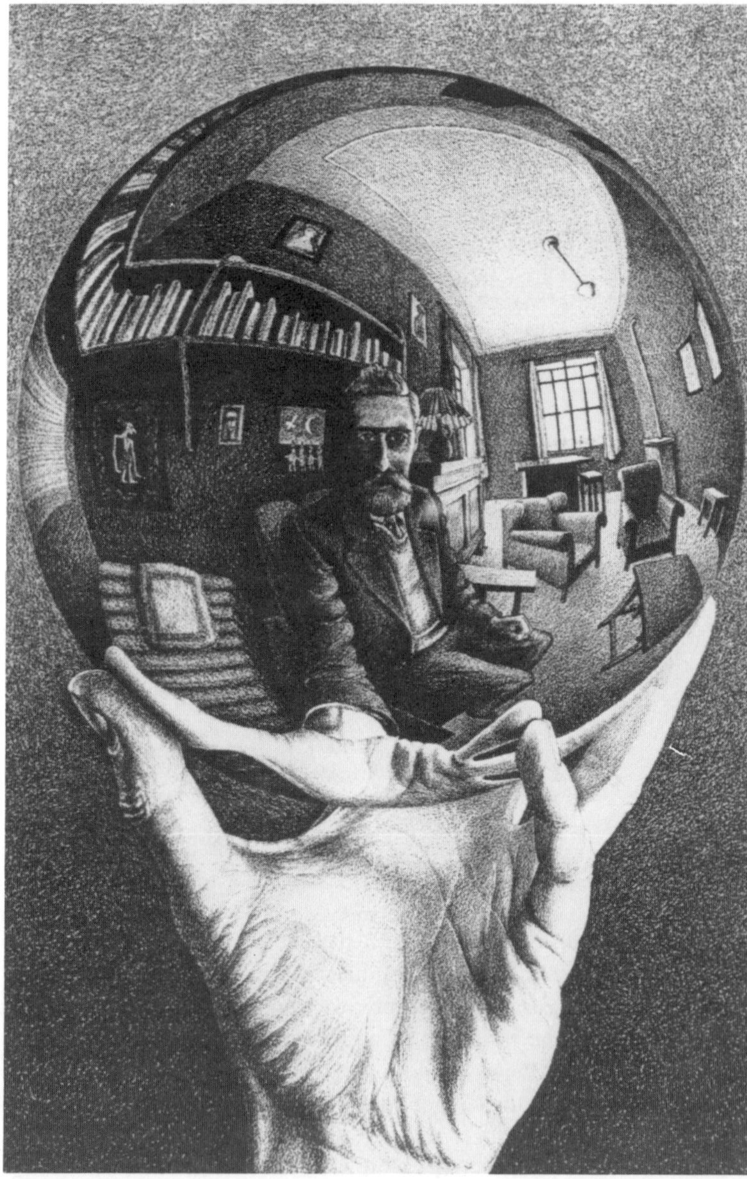

Abb. 12.7: M.C. Escher, *Hand mit spiegelnder Kugel* (1935). © M.C. Escher Heirs c/o Cordon Art — Baarn — Holland.

eine oder die andere Richtung gegen unendlich bewegen. Diese scheinbare Unstetigkeit verschwindet jedoch, sobald wir den unendlich fernen Punkt als einen *einzigen* Punkt definieren (und nicht als zwei, wie wir vielleicht versucht sind, zu tun) — dieser Punkt ist das Bild von *O* bei Inversion. Genau diese Definition war auch erforderlich, um die Eindeutigkeit unserer Transformation und die ihr eigene Symmetrie zu gewährleisten.

Wenden wir uns jedoch noch einmal der Familie der Geraden insgesamt zu. Wir haben gesehen, daß die Geraden bei Inversion entweder in Geraden oder in Kreise überführt werden. Die Symmetrie unserer Transformation läßt mit gutem Grund vermuten, daß auch die umgekehrte Aussage wahr ist, daß nämlich Kreise entweder in Geraden oder in Kreise verwandelt werden. Tatsächlich stellt sich dies als wahr heraus, wenn auch der Beweis nicht so einfach ist wie für die erste Aussage. Es drängt sich hier nun ein kühner Gedanke auf: Wenn wir die Gerade als Grenzfall des Kreises betrachten, das heißt als Kreis mit unendlich großem Radius, dann lassen sich unsere Schlußfolgerungen in einem Satz zusammemfassen: Die Inversion führt Kreise stets in Kreise über, wobei „Kreis“ hier auch die Geraden einschließt. Eine solche Definition der Inversion verwischt die Unterschiede zwischen den beiden Kurven, wie wir sie aus der Schulgeometrie kennen. Die klassische Antithese zwischen Gerade und Kreis — zwischen „gerade“ und „gekrümmt“ — wird so aufgelöst. Und wieder ist es der unendlich ferne Punkt, der diese Vereinheitlichung ermöglicht.

Wir könnten unsere Diskussion natürlich auch auf drei Dimensionen übertragen und die Inversion an der *Einheitskugel* definieren. Die meisten der besprochenen Eigenschaften gelten weiterhin, nur daß an die Stelle von Gerade und Kreis Ebene und Kugel treten. Eine solche Transformation ist uns von den Christbaumkugeln vertraut, die die ganze Welt in einem kleinen, verzerrten Bild widerzuspiegeln scheinen. Der holländische Künstler Maurits C. Escher (1898—1972), auf den wir später ausführlich eingehen werden, stellte in seiner Lithographie *Hand mit spiegelnder Kugel* (1935) das Wesen der Kugelspiegelung anschaulich dar. Abb. 12.7 ist eine Reproduktion dieses Werkes.[3]

3 Es muß hinzugefügt werden, daß die dreidimensionale Inversion nur näherungsweise der Spiegelung an einer Kugel entspricht, jedoch zeigt die Näherung die wesentlichen Züge der Transformation auf.

13 Geographische Karten und das Unendliche

Siehst du die Welt in einem Sandkorn
und den Himmel in einer Blume,
dann hältst du das Unendliche
in deiner Hand und die
Ewigkeit in einer Stunde.

William Blake (1757–1827), Auguries of Innocence,
(„Einführung in die Gesänge der Unschuld“)

Die Mathematiker beschäftigen sich mit der Inversion natürlich nicht nur ihrer Schönheit wegen; sie spielt in vielen, manchmal ganz unerwarteten, Wissenschaftsbereichen eine wichtige Rolle. Im Folgenden untersuchen wir, welche Bedeutung der Inversion in der Kartographie, der Wissenschaft von der Herstellung von Landkarten, zukommt.

Jeder, der einmal versucht hat, eine Orangenschale flach auf einen Tisch zu pressen, weiß, daß es in der Regel unmöglich ist, eine gekrümmte Oberfläche zu ebnen, ohne sie dabei stark zu verzerren. Dies ist unvermeidlich, gleichgültig wie behutsam man zu Werke geht. Um also die Oberfläche der Erde (oder des Globus, der ein verkleinertes Modell der Erde darstellt) in einer ebenen Karte wiederzugeben, ist es erforderlich, eine Methode der *Projektion* zu entwickeln, die es ermöglicht, jeden Punkt auf der Erdoberfläche in einen entsprechenden Punkt auf der Karte zu überführen. Die Kartographen verwenden viele verschiedene Arten der Projektion, von denen jede gewisse Vorteile bietet, aber auch mit charakteristischen Verzerrungen verbunden ist. Keine Projektion kann *alle* geographischen Merkmale der Erde, wie zum Beispiel den Abstand zweier Punkte, die Richtung von einem zum anderen oder die Fläche eines Gebietes, getreu reproduzieren.

Eine sehr weitverbreitete Art der Projektion, die bereits Hipparch im zweiten Jahrhundert v. Chr. bekannt war, ist die *stereographische Projektion*. Wir stellen uns die Erde als eine vollkommene Kugel vor, die mit dem Südpol S auf einem Blatt Papier steht (Abb. 13.1). Dann verbinden wir jeden Punkt der Erdoberfläche mit dem Nordpol N und verlängern diese Gerade, bis sie im Punkt P' das Papier schneidet. P' ist der Bildpunkt von P bei Projektion.

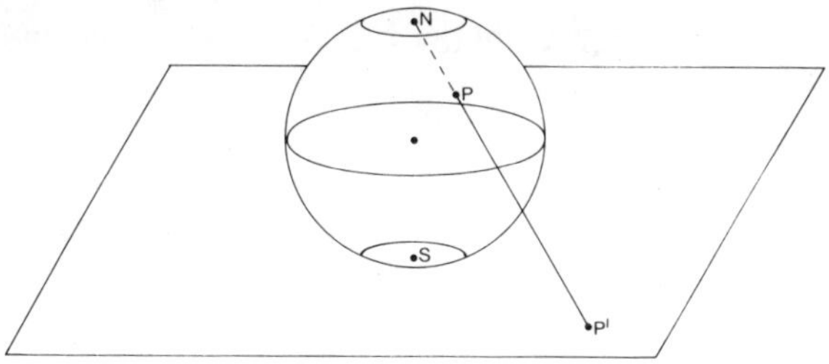

Abb. 13.1: Die stereographische Projektion.

Die wichtigsten Eigenschaften dieser Projektion lassen sich leicht erkennen. Zuerst einmal werden die Breitenkreise als konzentrische Kreise um den Südpol *S* gezeichnet, während die Meridiane oder Längenkreise in Geraden überführt werden, die wie Strahlen aus *S* in alle Richtungen zeigen (Abb. 13.2). Der Äquator *E* verwandelt sich auf der Karte in den Kreis *e*, der als Einheitskreis betrachtet werden kann. Die gesamte nördliche Hemisphäre wird dann im Äußeren des Kreises *e* abgebildet. Je näher ein Punkt am Nordpol liegt, desto weiter entfernt sich sein Bildpunkt auf der Karte. Der Nordpol selbst findet auf der Karte keine Entsprechung. Sein Bild liegt im Unendlichen.

Diese Eigenschaften erinnern frappant an die Inversion am Kreis, und tatsächlich besteht zwischen ihr und der stereographischen Projektion ein enger Zusammenhang. Mit Hilfe der Trigonometrie kann gezeigt werden, daß zwei auf gleichem Längengrad, jedoch entgegengesetztem Breitengrad liegende Punkte auf der Erde in zwei zueinan-

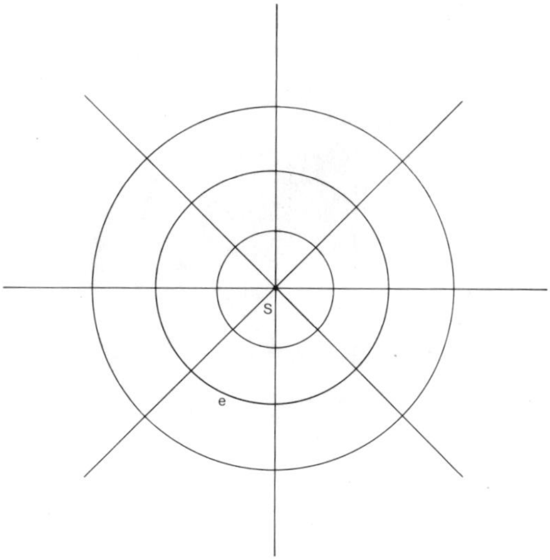

Abb. 13.2: Das Gradnetz der südlichen Hemisphäre bei stereographischer Projektion.

der inverse Punkte auf der Karte überführt werden. (Der Beweis dieser und anderer Eigenschaften der Projektion findet sich im Anhang.) Die gesamte nördliche Hemisphäre auf der Karte kann folglich als das inverse Bild der südlichen Hemisphäre angesehen werden und umgekehrt. Man kann ferner zeigen, daß jede Gerade oder jeder Kreis auf der Landkarte einem Kreis auf der Erde entspricht. Diese Merkmale lassen es oft sinnvoll erscheinen, die Projektion in entgegengesetzter Richtung vorzunehmen, das heißt von der Landkarte zur Erde. Die Kugel, die auf diese Weise ihrer geographischen Bedeutung enthoben ist und als rein geometrisches Objekt betrachtet wird, stellt nun ein „endliches“ Modell der unendlichen Ebene dar, wobei jedoch alle wesentlichen Eigenschaften der Inversion bewahrt werden. Der Vorteil eines solchen Modells besteht darin, daß verschiedene Aspekte der Inversion einer Ebene viel einsichtiger werden. Wir stellen uns statt der Inversion einfach eine Spiegelung an der Äquatorebene der Kugel vor (das heißt die nördlichen und südlichen Breitengrade werden einfach vertauscht); Geraden und Kreise werden dabei stets in Kreise verwandelt, und der schwer faßbare, unendlich ferne Punkt wird zu einem gewöhnlichen Punkt auf der Kugel, dem Nordpol. Wir werden im Lauf der Diskussion noch Gelegenheit haben, solche Modelle zu betrachten.

Kehren wir jedoch zu geographischen Fragen zurück. Aufgrund der zunehmend starken Verzerrung am Nordpol ist die stereographische Projektion nicht geeignet, um die gesamte Erde kartographisch zu erfassen. In der Praxis bildet daher jede Karte immer nur eine Erdhalbkugel ab, wobei es natürlich auch Karten der Nordhalbkugel gibt, die dann Projektionen der Erde vom *Südpol* aus sind. (Abb. 13.3 zeigt, wie die nördliche Hemisphäre bei dieser Art von Projektion

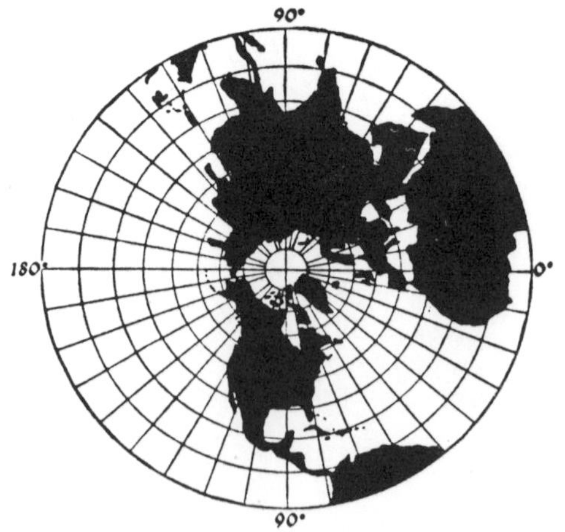

Abb. 13.3: Die nördliche Hemisphäre bei stereographischer Projektion. Aus: David Greenhood, *Mapping*, Chicago 1964. Mit freundlicher Genehmigung.

tatsächlich aussieht.) Als Ausgleich für diesen Mangel besitzt unsere Projektion jedoch eine Eigenschaft, die in der Kartographie von besonderer Bedeutung ist: Sie ist winkeltreu oder *konform*. Das heißt: Wenn sich zwei Kurven auf der Erde unter einem bestimmten Winkel schneiden (zum Beispiel die Kurse von zwei Schiffen auf See), dann schneiden sich auch ihre Bildkurven auf der Karte im gleichen Winkel. Anders ausgedrückt, der Schnittwinkel ist projektionsinvariant. Genau diese Eigenschaft macht die stereographische Projektion zu einem unentbehrlichen Hilfsmittel der Navigation.[1]

Stellen wir uns nun vor, wir brechen zu einer langen Reise auf, während der wir unbeirrbar einem bestimmten, fest vorgegebenen Kompaßkurs folgen, beispielsweise 30 ° Ost. Kein Hindernis kann uns vom Weg abbringen, weder Gebirge noch Ozeane noch undurchquerbare Wüsten. Ein solcher Kurs, der eine konstante Richtung bezüglich Nord einhält, heißt *Loxodrome*.[2] Lange Zeit hatte man geglaubt, daß die Loxodromen die kürzeste Verbindung zwischen zwei gegebenen Punkten auf der Erdoberfläche darstellen, doch bewies der Portugiese Pedro Nunes (1502—1578), daß dies nicht zutrifft. Er zeigte, daß die kürzeste Verbindung zwischen zwei beliebigen Punkten der Bogen des durch sie definierten Großkreises[3] ist. Die Loxodromen dagegen sind spiralähnliche Kurven, die sich unendlich um die Pole winden, ihnen immer näher kommen, ohne sie jedoch zu erreichen. Der holländische Künstler Maurits C. Escher, den wir bereits im Zusammenhang mit der Kugelspiegelung kennengelernt haben, hat in seinem Werk *Kugelspiralen* (1958) die charakteristischen

1 Wörtlich bedeutet „konform" „von gleicher Gestalt". Wie leicht zu zeigen ist, folgt aus der winkelerhaltenden Eigenschaft unserer Projektion die Erhaltung der Form. Stellen wir uns zum Beispiel ein kleines Dreieck auf der Erde vor; seine drei Seiten werden auf der Karte durch Bogensegmente dargestellt, die jedoch aufgrund der geringen Größe des Dreiecks als Abschnitte einer Geraden angesehen werden können. Da unsere Abbildung winkeltreu ist, schneiden sich die Seiten des ursprünglichen Dreiecks im gleichen Winkel wie die Seiten des Abbilds. Das Bilddreieck ist also formgleich mit dem Ursprungsdreieck, obwohl diese Ähnlichkeit nicht unbedingt gleiche Größe impliziert. Da jede Fläche als Summe vieler solcher Dreiecke betrachtet werden kann, gilt diese Folgerung für jede beliebige Form. Es muß jedoch betont werden, daß dies nur lokal zutrifft, das heißt nur für kleine Figuren, da die projizierten Seiten eines großen Dreiecks zunehmend gekrümmt sind. Die Eigenschaft der Winkeltreue gilt also theoretisch nur für *unendlich kleine* Figuren, in der Praxis können jedoch auch größere Formen recht gut angenähert werden, wie die Abbildung der Kontinente in Abb. 13.3 klar belegt.

2 Das Wort leitet sich aus dem Griechischen *loxos* = schief und *dromos* = Kurs ab und bedeutet folglich schiefer Kurs. Der Name wurde von dem holländischen Physiker Willebrord Snell (1591—1626) vorgeschlagen, dessen Ruhm heute hauptsächlich auf einem nach ihm benannten Gesetz in der Optik beruht.

3 Großkreise sind Kreise, deren Mittelpunkte mit dem Mittelpunkt der Kugel übereinstimmen (Beispiele dafür sind die Meridiane und der Äquator). Wie wir noch sehen werden, übernehmen die Großkreise die Rolle von Geraden auf der Kugel.

Abb. 13.4: M.C. Escher, *Kugelspiralen* (1958). © M.C. Escher Heirs c/o Cordon Art — Baarn — Holland.

Eigenschaften der Loxodromen sehr schön dargestellt (siehe Abb. 13.4).

Welche Form nehmen die Loxodromen auf einer stereographischen Karte an? Um diese Frage zu beantworten, machen wir uns die konforme Eigenschaft unserer Projektion zunutze. Da die Loxodromen jeden Meridian unter einem bestimmten Winkel schneiden, müssen ihre Abbildungen jede Gerade durch den Mittelpunkt der Karte unter dem gleichen Winkel schneiden. Eine Kurve mit genau dieser Eigenschaft haben wir jedoch bereits kennengelernt: die logarithmische Spirale. Auf einer stereographischen Karte der nördlichen Hemisphäre wird also jede Loxodrome als eine aus dem Nordpol hervorgehende logarithmische Spirale dargestellt, die sich zum Südpol hin öffnet. Für die südliche Erdhalbkugel ist die Situation umgekehrt: Jede Spirale konvergiert gegen den Südpol, das heißt sie windet sich enger und enger um den Südpol, ohne ihn je zu erreichen.

Die logarithmische Spirale mag zwar dank ihrer Ästhetik eine große Anziehungskraft auf den Mathematiker ausüben, für den Geographen wirft sie jedoch Schwierigkeiten auf, da sie sich nur schwer

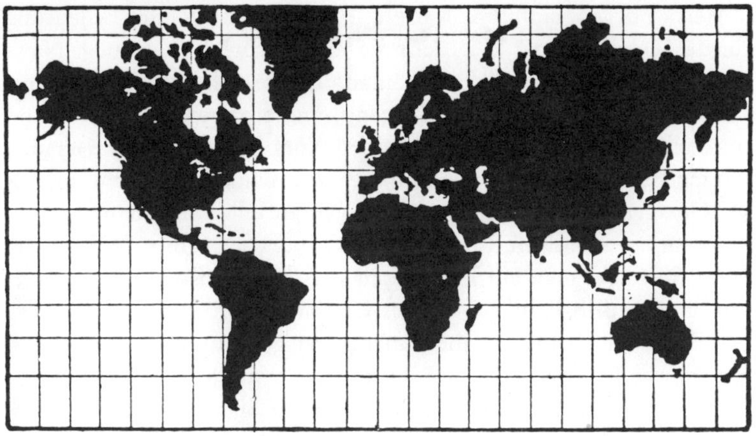

Abb. 13.5: Mercators Weltkarte. Aus: Charles H. Deetz und Oscar S. Adams, *Elements of Map Projection*, Greenwood Press, 1969. Mit freundlicher Genehmigung des U.S. Government Printing Office.

zeichnen läßt — weder Zirkel noch Lineal sind dabei von Nutzen. Aus diesem Grund entwarf der flämische Geograph Gerhardus Mercator (auch unter dem Namen Gerhard Kremer bekannt, 1512–1594) eine konforme Landkarte, auf der alle Loxodromen als Geraden dargestellt sind. Diese berühmte Karte, die im Jahr 1569 erschien, zeigt die gesamte Erdkugel in einem rechtwinkligen Koordinatensystem, in dem alle Breitenkreise ebenso wie alle Meridiane die gleiche Länge haben (Abb. 13.5). Da die Breitenkreise jedoch in Wirklichkeit zu den Polen hin immer kleiner werden, müssen sie in der Karte von Mercator in Abhängigkeit ihrer genauen Lage automatisch um einen bestimmten Faktor gedehnt werden: je höher der Breitengrad, desto stärker die Dehnung. Damit die Karte nun aber konform ist, muß auch der Abstand *zwischen* den Breitenkreisen entsprechend gedehnt werden. Mercator gelang es, eine Systematik zu erarbeiten, mit deren Hilfe er den erforderlichen Abstand zwischen jeweils zwei Breitengraden genau berechnen konnte.[4] Das Ergebnis war eine Karte, in der jede Loxodrome jeden Meridian unter einem konstanten Winkel schneidet. Da alle Meridiane parallele Geraden sind, erscheinen die Loxodromen folglich als Geraden.

4 Entgegen der vielfach in Geographiebüchern geäußerten Behauptung ist die Mercator-Karte keine Projektion der Erde auf einen am Äquator anliegenden Zylinder. Bei einer solchen Projektion wäre jeder Punkt der Erdoberfläche vom Kugelmittelpunkt auf den Zylindermantel abgebildet worden. Strenggenommen ist die Mercator-Projektion sogar überhaupt keine Projektion: Sie kann nur mit Hilfe einer komplizierten Formel erzeugt werden. Um die Formel herzuleiten, benötigt man jedoch die Infinitesimalrechnung. Mercator, der ein gutes Jahrhundert vor der Erfindung der Infinitesimalrechnung lebte, fand die Abstände mit Hilfe eines Verfahrens, das heute als „numerische Integration“ bezeichnet wird. Es besteht in der schrittweisen Lösung einer Differentialgleichung, wobei man von einem Anfangs-

Mercators geographische Karte war von entscheidender Bedeutung für die Seefahrer jener Zeit, denn sie vereinfachte die Kunst der Navigation ganz beträchtlich. Ein Seemann mußte sich nun nie mehr mit schwierigen Kurven herumschlagen; seine einzige Aufgabe bestand nunmehr darin, auf der Karte seinen Kurs in Form einer Geraden zwischen Ausgangs- und Endpunkt einzuzeichnen, die Richtung dieser Geraden bezüglich des Nordpols festzustellen und dann diesem Kurs auf See zu folgen. In der Kartographie, wie auch in anderen Gebieten, erreicht man ein Ziel jedoch stets nur auf Kosten eines anderen, in diesem Fall auf Kosten der Gestalt der Erde. Da der Abstand der Breitengrade in Polnähe zunehmend gedehnt wird, erscheinen sehr nördlich gelegene Länder stark verzerrt auf der Karte. Grönland zum Beispiel sieht wesentlich größer aus als Südamerika, obwohl es in Wirklichkeit neunmal kleiner ist. Gerade diese Nord-Süd-Dehnung verleiht der Mercator-Karte ihr charakteristisches Aussehen. Natürlich kann weder der Südpol noch der Nordpol auf dieser Karte abgebildet werden, da ihre Bilder im Unendlichen liegen.

wert ausgeht und dann von Punkt zu Punkt fortschreitet. Dieser Prozeß kann auf einem modernen Computer oder einem Taschenrechner mühelos ausgeführt werden, ein Luxus, der Mercator jedoch nicht zur Verfügung stand. Seine ohnehin bemerkenswerte Leistung verdient daher noch mehr Bewunderung, und tatsächlich gilt seine Karte bei vielen als eine der größten Errungenschaften in der Kartographie nach der Entdeckung, daß die Erde eine Kugel ist. Nähere Einzelheiten dazu finden sich bei Charles H. Deetz und Oscar S. Adams: *Elements of Map Projection*, New York 1969.

14 Regelmäßige Aufteilung (Parkettierung) der Ebenen

Dreifach ist des Raumes Maß:
Rastlos fort ohn Unterlaß
Strebt die Länge; fort ins Weite
Endlos gießet sich die Breite;
Grundlos senkt die Tiefe sich.

Friedrich von Schiller (1759—1805)

Kehren wir jedoch zur allgemeinen Geometrie zurück. Unter der Vielzahl der uns umgebenden geometrischen Figuren haben die regelmäßigen Polygone stets eine besondere Rolle gespielt. Das Polygon (vom Griechischen *polys* = viel und *gonia* = Ecke, Winkel) ist eine geschlossene, ebene Figur, die von geraden Strecken gebildet wird. Ein *regelmäßiges* Polygon ist ein Vieleck, dessen Seiten und Winkel alle gleich sind. Das einfachste regelmäßige Polygon ist das gleichseitige Dreieck, dann folgt das Quadrat, das Pentagon (Fünfeck), das Hexagon (Sechseck) und so weiter. Wie bereits im ersten Kapitel erwähnt wurde, galt das Interesse der Griechen besonders den regelmäßigen Polygonen, mit deren Hilfe sie eine Annäherung an die Zahl π fanden. Natürlich wußten sie, daß es unendlich viele regelmäßige Polygone gibt, denn zu jeder beliebigen ganzen Zahl $n \geqq 3$ kann man ein regelmäßiges Polygon konstruieren, das aus n Seiten besteht — ein „n-gon", wie der Mathematiker sagt.

Im Zusammenhang mit den regelmäßigen Vielecken stellt sich nun folgende Frage: Welche Polygone eignen sich, um eine ebene Fläche wie etwa den Fußboden zu „parkettieren", d.h. auszulegen? Gemeint ist, wie kann man die ganze Ebene durch endlose Wiederholung eines einzigen Grundmotivs ausfüllen, ohne daß dabei leere Zwischenräume entstehen? Es ist nicht schwer zu zeigen, daß unter den unendlich vielen regelmäßigen Polygonen nur drei hierzu geeignet sind: das gleichseitige Dreieck, das Quadrat und das Sechseck.[1] Das Fünfeck beispielsweise eignet sich nicht, wie leicht zu zeigen ist, da zwei angrenzende Seiten des Fünfecks einen Winkel von 108° bilden (Abb. 14.1); damit nun aber mehrere Fünfecke in einem Eckpunkt nahtlos zusammenpassen, müßte der Winkel von 108° den Winkel von 360°,

1 Es besteht natürlich kein Unterschied zwischen Vielecken der gleichen Form, aber unterschiedlicher Größe. Wenn eine geometrische Figur die Ebene ausfüllt, dann gilt das auch für Verkleinerungen oder Vergrößerungen der Figur.

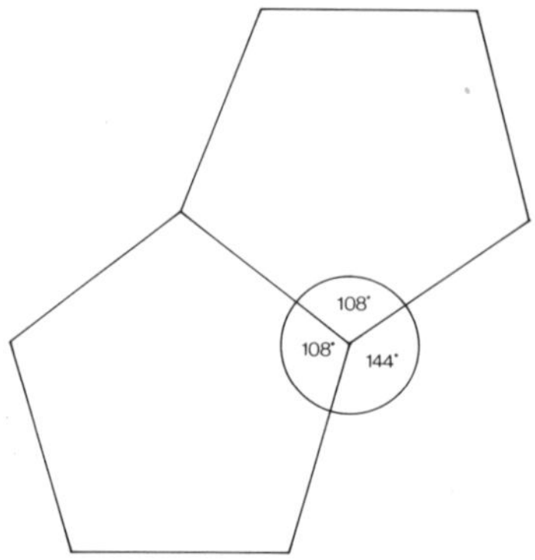

Abb. 14.1: Ein regelmäßiges Fünfeck kann die Ebene nicht gleichmäßig ausfüllen.

den Winkel einer ganzen Umdrehung, ohne Rest teilen — was nicht der Fall ist. Auf diese Weise kann man mit Ausnahme der 3-, 4- und 6-Ecke alle anderen *n*-gone ausschließen. Wir kennen natürlich alle die Flächenaufteilung mit Hilfe des Quadrats — die naheliegendste Form der Parkettierung, da sie nicht nur den ganzen Boden ausfüllt, sondern auch genau mit den Seiten eines rechtwinkligen Zimmers abschließt. Die Flächenaufteilung durch Sechsecke ist häufig auf Promenaden anzutreffen, auch die U-Bahn-Stationen in Washington, D.C., bieten ein gutes Beispiel. Die Flächenbedeckung mit gleichseitigen Dreiecken deckt sich im wesentlichen mit der hexagonalen Aufteilung, da sechs solcher Dreiecke ein regelmäßiges Sechseck bilden. Die hexagonale Flächenaufteilung kommt auch in der Natur vor — sie ist die Grundstruktur der Honigwabe. Dafür gibt es einen guten Grund, der offensichtlich den Bienen bekannt sein muß: Von den drei genannten Möglichkeiten der Flächenaufteilung ist die hexagonale die effizienteste — sie erfordert die geringste Menge an Material, um eine gegebene Fläche zu bedecken. Abb. 14.2 zeigt die drei Grundformen der regelmäßigen Flächenaufteilung.

Abb. 14.2: Die drei Möglichkeiten der Flächenaufteilung durch regelmäßige Polygone.

Vollkommen anders stellt sich die Situation dar, wenn wir statt der zweidimensionalen Ebene den dreidimensionalen Raum betrachten. Hier erwartet uns eine Überraschung: Im Gegensatz zur unendlichen Menge der regulären Polygone gibt es nur fünf verschiedene regelmäßige Polyeder, und von diesen fünf eignet sich sogar nur ein einziges zur lückenlosen Raumfüllung. Unter einem regelmäßigen Polyeder versteht man einen Körper, der aus kongruenten, regelmäßigen Polygonen besteht, die sich alle unter dem gleichen Winkel im Raum schneiden. Die Tatsache, daß es nur fünf regelmäßige Polyeder gibt, folgt aus einer berühmten Formel, die Leonhard Euler im Jahr 1752 entdeckte: Die Anzahl der Flächen *F* eines beliebigen einfachen Polyeders (das heißt, eines Polyeders ohne Hohlräume), die Anzahl seiner

Kanten K und die Anzahl der Ecken E werden durch folgende Gleichung zueinander in Beziehung gesetzt:

$$E - K + F = 2$$

Es gibt nur fünf Kombinationen und folglich nur fünf regelmäßige Polyeder, die diese Gleichung erfüllen:

$E = 4,\ K = 6,\ F = 4$: das Tetraeder
$E = 8,\ K = 12,\ F = 6$: der Würfel
$E = 6,\ K = 12,\ F = 8$: das Oktaeder
$E = 20,\ K = 30,\ F = 12$: das Dodekaeder
$E = 12,\ K = 30,\ F = 20$: das Ikosaeder

(Mit Ausnahme des Würfels leiten sich die Namen der Körper von der Anzahl ihrer Seitenflächen ab.) Diese regelmäßigen Polyeder, die man auch als die Platonischen Körper bezeichnet, waren den Griechen wohl bekannt (Abb. 14.3). Sie schrieben ihnen eine Vielzahl mystischer Eigenschaften zu, und auch der Astronom Johannes Kepler (1571—1630) dachte ihnen eine wichtige Rolle in seiner Theorie der Planetenbewegungen zu (eine Rolle, der sie nicht gerecht wurden, wie sich später herausstellte). Heute wird diesen Körpern erneut Aufmerksamkeit zuteil, und zwar in der Kristallographie. Die Atome der Kristalle sind in einem Gitter angeordnet, das eine strenge räumliche Regularität aufweist. Wir können uns das Gitter aus „Einheitszellen" aufgebaut vorstellen — aus fundamentalen Bausteinen, die in unendli-

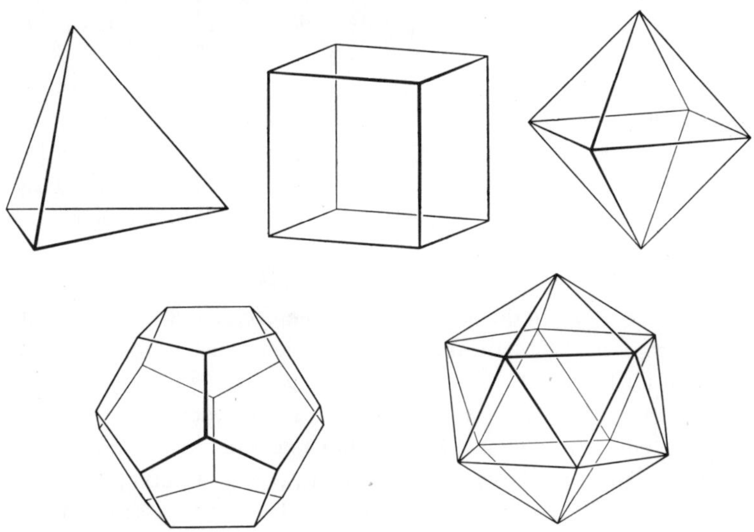

Abb. 14.3: Die fünf Platonischen Körper. Aus: D. Hilbert und S. Cohn-Vossen, *Anschauliche Geometrie,* Berlin 1932. Mit freundlicher Genehmigung.

Abb. 14.4: Das Ikosaeder im Emblem der *Mathematical Association of America*. Dieser regelmäßige Körper wird von zwanzig völlig identischen gleichseitigen Dreiecken gebildet. Mit freundlicher Genehmigung der *Mathematical Association of America*.

cher Wiederholung das Volumen des Kristalls ausfüllen. Die Atome des Diamanten sind beispielsweise wie die Ecken des regulären Tetraeders angeordnet, und genau dieser Anordnung verdankt er seine charakteristische Härte. Ein regelmäßiges Ikosaeder erscheint im Emblem der Mathematical Association of America (Abb. 14.4).

Aus der Eulerschen Formel folgt eine bemerkenswerte Eigenschaft der fünf Platonischen Körper: Wenn wir die Mittelpunkte aller Flächen eines gegebenen regelmäßigen Polyeders verbinden, erhalten wir ein neues regelmäßiges Polyeder, das zum ursprünglichen *dual* ist. So sind Würfel und Oktaeder dual zueinander (Abb. 14.5), ebenso wie Ikosaeder und Dodekaeder. Das Tetraeder ist zu sich selbst dual: Wenn wir die Mittelpunkte des Tetraeders verbinden, entsteht erneut ein Tetraeder, das jedoch kleiner ist als das ursprüngliche. Diese Dualität folgt aus der Tatsache, daß die Variablen F und E in der Eulerschen Formel symmetrisch sind: Sie können vertauscht werden, ohne daß dadurch die Gleichung falsch wird. (Dies gilt jedoch nicht für K, das mit negativem Vorzeichen erscheint.)

Genau dieser Eigenschaft ist es zu verdanken, daß wir eine unendliche Folge dualer regulärer Körper bilden können. Beginnen wir beispielsweise mit einem Würfel und verbinden die Mittelpunkte seiner sechs Flächen, so erhalten wir ein reguläres Oktaeder. Wiederholen wir diesen Vorgang mit den acht Flächen des Oktaeders, so erhalten wir wiederum einen Würfel. Dies kann beliebig fortgesetzt werden, wobei die so erzeugten Körper immer kleiner werden, da jedes Polyeder im Innern seines Vorgängers liegt. Die Entwicklung dieser Folge läßt sich mathematisch beschreiben, eine Aufgabe, die jedoch außer für das Tetraeder keineswegs einfach ist. Beim Tetraeder, das zu sich selbst dual ist, stehen die Seitenlängen der einzelnen Folgenglieder im Verhältnis 1/3; das heißt, die Seitenlänge jedes neuen Tetraeders beträgt ein Drittel der Länge seines Vorgängers (das Volumen ist damit 27mal so klein). Die Folge aus Würfel und Oktaeder entwickelt sich nicht so einheitlich: Vom Würfel zum Oktaeder ist das Verhältnis der Seitenlänge $\sqrt{2}/2$, vom Oktaeder zum Würfel beträgt es $\sqrt{2}/3$. Für die Folge Ikosaeder-Dodekaeder sind die Verhältnisse noch weit komplexer.

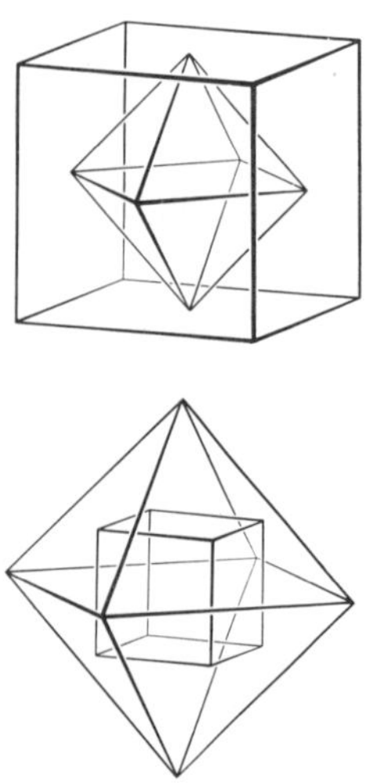

Abb. 14.5: Dualität: Würfel und Oktaeder sind dual zueinander. Aus: D. Hilbert und S. Cohn-Vossen, *Anschauliche Geometrie*, Berlin 1932. Mit freundlicher Genehmigung.

Kehren wir jedoch nochmals zur Ebene zurück. Wir haben gesehen, daß es nur drei *reguläre* Polygone gibt, die sich zur regelmäßigen Ebenenaufteilung eignen. Wenn wir jedoch auch andere Polygone zulassen, ergibt sich eine Reihe neuer Möglichkeiten. So teilt zum Beispiel ein Fünfeck mit gleichlangen Seiten und verschiedenen Winkeln die Fläche lückenlos auf, wie in Abb. 14.6 gezeigt wird. (In diesem Fünfeck sind jeweils zwei Winkel gleich.) Wie aus der Abbildung hervorgeht, bilden immer vier solcher Fünfecke ein Sechseck, so daß die Fünfeck-Aufteilung gleichzeitig eine Sechseck-Aufteilung

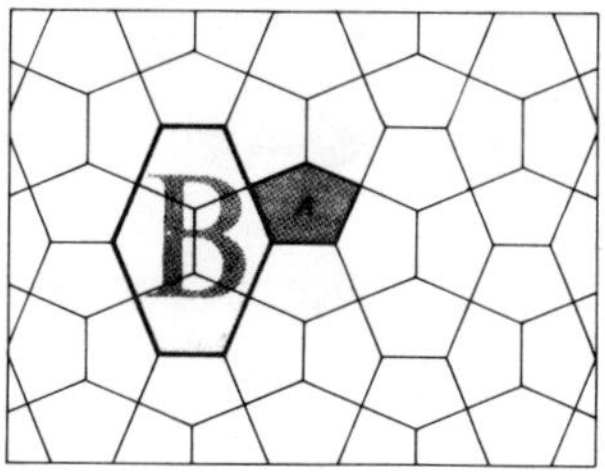

Abb. 14.6: Das schraffierte Fünfeck *A*, das zwar gleiche Seiten, jedoch unterschiedliche Winkel aufweist, teilt die Fläche lückenlos auf. Bitte beachten Sie, daß vier solcher Fünfecke ein Sechseck bilden. Aus: Phares G. O'Daffer und Stanley R. Clemens, *Geometry: An Investigative Approach.* Copyright © 1976 Addison-Wesley Publishing Company, Inc. Nachdruck mit freundlicher Genehmigung.

ist. (Es handelt sich hierbei nicht um das regelmäßige Sechseck der Honigwabe, sondern um ein gedehntes Sechseck mit jeweils vier langen und zwei kurzen Seiten.) Es ist bekannt, daß eine regelmäßige Ebenenaufteilung mit Polygonen von mehr als sechs Seiten nicht möglich ist. Dagegen läßt sich leicht zeigen, daß *jedes* dreieckige und *jedes* viereckige Gebilde (4-gon) die Ebene aufteilt, siehe dazu Abb. 14.7 und 14.8.

Es besteht auch die Möglichkeit, eine Fläche mit mehreren verschiedenen Polygonen auszufüllen. Eine sorgfältige Untersuchung zeigt, daß es genau acht Kombinationen regulärer Polygone gibt, die die Ebene so ausfüllen, daß jede Ecke von der gleichen Anzahl

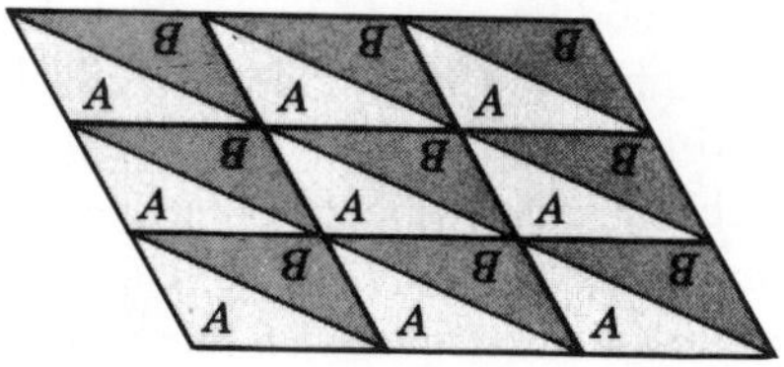

Abb. 14.7

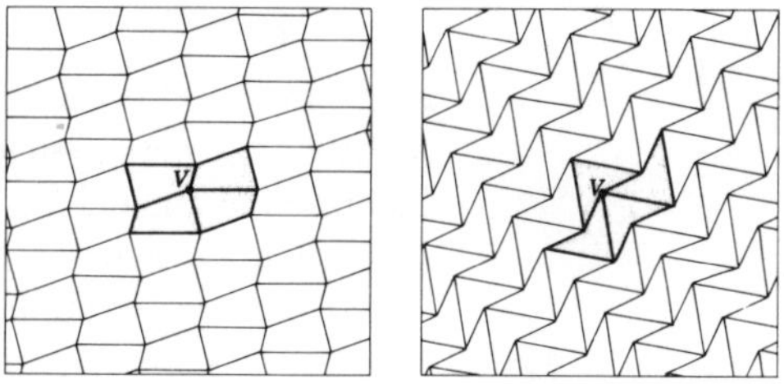

Abb. 14.8

Abb. 14.7: Jedes Dreieck füllt die Ebene aus. Aus: Phares G. O'Daffer und Stanley R. Clemens, *Geometry: An Investigative Approach.* Copyright © 1976 Addison-Wesley Publishing Company, Inc. Nachdruck mit freundlicher Genehmigung.

Abb. 14.8: Jedes vierseitige Polygon füllt die Ebene aus. Aus: Phares G. O'Daffer und Stanley R. Clemens, *Geometry: An Investigative Approach.* Copyright © 1976 Addison-Wesley Publishing Company, Inc. Nachdruck mit freundlicher Genehmigung.

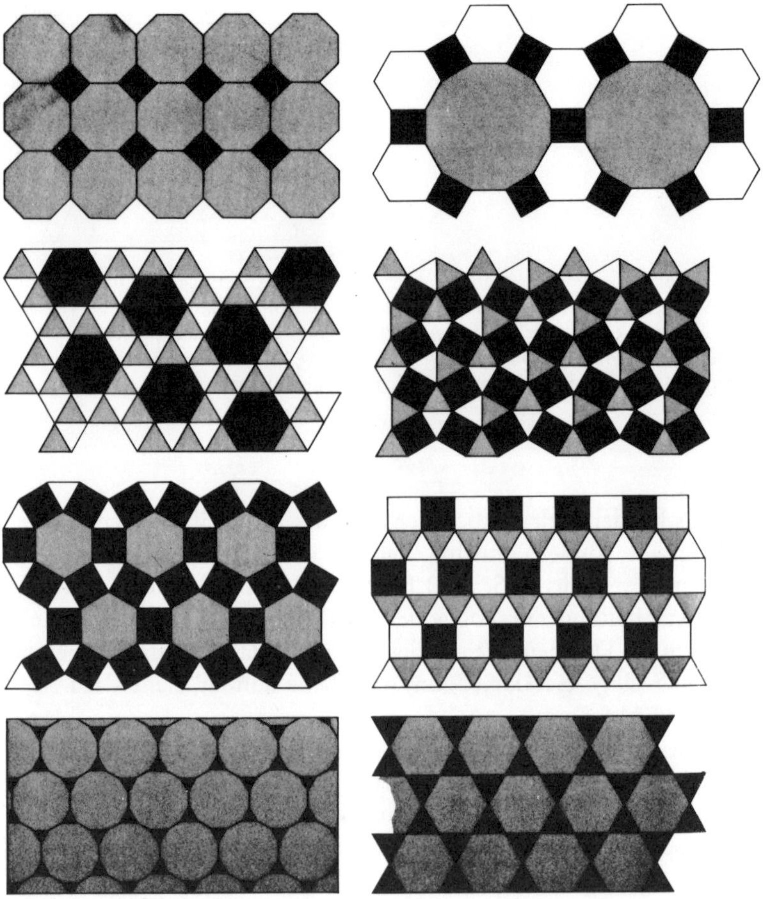

Abb. 14.9: Die acht möglichen Formen der halbregulären Flächenaufteilung. Aus: Phares G. O'Daffer und Stanley R. Clemens, *Geometry: An Investigative Approach.* Copyright © 1976 Addison-Wesley Publishing Company, Inc. Nachdruck mit freundlicher Genehmigung.

gleichartiger regelmäßiger Polygone gebildet wird.[2] Diese acht halbregulären Parkettierungen sind in Abb. 14.9 dargestellt. Schließlich könnte man auch noch auf die Forderung verzichten, daß alle Ecken nach dem gleichen Schema aufgebaut sein sollen; dies ermöglicht Muster von erstaunlicher Komplexität, siehe Abb. 14.10. In den letzten zwei Jahrzehnten hat das Interesse an dieser Thematik stark zugenommen,[3] zweifellos eine Folge der Arbeiten des holländischen

2 Auf die technischen Details möchte ich hier nicht näher eingehen. Den interessierten Leser verweise ich auf das Buch *Geometry: An Investigative Approach* von Phares G. O'Daffer und Stanley R. Clemens, Menlo Park, California 1977. Dieses Buch enthält auch eine ausführliche Bibliographie zu Problemen der Flächenaufteilung.

3 Siehe zum Beispiel die Artikel „Pentaplexity: A Class of Non-Periodic Tilings of the Plane" von R. Penrose, *The Mathematical Intelligencer*, 2 (1979), S. 32—37, oder „Extraordinary Nonperiodic Tiling that Enriches the Theory of Tiles" von Martin Gardner, *Scientific American*, Januar 1977, S. 110—121.

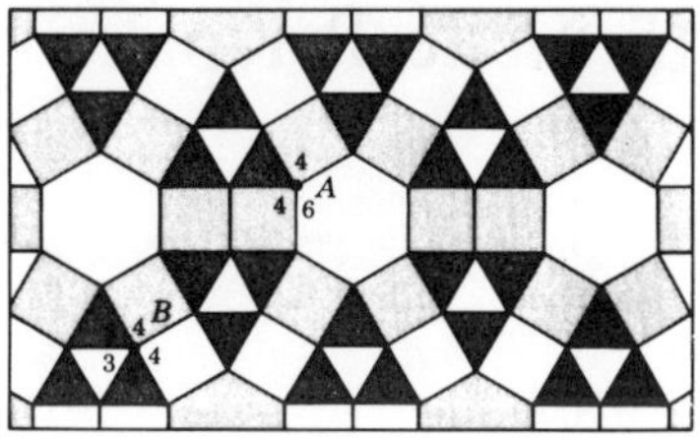

Abb. 14.10: Eine komplexere Form der Flächenaufteilung. Aus: Phares G. O'Daffer und Stanley R. Clemens, *Geometry: An Investigative Approach.* Copyright © 1976 Addison-Wesley Publishing Company, Inc. Nachdruck mit freundlicher Genehmigung.

Künstlers Maurits C. Escher, der wiederum von der Ornamentkunst der Mauren inspiriert wurde. Tatsächlich ist die bildende Kunst das größte Anwendungsfeld der regulären Flächenaufteilung. Mehr darüber in Teil III.

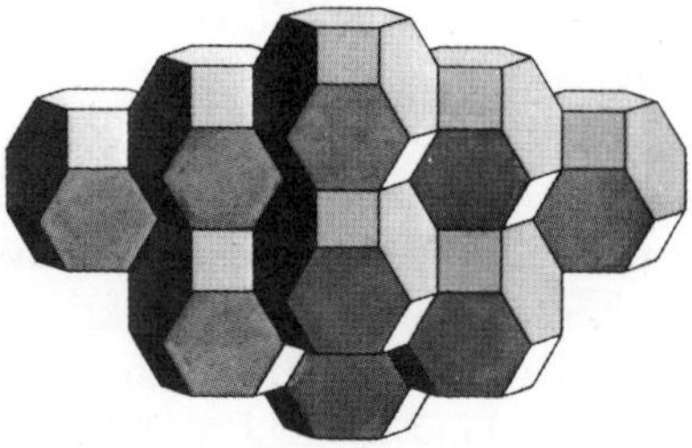

Abb. 14.11: Unter den fünf regulären Polyedern eignet sich nur der Würfel zur gleichmäßigen Raumfüllung. Es gibt jedoch noch einen anderen, allerdings nicht vollkommen regelmäßigen Körper, der ebenfalls den Raum lückenlos ausfüllt, und das ist das abgeflachte Oktaeder. Dieser Körper war bereits Archimedes bekannt und wurde von dem russischen Kristallographen Fedorov wiederentdeckt. Aus: D'Arcy W. Thompson, *Über Wachstum und Form*, Basel 1973.

15 Neue Perspektiven in der Geometrie

Durch die endlichen Dinge offenbart sich uns das Unendliche.
Theodore Roethke (1908–1963), The Far Field, IV

Bevor wir Teil II abschließen, wollen wir uns zwei der revolutionärsten Entwicklungen der modernen Mathematik zuwenden, die beide direkt mit dem Unendlichen zusammenhängen. Die erste davon, die Entdeckung der projektiven Geometrie, führt uns zurück in die Zeit der Renaissance, wobei ihr Ursprung nicht in der Wissenschaft, sondern in der Kunst liegt. Im Mittelalter waren sowohl Wissenschaft als auch Kunst den religiösen und mythologischen Überzeugungen jener Zeit untergeordnet. Die Natur wurde nicht dargestellt, wie sie wirklich ist, sondern so, wie sie sich der Beobachter in seiner Phantasie und aufgrund seiner religiösen Überzeugungen vorstellte. So glaubte man, daß die Sonne um die Erde kreist, nicht weil sich ein solcher Schluß aufgrund objektiver Himmelsbeobachtung aufdrängte, sondern weil die römisch-katholische Kirche erklärt hatte, daß dies so sein müsse. Die Erde selbst war eine Scheibe — obwohl immer mehr Tatsachen dagegen sprachen —, weil sonst die armen Wesen auf der „anderen Seite" in den Abgrund des unendlichen Raumes gestürzt wären. Ein Maler stellte seine Heiligen und Helden nicht in ihrer natürlichen Perspektive dar — was bedeutet hätte, daß im Hintergrund befindliche Figuren kleiner als im Vordergrund befindliche Figuren erscheinen —, sondern entsprechend ihrem Rang in der Kirchenhierarchie.

Erst im 15. Jahrhundert setzte allmählich eine objektivere Betrachtung der Natur ein, und nachdem der Bann einmal gebrochen war, ließ sich diese Entwicklung nicht mehr aufhalten. Eine wahrheitsgetreue Beschreibung unserer Welt, das war das Motto der neuen Ära, und kaum ein Aspekt der westlichen Kultur blieb davon unberührt. Besonders in der Kunst führte diese neue Sicht zu dem Bemühen, die Gesetze der visuellen Wahrnehmung zu studieren, und so entstand die Kunst der perspektivischen Darstellung, die von dem italienischen Architekten und Bildhauer Filippo Brunelleschi (1377–1446) im Jahr 1425 eingeführt und von Albrecht Dürer und Leonardo da Vinci vervollkommnet wurde.

Die Perspektive ist eine Art der bildlichen Darstellung, die es dem Künstler ermöglicht, das, was er vor sich sieht, wirklichkeitsgetreu und objektiv auf der Leinwand wiederzugeben. Eine Zeichnung, die den Gesetzen der Perspektive gehorcht, ist eine Art Photographie — eine getreue Reproduktion dessen, was die Augen tatsächlich wahrnehmen. Wir sind uns jedoch bewußt, daß die Photographie einer Szene auf verschiedene Weise von der tatsächlichen Szene abweichen kann. So kann ein Kreis beispielsweise als Ellipse erscheinen, ein Quadrat als Trapez, und ein Paar paralleler Geraden, Eisenbahngleise etwa, können den Eindruck erwecken, als ob sie am Horizont zusammenliefen. Genau diese Frage nach der Wiedergabe eines Objektes auf der Leinwand führte im 16. Jahrhundert zur Entstehung eines völlig neuen Zweiges der Mathematik, der projektiven Geometrie.

Anders als die klassische Geometrie, die sich ausschließlich mit der Größe und Gestalt von Figuren beschäftigt, untersucht die projektive Geometrie einen fundamentaleren und in gewisser Weise einfacheren Aspekt geometrischer Figuren: Sie versucht festzustellen, welche Eigenschaften bei einer *Projektion* unverändert bleiben. Unter einer „Projektion" verstehen wir das Auffangen aller Lichtstrahlen, die von einem Objekt ausgehen und die im Auge (oder etwa im Kameraobjektiv) zusammenlaufen. Wenn nun ein Künstler eine Szene malt, können wir uns die Leinwand als einen Schnitt vorstellen, das heißt als Teil einer Ebene, die diese Lichtstrahlen schneidet. Das Bild setzt sich dann aus all jenen Punkten zusammen, die dort entstehen, wo die projektiven Strahlen auf die Leinwand treffen. Vorrangigstes Ziel der projektiven Geometrie ist es, die Beziehungen zwischen einem Objekt und seiner Abbildung zu untersuchen bzw. herauszufinden, welche Eigenschaften der Abbildung bei Projektion unveränderlich, das heißt invariant sind. Hier kommt nun der Begriff des Unendlichen in die Diskussion.

Wir haben bereits erwähnt, daß zwei Parallelen in der Regel nicht mehr parallel erscheinen, wenn sie abgebildet werden. Die Eigenschaft der Parallelität ist folglich nicht projektionsinvariant. Aus Erfahrung wissen wir jedoch ebenfalls, daß zwei Geraden *scheinbar* am Horizont zusammenlaufen. Was genau ist aber dieser Horizont, in dem sich Geraden, die sich überhaupt nicht schneiden, scheinbar treffen? In der projektiven Geometrie betrachtet man den Horizont als eine besondere Art der Geraden, als die „unendliche ferne Gerade". Jedes Paar paralleler Geraden definiert einen Punkt in der Ebene, den „unendlich fernen Punkt", wo zwei Geraden scheinbar konvergieren. Die Gesamtheit aller unendlich fernen Punkte stellt die unendlich ferne Gerade dar, den Horizont (Abb. 15.1).[1] Damit unterstützt die projektive Geometrie von wissenschaftlicher Seite den populären, aber vagen Satz: „Parallelen schneiden sich im Unendlichen".

1 Gebräuchlich sind auch die Bezeichnungen „idealer Punkt" und „Verschwindungspunkt" bzw. entsprechend „ideale Gerade" und „Verschwindungsgerade".

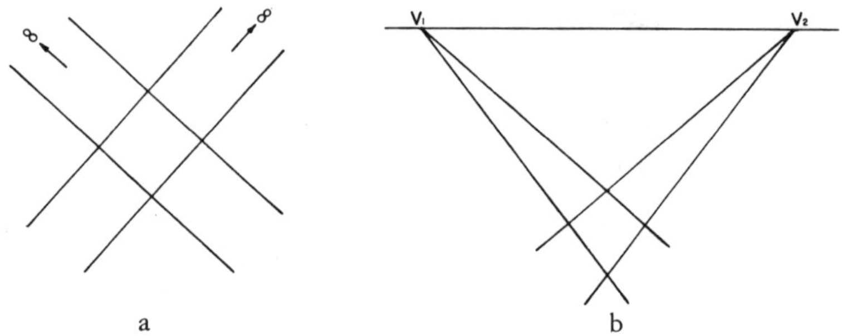

Abb. 15.1: Zwei Paare paralleler Geraden. In (a) von oben betrachtet; in (b) perspektivisch gesehen.

Auf den ersten Blick mag die Einführung einer so vagen Vorstellung in die Geometrie unserem Bild von der Mathematik als einer exakten Wissenschaft wohl widersprechen, einer Wissenschaft, in der für Vagheit und Doppeldeutigkeit kein Platz ist. Das ist völlig richtig! Doch wird unsere neue Schöpfung auch nur dann allgemeine Anerkennung finden, wenn ihre Begriffe präzise definiert werden können und wenn sich diese Definitionen als sinnvoll erweisen. Was nun die Definition anbelangt, so haben wir sie bereits gegeben, als wir vereinbarten, daß sich zwei Parallelen im unendlich fernen Punkt treffen. Die traditionelle Definition von Parallelen, derzufolge sie Geraden (in einer Ebene) sind, die sich nicht schneiden, steht dazu in keinerlei Widerspruch, da die klassische Geometrie das Unendliche völlig außer acht läßt und stets nur Aussagen über endliche Punkte trifft. Die traditionelle Definition besagt also nur, daß sich Parallelen *nicht* in einem *endlichen* Punkt treffen. Diese negative Aussage darüber, wie sich Geraden *nicht* verhalten, wird durch die Einführung von unendlich fernen Punkten und Geraden in eine positive verwandelt.

Nun kann man natürlich beliebig viele neue Begriffe definieren, ihre Daseinsberechtigung hängt letztlich jedoch davon ab, ob sie den Untersuchungsgegenstand in einem neuen Licht zeigen. Genau hierin liegt der Vorteil unserer neuen Vorstellung, denn die Einführung unendlich ferner Punkte und Geraden vereinheitlicht die bestehende Theorie: Es besteht nun keine Notwendigkeit mehr, zwischen Parallelen und „gewöhnlichen" Geraden zu unterscheiden. In der allgemeinen Geometrie heißt es: „Zwei Geraden schneiden sich in genau einem Punkt, parallele Geraden schneiden sich nicht." In der projektiven Geometrie sagen wir statt dessen: „Zwei beliebige Geraden in einer Ebene schneiden sich in genau einem Punkt." In der Allgemeingültigkeit dieser Aussage liegt eine gewisse Eleganz, und Mathematiker streben wie Künstler nach Eleganz in ihrer Arbeit.

Natürlich besteht zwischen gewöhnlichen Punkten und unendlich fernen Punkten durchaus ein Unterschied. Während ein gewöhnlicher Punkt eine *Position* festlegt, bestimmt ein unendlich ferner Punkt eine *Richtung*. Der Schnittpunkt zweier nicht-paralleler Geraden gibt also den genauen Ort an, wo sich die zwei Geraden treffen; der Schnittpunkt zweier Parallelen beschreibt dagegen nur eine Richtung. Da alle zueinander parallelen Geraden die gleiche Richtung haben, vereinbaren wir weiterhin, daß sich all diese Geraden in einem einzigen unendlich fernen Punkt treffen. Das bedeutet, daß jede Familie paralleler Geraden ihren eigenen unendlich fernen Punkt hat.[2]

Wie soeben gezeigt wurde, macht die Einführung unendlich ferner Punkte und Geraden eine Unterscheidung zwischen sich schneidenden und parallelen Geraden unnötig. Wäre dies jedoch die einzige Leistung der projektiven Geometrie, ließe sich ihre Existenz als selbständiger Zweig der Mathematik kaum rechtfertigen. Wie sich jedoch herausstellt, ermöglicht unsere neue Theorie die Entdeckung zahlreicher neuer Ergebnisse, die mit den Methoden der klassischen Geometrie völlig unbemerkt geblieben wären. Betrachten wir zum Beispiel die zwei folgenden einfachen Aussagen aus der elementaren Geometrie:

Durch zwei Punkte wird genau eine Gerade definiert.
Durch zwei Geraden wird genau ein Punkt definiert.

(Siehe Abb. 15.2; natürlich deckt die zweite Aussage auch den Fall zweier paralleler Geraden ab.) Auffällig an diesen zwei Aussagen ist ihre vollständige Symmetrie: die Wörter „Punkte“ und „Geraden“ werden völlig gleich verwendet. Tatsächlich könnte man diese Worte gegeneinander austauschen, ohne die Gültigkeit der beiden Aussagen

2 Entgegen der intuitiven Vorstellung, daß eine Gerade sich in beide Richtungen gegen unendlich erstreckt, vertreten wir hier die Auffassung, daß eine gewöhnliche Gerade nur einen unendlich fernen Punkt hat. Dies ist notwendig, damit das folgende Axiom weiterhin Gültigkeit besitzt: Durch zwei gegebene Punkte verläuft genau eine Gerade. Hätten wir jeder Geraden *zwei* unendlich ferne Punkte zugeordnet, wären wir gezwungen gewesen, alle parallelen Geraden als identisch zu betrachten.

Diese Konvention deckt sich übrigens nicht mit der Vereinbarung, die für die Inversion getroffen wurde: Hier wurde ein einziger unendlich ferner Punkt für die gesamte Ebene definiert. Entsprechend unterscheidet man zwischen der gewöhnlichen oder *euklidischen Ebene*, die überhaupt keinen unendlich fernen Punkt besitzt, der *inversiven Ebene*, die einen unendlich fernen Punkt aufweist, und der *projektiven Ebene*, in der ein unendlich ferner Punkt für jede Familie von Parallelen definiert ist.

Man kann diese Vorstellungen leicht auf den dreidimensionalen Raum übertragen: Jede Familie paralleler Ebenen trifft sich in einer unendlich fernen Geraden. Da es unendlich viele solcher Geraden gibt (entsprechend den unendlich vielen Familien paralleler Ebenen im dreidimensionalen Raum), definiert man eine einzige unendlich ferne Ebene, in der all diese Geraden liegen.

Abb. 15.2: Dualität: (a) Durch zwei Punkte ist genau eine Gerade bestimmt. (b) Durch zwei Geraden ist genau ein Punkt festgelegt.

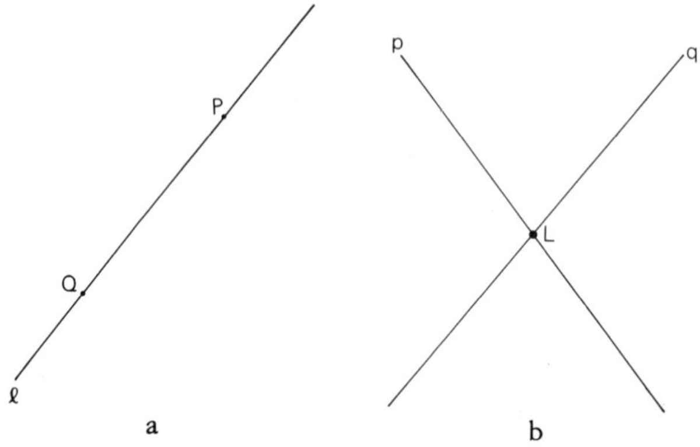

zu verletzen. Die einzige Folge wäre, daß sich die Reihenfolge der Aussagen vertauscht. Diese völlige Symmetrie ist unter dem Begriff *Dualitätsprinzip* bekannt und gilt als eine der schönsten Errungenschaften der projektiven Geometrie.

In Übereinstimmung mit dem Dualitätsprinzip behält jede wahre Aussage über die Beziehung zwischen Geraden und Punkten — eine sogenannte *Inzidenzaussage* — ihre Gültigkeit, wenn die Wörter „Punkte“ und „Geraden“ ausgetauscht werden. Wir sagen, daß zwei Aussagen und ihre entsprechenden geometrischen Konfigurationen „dual“ sind. Ein Dreieck kann entweder als Menge dreier nicht kollinearer Punkte aufgefaßt werden (das heißt als Menge dreier Punkte, die nicht alle auf einer Geraden liegen, siehe Abb. 15.3a), oder als Menge dreier nicht konkurrenter Geraden (Geraden, die nicht alle durch einen Punkt gehen, siehe Abb. 15.3b). Die erste Definition ist die gebräuchlichere, doch ist die zweite ebenso zutreffend. (Natürlich müssen wir uns die Geraden in diesem Fall bis ins Unendliche verlängert vorstellen, wodurch unser Dreieck ein etwas ungewöhnliches Aussehen erhält.) Dieses Ergebnis ist jedoch eher trivial. Weitaus interessanter ist die Entdeckung, die der französische Architekt und Ingenieur Gérard Desargues (ca. 1593—1662) im Jahr 1639 machte und die später nach ihm benannt wurde:

> Wenn zwei Dreiecke *ABC* und *A'B'C'* so gelegen sind, daß die Verbindungslinien *AA',* *BB'* und *CC'* durch einen Punkt verlaufen, dann liegen die Punkte *aa',* *bb'* und *cc'* auf einer Geraden.

AA' ist hierbei die durch die Punkte *A* und *A'* definierte Gerade, während *aa'* den durch die Geraden *a* und *a'* definierten Punkt bezeichnet (den Schnittpunkt der Geraden also); dies gilt entsprechend für die anderen Punkte und Geraden (Abb. 15.4). Diese Notation ist

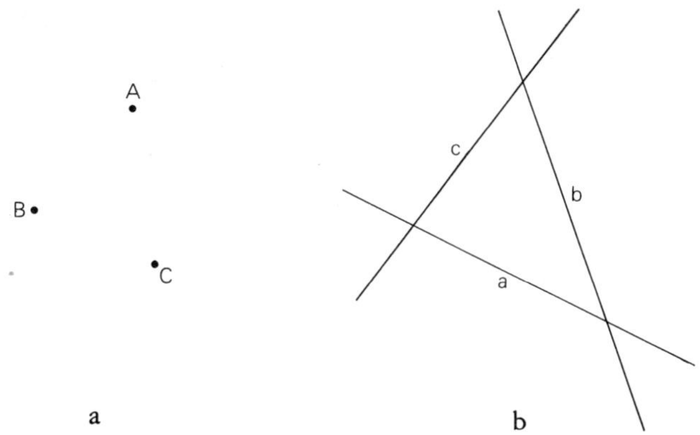

Abb. 15.3: Duale Interpretation eines Dreiecks: (a) drei nicht-kollineare Punkte; (b) drei nicht-konkurrente Geraden.

ganz im Sinne der projektiven Geometrie, die nach vollkommener Symmetrie zwischen Punkten und Geraden strebt.

Während der Desarguessche Satz mit den Mitteln der gewöhnlichen Geometrie keineswegs leicht zu beweisen ist, gelingt dies mit Hilfe der projektiven Geometrie problemlos. Die zwei Dreiecke *ABC* und *A'B'C'* kann man sich als Projektionen voneinander vorstellen, wobei das Projektionszentrum der Punkt *O* ist, in dem sich die Geraden *AA', BB'* und *CC'* treffen. Die Dreiecke müssen dabei keineswegs in einer Ebene gelegen sein. Im Gegenteil, denken wir uns die Dreiecke auf zwei zueinander geneigten Ebenen. Zwei geneigte Ebenen schneiden sich stets in einer Geraden. Die Schnittpunkte der

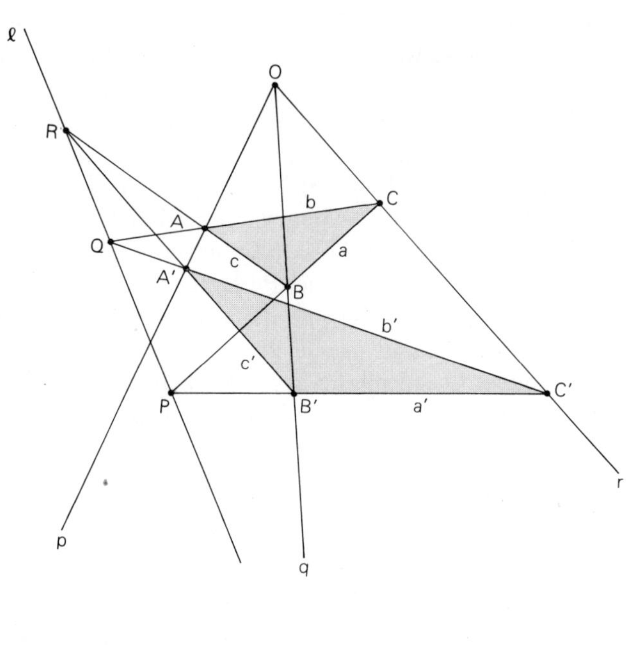

Abb. 15.4: Der Desarguessche Satz.

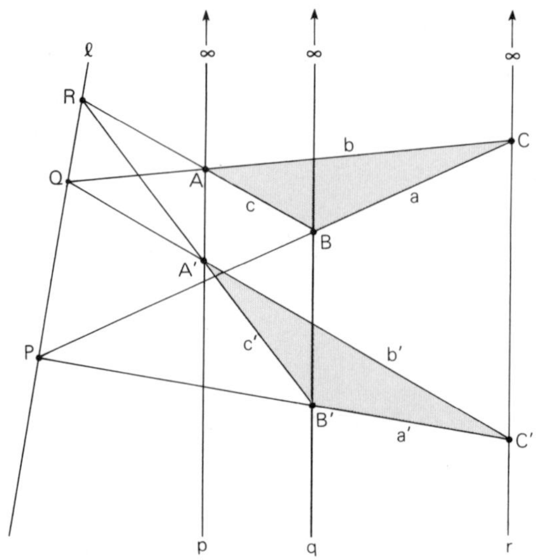

Abb. 15.5: Der Desarguessche Satz im Fall paralleler Geraden.

verlängerten Dreiecksseiten müssen folglich auf dieser Geraden liegen, was zu beweisen war. Dieser Beweis ist nicht nur ein Muster an Einfachheit, er ist auch ein gutes Beispiel dafür, daß der Beweis einer Aussage über zweidimensionale geometrische Konfigurationen leichter gelingt, wenn man sie vom dreidimensionalen Standpunkt betrachtet.

Man kann nun fragen, wie sich die Abb. 15.4 verändert, wenn die Geraden *AA',* *BB'* und *CC'* parallel sind?[3] Muß das Desarguessche Theorem für diesen Spezialfall ergänzt werden? Die Antwort lautet nein, keineswegs! Wenn die drei Geraden parallel sind, bedeutet dies nur, daß ihr gemeinsamer Schnittpunkt *O* im Unendlichen liegt, das heißt, im unendlich fernen Punkt, der ja in der projektiven Geometrie definiert ist. Die Punkte *aa',* *bb'* und *cc'* liegen jedoch weiterhin auf einer Geraden (Abb. 15.5). Von besonderem Interesse ist auch ein anderer Spezialfall: Betrachten wir zwei Dreiecke, die geometrisch ähnlich sind und wie in Abb. 15.6 angeordnet werden. (Wir können sie uns als zwei Etagen in einer Pyramide mit dreieckigem Grundriß vorstellen.) In diesem Fall sind die sechs Seiten der Dreiecke jeweils paarweise parallel: *a* ist parallel zu *a',* *b* zu *b'* und *c* zu *c'.* Die Schnittpunkte dieser Geradenpaare liegen folglich im Unendlichen, wo sie auf einer Geraden — der unendlich fernen Geraden — liegen! Sosehr wir uns also bemühen mögen, eine Situation zu finden, in der der

3 Dies bezeichnet man als *Parallelprojektion*, im Gegensatz zur *Zentralprojektion*, wo das Projektionszentrum, wie oben gezeigt, ein gewöhnlicher (endlicher) Punkt ist.

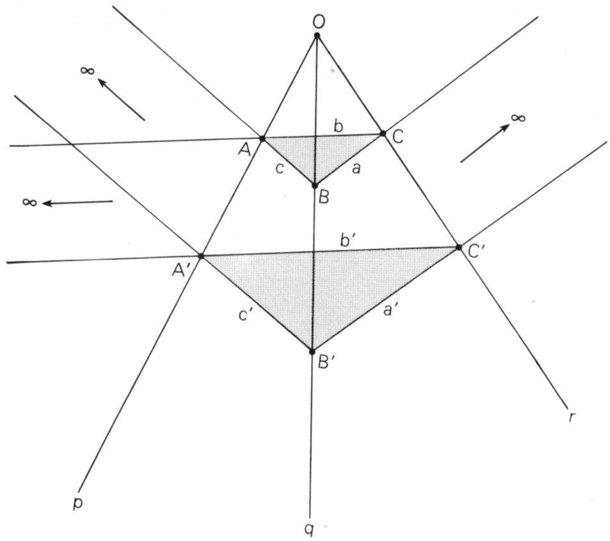

Abb. 15.6: Der Desarguessche Satz im Fall ähnlicher Dreiecke.

Desarguessche Satz nicht gilt, es wird uns nicht gelingen. Die Einführung unendlich ferner Punkte und Geraden sorgt dafür, daß der Satz in allen Fällen wahr ist.

Was geschieht, wenn wir das Desarguessche Theorem „dualisieren"? Dem Dualitätsprinzip entsprechend müßte sich wiederum ein wahrer Satz ergeben:

> Wenn zwei Dreiecke *ABC* und *A'B'C'* so gelegen sind, daß die Punkte *aa',* *bb'* und *cc'* auf einer Geraden liegen, dann verlaufen die Verbindungslinien *AA',* *BB'* und *CC'* durch einen Punkt.

Dies ist genau die *Umkehrung* des ursprünglichen Satzes. Durch bloße Vertauschung der Wörter „Punkte" und „Geraden" im Desarguesschen Satz erhalten wir also ein neues Theorem, in dem die Voraussetzungen und Schlußfolgerungen des ursprünglichen Satzes genau umgedreht sind. In der allgemeinen Geometrie kommt es äußerst selten vor, daß ein Satz und seine Umkehrung durch die bloße Vertauschung von Wörtern auseinander hervorgehen und auseinander bewiesen werden können. Genau dies ist jedoch hier der Fall.

Eine andere Eigenschaft des Desarguesschen Theorems ist ebenfalls bemerkenswert. Betrachten wir nochmals Abb. 15.4: Sie enthält 10 Punkte (die Punkte *0, A, B, C, A', B', C', P, Q* und *R*, wobei die letzten drei für *aa',* *bb'* und *cc'* stehen) und 10 Geraden (*l, a, b, c, a', b', c', p, q* und *r*, wobei die letzten drei für *AA',* *BB'* und *CC'* stehen), so daß die Anzahl von Punkten und Geraden genau gleich ist. Im Rahmen

Abb. 15.7: Duale Interpretation einer Kurve: (a) als eine Menge von Punkten auf der Kurve; (b) als eine Menge von Tangenten an die Kurve.

des Dualitätsprinzips ist dies natürlich kaum überraschend. Die Überraschung kommt erst, wenn wir sehen, daß alle 10 Punkte und alle 10 Geraden absolut äquivalent sind: Jeder Punkt könnte die Rolle jedes beliebigen anderen Punktes übernehmen, und für die Geraden gilt das gleiche. Wir könnten beispielsweise *R* (statt *0*) als das Projektionszentrum ansehen, so daß das Dreieck *QAA'* auf das Dreieck *PBB'* projiziert wird. Die Punkte *0* (= *pq*), *C* (= *ab*) und *C'* (= *a'b'*) liegen folglich alle auf einer Geraden, der Geraden *r* nämlich. Da in der Desarguesschen Konfiguration je drei Geraden durch jeden Punkt verlaufen und jeweils drei Punkte auf jeder Geraden liegen, ergibt dies insgesamt 120 verschiedene Anordnungsmöglichkeiten. Für jede dieser Anordnungen gilt, daß sowohl die ursprüngliche Aussage als auch deren Umkehrung wahr ist.[4]

Die projektive Geometrie ist reich an eleganten Sätzen über Punkte und Geraden, und besonders in älteren Geometrielehrbüchern findet man häufig noch eine Aufteilung der Seiten in zwei Spalten, in denen Satz und duales Gegenstück einander gegenübergestellt werden. Die projektive Geometrie leistete jedoch mehr als nur einen ästhetischen Beitrag zur Mathematik: Sie beendete das Primat, das der Punkt seit Euklid in der Geometrie innegehabt hatte. Das im dritten Jahrhundert v. Chr. in Alexandria entstandene Monumentalwerk Euklids, die *Elemente*, faßte in seinen dreizehn Bänden das gesamte bis dahin bekannte Wissen in der Geometrie zusammen. Euklid behandelte darin nicht nur den größten Teil der Geometrie, die wir heute in der Schule lernen, sondern setzte sich auch mit Problemen der dreidimensionalen Geometrie sowie der Zahlentheorie auseinan-

4 Daneben ermöglicht das Desarguessche Theorem auch die Lösung des folgenden alten Rätsels: Wie können zehn Bäume in zehn Reihen gepflanzt werden, wenn je drei Bäume in einer Reihe stehen sollen? Um diese Aufgabe zu lösen, muß man überlegen, wie sich die Dinge weit entfernt — im Unendlichen — verhalten!

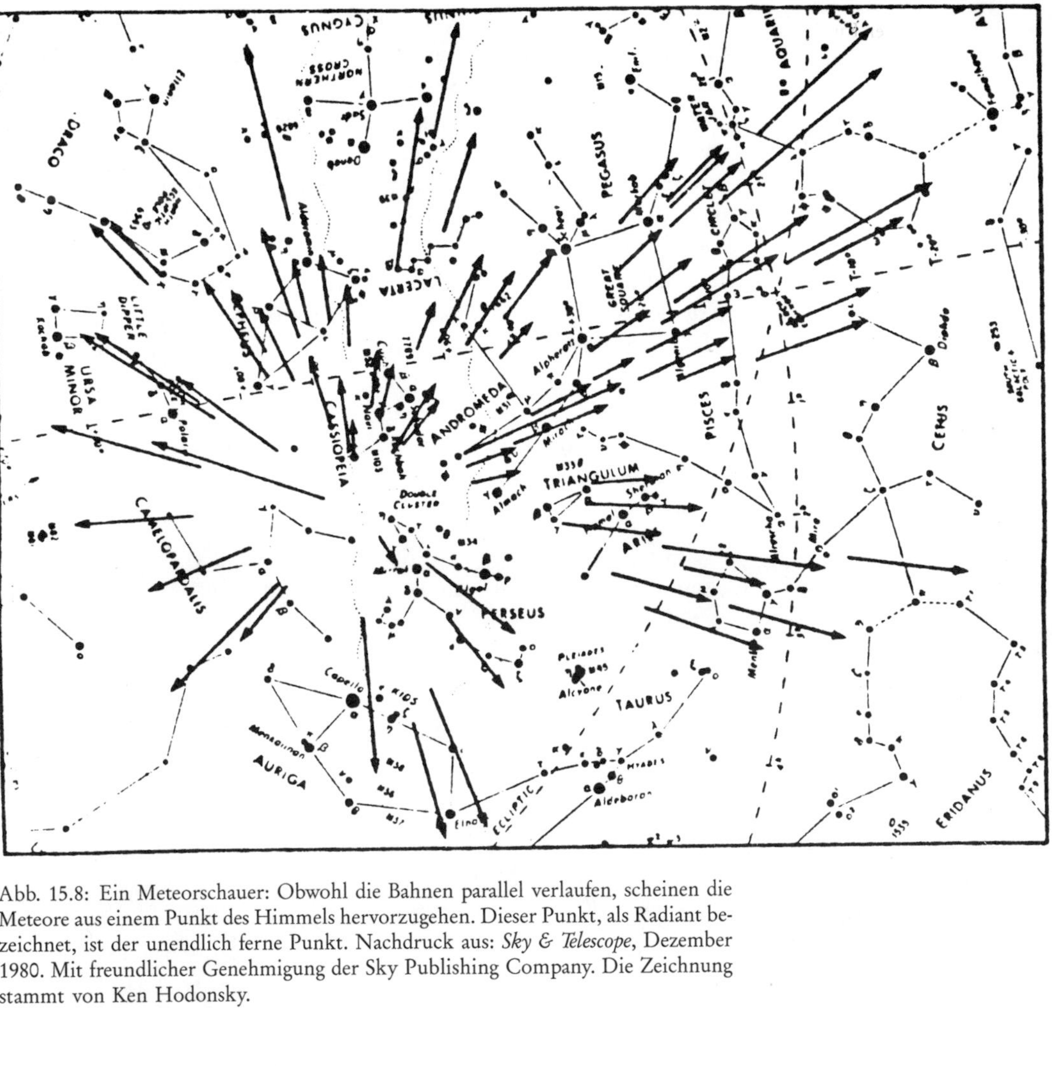

Abb. 15.8: Ein Meteorschauer: Obwohl die Bahnen parallel verlaufen, scheinen die Meteore aus einem Punkt des Himmels hervorzugehen. Dieser Punkt, als Radiant bezeichnet, ist der unendlich ferne Punkt. Nachdruck aus: *Sky & Telescope*, Dezember 1980. Mit freundlicher Genehmigung der Sky Publishing Company. Die Zeichnung stammt von Ken Hodonsky.

der. Zwei Jahrtausende lang bildeten die *Elemente* die Ausgangsbasis für die gesamte Geometrie.[5] Der allererste Satz der *Elemente* definiert den Punkt: „*Ein Punkt ist, was keinen Teil hat*“, dann folgt die Definition einer Linie als „*breitenlose Länge*“ und schließlich die Definition einer Geraden: „*Eine Gerade ist eine Linie, die gleich liegt mit*

5 In seinem Werk *Introduction to the History of Mathematics* bemerkt Howard Eves zu den *Elementen* das folgende: „Kein Werk, mit Ausnahme der Bibel, wurde so häufig studiert und überarbeitet wie die *Elemente.* Es gibt auch wahrscheinlich kein Buch, das einen nachhaltigeren Einfluß auf die wissenschaftliche Denkweise ausgeübt hätte.“ Wir werden dies im nächsten Kapitel ausführlicher besprechen.

den Punkten auf ihr selbst." Die Definition der Geraden hängt somit von der Definition des Punktes ab. Der Gedanke, daß eine Gerade aus Punkten besteht, ist so tief in unserer Vorstellung verwurzelt, daß er anscheinend nie in Frage gestellt wurde. Erst die projektive Geometrie brachte diese Vorstellung durch ihr Dualitätsprinzip ins Wanken: Punkt und Gerade wurden auf eine Stufe gestellt, so daß jedes als *der* grundlegende Baustein der Geometrie angesehen werden konnte.[6] Indem die projektive Geometrie also mit der Tradition brach und sich vom Diktat der griechischen Klassiker befreite, bahnte sie den Weg für eine Vielzahl neuer Entdeckungen, die die Mathematik sehr bereicherten und ihre weitere Entwicklung nachhaltig beeinflußten. All dies wäre jedoch undenkbar gewesen, wenn wir nicht zu Beginn den unendlich fernen Punkt und die unendlich ferne Gerade eingeführt hätten, jene zwei Elemente, die es der projektiven Geometrie ermöglichen, ihr Ziel der Vereinheitlichung zu erreichen.

6 Ein Beispiel für eine solche duale Interpretation wird in Abb. 15.7 gezeigt: Eine Kurve kann als Menge der auf ihr liegenden Punkte betrachtet werden oder als Menge ihrer Tangenten.

16 Die vergebliche Suche nach der absoluten Wahrheit

Wie Linien könnten Lieben wohl
In schrägem Winkel sich berührn,
Doch unsre, wahrhaft parallel
Ohn End, wird nichts zusammenführn.

Andrew Marvell (1621–1678), Begriffsbestimmung der Liebe

Die projektive Geometrie, die durch ihr Dualitätsprinzip eine großartige Bereicherung der Mathematik unter ästhetischem Gesichtspunkt darstellt, war die erste der im vorigen Kapitel angekündigten revolutionären Neuerungen in der Mathematik. Die zweite ist die Erfindung der nichteuklidischen Geometrie, die unsere gesamte wissenschaftliche und philosophische Denkweise auf beispiellose Weise beeinflußt hat. Erstmals seit Euklid wurden ernste Zweifel an der Gültigkeit unserer mathematischen Grundvoraussetzungen laut; der tief verwurzelte Glaube, daß die Mathematik den Weg zur letzten und absoluten Wahrheit weisen könne, wurde erschüttert und unsere Fähigkeit, die physikalische Welt um uns herum zu verstehen, einer gründlichen Prüfung unterzogen. Diese Überprüfung hatte Auswirkungen, die weit über die Mathematik hinaus spürbar wurden; sie führte letztlich zur Entwicklung der Relativitätstheorie und trug wesentlich zur Entstehung unserer heutigen Vorstellungen über das Weltall bei. Der Funke, der diese geistige Revolution entzündete, war wieder einmal das Unendliche, bzw. genauer gesagt, die Frage: Wie verhalten sich Parallelen im Unendlichen?

Das gesamte Gebäude der euklidischen Geometrie beruht auf zehn Postulaten oder Axiomen, deren Wahrheit Euklid voraussetzte; er hielt sie für so einleuchtend und nicht hinterfragbar, daß sie keines Beweises bedurften.[1] Das fünfte Postulat besagt nun folgendes:

> Wenn eine Gerade zwei andere Geraden schneidet und dabei die Innenwinkel auf einer Seite kleiner sind als zwei rechte Winkel, dann schneiden sich die zwei verlängerten Geraden in der Richtung, wo die Winkel kleiner als zwei rechte Winkel sind.

1 Diese zehn Postulate sind in den *Elementen* in zwei Gruppen unterteilt; die ersten fünf behandeln geometrische Begriffe und werden „Postulate" genannt, die verbleibenden fünf sind arithmetische Aussagen und heißen „Grundsätze". Es ist nicht ganz klar, warum Euklid diese Unterscheidung traf. Im folgenden werden wir jedoch in Übereinstimmung mit der heute allgemein üblichen Terminologie ausschließlich von Postulaten oder Axiomen sprechen.

Dieses als Parallelenaxiom (oder einfach als das Fünfte Postulat) bekannte Axiom bildet den Kern der hier untersuchten Problematik. Es definiert im wesentlichen die Bedingungen, unter denen sich zwei Geraden in einer Ebene schneiden, und bestimmt dadurch implizit, wann zwei Geraden parallel sind (Abb. 16.1).

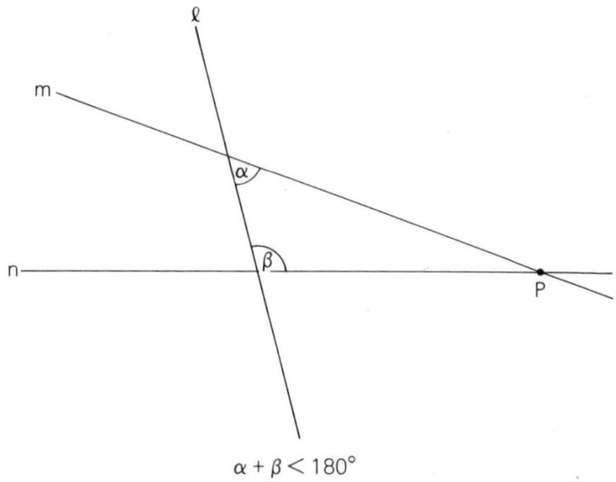

Abb. 16.1: Das Parallelenaxiom in der Formulierung Euklids.

Die oben zitierte ursprüngliche Formulierung des Axioms unterscheidet sich nun beträchtlich von der Version, die wir heute in der Schule lernen:

> Zu einer Geraden *l* gibt es für jeden Punkt *P* der Ebene, der nicht auf *l* liegt, genau eine einzige Gerade *m*, die durch *P* geht und *l* nicht schneidet.

Diese Version (Abb. 16.2) geht auf den schottischen Mathematiker John Playfair (1748—1819) zurück, der bewies, daß sie mit der Version Euklids völlig gleichbedeutend ist. Doch obwohl die zwei Sätze äquivalent sind (das heißt, obwohl sie auseinander abgeleitet werden können), unterscheiden sie sich in der Art, wie sie auf unsere Vorstellungskraft wirken: Während Euklid den Begriff der Parallelität überhaupt nicht erwähnt — er definiert lediglich die Bedingungen, unter denen sich zwei Geraden schneiden —, spricht Playfair explizit von Parallelen bzw. von Geraden in einer Ebene, die sich nicht schneiden.[2] In den zwei Jahrtausenden, die seit der ursprünglichen For-

2 Der Zusatz „in einer Ebene“ ist notwendig, da es im Raum durchaus Geraden gibt, die sich kreuzen, ohne sich zu schneiden, die aber trotzdem nicht parallel sind. Dies ist zum Beispiel der Fall, wenn eine Straße unter einer anderen durchführt. Man nennt solche Geraden windschief.

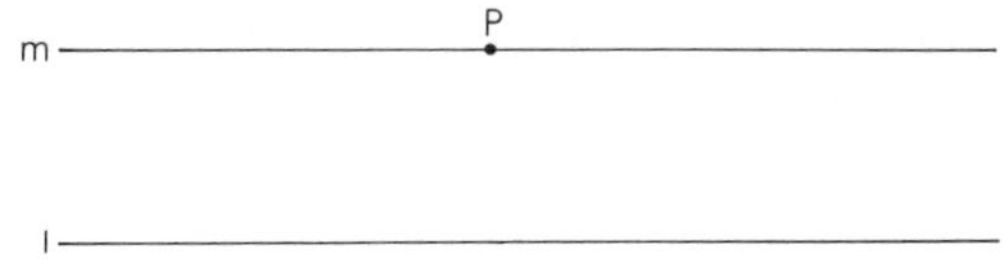

Abb. 16.2: Das Parallelenaxiom in der Formulierung Playfairs.

mulierung des Parallelenaxioms durch Euklid vergangen sind, hat es eine fast legendäre Stellung eingenommen. Ungezählte Generationen von Mathematikern setzten sich mit ihm auseinander, formten es in eine Vielzahl äquivalenter Aussagen um, immer in der Hoffnung, es vielleicht doch aus einem grundlegenderen Prinzip ableiten zu können. Wie wir jedoch noch sehen werden, schlugen all diese Versuche fehl. Wodurch aber unterschied sich dieses Axiom von den anderen neun Postulaten? Warum fand es so viel Beachtung? Um diese Frage beantworten zu können, ist es notwendig, den logischen Aufbau der Geometrie, und der Mathematik im allgemeinen, genau zu untersuchen.

Die gesamte klassische Geometrie, einschließlich ihrer zahlreichen Theoreme über die verschiedenen Figuren und Formen unserer Umgebung, beruht auf den zehn Axiomen, mit denen Euklid seine *Elemente* einleitete. Im Laufe der Zeit wurden diese Axiome als die unumstößliche Grundlage der Mathematik betrachtet — als ein System absoluter Wahrheiten, die nicht widerlegt werden konnten. Sollte man doch einmal versuchen, Beweise für ihre Wahrheit zu finden, so gab es in unserer physikalischen Umgebung mehr als genug Anschauungsmaterial, um sie experimentell zu verifizieren. Aus Erfahrung wissen wir zum Beispiel, daß zwei Punkte nur durch eine einzige Gerade verbunden werden können (etwa durch ein straff gespanntes Seil). Dies ist die Kernaussage des ersten euklidischen Axioms. Ebenso einleuchtend erscheint es, daß eine Gerade unendlich in beide Richtungen verlängert werden kann (das zweite Axiom) und daß alle rechten Winkel einander gleich sind (das vierte Axiom). Die griechische Geometrie war eben keine abstrakte Wissenschaft, die in den Köpfen einiger Gelehrter entstand; ihre Begriffe und Vorstellungen leiteten sich, ganz im Gegenteil, direkt aus der Welt um uns herum ab. So wurde ein Punkt als die idealisierte Version einer Bleistiftmarkierung auf Papier angesehen, eine Gerade als ein idealisiertes, ins Unendliche verlängertes Lineal und ein rechter Winkel als der Winkel zwischen Senkblei und Boden. Es ist also nicht überraschend, daß die Griechen — und bis ins 18. Jahrhundert hinein ihre Nachfolger — die Gültigkeit der euklidischen Axiome als gesichert annahmen.

Und doch gab es einen kleinen Makel. Einige Mathematiker hatten das unbestimmte Gefühl, daß das Parallelenaxiom nicht ganz so selbstverständlich sei wie die restlichen Axiome. Der Grund dafür lag darin, daß Parallelen als Geraden definiert wurden, die sich nicht schneiden, *auch wenn man sie unendlich verlängert.* Wie kann man jedoch einer Sache sicher sein, die sehr weit — sogar unendlich weit — entfernt geschieht? Zwar legt unsere Intuition, gestützt von unserer täglichen Erfahrung, diese Vermutung nahe, doch macht es gerade das Wesen der Mathematik aus, daß jede nicht unmittelbar einsichtige Behauptung bewiesen werden muß. Das bedeutet, daß jede solche Aussage aus früher bewiesenen Aussagen hergeleitet werden muß, und zwar streng logisch, ohne sich von der „Anschauung" leiten zu lassen. Natürlich muß man irgendwo anfangen, denn sonst wäre der mathematische Beweis ein unendlicher rückläufiger Prozeß. Mit anderen Worten, wir müssen uns entscheiden, welche Aussagen als gegeben gelten dürfen und welche nicht. Aussagen der ersten Kategorie heißen *Axiome* oder *Postulate*, Aussagen der letzteren *Theoreme* oder *Sätze.* Sie werden mit Hilfe logischer Schlüsse aus den Axiomen abgeleitet. Seit dem sechsten Jahrhundert v. Chr., seit sich die griechische Mathematik zu einer axiomatischen Wissenschaft entwickelte, ist dieses Prinzip streng und dogmatisch befolgt worden. Ihm verdankt die Mathematik ihren Charakter einer deduktiven Wissenschaft.

Natürlich liegt die Stärke einer Theorie nicht in ihren Annahmen, sondern in ihren Schlußfolgerungen. Eine Theorie, die zuviel voraussetzt, wird in der Wissenschaft keine große Anerkennung finden. Es ist daher die oberste Pflicht jedes Mathematikers, die Anzahl der Axiome einer beliebigen Theorie auf ein absolutes Minimum zu reduzieren, alle redundanten Postulate auszusondern und nur jene zu akzeptieren, die unbedingt erforderlich sind. Redundante Axiome sind solche, die aus anderen Axiomen abgeleitet werden können, und die daher als Theoreme zu betrachten sind. Ein echtes Axiom dagegen ist logisch unabhängig von allen anderen Axiomen: Man kann es weder beweisen noch widerlegen.

Gegen Ende des 17. Jahrhunderts drängte sich einigen Mathematikern der Verdacht auf, daß das Parallelenaxiom vielleicht redundant sein könnte. Dies bedeutete nun keineswegs, daß irgend jemand tatsächlich die Gültigkeit dieses Axioms bezweifelte, vielmehr hatte man das Gefühl, daß es vielleicht aus den anderen neun Axiomen abgeleitet werden könnte. Hätte sich diese Vermutung bewahrheitet, so wäre die Anzahl der Axiome verringert worden, wodurch die logische Struktur verbessert und die ästhetische Anziehungskraft der Geometrie erhöht worden wäre. In den folgenden Jahrhunderten wurden also zahlreiche Versuche unternommen, das Parallelenaxiom in der einen oder anderen seiner vielerlei äquivalenten Formulierungen zu beweisen. Doch waren alle Versuche zum Scheitern verurteilt.

Einer dieser Ansätze verdient besondere Beachtung. Der Italiener

Girolamo Saccheri (1667—1733), ein Jesuitenpater, beschloß, das Problem mit Hilfe der sogenannten „indirekten" Beweismethode anzugehen. Um eine Aussage zu beweisen, nimmt man vorübergehend an, die Aussage sei falsch und ihr Gegenteil wahr. Dann macht man sich daran zu zeigen, daß diese Annahme zu einem Widerspruch führt, die Negation der Aussage also falsch ist. Daraus folgt, daß die ursprüngliche Annahme wahr sein muß. Es muß hier jedoch betont werden, daß Mathematiker von dieser Art der Beweisführung meistens nicht sehr angetan sind. Wo immer es möglich ist, bevorzugen sie den direkten Beweis, das heißt die Methode, die auf bejahende Weise die Wahrheit einer Aussage zeigt. Es gibt jedoch Fälle, in denen ein direkter Beweis sehr schwierig ist, so daß man dann wie Saccheri gezwungen ist, auf die indirekte Methode zurückzugreifen.

Erinnern wir uns an die Playfairsche Version des Parallelenaxioms, die besagt, daß es zu jeder gegebenen Geraden genau eine Parallele durch einen nicht auf der Geraden gelegenen Punkt gibt. Die Negation dieser Aussage stellt also zwei Möglichkeiten zur Auswahl: Entweder gibt es *keine* Parallele zu einer gegebenen Geraden durch einen nicht auf der Geraden gelegenen Punkt, oder es gibt *mehr als eine* Parallele. Saccheris Beweisführung war nun folgende: Wenn es ihm gelänge zu zeigen, daß jede der beiden Möglichkeiten im Widerspruch zu den anderen neun Axiomen stünde, dann müßten beide falsch sein, und die Wahrheit des Parallelenaxioms wäre damit bewiesen. Es muß an dieser Stelle noch einmal betont werden, daß es hier nicht darum geht, ob das Parallelenaxiom in der realen Welt wahr ist oder nicht; uns interessiert hier ausschließlich, ob das Axiom mit den anderen neun euklidischen Axiomen *logisch* konsistent ist. „Wahr" bedeutet hier also nicht objektiv wahr in einem physikalischen Sinn, sondern heißt: logisch zulässig.

Indem er diesen Weg der Beweisführung einschlug, konnte Saccheri zeigen, daß die erste Alternative (es gibt keine Parallelen zu einer gegebenen Gerade) tatsächlich im Widerspruch zu den anderen Axiomen steht, und schloß sie daher als brauchbare Alternative aus. Die zweite Möglichkeit hingegen führte zu keinem Widerspruch, sondern führte zu einer Reihe von merkwürdigen Ergebnissen — merkwürdig zumindest, wenn man in den gewohnten Bahnen denkt. So stellte sich zum Beispiel heraus, daß die Summe der Innenwinkel eines Dreiecks weniger als 180° beträgt und darüber hinaus von der Größe des Dreiecks abhängt. (In der gewöhnlichen Geometrie beträgt die Winkelsumme immer 180°, ungeachtet der Größe des Dreiecks.) Seine ungewöhnlichen Ergebnisse überzeugten Saccheri davon, daß er tatsächlich den gesuchten Widerspruch gefunden hatte, der das fünfte Postulat bewies, und so veröffentlichte er im Jahr 1733 seine Ergebnisse unter dem Titel *Euclides ab omni naevo vindicatus*. Wie sich jedoch herausstellen sollte, hatte Saccheri sowohl recht als auch unrecht: Seine Methoden waren korrekt, jedoch nicht seine Schlußfolgerungen. Wäre es ihm nicht so sehr darum gegangen, Euklid zu „rechtfertigen", dann wäre er als Entdecker der nichteuklidischen Geometrie in die Geschichte eingegangen. Unglücklicherweise lebte Saccheri in einer Zeit, die für einen solchen Durchbruch noch nicht reif war. Erst hundert Jahre später würde die richtige Deutung seiner Ergebnisse die Mathematik bis in ihre Grundfesten erschüttern. Saccheris Werk geriet dagegen bald in Vergessenheit.

Der erste, der die geistigen Fähigkeiten besaß, um aus diesen Überlegungen die richtigen Schlußfolgerungen abzuleiten, war Carl Friedrich Gauß (1777—1855). Gauß, allgemein „Fürst der Mathematik" genannt, zeigte sein erstaunliches mathematisches Talent schon in sehr jungen Jahren. Er beherrschte das Rechnen, lange bevor er lesen und schreiben konnte; im zarten Alter von drei Jahren soll er sogar einen Fehler in der Buchhaltung seines Vaters aufgedeckt haben. Über den zehnjährigen Gauß gibt es ebenfalls eine berühmte Anekdote: Von einem Lehrer nach der Summe der ersten 100 ganzen Zahlen befragt, gab Gauß fast sofort die richtige Antwort, 5050. Zur Verwunderung des Lehrers erklärte Gauß, daß er die Zahlen von 1 bis 100 in zwei Reihen untereinander geschrieben habe, einmal von oben nach unten, das heißt, von den großen Zahlen zu den kleinen, und einmal von unten nach oben, von den kleinen zu den großen Zahlen: $100 + 99 + \ldots 3 + 2 + 1$ und $1 + 2 + 3 + \ldots + 99 + 100$. Dabei habe er festgestellt, daß sich jeweils zwei übereinander stehende Zahlen zu 101 addieren. Da es 100 solcher Zahlenpaare gibt, ist die Summe der beiden Reihen 100 x 101 bzw. 10000; die Summe einer Reihe ist folglich die Hälfte, also 5050.

Den entscheidenden Wendepunkt in seinem Werdegang erlebte Gauß jedoch im Alter von 18 Jahren, als er bewies, daß ein regelmäßiges Siebzehneck nur mit Zirkel und Lineal konstruiert werden kann. Seit den Griechen galten das gleichseitige Dreieck, das Quadrat, das Fünfeck, das regelmäßige Fünfzehneck und all jene Polygone, die sich durch Seitenhalbierung aus den genannten ableiten lassen, als die einzigen regelmäßigen Polygone, die auf diese Weise konstruiert werden können. Von diesen Polygonen hatten nur das Dreieck und das Fünfeck eine Primzahl als Seitenzahl. Gauß zeigte, daß ein reguläres p-seitiges Polygon mit Zirkel und Lineal konstruiert werden kann, wenn die Primzahl p von der Form $N = 2^{2^n} + 1$ ist, wobei n eine nicht-negative ganze Zahl ist. Für $n = 0, 1, 2, 3$ und 4 erhalten wir $N = 3, 5, 17, 257$ und 65537, alles Primzahlen.[3] Auf diese Weise erweiterte Gauß die Anzahl der schon den Griechen bekannten, konstruierbaren Polygone um das Siebzehneck, das Polygon mit 257 und das mit 65537 Seiten. Beeindruckt von seiner eigenen Meisterleistung, äußerte Gauß den Wunsch, daß auf seinem Grabstein ein reguläres Siebzehneck eingemeißelt werde. Er stellte sich damit in die Tradition Jakob Bernoullis, dessen Symbol die logarithmische Spirale war.[4] Von größerer Bedeutung war jedoch die Tatsache, daß diese Errungenschaft Gauß dazu veranlaßte, die mathematische Laufbahn einzuschlagen, denn bis zu jenem Zeitpunkt hatte er ernsthaft erwogen, Philologe zu werden. Gauß' Beiträge zur Mathematik sind von unschätzbarem Wert; sie decken praktisch jeden Bereich ab, von der Zahlentheorie und Algebra zur Himmelsmechanik und zur Theorie komplexer Funktionen (Funktionen, deren Variablen die Form $x + iy$ haben, wobei x und y reelle Zahlen sind und $i^2 = -1$ ist). Er lieferte den ersten vollständigen und korrekten Beweis des *Fundamentalsatzes der Algebra*, der besagt, daß jedes Polynom mit komplexen Koeffizienten mindestens eine komplexe Wurzel hat. Darüber hinaus beschäftigte er sich auch intensiv mit der Physik, insbesondere mit dem Elektromagnetismus, weshalb eine Einheit für das magnetische Feld nach ihm benannt ist.

Im Alter von 15 Jahren wandte sich Gauß erstmals dem Parallelenaxiom zu. Wie seine Vorgänger versuchte er zunächst das Axiom aus den anderen euklidischen Postulaten zu beweisen, und wie diese scheiterte er. Daraufhin kam ihm der Gedanke, daß das Parallelenaxiom wirklich unabhängig von den anderen Axiomen sein könnte und deshalb nicht aus diesen ableitbar sei. Sollte dies der Fall sein, dann müßte man das Parallelenaxiom durch ein anderes Postulat ersetzen können — und zwar nicht durch ein äquivalentes, wie dies schon so oft versucht wurde, sondern durch ein *entgegengesetztes* —, und man würde trotzdem eine logisch konsistente Geometrie erhal-

3 Der große französische Mathematiker Pierre de Fermat (1601—1665) stellte die Hypothese auf, daß die Formel $N = 2^{2^n} + 1$ für *jeden* nicht-negativen ganzzahligen Wert von n eine Primzahl erzeugt. Wie wir gerade gesehen haben, stimmt das für $n = 1, 2, 3$ und 4. Im Jahr 1732 zeigte Leonhard Euler jedoch, daß wir für $n = 5$ die zusammengesetzte Zahl 4294967297 = 641 x 6700417 erhalten, und widerlegte damit Fermats Vermutung. Es ist nicht bekannt, ob die Formel noch andere Primzahlen erzeugt, und so ist es möglich, daß es weitere, bisher unentdeckte regelmäßige Polygone gibt, die mit Zirkel und Lineal konstruiert werden können. Wenn solche Polygone tatsächlich existieren, haben sie jedoch eine so hohe Seitenzahl, daß eine Konstruktion vom *praktischen* Standpunkt überhaupt nicht möglich ist ($2^{2^6} + 1$ ergibt zum Beispiel die Zahl 18446744073709551617 — eine zusammengesetzte Zahl übrigens).

Der Beweis, daß Primzahlen dieser Form die einzigen sind, die mit Zirkel und Lineal konstruiert werden können, wurde 1837 von Pierre Laurent Wantzel (1814—1848) erbracht. Die von Gauß gefundene Bedingung ist also sowohl notwendig als auch hinreichend.

4 Sein Wunsch wurde zwar nie erfüllt, doch ziert heute ein Siebzehneck den Sockel eines Denkmals, das zu Ehren Gauß' in seiner Heimatstadt Braunschweig errichtet wurde.

ten. Gauß erkannte mit anderen Worten, daß die Axiome, die man als die Grundlagen eines mathematischen Systems annimmt, bis zu einem gewissen Grad willkürlich sind. Ändert man eines oder mehrere dieser Axiome, so entsteht ein anderes System. Ob dieses mit der „realen“ Welt vereinbar ist oder nicht, ist völlig irrelevant; es zählt einzig und allein die logische Konsistenz. Die Unfähigkeit, zwischen diesen Aspekten zu unterscheiden, war letztlich dafür verantwortlich, daß alle Versuche, das Parallelenaxiom zu beweisen, scheiterten.

Jeder andere Gelehrte, der zu solch weitreichenden Schlußfolgerungen gekommen wäre, hätte es nun sehr eilig gehabt, sie zu veröffentlichen, um sich den Ruhm der Entdeckung zu sichern. Nicht so Gauß! Er besaß die rare Eigenschaft der Gründlichkeit: Bevor er eine Arbeit veröffentlichte, überzeugte er sich gewissenhaft, daß seine Ergebnisse zweifelsfrei korrekt waren. Im Falle des Parallelenaxioms veröffentlichte er seine Ergebnisse nie, obwohl er aus der Unmöglichkeit, das Parallelenaxiom zu beweisen, die richtigen Schlüsse gezogen hatte. Er fürchtete wohl die Ablehnung oder den Spott seiner Kollegen. So kam es, daß zwei relativ unbekannte Mathematiker für sich in Anspruch nehmen können, unabhängig voneinander die sogenannte nichteuklidische Geometrie entdeckt zu haben. Es handelte sich dabei um den Russen Nikolai Ivanowitsch Lobatschewski (1793—1856) und den Ungarn Janos Bolyai (1802—1860).

Die neue, von Gauß, Lobatschewski und Bolyai eingeführte Geometrie beruht auf der Annahme, daß es durch einen nicht auf l gelegenen Punkt P mindestens zwei Geraden m und n gibt (in der Ebene von P und l), die l nicht schneiden (Abb. 16.3). Mit anderen Worten, zu einer gegebenen Geraden existieren mindestens zwei Parallelen, die durch einen nicht auf der Geraden gelegenen Punkt verlaufen. Es läßt sich nun leicht zeigen, daß diese Annahme impliziert, daß es *unendlich viele* Parallelen durch den Punkt P zur Geraden l gibt, all jene Geraden nämlich, die in der Abb. 16.3 zwischen m und n gezogen werden können. Unabhängig voneinander hatten sich die drei Mathematiker also entschlossen, dieses Axiom an die Stelle des euklidischen Parallelenaxioms zu setzen, wobei die anderen Axiome unverändert übernommen wurden. Die so entstandene Geometrie, bekannt als die *hyperbolische Geometrie*, besteht aus all jenen Theore-

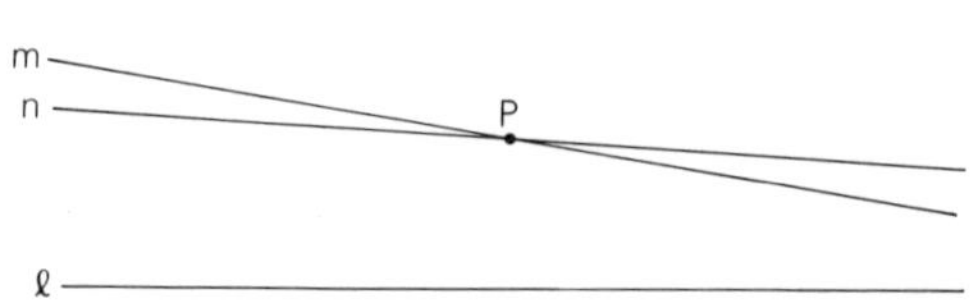

Abb. 16.3: Das Parallelenaxiom in der hyperbolischen Geometrie.

men über zwei- und dreidimensionale Objekte, die aus dem neuen Parallelenaxiom und den neun verbleibenden euklidischen Postulaten abgeleitet werden können. Viele Theoreme der hyperbolischen Geometrie sind identisch mit den entsprechenden Sätzen der euklidischen Geometrie — all jene nämlich, die nicht auf das Parallelenaxiom zurückgeführt werden. Andere unterscheiden sich dagegen beträchtlich von ihrem jeweiligen euklidischen Gegenstück, so beispielsweise der Satz, daß die Winkelsumme in einem Dreieck stets weniger als 180° beträgt, während sie in der „gewöhnlichen" Geometrie genau 180° ist. Noch überraschender ist die Tatsache, daß die Winkelsumme von der Größe des Dreiecks abhängt: Je größer das Dreieck, desto kleiner die Winkelsumme. Kein Wunder, daß Saccheri derart seltsame Ergebnisse verworfen hatte. Ihre scheinbare Absurdität hatte ihn davon überzeugt, daß sie einfach falsch sein mußten.

Wie Sie sich vielleicht erinnern werden, hatte Saccheri beide Möglichkeiten, das Parallelenaxiom zu ersetzen, untersucht: Entweder gibt es zu einer gegebenen Geraden keine Parallelen durch einen außerhalb der Geraden gelegenen Punkt, oder es gibt mehr als eine Parallele. Die erste Alternative hatte er als unvereinbar mit den anderen Axiomen abgelehnt. Unter diesen Axiomen gibt es jedoch neben dem fünften Postulat noch ein anderes, das indirekt auf das Unendliche Bezug nimmt, und zwar ist dies das zweite Postulat, das besagt, daß eine Gerade unendlich in beide Richtungen verlängert werden kann (oder, wie es in der ursprünglichen Formulierung heißt, „daß man eine begrenzte gerade Linie zusammenhängend gerade verlängern kann"). Nachdem man einmal die Möglichkeit akzeptiert hatte, das Parallelenaxiom durch ein anderes Axiom zu ersetzen, dauerte es nicht mehr lange, bis auch das zweite Axiom einer kritischen Prüfung unterzogen wurde. Der deutsche Mathematiker Bernhard Riemann (1826—1866) war der erste, der dieses Axiom durch ein anderes ersetzte, demzufolge eine Gerade *unbegrenzt* ist. Die Unterscheidung zwischen „unbegrenzt" und „unendlich" ist von entscheidender Bedeutung: Sie läßt sich am besten auf der Kugeloberfläche veranschaulichen, die zwar eine endliche Ausdehnung hat, aber unbegrenzt ist. Riemann wie auch zuvor Gauß gründete seine Argumentation auf die Unfähigkeit unserer Sinne, das Unendliche zu erfassen: Wir wissen einfach nicht, was in der Unendlichkeit geschieht.

Nachdem Riemann das Unendlichkeitsaxiom der Geraden durch das Postulat ihrer Unbegrenztheit ersetzt hatte, konnte er darangehen, das Parallelenaxiom zu ersetzen, und zwar durch die erste von Saccheri untersuchte Alternative, die dieser als unvereinbar mit den übrigen euklidischen Axiomen abgelehnt hatte. In dieser Riemannschen Geometrie gibt es also zu einer gegebenen Geraden *keine* Parallele durch einen nicht auf der Geraden gelegenen Punkt.[5]

Eine Geometrie, die auf den beiden von Riemann postulierten Voraussetzungen und den übrigen euklidischen Axiomen beruht, heißt *elliptische Geometrie.* Wie auch bei der hyperbolischen Geometrie stimmen einige der Theoreme mit ihren euklidischen Entsprechungen überein, während sich andere völlig unterscheiden. Die Winkelsumme in einem Dreieck ist beispielsweise immer größer als 180° und hängt außerdem von der Größe des Dreiecks ab. Darüber hinaus müssen zwei beliebige ähnliche Dreiecke immer auch kongruent sein; das heißt, wenn sie die gleiche Form haben, müssen sie auch die gleiche Größe haben.

Natürlich ist es für uns, die wir an die Regeln der euklidischen Geometrie gewöhnt sind, äußerst schwierig, die Gültigkeit solcher Axiome anzuerkennen. In der Tat wurden die neuen Geometrien zunächst äußerst skeptisch aufgenommen. Die Mathematiker erkannten zwar bereitwillig ihre logische Konsistenz an, betrachteten sie jedoch ansonsten als bloße Kuriositäten ohne jeden Bezug zur realen Welt. Um ihnen allgemeine Anerkennung zu verschaffen, wurden verschiedene „Modelle" entwickelt. Eines davon ist in Abb. 16.4 dargestellt und geht auf Felix Klein (1849—1925) zurück. Stellen wir uns vor, das gesamte Universum sei auf das Innere eines Kreises beschränkt. Die Begriffe „Punkt" und „Gerade" behalten ihre übliche Bedeutung, nur daß wir jetzt ausschließlich jene Punkte und Abschnitte von Geraden betrachten, die innerhalb des Kreises liegen; alles, was sich außerhalb des Kreises befindet, gilt als „nicht-existent". In diesem Fall ist es klar, daß es durch einen Punkt *P* unendlich viele „Parallelen" zu einer gegebenen Gerade *l* gibt, nämlich all jene Geraden, die außerhalb des Winkels ∢ *MPN* liegen, vergleiche Abb. 16.5. (Der Grund dafür liegt darin, daß *l* von keiner dieser Geraden innerhalb des Kreises geschnitten wird.) In Kleins Modell bestätigt sich tatsächlich die Wahrheit des Parallelenaxioms der hyperbolischen Geometrie, während die anderen euklidischen Postulate ihre Gültigkeit behalten. Das zweite euklidische Axiom, demzufolge Geraden eine unendliche Ausdehnung haben, scheint zwar verletzt, doch haben wir ja das gesamte Universum auf das Innere eines Kreises beschränkt, so daß es völlig bedeutungslos wäre, eine Gerade unendlich (im euklidischen Sinn) zu verlängern. Es ist jedoch durchaus möglich, den Begriff der *Streckenlänge* in das Kleinsche Modell einzuführen und so zu definieren, daß sie unendlich groß wird, wenn wir uns

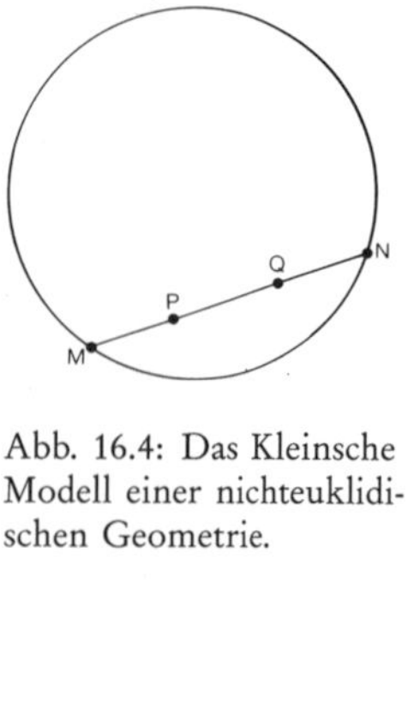

Abb. 16.4: Das Kleinsche Modell einer nichteuklidischen Geometrie.

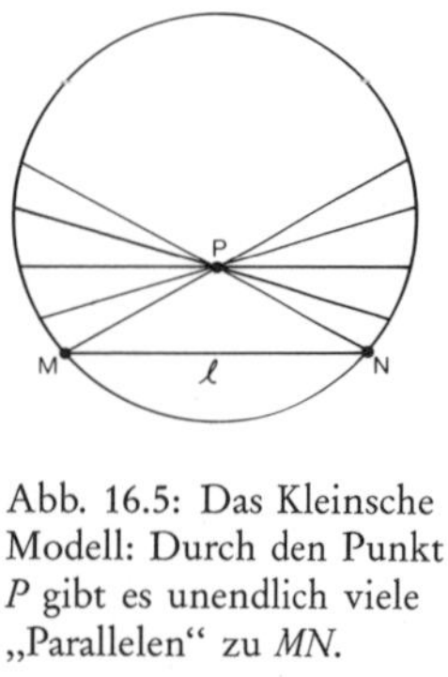

Abb. 16.5: Das Kleinsche Modell: Durch den Punkt *P* gibt es unendlich viele „Parallelen" zu *MN.*

5 Daraus wird klar, daß Saccheri bei dem Versuch, Euklid zu „rechtfertigen", stillschweigend, vielleicht sogar ohne sich dessen bewußt zu sein, von der Voraussetzung ausging, daß Geraden unendlich lang sind.

der Kreisgrenze nähern. Natürlich unterscheidet sich eine solche Definition von „Streckenlänge“ vollkommen von der uns vertrauten euklidischen Vorstellung. Sie kann jedoch so formuliert werden, daß sie alle mit dem Begriff der Länge verknüpften Eigenschaften erfüllt.[6]

Ein anderes Modell einer hyperbolischen Geometrie verdanken wir Henri Poincaré (1854—1912). Es ähnelt im wesentlichen dem Modell von Klein, jedoch werden die Geradenabschnitte durch Kreisbogen ersetzt, die senkrecht auf der Kreislinie stehen (Abb. 16.6). Auch hier kann man den Begriff der Streckenlänge so definieren, daß der Abstand zwischen einem Punkt im Innern des Kreises und der Kreisgrenze unendlich groß wird. Einem Bewohner dieses Universums wäre es also tatsächlich unmöglich, jemals die Grenze zu erreichen. In jüngerer Zeit erlangte das Poincarésche Modell ganz unvermutet Berühmtheit, denn der holländische Künstler Maurits C. Escher war so beeindruckt von den ungewöhnlichen Eigenschaften dieser Geometrie, daß er sie aufgriff und in einem seiner schönsten Werke, „Kreislimit III“, verarbeitete (siehe Farbtafel V).

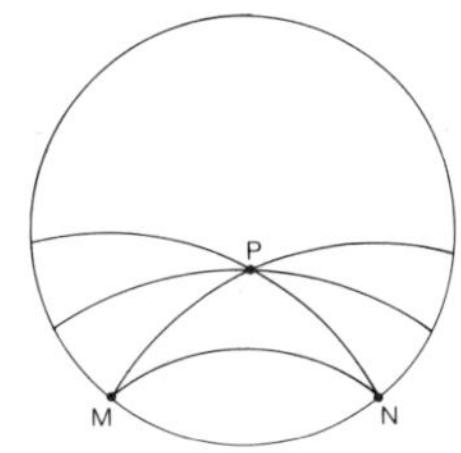

Abb. 16.6: Das Poincarésche Modell, das Escher später seinem Werk *Kreislimit III* zugrunde legte.

Doch während solche Modelle zwar dazu beitragen, die logische Konsistenz nicht-euklidischer Geometrien aufzuzeigen, sind sie doch zu einem gewissen Grad künstlich und haben kaum einen konkreten Bezug zur realen Welt, in der wir leben. Es gibt jedoch ein Modell einer nicht-euklidischen Geometrie, das uns allen vertraut ist: unsere Erde. Im folgenden wollen wir annehmen, unsere Erde sei eine vollkommene Kugel, und ihre Bewohner, primitive Wesen, könnten sich nur in zwei Richtungen bewegen, vorwärts und rückwärts, und nach links und rechts. Für diese Lebewesen ist die Welt zweidimensional; es gibt zwar eine Länge und eine Breite, aber keine Höhe.

Was würden diese Wesen nun unter einer „Geraden“ verstehen? Natürlich bedeuten die Wörter an sich nicht viel, sie erhalten ihre Bedeutung erst durch die Eigenschaften der Dinge, die sie beschreiben. Was stellen wir, dreidimensionale Wesen, uns denn vor, wenn wir sagen, zwei Punkte seien durch eine Gerade verbunden? Für uns

6 Die Streckenlänge wird durch die Formel $d_{PQ} = log\ (\overline{QM}/\overline{QN})/(\overline{PM}/\overline{PN})$ angegeben, wobei „*log*“ für „Logarithmus“ steht. Die Punkte *M* und *N* sind die Endpunkte der durch die Punkte *P* und *Q* verlaufenden Strecke (Abb. 16.4), während $\overline{QM}$, $\overline{QN}$, $\overline{PM}$ und $\overline{PN}$ die Länge der jeweiligen Geradenabschnitte bezeichnen. Indem man sich die Eigenschaften des Logarithmus zunutze macht, kann man zeigen, daß die Streckenlänge d_{PQ} gegen unendlich strebt, wenn *P* sich *M* nähert ($PM \to 0$); das gleiche gilt, wenn *Q* gegen *N* rückt. Darüber hinaus gehorcht die Formel dem „additiven Gesetz“ für Entfernungen: wenn *P*, *Q* und *R* drei Punkte auf einer Geraden sind, dann gilt $d_{PQ} + d_{QR} = d_{PR}$. Dies folgt aus der bekannten Tatsache, daß die logarithmische Funktion ein Produkt in eine Summe umwandelt. Das Verhältnis $(\overline{QM}/\overline{QN})/(\overline{PM}/\overline{PN})$ heißt das *Doppelverhältnis* der Punkte *M, N, P* und *Q* und spielt in der projektiven Geometrie eine bedeutende Rolle.

ist eine Gerade die kürzeste Verbindung zwischen zwei Punkten. Dies läßt sich zeigen, indem wir zwei Punkte mit einem gespannten Gummiband verbinden: Solange das Band der Fläche vollkommen anliegt, beschreibt es eine Gerade. Doch angenommen, wir befinden uns *nicht* auf einer Ebene, sondern auf der gekrümmten Oberfläche eines dreidimensionalen Körpers — auf der Oberfläche einer Kugel beispielsweise. Welches ist dann die kürzeste Verbindung zwischen zwei Punkten auf der Oberfläche (ein Tunnel durch die Oberfläche hindurch ist nicht zulässig)? Die Antwort lautet: Die kürzeste Verbindung zwischen zwei Punkten ist der Bogen des *Großkreises*, auf dem sie liegen (Abb. 16.7). Ein Großkreis ist ein Kreis, der die Kugel in zwei gleichgroße Hemisphären teilt; sein Mittelpunkt ist folglich identisch mit dem Mittelpunkt der Kugel. (Beispiele für Großkreise sind die Längenkreise [Meridiane] und der Äquator). Wir definieren daher die Großkreise als die Geraden auf unserer Kugel. Für unsere zweidimensionalen Geschöpfe hingegen sind die Großkreisbogen tatsächlich die Geraden ihrer Welt.[7]

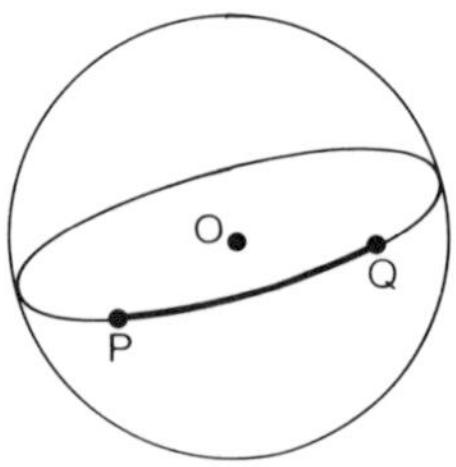

Abb. 16.7: Ein Großkreis: Die kürzeste Verbindung zwischen zwei beliebigen Punkten auf der Kugeloberfläche.

Stellen wir uns zur Verdeutlichung folgende Geschichte vor: Unsere Geschöpfe beschließen eines Tages, ihre Welt zu erforschen, und brechen wie unsere großen Entdecker im 15. und 16. Jahrhundert zu Seereisen in ferne, unbekannte Erdteile auf. Sie folgen natürlich einem Kurs, der ihnen eine Gerade zu sein scheint, in Wirklichkeit jedoch ein Bogen des Großkreises ist, da dies die kürzeste und folglich schnellste Route zu ihrem Ziel ist. Ihre Reise führt sie zunächst immer weiter fort von ihrer Heimat, doch irgendwann erreichen sie ein Land, das ihnen seltsam vertraut erscheint. Ungläubig werden sie feststellen müssen, daß sie in ihren Heimathafen zurückgekehrt sind, wenngleich aus der „falschen" Richtung. Ohne es zu ahnen, umrundeten sie ihren Globus, obwohl sie die ganze Zeit einem geraden Kurs gefolgt waren!

Auf der Oberfläche einer Kugel gilt also das zweite euklidische Axiom nicht: Geraden sind zwar unbegrenzt, aber endlich. Wie steht es aber mit dem Parallelenaxiom? Kann man zu einer gegebenen Geraden eine Parallele durch einen nicht auf der Gerade gelegenen Punkt finden? Um diese Frage beantworten zu können, betrachten wir einen beliebigen Großkreis, beispielsweise den Äquator, als unsere Gerade. Wenn wir eine Parallele zu dieser Geraden ziehen wollen, kann dies nur bedeuten, daß wir durch einen nicht auf dem Äquator gelegenen Punkt einen anderen Großkreis zeichnen, der den Äquator nicht schneidet. Von der Kugelgeometrie wissen wir jedoch, daß sich

7 Allgemeiner ausgedrückt sagt man, die kürzeste Verbindung zwischen zwei Punkten auf einer beliebigen Oberfläche ist die *geodätische Linie*.

zwei Großkreise *immer* schneiden, sogar zweimal, in zwei diametral entgegengesetzten Punkten oder *Antipoden*, zum Beispiel Nord- und Südpol (Abb. 16.8). Daraus müssen wir also schließen, daß es auf der Kugeloberfläche keine Parallelen gibt.[8]

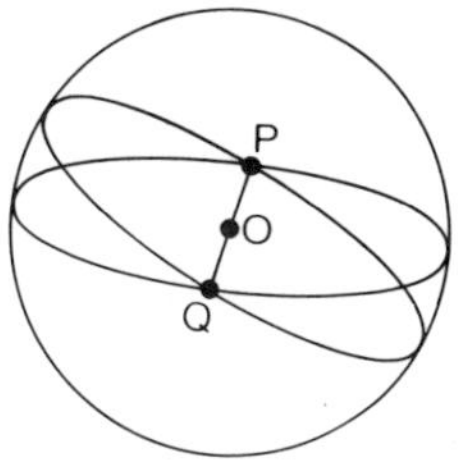

Abb. 16.8: Die Antipoden (zwei diametral entgegengesetzte Punkte auf der Kugeloberfläche) werden in der elliptischen Geometrie als ein einziger Punkt betrachtet.

Auf der Oberfläche der Kugel gilt somit weder das zweite noch das fünfte euklidische Axiom. Dagegen sind die von Riemann in seiner elliptischen Geometrie postulierten Axiome alle erfüllt. Bevor die Kugel jedoch zu einem brauchbaren Modell der elliptischen Geometrie erklärt werden kann, müssen wir noch ein anderes Axiom genauer betrachten. In seinem ersten Axiom legte Euklid fest, daß durch zwei Punkte jeweils nur eine einzige Gerade verläuft. Wie wir jedoch gesehen haben, schneiden sich zwei Großkreise immer in einem Antipodenpaar, das bedeutet also, daß es durch jeweils ein Antipodenpaar mehr als eine „Gerade" gibt. Wie das Beispiel der Meridiane verdeutlicht, gibt es unendlich viele. Für die anderen Punkte gilt das erste euklidische Axiom dagegen weiterhin, da durch jeweils zwei Punkte, die keine Antipoden sind, immer nur ein einziger Großkreis verläuft. Dies ist nun eine ideale Situation für den Mathematiker. Anstatt für einige Axiome Ausnahmeregelungen zu treffen und damit die Allgemeingültigkeit unserer Theorie zu zerstören, definieren wir einfach ein Antipodenpaar als *einen einzigen Punkt*. So merkwürdig diese Idee auch erscheint, so ist sie doch nicht neu, wir haben eine ähnliche Strategie bereits benutzt, als wir die unendlich fernen Punkte in der projektiven Geometrie und den einen unendlich fernen Punkt in der inversen Geometrie definierten. Solange ein neuer

8 Es ist nun eine der Ironien der Sprache, daß der Ausdruck „Parallelen" in der Geographie für die Breitenkreise benutzt wird. Zwar schneiden sich die Breitenkreise tatsächlich nicht, doch sind sie auch mit Ausnahme des Äquators keine Großkreise und können daher nicht als Geraden auf der Kugeloberfläche betrachtet werden. Für viele Leute ist es eine Quelle ständiger Verwunderung, warum die Breitenkreise *nicht* die kürzeste Verbindung zwischen zwei Punkten darstellen. Dies liegt zweifellos daran, daß die meisten von uns die Welt so sehen, wie sie auf der geographischen Karte von Mercator abgebildet ist. Wie wir gesehen haben, sind die Breitenkreise auf dieser Karte als horizontale Linien, parallel zum Äquator, eingezeichnet, während die Großkreise als gekrümmte Kurven erscheinen. (Dies gilt nicht für die Längengrade und den Äquator, die natürlich auch Großkreise sind. Anm. d. Ü.) Die Großkreisroute zwischen Los Angeles und Tokio, die fast auf dem gleichen Breitengrad liegen (34 ° bzw. 36 °), verläuft zum Beispiel steil nach Norden und erreicht ihren nördlichsten Punkt in 46 ° Länge, sie verpaßt dabei nur knapp die Aleuten-Inseln. Ein unvergeßliches Erlebnis hatte ich einmal während eines Fluges von London nach Chicago, als ich plötzlich unter mir die in der Augustsonne glitzernden Fjorde und Eisberge Südgrönlands erblickte. Als ich mir später die Reiseroute auf dem Globus ansah, war ich erstaunt, wie weit der Großkreis zwischen den beiden Städten nach Norden reichte. Wie sich jedoch herausstellte, hatte unser Pilot eine noch nördlicher verlaufende Route gewählt, um die günstigen Passatwinde in diesen hohen Breitengraden auszunutzen.

Begriff eine sinnvolle Funktion erfüllt und solange er nicht zuvor definierten Begriffen widerspricht, steht es uns frei, ihn in unsere Theorie aufzunehmen. Unter dieser Voraussetzung können wir also nun sagen, daß die Kugel — und damit auch die Erde, insoweit sie einer Kugel entspricht — ein Modell der elliptischen Geometrie ist. Tatsächlich lassen sich einige der „merkwürdigen" Theoreme dieser Geometrie anhand des Modells recht gut verdeutlichen, so zum Beispiel die Tatsache, daß die Innenwinkelsumme des Dreiecks immer größer als 180° ist (Abb.16.9).

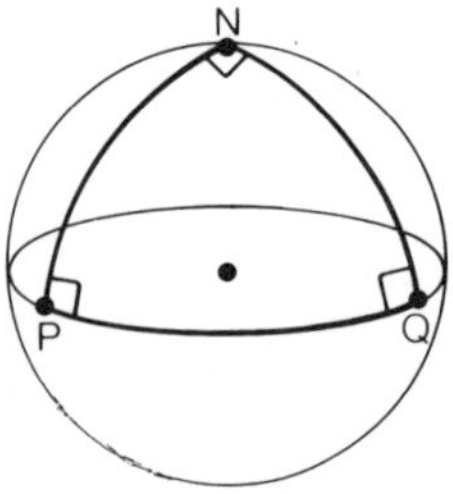

Abb. 16.9: Die Innenwinkelsumme eines sphärischen Dreiecks ist stets größer als 180°.

Ähnliche Modelle gibt es auch für die von Gauß, Lobatschewski und Bolyai entwickelte hyperbolische Geometrie, in der es *unendlich viele* Parallelen zu einer gegebenen „Geraden" gibt. (Unter einer „Geraden" verstehen wir auch hier die kürzeste Verbindung zwischen zwei Punkten auf einer beliebigen Oberfläche, vgl. Fußnote 7.) Eines dieser Modelle, die sogenannte Pseudokugel, ist in Abb. 16.10 dargestellt. Warum bezeichnen wir diese Systeme überhaupt als „Modelle" und nicht als wirkliche Räume, in denen die Gesetze einer nichteuklidischen Geometrie gelten? Der Grund liegt darin, daß wir dreidimensionale Wesen sind. Als solche können wir uns in jede Richtung bewegen, einschließlich nach oben und unten, und sind in der Lage, die zweidimensionalen Flächenwesen von einem dreidimensionalen Standpunkt zu betrachten und ihre zweidimensionale Kugelgeometrie mit den Begriffen unserer gewöhnlichen, dreidimensionalen euklidischen Geometrie zu erklären. Ein Teilgebiet der Mathematik, die sphärische Trigonometrie, beschäftigt sich sogar ausschließlich mit den Eigenschaften von Dreiecken und anderen Figuren auf der Kugeloberfläche. (Dieses ausgesprochen technische Gebiet spielt vor allem in der Navigation und der Landvermessung eine Rolle.) Mit

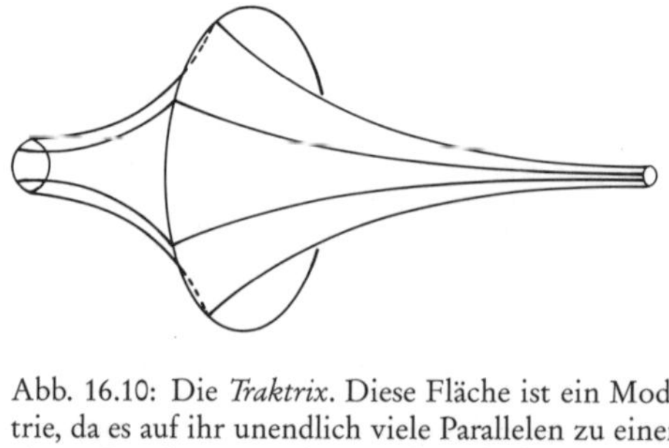

Abb. 16.10: Die *Traktrix*. Diese Fläche ist ein Modell für die hyperbolische Geometrie, da es auf ihr unendlich viele Parallelen zu einer gegebenen Geraden gibt. (Unter einer „Geraden" verstehen wir hier die kürzeste Verbindung zwischen zwei Punkten auf ihrer Oberfläche.) Diese Fläche, die auch als Pseudokugel bezeichnet wird, hat wie die Kugel überall eine konstante Krümmung: bei der Kugel ist die Krümmung positiv, während sie bei der Traktrix negativ ist.

Hilfe der sphärischen Trigonometrie sind wir in der Lage, alle Eigenschaften der Kugeloberfläche aus der gewöhnlichen Geometrie abzuleiten. Anders ausgedrückt, die Axiome der zweidimensionalen elliptischen Geometrie werden zu Theoremen der dreidimensionalen euklidischen Geometrie. Doch welche Vorteile wir als dreidimensionale Wesen auch genießen mögen, den zweidimensionalen Wesen bleiben sie versagt. In Übereinstimmung mit ihren Erfahrungen und ihrem Wissen *gibt* es für sie nur zwei Dimensionen. Wenn ein Fremder aus der dreidimensionalen Welt ihnen sagen würde, daß ihre Geraden eigentlich Kreise sind, wären sie nur verwirrt. Ein Kreis muß schließlich einen Mittelpunkt haben, und der Mittelpunkt aller Großkreise ist bekanntlich der Mittelpunkt der Erde, den sie ja als zweidimensionale Wesen gerade nicht kennen und nicht erreichen können. Von ihrem Standpunkt aus leben sie also in einer zweidimensionalen Welt, in der die Gesetze der nichteuklidischen Geometrie bestimmend sind. Und genau das meinen wir, wenn wir sagen, daß die *Kugeloberfläche ein euklidisches Modell für eine nichteuklidische elliptische Ebene* ist.

Nun ist die Mathematik aber selten völlig losgelöst von unserer physikalischen Umgebung; direkt oder indirekt leiten sich all ihre Vorstellungen aus dem realen Universum ab, dessen Bestandteil wir sind.[9] Nachdem die logische Stimmigkeit der nichteuklidischen Geometrie einmal anerkannt war, stellte sich bald die Frage nach ihrer Relevanz für unsere reale Welt. Es stellte sich, genauer gesagt, die Frage: Ist es denkbar, daß der physikalische Raum in großem Maßstab den Gesetzen einer nichteuklidischen Geometrie gehorcht?

9 Natürlich scheiden sich in diesem Punkt die Geister. Auf der einen Seite gibt es die Schule der „reinen" Mathematik, deren Anhänger die Mathematik um der reinen intellektuellen Befriedigung willen betreiben. Auf der anderen Seite gibt es die Schule der „angewandten" Mathematik, deren Hauptaugenmerk sich auf die Anwendbarkeit der Mathematik in Wissenschaft und Technik richtet. Die Anhänger der ersten Richtung vertreten die Ansicht, daß die Mathematik nicht unbedingt einen Bezug zur wirklichen Welt haben müsse. (Manche gehen sogar noch weiter und behaupten, je weniger die Mathematik mit praktischer Anwendbarkeit zu tun habe, desto besser sei dies für sie als Wissenschaft!) Den Verfechtern dieser Schule zufolge steht es dem Mathematiker frei, seine eigene „reale" Welt zu erschaffen, die nur den Gesetzen der logischen Konsistenz gehorchen, das heißt in sich schlüssig sein muß. Die nichteuklidische Geometrie — in höchstem Maße abstrakt und fast unnahbar — ist der Inbegriff der reinen Mathematik. Lobatschewski selbst bezeichnete die von ihm gefundene neue Geometrie als „imaginär" und drückte damit in seinem epochemachenden Werk aus dem Jahr 1829 implizit aus, daß sie als ein rein logisches, axiomatisches System und nicht als Beschreibung eines realen, physikalischen Raumes zu betrachten sei. Die Erfindung der Infinitesimalrechnung führte dagegen unmittelbar zu einer Vielzahl von Anwendungen in der Physik, Astronomie und Technik. Sie avancierte damit zu dem Zweig der Mathematik, der am meisten „angewandt" wird.

Die Wahrscheinlichkeit einer solchen Möglichkeit schien äußerst gering. All unsere Erfahrungen legen die Vermutung nahe, daß der physikalische Raum euklidisch sei; sämtliche technischen Errungenschaften beruhen schließlich auf der euklidischen Geometrie, und damit hätte man sich ein für allemal zufriedengeben können. Andererseits beschränken sich unsere Erfahrungen notwendigerweise auf unsere unmittelbare Umgebung; was im fernen Universum vor sich geht, liegt außerhalb unserer direkten Erkenntnismöglichkeiten. Gauß selbst beschrieb diese Gedanken in einem Brief an seinen Freund Schumacher: „Hierin ist aber nichts Widersprechendes, wenn der endliche Mensch sich nicht vermißt, etwas Unendliches als etwas Gegebenes und von ihm mit seiner gewohnten Anschauung zu Umspannendes betrachten zu wollen." Gauß, der sowohl Physiker als auch Mathematiker war, gehörte zu den wenigen modernen Wissenschaftlern, die sich in Theorie und Praxis gleichermaßen zu Hause fühlten. Es entging ihm daher auch nicht, welch tiefgreifende Bedeutung seine Theorie über die nichteuklidische Geometrie für die Physik haben könnte. Er beschloß daher, die Angelegenheit experimentell zu klären.

Natürlich wäre es ein völlig hoffnungsloses Unterfangen, direkt bestimmen zu wollen, welches der drei denkbaren Parallelenaxiome aus physikalischer Sicht wahr ist, denn es ist nun einmal nicht möglich, ins Unendliche hinauszugehen, um nachzuprüfen, ob sich Parallelen schneiden oder nicht. Wir können jedoch einige der aus der Anerkennung eines bestimmten Parallelenaxioms folgenden Theoreme untersuchen, die im allgemeinen Aussagen über Figuren endlicher Ausdehnung machen. Wir haben zum Beispiel gesehen, daß die Summe der Innenwinkel eines Dreiecks in der Gaußschen hyperbolischen Geometrie stets weniger als 180° beträgt, während sie in der Riemannschen elliptischen Geometrie stets größer als 180° ist. (In der euklidischen Geometrie ist sie natürlich genau *gleich* 180°.) Es müßte folglich möglich sein, durch Ausmessen der Winkel eines sehr großen Dreiecks die Gültigkeit einer der drei Aussagen zu beweisen. Genau dies nahm Gauß in Angriff. Er postierte einige Landvermesser auf drei weit voneinander entfernten Bergspitzen und beauftragte sie, die Winkel zwischen ihren Sichtlinien zu vermessen. Das Ergebnis war enttäuschend: es stellte sich heraus, daß die Winkelsumme fast genau 180° betrug und jede Abweichung von diesem Wert innerhalb der Meßgenauigkeit der Geräte lag. Somit war durch das Experiment nichts geklärt. Gauß erkannte bald, daß alle Versuche, das Problem durch terrestrische Experimente zu lösen, aussichtslos bleiben mußten; einzig Messungen in wesentlich größerem Maßstab, etwa im Universum, konnten vielleicht noch Erfolg haben. Die Genauigkeit und die Reichweite astronomischer Instrumente lagen zu jener Zeit jedoch weit hinter den Erfordernissen eines etwaigen solchen Experiments zurück.[10]

Auf ein endgültiges Ergebnis in dieser Streitfrage mußte man noch ein ganzes Jahrhundert warten. Im Jahr 1916 veröffentlichte ein junger und relativ unbekannter Physiker eine neue Gravitationstheorie, in der Raum und Zeit zu einer vierdimensionalen Einheit verschmolzen. In dieser Theorie wurde eine Gerade als der Weg eines Lichtstrahls definiert, der sich mit Lichtgeschwindigkeit (ca. 300000 km/s im Vakuum) fortbewegt. Da sich nichts schneller als Licht fortbewegen kann, stellt ein Lichtstrahl die kürzeste Verbindung zwischen zwei Punkten (bzw. „Ereignissen") in diesem Raum-Zeit-Universum dar. Darüber hinaus sagte die Theorie voraus, daß Lichtstrahlen in einem starken Gravitationsfeld, wie es etwa ein schwerer Stern erzeugt, abgelenkt werden. Dies bedeutete jedoch zweierlei: Zum einen mußte die Raum-Zeit gekrümmt sein — und zwar so wie eine straffe Membran, auf der ein schwerer Gegenstand ruht —, zum andern hing die Krümmung in jedem Punkt von der Stärke des Gravitationsfelds an diesem Punkt ab. Um einen solchen vierdimensionalen gekrümmten Raum mathematisch zu beschreiben, suchte der junge Physiker nach einer nichteuklidischen Geometrie. Er fand sie in der Riemannschen Geometrie, in der der Raum eine variable Krümmung haben kann.

Die neue Theorie mit ihren seltsamen Voraussagen löste heftige Kontroversen unter den Wissenschaftlern aus, doch ergab sich im Jahr 1919 die Gelegenheit, die Theorie experimentell zu verifizieren. Für den 29. Mai des Jahres war eine totale Sonnenfinsternis angesagt, und Expeditionen wurden nach Brasilien und an die Westküste Afrikas gesandt, um sie photographisch festzuhalten. Als man dann die

10 Man sollte sich hier ganz klar machen, daß das Ziel solcher Bemühungen keineswegs darin bestand, die nichteuklidische Natur der Erdoberfläche, wenn man sie als *Modell* einer elliptischen Geometrie betrachtet, zu beweisen — das stand überhaupt nicht zur Diskussion —, es ging vielmehr darum, festzustellen, welcher Art der *physikalische, dreidimensionale* Raum ist.

In diesem Zusammenhang muß auch betont werden, daß die drei Geometrien — eben (bzw. euklidisch), elliptisch und hyperbolisch — fast übereinstimmen, wenn es um eher kleine Figuren geht. Obwohl also die Winkelsumme eines sphärischen Dreiecks größer als 180° ist, nähert sie sich doch 180° an, wenn das Dreieck immer kleiner wird. Da wir im täglichen Leben selten bemerken, daß die Erde eine Kugel ist, überrascht es nicht, daß die euklidische Geometrie so lange Zeit hindurch als die einzig wahre Geometrie unserer physikalischen Welt galt. Es zeugt von der geistigen Weitsicht der alten Griechen, daß sie die Mathematik auf das Fundament der euklidischen Geometrie stellten, denn auch wenn manche vielleicht vermutet hatten, daß die Erde eine Kugel sei, so war sie doch vom praktischen Standpunkt aus flach. Die Griechen schufen damit also eine für die Beschreibung dieser Welt angemessene Geometrie.

photographischen Platten mit Aufnahmen verglich, die ein halbes Jahr später von dem gleichen Gebiet des Nachthimmels gemacht wurden, stellte man fest, daß jene Sterne, die fast in einer Sichtlinie mit der Sonne standen, um genau den Winkel von ihrer normalen Position abwichen, den die Theorie vorausgesagt hatte. Die Neuigkeiten über den erfolgreichen Ausgang des Experiments verbreiteten sich wie ein Lauffeuer durch die ganze Welt, und über Nacht wurde der Schöpfer der Theorie weltberühmt. Sein Name war Albert Einstein und seine Theorie die allgemeine Relativitätstheorie.[11]

Die allgemeine Relativitätstheorie — die eigentlich eine geometrische Theorie der Gravitation darstellt — ist immer wieder strengstens auf ihre Richtigkeit überprüft worden (in jüngster Zeit sogar mit Hilfe von Signalen aus Raumsonden) — die Versuche, sie zu widerlegen, scheiterten jedoch allesamt. Sie kann somit als der endgültige Triumph einer mathematischen Theorie angesehen werden, die in ihrer Anfangsphase nicht mehr als eine Art intellektueller Spielerei war. Dieser gewaltige Triumph darf jedoch nicht darüber hinwegtäuschen, daß die nichteuklidische Geometrie in allererster Linie eine mathematische Theorie ist. Rückblickend gesehen, liegt ihre überragende Bedeutung auch nicht darin, daß sie heute eine zentrale Rolle in der Physik spielt, sie besteht vielmehr darin, daß sie ein radikales Umdenken in Gang setzte. Dieser Durchbruch kann am besten mit der kopernikanischen Revolution verglichen werden, die drei Jahrhunderte zuvor stattgefunden hatte. So wie Kopernikus die Erde aus ihrer Stellung im Mittelpunkt der Welt vertrieb, beendeten Gauß, Riemann und ihre Nachfolger das Primat, das der euklidische Raum in der Geometrie innegehabt hatte. Die Analogie geht sogar noch weiter. Kopernikus hatte es undenkbar gefunden, daß das gesamte Weltall um einen winzigen Planeten mit dem Namen Erde kreisen sollte; Gauß bezweifelte unser Recht, Aussagen über das Verhalten eines geometrischen Raumes zu machen, der unendlich weit entfernt ist. Beide Revolutionen haben also einen gemeinsamen Ursprung — das Unendliche. Wie jede neue Theorie wurden sie zunächst skeptisch und widerstrebend, im Falle Kopernikus' sogar geradezu feindselig aufgenommen. Nachdem sie jedoch einmal anerkannt waren, veränderten sie den Lauf der Geschichte. Unser Glaube daran, daß die Wissenschaft den Weg zur letzten, absoluten Wahrheit zeigen könne, wurde erschüttert, weil eine solche Wahrheit überhaupt nicht existiert. Der Begriff der absoluten Wahrheit wurde ersetzt durch den

11 Die dramatischen Entwicklungen, die diesem historischen Ereignis folgten, sind häufig beschrieben worden; siehe zum Beispiel Ronald W. Clark: *Albert Einstein*, München 1976.

der relativen Wahrheit, eine Wahrheit, die abhängig ist von den Prämissen, die wir zugrunde legen. Ganz allmählich und zunächst unbemerkt hatte eine Entwicklung eingesetzt, die ihren Höhepunkt ein Jahrhundert später in unserer modernen Theorie des Universums finden sollte.

Die zwei Parallelen
von
Christian Morgenstern
(1871–1914)

Es gingen zwei Parallelen
ins Endlose hinaus,
zwei kerzengerade Seelen
und aus solidem Haus.

Sie wollten sich nicht schneiden
bis an ihr seliges Grab:
Das war nun einmal der beiden
geheimer Stolz und Stab.

Doch als sie zehn Lichtjahre
gewandert neben sich hin,
da war's dem einsamen Paare
nicht irdisch mehr zu Sinn.

War'n sie noch Parallelen?
Sie wußtens selber nicht,
sie flossen nur wie zwei Seelen
zusammen durch ewiges Licht.

Das ewige Licht durchdrang sie,
da wurden sie eins in ihm;
die Ewigkeit verschlang sie,
als wie zwei Seraphim.

Teil III

Das Unendliche in der Kunst

Die Mathematik besitzt nicht nur Wahrheit, sondern auch vollkommene Schönheit — eine Schönheit, so kalt und streng wie die einer Skulptur.

Bertrand Russell (1872–1970)

17 Freude am Unendlichen

O Augenblick — einzig und unendlich!
Robert Browning (1812—1889), By the Fireside

Seit undenklichen Zeiten strebt der Mensch nach dem Unendlichen. Der erste bekannte Versuch, das Unendliche zu erreichen, ist der Turmbau zu Babel, der in der Bibel beschrieben wird: „Wohlauf, laßt uns eine Stadt und einen Turm bauen, dessen Spitze bis an den Himmel reiche ..." Gott jedoch, der fürchtete, daß die Menschen zu anmaßend würden, brachte dieses Unternehmen zum Scheitern, indem er ihre Sprache verwirrte, „daß keiner den anderen verstehe!" (1. Buch Mose 11,4). Seither ist der Turm von Babel ein Sinnbild der Unendlichkeit oder auch ein Symbol für die Vergeblichkeit der menschlichen Anstrengungen, es zu erreichen.

Als die Versuche, sich dem Unendlichen auf konkrete Weise zu nähern, fehlschlugen, wandte sich der Mensch nach innen, um das Unendliche auf spirituellem Weg zu erfahren. Dichter, Künstler und Philosophen waren zu allen Zeiten von dem Gedanken des Unendlichen besessen. Einige fürchteten es, andere begeisterten sich an ihm, doch nur wenige konnten sich seiner berauschenden Wirkung entziehen. „Das ewige Schweigen dieser unendlichen Räume macht mich schaudern", klagte der Mathematiker, Physiker und Philosoph Blaise Pascal (1623—1662) aus seiner so typischen, düsteren Weltanschauung heraus. Der jüdische Philosoph Martin Buber (1878—1965) fürchtete das Unendliche so über alle Maßen, daß er sogar den Selbstmord in Erwägung zog, um ihm zu entfliehen:

> Es war damals eine mir unbegreifliche Nötigung über mich gekommen: ich mußte immer wieder versuchen, mir den Rand des Raumes oder dessen Randlosigkeit, eine Zeit mit Anfang und Ende oder eine Zeit ohne Anfang und Ende vorzustellen, und beides war ebenso unmöglich, ebenso hoffnungslos ... Unter einem unwiderstehlichen Zwang taumelte ich von der einen zur anderen [Absurdität], zuweilen von der Gefahr des Wahnsinnigwerdens in solcher Nähe bedroht, daß ich mich ernstlich mit dem Gedanken trug, ihr durch einen rechtzeitigen Selbstmord zu entweichen.

Dazu stehen in deutlichem Gegensatz die optimistischen Zeilen von William Blake (1757—1827) in seinem Gedicht *Auguries of Innocence* („Einführung in die Gesänge der Unschuld"):

Siehst du die Welt in einem Sandkorn
und den Himmel in einer Blume,
dann hältst du das Unendliche
in deiner Hand und die
Ewigkeit in einer Stunde.

Und auch Friedrich von Schiller (1759—1805) schloß seine Hymne an „Die Größe der Welt" mit einem Tribut an die Unendlichkeit:

„Steh! du segelst umsonst — vor der Unendlichkeit!"
Steh! du segelst umsonst — Pilger, auch hinter mir! —
Senke nieder,
Adlergedank, dein Gefieder!
Kühne Seglerin, Phantasie
Wirf ein mutlos Anker hie.

Vincent van Gogh (1853—1890) sprach vom „Taumel der Unendlichkeit". Um seinen Biographen Henri Scrépel zu zitieren: „Von dem Felsen von Montmajourn [in Südfrankreich] entdeckte er nicht die nebelverhangene Ebene des Nordens mit ihren verschwommenen Konturen, sondern eine unermeßliche, schattenlose Weite, in der auch das unscheinbarste Detail wahrgenommen werden konnte. ‚*Ich male das Unendliche*', hatte er eines Tages geschrieben. Es breitete sich vor seinen Augen aus: das unendlich Große in der Ebene, die sich grenzenlos bis zum Horizont erstreckte; das unendlich Kleine in der Üppigkeit der Felder, Olivenbäume, Weinreben und Steine, in den Myriaden der mikroskopischen Poren im Angesicht der Erde."

Auch Forscher sind dem Rausch der Unendlichkeit erlegen — der faszinierenden Unendlichkeit weiter Räume und endlos ausgedehnter Ebenen, auf die noch nie zuvor ein Mensch seinen Fuß gesetzt hat; der Unendlichkeit grenzenloser Ozeane, wo die Naturgewalten noch frei herrschen. Der Flieger und Segler Sir Francis Chichester (1902—1972) beschreibt seine Begeisterung während eines Alleinfluges nach Australien folgendermaßen: „Über mir unendlicher Raum, grenzenlose Leere, nur dic Sonne scheint unbarmherzig, ewig ..." Alan Moorehead schildert die weiten, unerforschten Ebenen Zentralaustraliens in seinem Buch *Cooper's Creek*. Einfühlsam geht er auf die Entbehrungen der Burke-Expedition ein, der ersten, die den Kontinent durchquerte: „Sie waren Fremde in diesem harten, gleichgültigen Land, dem Gefängnis unendlichen Raumes"; in welche Richtung sie sich auch wandten, überall sahen sie nur „leere Ebenen, die sich schweigend ins Unendliche erstreckten". Einige empfanden das Unendliche als heilende Kraft, da es die Seele über die Belanglosigkeit und Nichtigkeit des Alltagslebens erhob. „Ich war an die Wüste gewöhnt, an die unendlichen Räume, wo ich mich nicht um die Trivialitäten kümmern mußte, die den Menschen ersticken",[1] so erklärte Heinrich Bart (1821—1865), der deutsche Sahara-Forscher.

Die Stille als Metapher für das Unendliche ist ein häufig wiederkehrendes Motiv in der Literatur. Wassily Kandinsky (1866—1944), der in Rußland geborene französische Künstler, sprach von „einer großen Stille, die sich wie eine kalte, unzerstörbare Mauer ins Unendliche fortsetzt". Der britische Physiker John Tyndall (1820—1893) verglich den menschlichen Geist mit einem „Musikinstrument, das über einen bestimmten Tonumfang verfügt, jenseits dessen in beide Richtungen eine Unendlichkeit der Stille herrscht". Und wer ist nicht ergriffen von den Schlußakkorden von Gustav Mahlers *Lied von der Erde*, wenn die Sängerin die Worte „Ewig ... ewig ..." haucht und die Musik im Nichts erstirbt, als ob sie den Tod des Komponisten vorwegnehmen wollte.

Wenn Stille die akustische Metapher der Unendlichkeit ist, so ist Blau ihr visuelles Symbol. John Ruskin (1819—1900), der englische Kunstkritiker, sprach von dem „Blau der Distanz". Blau war auch die Lieblingsfarbe des spanischen Künstlers Joan Miró (1893—1983); in seinem Werk *Blau III; In die Unendlichkeit* verwendete er sie, um eine grenzenlose Leere darzustellen, durch die sich eine dünne Linie aufwärts ins Unendliche zieht. Zweifellos wurde das Blau dieser unendlichen Räume durch das Blau des Himmels angeregt. „Die grenzenlose Weite von Himmel und Ozean beruhigt den nach Befreiung strebenden Geist durch den Eindruck von Unendlichkeit", so erläutert der Autor eines jüngst erschienenen Buches über Farben, als er sich über „die Unendlichkeit von Blau" äußert.[2]

Nach diesen allgemeinen Vorbemerkungen wenden wir uns nun einigen konkreten Beispielen zu, in denen der Unendlichkeitsgedanke Künstler zu großartigen ästhetischen Meisterwerken inspiriert hat.

1 Übersetzung aus dem Englischen. Vgl. Fußnote 2 auf S. 12.
2 *Color*, hrsg. von Donald Pavey, London 1980.

18 Das Möbiusband

Ich bin der Auffassung, es sei möglich, eine Kunst weitgehend aufgrund einer mathematischen Denkweise zu entwickeln.

Max Bill (geb. 1908)

Seit seiner Entdeckung im Jahr 1865 haben die merkwürdigen Eigenschaften des Möbiusbandes, das zunächst nur eine berühmte mathematische Kuriosität und später eine Quelle künstlerischer Inspiration darstellte, Fachleute und Laien gleichermaßen fasziniert. Benannt nach seinem Erfinder, dem deutschen Mathematiker und Astronomen August Ferdinand Möbius (1790—1868), markierte es den Beginn eines ganz neuen Zweiges der Mathematik, der Topologie, die diejenigen Eigenschaften einer Fläche untersucht, die bei stetiger Verzerrung invariant bleiben.

Um ein Möbiusband herzustellen, nehmen wir einen langen rechteckigen Streifen Papier, wie in Abb. 18.1a gezeigt, und biegen ihn zu einem ringförmigen Gebilde. Wenn man den Streifen in der gewohnten Weise biegt und jeweils die Punkte *A* und *B*, und *C* und *D* verbindet, erhält man einen gewöhnlichen Ring — ein geschlossenes, unbegrenztes Band, das eine Innen- und eine Außenfläche besitzt (Abb. 18.1b). Wenn man den Papierstreifen jedoch erst um 180° dreht und dann jeweils die Punkte *A* und *D*, und *B* und *C* miteinander verbindet, erhalten wir ein Möbiusband (Abb. 18.1c).

Die auffälligste Eigenschaft des Möbiusbandes ist, daß es nur *eine Seite* hat: wir können von einem gegebenen Punkt der einen Seite geradewegs zu jedem beliebigen Punkt auf der „anderen" Seite gelangen, ohne die Fläche des Bandes zu durchstoßen oder ohne die Kante zu überschreiten! Dies ist natürlich bei einem gewöhnlichen, zweisei-

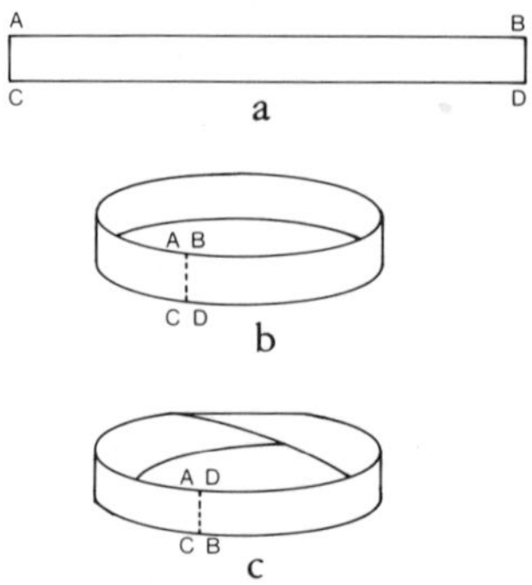

Abb. 18.1: Die Konstruktion eines Möbiusbandes.

tigen Band unmöglich. Ein Möbiusband hat folglich keine „Innen- oder Außenseite", sondern besteht aus einer einzigen, geschlossenen Fläche. Darüber hinaus besitzt das Möbiusband, anders als das gewöhnliche, unbegrenzte Band nur eine Kante: Ausgehend von irgendeinem Punkt der oberen Kante, erreicht man nach dem ersten Umlauf einen Punkt auf der unteren Kante, der dem Ausgangspunkt genau gegenüber liegt. Nach einem weiteren Umlauf kommen wir wieder beim Ausgangspunkt an. Um also ein Möbiusband zu umrunden, sind — wieder im Gegensatz zu einem gewöhnlichen, endlosen Band — zwei Umläufe erforderlich.

Weitere Überraschungen erwarten uns, wenn wir versuchen, das Möbiusband zu halbieren. Schneiden wir einen gewöhnlichen Ring entlang seiner Mittellinie auseinander, so erhalten wir zwei einzelne Ringe, von denen jeder halb so breit ist wie der ursprüngliche. Halbieren wir dagegen ein Möbiusband, so erzeugen wir ein einziges, geschlossenes Gebilde — einen Ring, der *zwei* Halbdrehungen beschreibt. Dieses Gebilde ist kein echtes Möbiusband mehr, da es eindeutig zwei Kanten und zwei Flächen besitzt — eine Innen- und eine Außenfläche. Teilen wir das Möbiusband jedoch entlang einer Linie, die etwa ein Drittel der ursprünglichen Breite markiert, dann ergeben sich zwei ineinander verschlungene Ringe, der eine ein echtes Möbiusband, der andere ein zweiseitiger Ring mit zwei Halbdrehungen! Kein Wunder also, daß das Möbiusband eine der faszinierendsten mathematischen Schöpfungen überhaupt darstellt, eine Art geometrischer Zauberei, deren Geheimnis hinter der verdrehten Oberfläche wohl verborgen ist.

Angesichts dieser merkwürdigen Eigenschaften war es nur natürlich, daß das Möbiusband auch die Aufmerksamkeit der Künstlerwelt auf sich zog. Unter den Künstlern, die sich von seinen ästhetischen Möglichkeiten inspiriert fühlten, befand sich auch der Schweizer Bildhauer Max Bill (geb. 1908), der es im Jahr 1935 entdeckte. „Auf der Suche nach einer Lösung für eine freischwebende, bei aufsteigender Luft sich drehende Skulptur schuf ich ein einseitiges Gebilde. Meine Suche war weder wissenschaftlich noch mathematisch, sondern rein ästhetisch motiviert ... Ich nannte meine Skulptur *Unendliche Schleife*."[1] Offensichtlich wußte Bill nicht, daß seine Schöpfung den Mathematikern bereits seit fast einem Jahrhundert bekannt war, und als er es erfuhr, war seine Enttäuschung groß. Um Max Bill zu zitieren: „Einige Zeit darauf sagte man mir, daß meine Schöpfung, von der ich dachte, sie wäre meine ureigenste Entdeckung oder Erfin-

1 Übersetzung aus dem Englischen. Die hier zitierten Aussagen von Max Bill wurden bisher noch nicht deutsch veröffentlicht.

dung, nur eine künstlerische Interpretation des sogenannten Möbiusbandes darstelle und theoretisch mit ihm identisch sei. ... Ich war schockiert, daß ich nicht der erste war, der dieses Objekt entdeckt hatte, und brach meine Forschungen in diese Richtung erst einmal ab." Einige Jahre später wandte er sich erneut topologischen Problemen und einseitigen Flächen zu. Nach eigener Aussage ergab es sich jedoch erst 1979, also fast 120 Jahre nachdem Möbius sein „einseitiges Polyeder" beschrieben hatte, daß Bill mit der ursprünglichen Erklärung des Bandes konfrontiert wurde. Doch, so fügte er hinzu, „was ich in Möbius' Erklärung vermißte, war gerade das, was für mich von vorrangiger Bedeutung war: der philosophische Aspekt dieser Fläche als ein Symbol der Unendlichkeit". So machte sich Bill

Abb. 18.2: Max Bill, *Unendliche Schleife aus einem Kreisring II* (1947/48), mit freundlicher Genehmigung des Künstlers.

an die selbstgestellte Aufgabe, das ästhetische Potential des Möbiusbandes zu ergründen. Das Ergebnis waren einige Werke von erlesener Schönheit, siehe zum Beispiel Abb. 18.2.

Während die Kunstwerke Max Bills mit ihren schlichten, klaren Linien die reine Mathematik verkörpern, beschäftigte sich ein anderer zeitgenössischer Künstler mit dem „angewandten" Aspekt des Möbiusbandes. Maurits C. Escher (1898—1972) wurde auf das Möbiusband durch einen englischen Mathematiker aufmerksam, an dessen Namen er sich jedoch später leider nicht mehr erinnern konnte. Die Begegnung war offensichtlich äußerst fruchtbar, denn sie regte Escher zu drei auf dem Möbiusmotiv beruhenden Werken an. Es entspricht der ihm eigenen Vorliebe für das Groteske, daß seine Schöpfungen von Leben geradezu wimmeln: Riesenameisen klettern eine wie ein Möbiusband geformte Leiter empor, nur um in einem endlosen Kreislauf auf der anderen „Seite" wieder nach unten zu krabbeln (Farbtafel I); ein Paar abstrakter Figuren — Schlangen vielleicht — verfolgen einander entlang den scheinbar getrennten Hälften eines der Länge nach durchschnittenen Möbiusbandes (Abb. 18.3); und eine Parade roter und grauer Reiter, die einen das exakte Spiegelbild der anderen, marschieren auf den zwei Flächen eines endlosen, gedrehten Bandes in entgegengesetzte Richtungen (Farbtafel II).[2] Escher, ein wahrer Meister in der Darstellung der Absurditäten und Ironien des Lebens, fand im Möbiusband ein ergiebiges Motiv, das seine schöpferische Arbeit befruchtete.

In der Science-Fiction Geschichte „A Subway Named Möbius"[3] dreht sich die Handlung um das rätselhafte Verschwinden eines U-Bahnzugs der Linie 86 aus dem Bostoner U-Bahnnetz: Das Netz ist gerade erst einen Tag in Betrieb genommen worden, als plötzlich die Nr. 86 vermißt wird. Zwar berichten verschiedene Leute, sie hätten den Zug genau über oder unter sich vorbeifahren hören, doch wirklich gesehen hat ihn keiner. Nachdem alle Versuche, die U-Bahn wiederzufinden, gescheitert sind, meldet sich der Mathematiker Roger Tupelo aus Harvard bei der Verkehrszentrale und unterbreitet eine verwirrende Theorie: Das U-Bahnnetz sei derartig komplex gebaut,

2 Hierbei handelt es sich um kein echtes Möbiusband, da es zwei Flächen und zwei Kanten hat. Es ist vielmehr das Gebilde, das man erhält, wenn man ein Möbiusband längs seiner Mittellinie durchschneidet. Man kann es aber auch herstellen, indem man den langen rechteckigen Papierstreifen aus Abb. 18.1a zweimal um 180° dreht, bevor man die Endpunkte zusammenklebt. Um die Komplexität des Werkes *Reiter* noch zu erhöhen, läßt Escher sein Band in der Mitte zusammentreffen. Er überbrückt so die zwei getrennten Seiten und ermöglicht es den zwei Gruppen von Reitern, sich zu treffen.

3 Von A. J. Deutch (1950) in: *Where Do We Go From Here?*, hrsg. von Isaac Asimov, Greenwich, Connecticut 1972.

Abb. 18.3: M.C. Escher, *Möbiusband I* (1961). © M.C. Escher Heirs c/o Cordon Art — Baarn — Holland.

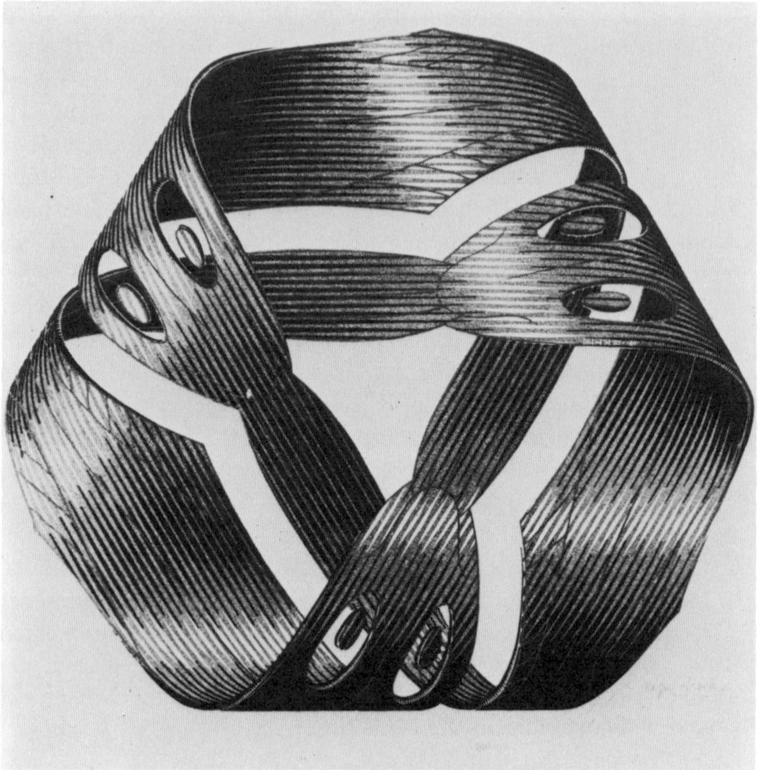

daß es möglicherweise Bestandteil einer einseitigen Fläche geworden sei — eines Möbiusbandes also. Es sei daher durchaus denkbar, daß die vermißte U-Bahn ihren normalen Kurs auf der „anderen" Seite des Bandes verfolge. Geduldig erklärt er den äußerst verwirrten Beamten die topologischen Besonderheiten eines solchen Systems. Und tatsächlich taucht die U-Bahn nach einiger Zeit — genauer gesagt nach 10 Wochen — wieder auf; die Fahrgäste sind alle wohlauf, wenn auch etwas müde.

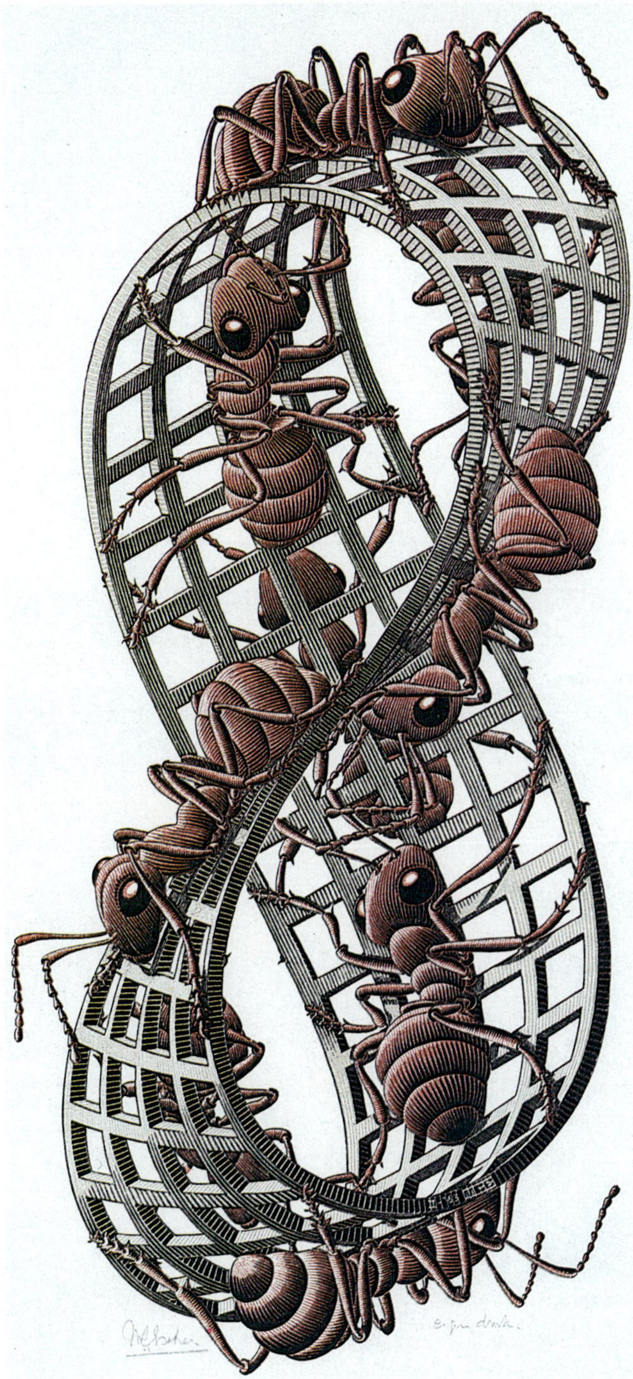

Farbtafel I: M.C. Escher, *Möbiusband II* (1963). © M.C. Escher Heirs c/o Cordon Art – Baarn – Holland. Sammlung Haags Gemeentemeuseum – Den Haag.

Farbtafel II: M.C. Escher, *Reiter II* (1946). © M.C. Escher Heirs c/o Cordon Art — Baarn — Holland. Sammlung Haags Gemeentemeuseum — Den Haag.

Farbtafel III: M.C. Escher, *Regelmäßige Flächenaufteilung mit Tieren.* © M.C. Escher Heirs c/o Cordon Art — Baarn — Holland. Sammlung Haags Gemeentemeuseum — Den Haag.

Farbtafel IV: M.C. Escher, *Kleiner und Kleiner I* (1956). © M.C. Escher Heirs c/o Cordon Art — Baarn — Holland. Sammlung Haags Gemeentemeuseum — Den Haag.

Farbtafel V: M.C. Escher, *Kreislimit III* (1959). © M.C. Escher Heirs c/o Cordon Art – Baarn – Holland. Sammlung Haags Gemeentemeuseum – Den Haag.

Farbtafel VI: M.C. Escher, *Drehstrudel* (1957). © M.C. Escher Heirs c/o Cordon Art — Baarn — Holland. Sammlung Haags Gemeentemeuseum — Den Haag.

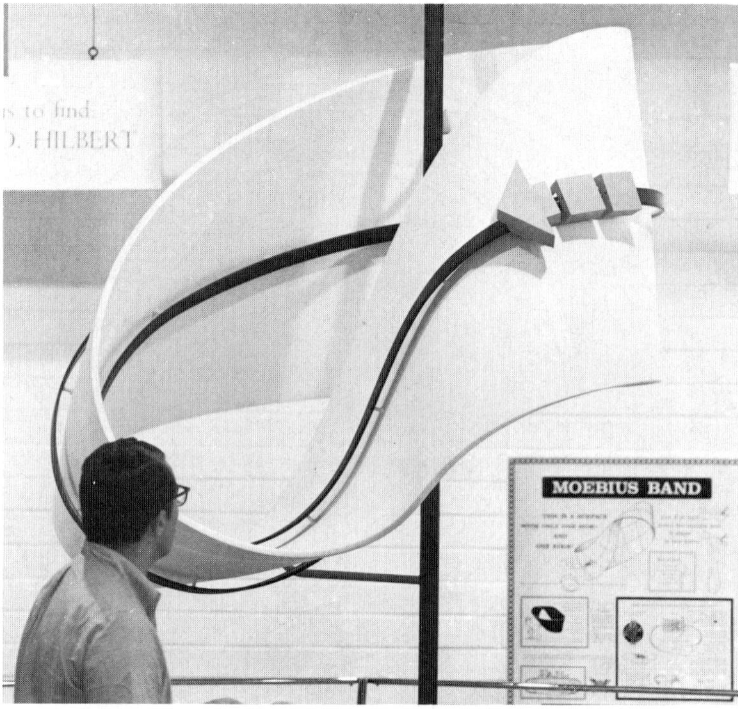

Abb. 18.4: Ein Modellzug windet sich auf einem riesigen Möbiusband entlang. Teil einer von IBM geförderten Ausstellung mit dem Titel *Mathematica: The World of Numbers and Beyond* von Charles und Ray Eames. Diese Wanderausstellung war in verschiedenen größeren Wissenschaftsmuseen der USA zu besichtigen. Das Photo stammt von Charles Eames, mit freundlicher Genehmigung.

19 Die Zauberwelt der Spiegel

Sieh die Erhabenheit nun und die Weite
Der ewigen Kraft, da sie sich soviel Spiegel
Geschaffen hat, in denen sie gebrochen,
Und dennoch eine bleibt, wie sie gewesen.

Dante Alighieri (1265–1321), Das Paradies, 29. Gesang

Alle Menschen erliegen irgendwann einmal der Faszination der Spiegel. Sogar Tiere. Ich erinnere mich, daß ich einmal eine Katze beobachtete, die gebannt in einen Spiegel starrte und sich zweifellos wunderte, welche andere Katze da hinter der spiegelnden Fläche saß. Die Gesetze der Optik spielen einem hierbei jedoch leicht einen Streich: Ein Lichtstrahl, der unter einem bestimmten Winkel in den Spiegel einfällt, wird im gleichen Winkel reflektiert,[1] wodurch der Eindruck entsteht, als ob ein hinter dem Spiegel verborgenes Objekt zum Vorschein käme (Abb. 19.1). Seit frühester Menschheitsgeschichte gehören Spiegel zu den wertvollsten Besitztümern; wir finden sie in den Grabstätten ägyptischer Könige — wo sie offensichtlich die Schönheit der Verblichenen für künftige Generationen erhalten sollten — ebenso wie in den riesigen Palästen des barocken Europa, wo sie mit ihren glitzernden Reflexen zur Unterhaltung des Adels beitrugen. In unserer Zeit werden Spiegel in Kaufhäusern und Restaurants verwendet, um kleine Räume größer erscheinen zu lassen. Als gekrümmte Spiegel sind sie in einem magischen Spiegelkabinett eine Quelle ständiger Faszination für Kinder.[2]

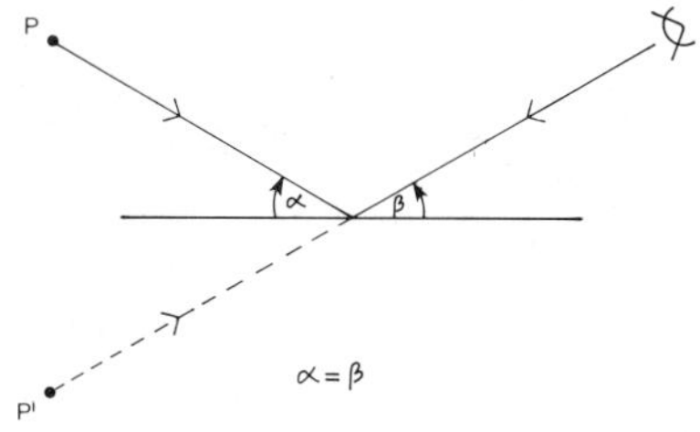

Abb. 19.1: Das Reflexionsgesetz.

1 Formalisiert ausgedrückt, heißt das: „Einfallswinkel ist gleich Ausfallswinkel." Dies ist das Reflexionsgesetz, eines der zwei Grundgesetze der geometrischen Optik. (Das andere ist das Brechungsgesetz, das den Übergang des Lichts von einem optischen Medium in ein anderes beschreibt.) Das Gesetz besagt auch, daß der einfallende Strahl, der reflektierte Strahl und die Senkrechte zur Spiegelebene in einer Ebene liegen.

2 Mehr über die Faszination von Spiegeln findet sich bei Martin Gardner: Das gespiegelte Universum: links, rechts — und den Sturz der Parität, Braunschweig 1967.

Abb. 19.2: Zwei zueinander geneigte Spiegel.

Betrachten wir zwei Spiegel, die wie in Abb. 19.2 in einem bestimmten Winkel zueinander aufgestellt werden. Ein dazwischen plazierter Gegenstand wird an jedem der beiden Spiegel (oder an ihrer Verlängerung) reflektiert, wodurch zwei Bilder entstehen. Jedes der beiden Spiegelbilder kann nun als neuer Gegenstand betrachtet werden, der wiederum an jedem Spiegel reflektiert wird usw. Es scheint, als ob die Spiegelungen beliebig wiederholt werden könnten und so unendlich viele Spiegelbilder entstünden. Es kann jedoch vorkommen, daß einige der sekundären Spiegelungen zusammenfallen, so daß dieser Prozeß zu einem Ende kommt. Abb. 19.3 zeigt zwei im Winkel von 60° aufgestellte Spiegel im Querschnitt. Die fett gedruckten Linien *A* und *B* stellen die beiden Spiegel dar, die dünn gezeichneten Linien ihre Verlängerungen, und die gestrichelte Linie *C* ist die jeweilige Reflexion des einen Spiegels im anderen. Nun plaziert man einen Gegenstand *K* irgendwo zwischen *A* und *B* (in der Abbildung berührt der schraffierte Gegenstand zwar den Spiegel *B*, doch dient dies nur dem Zweck, die Reflexion leichter nachvollziehbar zu machen). Mit A_1 und B_1 bezeichnen wir jeweils das Spiegelbild des Gegenstands in den Spiegeln *A* bzw. *B*. A_1 spiegelt sich nun an *B* und erzeugt ein neues Bild A_2; ebenso erzeugt B_1 durch Spiegelung an *A* ein neues Bild B_2. Diese sekundären Spiegelbilder werden nun wiederum an den ursprünglichen Spiegeln reflektiert, wodurch A_3 und B_3 entstehen. Mit Hilfe der Reflexionsgeometrie können wir uns jedoch leicht davon überzeugen, daß die letzten zwei Spiegelbilder zusammenfallen und folglich keine weiteren erzeugt werden. Von dem ursprünglichen Objekt erhalten wir also fünf Spiegelbilder, die zusammen mit dem realen Objekt in drei Paaren angeordnet die Scheitelpunkte eines gleichseitigen Dreiecks ergeben.

Für den Winkel von 60° erhalten wir somit ein Muster, das sich durch einen hohen Grad an Symmetrie auszeichnet: Es kann an jeder der Geraden *A*, *B* und *C* gespiegelt bzw. um 120°, 240° und 360° ge-

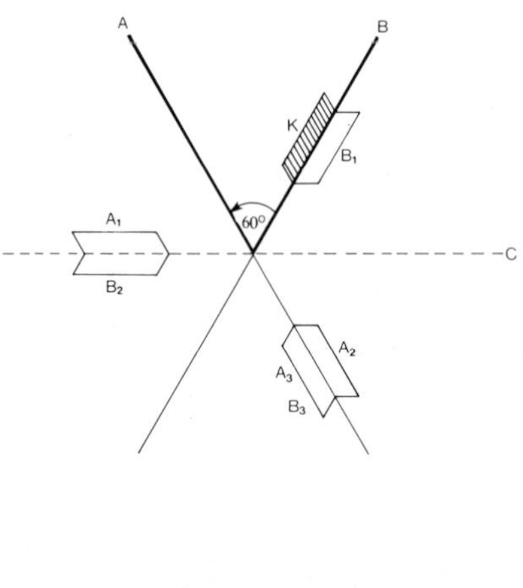

Abb. 19.3: Mehrfache Reflexionen an zwei Spiegeln, die einen Winkel von 60° bilden. Es entsteht ein symmetrisches Muster.

dreht werden, ohne daß dadurch das Muster insgesamt gesehen verändert würde. Wir sagen in diesem Fall, das Muster hat eine *dreizählige Drehsymmetrie* und eine *dreiachsige Spiegelsymmetrie*. Das Ergebnis läßt sich auch verallgemeinern: Wenn zwei Spiegel einen Winkel α bilden, dann besitzt das resultierende Muster eine n-zählige Drehsymmetrie und eine n-achsige Spiegelsymmetrie, wobei $n = 360°/2\alpha$.[3]

Genau dieses Prinzip — die Erzeugung symmetrischer Muster durch Spiegelung eines Gegenstands an zwei zueinander geneigten Spiegeln — liegt dem *Kaleidoskop* zugrunde. Dieses Instrument, eine Erfindung des schottischen Physikers Sir David Brewster (1781—1868) aus dem Jahr 1816, entwickelte sich zu einem wahren Wunderspielzeug für jung und alt. (Der Name leitet sich übrigens aus dem Griechischen ab: *kalos* = schön, *eidos* = Form und *skopein* = sehen, betrachten.) Das Kaleidoskop besteht aus einer Röhre, in der zwei Spiegel in einem Winkel von gewöhnlich 60° angebracht sind. An dem einen Ende der Röhre befinden sich nun kleine bunte Glasscherben, die mitsamt ihren mannigfachen Spiegelungen durch ein Loch im anderen Ende der Röhre betrachtet werden können. Die Konstruktion dieses Geräts war so einfach, daß es tausendfach ohne Genehmigung kopiert wurde. Dies führte dazu, daß der Erfinder, anstatt in den Genuß der ihm rechtmäßig zustehenden Patentgebühren zu kommen, leer ausging. Auch heute hat dieses Instrument nichts von seiner Anziehungskraft eingebüßt; nur sind heute die Spiegel durch kleine Vielfachlinsen ersetzt, und an die Stelle der Glasscherben tritt jede beliebige Szene, die man durch die Röhre betrachten mag.[4]

3 Diese Formel gibt die Anzahl der Symmetrieelemente nur dann an, wenn n ganzzahlig ist. Damit dies der Fall ist, muß der Winkel α auf bestimmte Werte beschränkt werden (180°, 90°, 60°, 45°, 36°, usw. für $n = 1, 2, 3, 4, 5, \ldots$) Nimmt α andere Werte an, dann ist n ein Bruch oder gar eine irrationale Zahl, wodurch die Drehsymmetrie zum Teil oder vollständig verlorengeht. Wenn der Gegenstand selbst bereits spiegelsymmetrisch ist und wir ihn bezüglich der Spiegel symmetrisch plazieren, dann ergeben sich zusätzliche Symmetrien. Nehmen wir beispielsweise an, $\alpha = 60°$ und unser Gegenstand sei der Buchstabe *I*. Wenn nun *I* der Länge nach auf der Winkelhalbierenden der zwei Spiegel liegt, dann entsteht ein Muster, das der Symmetrie eines regelmäßigen Sechsecks entspricht; das heißt, es besitzt eine sechsfache Drehsymmetrie und eine sechsachsige Spiegelsymmetrie. Eine ausführlichere Besprechung dieser Thematik bietet H.S.M. Coxeter in seinem Buch *Introduction to Geometry* (Unvergängliche Geometrie), das in der Bibliographie aufgeführt ist.

4 Die Anleitung für den Bau eines einfachen Kaleidoskops findet sich in *Photography as a Tool*, Life Library of Photography, New York 1970, S. 208.

In einem Kaleidoskop ist der Winkel α festgelegt, doch können wir auch mit zwei freibeweglichen Spiegeln experimentieren, die wir unter verschiedenen Winkeln gegeneinander halten. Dabei ist es faszinierend zu beobachten, wie die Anzahl der Spiegelbilder zunimmt, je kleiner der Winkel wird. Scheinbar aus dem Nichts entstehen mehr und mehr Bilder, bis es so viele sind, daß sie vor den Augen verschwimmen. (Dies liegt zum Teil an der Unvollkommenheit der Spiegel bzw. an den dadurch hervorgerufenen inneren Reflexionen, die immer stärker hervortreten, je näher die Sichtlinie an die Spiegelebene rückt.) Für $\alpha \to 0$ strebt die Anzahl der Spiegelbilder gegen unendlich, doch bleibt dann natürlich zwischen den Spiegeln kein Platz mehr für einen Gegenstand, geschweige denn für uns, die wir die Spiegelungen beobachten wollen. Die Geheimnisse der Unendlichkeit bleiben also zwischen unseren Spiegeln wohl gehütet!

Wir können diese Situation jedoch umgehen, wenn wir uns zwischen zwei *parallele* Spiegel stellen, die sich in einem bestimmten Abstand d voneinander befinden. Dieser Anblick ist uns aus dem Friseursalon wohlvertraut: In einer endlosen Spiegelgalerie wird das eigene Bild vor- und zurück geworfen, mal sieht man sich von vorne, mal von hinten. Nun ist die Spiegelgalerie natürlich nur fast endlos, denn auch hier ist es uns letztlich verwehrt, ins Unendliche zu schauen. Erstens befindet sich stets der Kopf in der Sichtlinie und verhindert so einen freien Blick geradeaus; und zweitens verwandeln sich die Spiegel bei der geringsten Abweichung von der parallelen Stellung

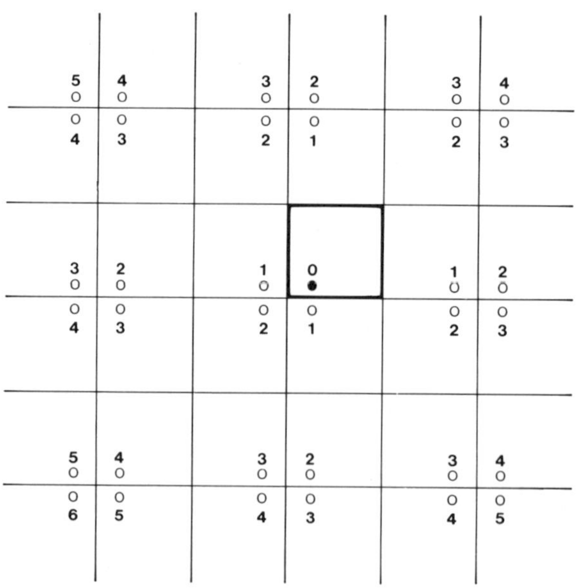

Abb. 19.4: Ein mit Spiegeln ausgekleideter Raum im Querschnitt. Die kleinen Zahlen bezeichnen die Folge der wiederholten Spiegelungen.

in ein riesiges Kaleidoskop, so daß die Bilder auf einem weiten Kreis nach außen wandern, bis sie aus unserem Blickfeld entschwinden.

Stellen wir uns nun einen Raum vor, dessen vier Wände aus Spiegeln bestehen. Abb. 19.4 zeigt einen solchen Raum im Querschnitt. Wie zuvor stellen die fett gedruckten Linien die Spiegel dar, die in diesem Fall ein Quadrat bilden, während die dünnen Linien ihre zahlreichen Reflexionen sind. Plaziert man nun ein Objekt irgendwo in dieses Quadrat, so bewirkt man in der Ecke, die dem Gegenstand am nächsten liegt, einen kaleidoskopischen Effekt. Zusätzlich tritt jedoch ein anderes Phänomen auf. Da die zahlreichen Reflexionen der paarweisen, gegenüberliegenden Spiegelwände ein unendliches Gitter von Quadraten erzeugen (von denen jedes einzelne wiederum als neues Spiegelquadrat betrachtet werden kann), wiederholt sich das ursprüngliche kaleidoskopische Muster immer und immer wieder, bis es die gesamte Ebene ausfüllt. Das Ergebnis ist eine quadratische Flächenaufteilung der Ebene, wobei jedes Quadrat in einer Ecke mit den Spiegelbildern des ursprünglichen Objekts „verziert" ist. Eine ähnliche Wirkung erzielt man mit drei Spiegeln, die ein gleichseitiges Dreieck bilden; hier ergibt sich eine dreieckige Flächenaufteilung.

Von hier aus ist es nur noch ein kleiner Schritt zu der Vorstellung eines ganz aus Spiegeln hergestellten Raumes, in dem nicht nur Wände, Decke und Fußboden, sondern auch das Mobiliar — Tische und Stühle — aus Spiegeln bestehen. Ein solcher Raum ist in der Albright-Knox-Galerie in Buffalo, New York, zu besichtigen. Er ist das Werk des griechischstämmigen Amerikaners Lucas Samaras (geb. 1936). Diesen Raum zu betreten, heißt, der Unendlichkeit so nahe zu kommen, wie es uns wohl überhaupt vergönnt ist — es ist eine schwindelerregende Erfahrung: Man hat das Gefühl, vor einem gähnenden, bodenlosen Abgrund zu stehen, der einen bei der geringsten unvorsichtigen Bewegung verschlucken wird.

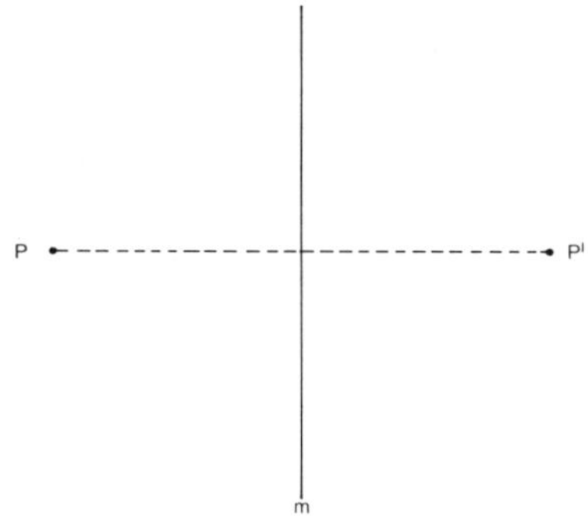

Abb. 19.5: Die geometrische Definition der Spiegelung: die Gerade *m* ist die Mittelsenkrechte auf der Strecke *PP'* und bildet die Symmetrieachse.

Wir können nun den Spiegel durch eine geometrische Abstraktion — die Gerade *m* — ersetzen, die wir die *Spiegelachse* oder *Symmetrieachse* nennen. Unter „Spiegelung" an dieser Geraden verstehen wir eine Transformation, die jeden Punkt *P* der Ebene in einen Punkt *P'* überführt, wobei die Spiegelachse die Mittelsenkrechte auf der Linie *PP'* ist (Abb. 19.5). Auf diese Weise ist es uns möglich, die Spiegelung als einen rein geometrischen Begriff zu betrachten, der unabhängig von optischen Überlegungen ist. Diese Art der „mathematischen Optik" hat sich zu einem ergiebigen Forschungsgebiet entwickelt und kann eine Vielzahl eleganter Ergebnisse vorweisen.[5] Im folgenden werden wir uns diese Betrachtungsweise aneignen.

5 Ein interessantes, bislang noch ungelöstes Problem ist das folgende: Gegeben sei ein konvexes Polygon, dessen Innenseiten eindimensionale Spiegel sind. Mit Hilfe einer beliebig im Innern aufgestellten Lichtquelle kann das Innere vollständig ausgeleuchtet werden (auch ohne Spiegel). Gilt dies für *jedes* beliebige spiegelnde Polygon — ob konvex oder nicht? Die Antwort scheint „Ja" zu sein, da die reflektierten Lichtstrahlen wie Billardbälle auf einem Billardtisch von Wand zu Wand geworfen werden und jeden Punkt im Raum zu erreichen scheinen. Bewiesen wurde diese Vermutung bisher jedoch nicht. Ersetzt man nun das Polygon durch eine beliebige geschlossene Kurve, konnte interessanterweise gezeigt werden, daß manche Kurven nicht unbedingt vollständig von einer Lichtquelle beleuchtet werden können, gleichgültig wo man sie aufstellt. Dies ist recht überraschend, da jede Kurve durch Segmente von Geraden, das heißt also durch Polygone, beliebig nah approximiert werden kann. Einzelheiten dazu finden sich bei C. Stanley Ogilvy: *Tomorrow's Math: Unsolved Problems for the Amateur*, New York 1972, S. 59.

20 Horror vacui, Amor infiniti

Willst Du ins Unendliche schreiten,
Geh nur im Endlichen nach allen Seiten

Johann Wolfgang von Goethe (1749–1832)

Wir kommen nun zu einer der schönsten Anwendungen der Mathematik in der Kunst – dem Studium der vielfältigen Möglichkeiten der Flächenbedeckung durch die unendliche Wiederholung eines Ornaments. Solche unendlichen Muster haben seit frühester Zeit die Phantasie von Künstlern und Handwerkern beflügelt und bilden das Grundgerüst für die eindrucksvolle abstrakte Kunst des Islam. Gerade in diesen Mustern erreicht das Zusammenspiel zwischen Geometrie und Kunst seinen Höhepunkt.

Wie wir gesehen haben, entsteht durch die wiederholte Reflexion eines Gegenstands an zwei oder mehr Spiegeln ein symmetrisches Muster, auch wenn der Gegenstand selbst nicht symmetrisch ist. Betrachten wir diesen Vorgang genauer, so stellen wir fest, daß sich dabei drei Arten von Bewegungen bzw. Transformationen der Ebene ergeben: Spiegelungen, Drehungen und Translationen. Eine Spiegelung an der Geraden *m* wurde im vorigen Kapitel als eine Transformation definiert, die jeden Punkt *P* in einen neuen Punkt *P'* überführt, und zwar dergestalt, daß *m* die Mittelsenkrechte zu der Geraden *PP'* bildet. Dies ist eine rein geometrische Definition, die unabhängig davon ist, ob eine optische Spiegelung tatsächlich stattfindet. Die anderen zwei Transformationen können ebenfalls rein geometrisch, das heißt, unabhängig von „physikalischen" Überlegungen, definiert werden. Eine *Drehung* (oder *Rotation*) um einen bestimmten Fixpunkt *O* in der Ebene bildet jeden Punkt *P* auf einen neuen Punkt *P'* ab, so daß gilt $OP = OP'$; der Drehwinkel ist dabei für alle Punkte gleich (Abb. 20.1). Eine *Translation* verschiebt jeden Punkt *P* längs einer vorgegebenen Richtung um einen festen Abstand *d*, so daß alle Punkte in der Ebene ihre Position um den gleichen Abstand in die gleiche Richtung verändern (Abb. 20.2).

Diese drei Transformationen stellen das notwendige Handwerkszeug dar, um die Symmetrieelemente jeder beliebigen Figur zu untersuchen. Ein *Symmetrieelement* oder eine *Symmetrieoperation* ist eine Transformation, die eine Figur insgesamt gesehen invariant (das heißt, unverändert) läßt, auch wenn einzelne Teile ihre Position vertauschen. Ein gleichseitiges Dreieck beispielsweise besitzt sechs Symmetrien: drei Spiegelungen an seinen Seitenhalbierenden und drei

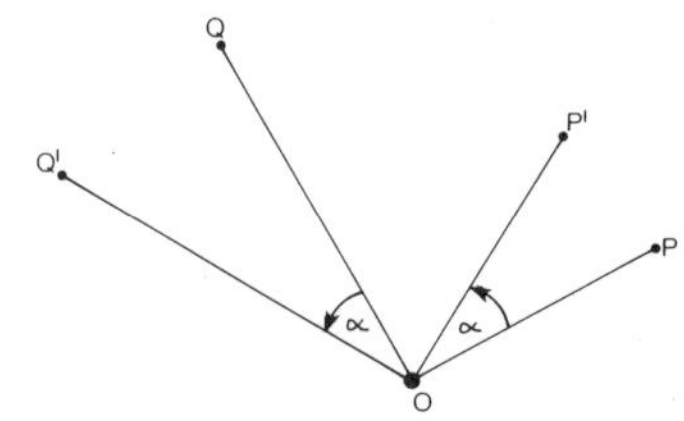

Abb. 20.1: Die Drehung.

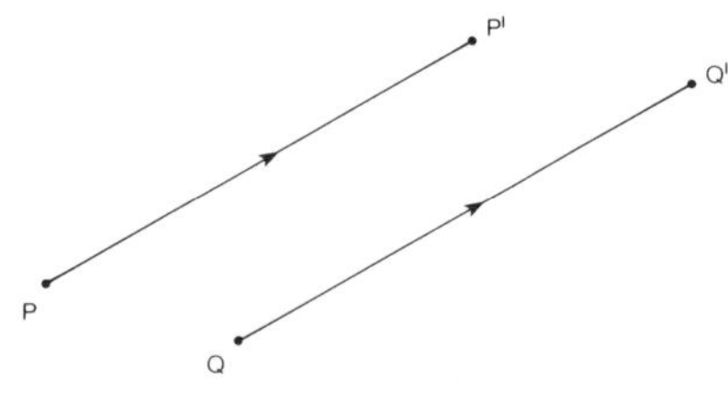

Abb. 20.2: Die Translation.

Drehungen von jeweils 120 ° um den Schnittpunkt der Seitenhalbierenden (Abb. 20.3). Jede dieser Operationen läßt das Dreieck insgesamt invariant. Telefonmasten, die in gleichmäßigen Abständen voneinander aufgestellt sind, weisen hingegen eine Translationssymmetrie auf — das heißt, wenn wir eine Translation von einem Mast zum nächsten durchführen, bleibt die Reihe insgesamt gesehen unverändert.

Um sich mit diesen Begriffen vertraut zu machen, bastelt man sich am besten ein Modell: Wir zeichnen eine Figur und pausen sie auf Transparentpapier ab; dann bewegen wir das Duplikat so lange, bis es sich mit dem ursprünglichen Bild deckt. Beim gleichseitigen Dreieck gibt es sechs verschiedene Möglichkeiten, die Dreiecke zur Deckung zu bringen, nämlich drei Drehungen um jeweils 120 ° und dreimaliges Umklappen des Papiers um die Seitenhalbierenden des Dreiecks, entsprechend den Spiegelungen an diesen drei Achsen. Jede dieser Operationen führt das Duplikat wieder in das Original über. Auf die gleiche Weise lassen sich die Telefonmasten durch eine Translation oder Verschiebung in sich selbst überführen, wenn man nur die Pauspapierversion um den richtigen Abstand in die richtige Richtung bewegt.

Der Bequemlichkeit halber definiert man üblicherweise noch eine vierte Symmetrieoperation, die *Gleitspiegelung*. Sie ist das Ergebnis einer Achsenspiegelung bei gleichzeitiger Translation entlang dieser Achse (Abb. 20.4). Fußspuren im Sand sind ein Beispiel für diese Art der Symmetrie.[1]

1 Die vier eben beschriebenen Symmetrieoperationen — Spiegelung, Drehung, Translation und Gleitspiegelung — haben eine wichtige Eigenschaft gemeinsam: sie sind längentreu. Das heißt, wenn in einer Ebene zwei beliebige Punkte *P* und *Q* in die Punkte *P'* und *Q'* überführt werden, dann gilt *PQ* = *P'Q'*. Eine längentreue Transformation heißt isometrisch (aus dem Griechischen *isos* = gleich und *metron* = Maß). Mit den vier genannten Symmetrieoperationen sind alle möglichen isometrischen Abbildungen erfaßt. (Natürlich ist nicht jede Transformation isometrisch, wie das Beispiel der inversen Abbildung zeigt.) Gerade die Eigenschaft der Längentreue macht unsere vier Operationen für die Untersuchung der Symmetrie einer Figur so wichtig, denn eine Symmetrieoperation erhält die Figur invariant und muß folglich die Abstände zwischen all ihren Punkten bewahren.

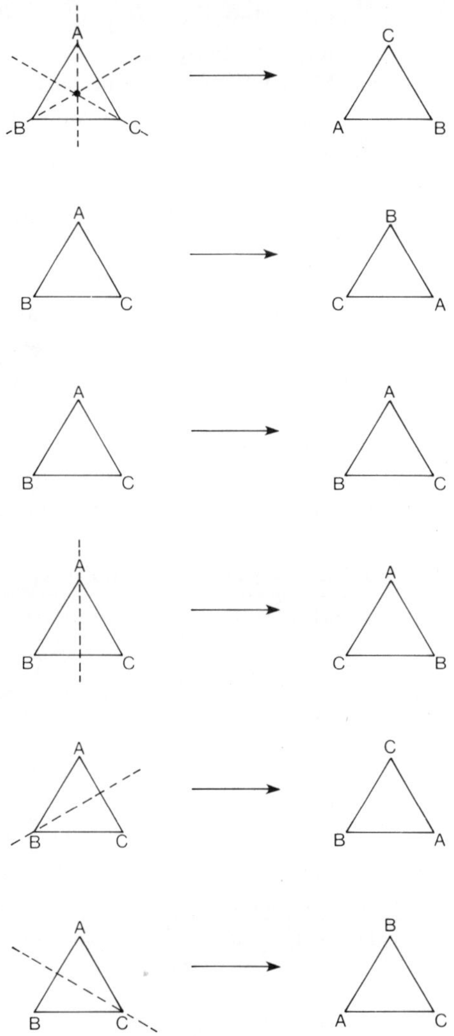

Abb. 20.3: Die sechs Symmetrieoperationen eines gleichseitigen Dreiecks.

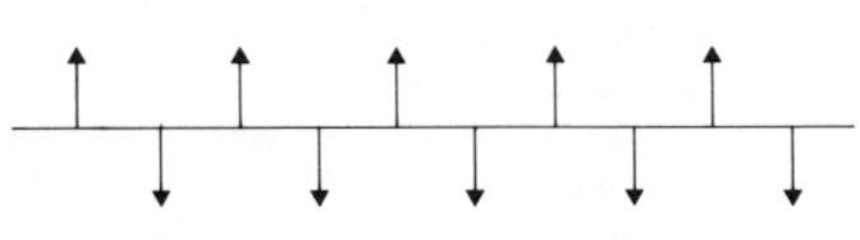

Abb. 20.4: Die Gleitspiegelung.

Während Spiegelungen und Drehungen allein zwar ausreichen, um die Symmetrie eines einzelnen Gegenstands, etwa einer Blüte oder eines Blattes, zu untersuchen, benötigen wir alle vier Symmetrieoperationen, um ein *unendliches Muster* zu analysieren. Solche unendlichen Muster sind in Kunst und Wissenschaft sehr häufig anzutreffen; die Bandornamente sowohl der klassischen als auch der primitiven

Kunst und die Muster von Tapeten und Bodenbelägen aus jüngerer Zeit mögen hier als Beispiele dienen. Gerade in der Analyse solch unendlicher Muster hat sich die moderne Mathematik – und insbesondere ein Zweig der Algebra, der unter dem Namen *Gruppentheorie*[2] bekannt ist – besonders bewährt.

Das einfachste aller unendlichen Muster ist das eindimensionale *Bandornament*; es besteht aus einer einzelnen – ihrerseits durchaus auch zweidimensionalen – Figur, die auf einem unendlichen Band in regelmäßigen Abständen wiederholt wird.[3] Wie sich herausgestellt hat, sind hier genau sieben verschiedene Arten von Symmetrien möglich – die sieben *eindimensionalen Symmetriegruppen* nämlich, die in Tabelle 3 aufgeführt sind. Bitte beachten Sie bei dieser Tabelle, daß die konkrete Form der erzeugenden Figur völlig bedeutungslos für die Klassifikation ist; entscheidend sind einzig die Symmetrieoperationen (d. h. die verschiedenen Transformationen, die möglich sind, ohne das Muster insgesamt zu verändern).

Tabelle 3. Die sieben eindimensionalen Symmetriegruppen

	Typisches Muster	Symmetrieoperation
1.	... L L L L ...	1 Translation
2.	... L Γ L Γ ...	1 Gleitspiegelung
3.	... V V V V ...	1 Translation, 1 vertikale Spiegelachse
4.	... N N N N ...	1 Translation, 1 Halbdrehung*
5.	... V Λ V Λ ...	1 Vertikale Spiegelachse, 1 Halbdrehung
6.	... E E E E ...	1 Translation, 1 horizontale Spiegelachse
7.	... H H H H ...	3 Spiegelungen (1 horizontale und 2 vertikale Achsen)

* Eine Halbdrehung ist eine Drehung um 180°.

2 Der Begriff der *Gruppe* ist von fundamentaler Bedeutung in der modernen Algebra. Zwar wurde er um das Jahr 1830 zunächst als rein abstrakter Begriff eingeführt, doch fand er inzwischen zahlreiche Anwendungen sowohl in der Mathematik und den Naturwissenschaften als auch in der Kunst. Eine kurze Einführung in die Gruppentheorie findet sich im Anhang.

3 Man kann sich natürlich einen noch einfacheren Fall vorstellen – ein eindimensionales „Linienornament" nämlich, bei dem die erzeugende Figur eindimensional und auf diese Linie beschränkt ist. Eine solche Figur kann nur eine gerichtete Strecke sein, die von einem Pfeil symbolisiert wird. Je nachdem, ob zwei benachbarte Pfeile in die gleiche oder in entgegengesetzte Richtungen weisen (Abb. 20.5), kommen hier zwei Symmetriearten in Frage. Die erste entspricht etwa der Symmetrie einer Kolonne von Fahrzeugen, die alle in die gleiche Richtung fahren; der zweite Typus ist das eindimensionale Gegenstück zu den endlosen Reflexionen in einem Paar paralleler Spiegel, so wie dies im Beispiel des Friseursalons der Fall ist.

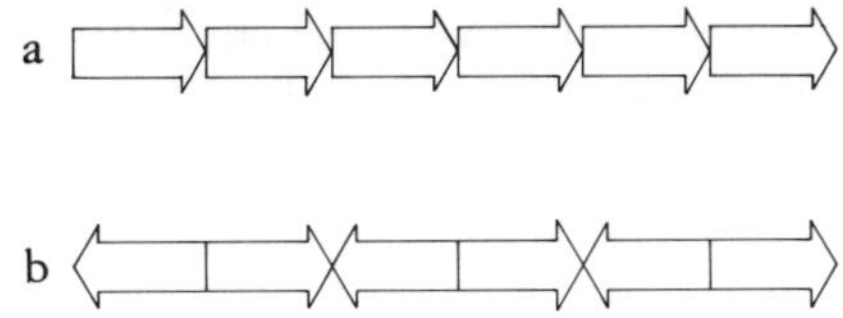

Abb. 20.5: Die zwei Formen des eindimensionalen Linienornaments.

Die *V* in Nr. 3 könnten beispielsweise durch *A* ersetzt werden, ohne daß sich die Art der Symmetrie auf dem Bandornament ändern würde. Genauso gut könnte man sie aber auch durch das Buchstabenpaar *b* und *d* ersetzen, die das Muster ... *b d b d* ... erzeugen. Dieses Muster gehört der gleichen Symmetriegruppe an wie das Muster Nr. 3, was man beweisen kann, indem man einen Spiegel senkrecht zwischen *b* und *d* stellt. Sowohl diese Operation als auch die Translation entlang des Bandes führen das Muster wieder in sich selbst über. Das Muster ... *b d p q b d p q* ... fällt hingegen in die gleiche Symmetriegruppe wie Nr. 5 — es bleibt sowohl bei Spiegelung an einer vertikalen Achse zwischen *b* und *d* als auch bei Drehung um 180° invariant.[4]

Angesichts der unbegrenzten Vielfalt der uns zur Verfügung stehenden Ornamente ist es äußerst erstaunlich, daß die oben genannten sieben Symmetriegruppen alle Möglichkeiten der symmetrischen Verzierung eines unendlichen Bandes abdecken. Die künstlerische Freiheit, ein beliebiges Grundmotiv auszuwählen, einerseits, und die Einschränkungen durch die Gesetze der Geometrie andererseits stehen hier also in einer faszinierenden Wechselbeziehung miteinander. Um E.H. Gombrich in seinem Werk *Ornament und Kunst*[5] zu zitieren, ist es vielleicht gerade diese Wechselbeziehung, diese „Heraus-

4 Tatsächlich kann man das ganze Muster durch die wiederholte Anwendung dieser Operationen erzeugen. Spiegeln wir zum Beispiel *b* an einer vertikalen Achse, erhalten wir das Paar *bd*. Durch Translation entlang der Bewegungsrichtung entsteht dann das vollständige Muster ... *bdbd* ... Auf ähnliche Weise kann man auch das Muster ... *bdpqbdpq* ... herstellen. Zunächst spiegeln wir *b* an einer vertikalen Achse und erhalten das Paar *bd*, dann drehen wir das Paar *bd* einschließlich seines imaginären Spiegels um 180° Grad, wobei der Drehmittelpunkt rechts von *d* liegt; das Ergebnis ist das Muster *b|d* · *p|q*. Die unendliche Wiederholung dieses Vorgangs erzeugt das ganze Band.

Es muß an dieser Stelle noch betont werden, daß die in der Tabelle aufgeführten Symmetrieoperationen nicht unbedingt die einzige Möglichkeit darstellen, einen bestimmten Symmetrie-Typ zu erzeugen. Das Muster Nr. 3 kann beispielsweise auch mit Hilfe zweier Spiegelungen beschrieben werden: Die erste Spiegelachse ist dabei die Mittelsenkrechte von *V*, die zweite Achse liegt zwischen zwei benachbarten *V*s. Der Beweis, daß diese zwei Spiegelungen ebenfalls zu der in der Tabelle beschriebenen Symmetriegruppe führen, folgt aus einem Theorem über die Kombination zweier Spiegelungen, das im Anhang erläutert wird.

5 Siehe Fußnote 9 auf S. 193.

(a) altgriechisch

(b) mittelalterlich

(c) altgriechisch

(d) indianisch (Navajo)

(e) islamisch, sechzehntes Jahrhundert

(f) Inka-Ornament, präkolumbianisch

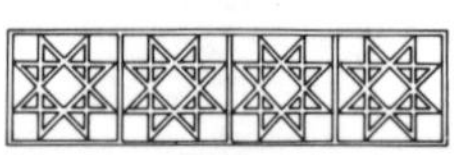

(g) chinesisch, siebzehntes Jahrhundert

Abb. 20.6: Beispiele für die sieben Typen des eindimensionalen Bandornaments, angeordnet in der Reihenfolge ihrer Symmetriegruppen (siehe Tabelle 3). Aus: Peter S. Stevens, *Handbook of Regular Patterns: An Introduction to Symmetry in Two Dimensions*, Cambridge, MA, 1981. Mit freundlicher Genehmigung.

forderung, die in der Beschränkung liegt", die dem Bandornament seine universale Anziehungskraft verleiht. Wir finden es unter den Artefakten fast jedes Zeitalters und fast jeder geographischen oder ethnischen Gruppe, vom frühen Altertum bis heute. In der U-Bahnstation Heathrow in London gibt es eine riesige Wanddekoration, auf der Bandornamente verschiedener Perioden und Kulturen abgebildet sind; man kann sie bequem betrachten, während man eine waagerechte Rolltreppe entlang fährt, die den Flughafen mit der nahegelegenen U-Bahnstation verbindet. Diese Wanddekoration gibt einen verlockenden Vorgeschmack auf die reichen Schätze, die den Besucher im Britischen Museum erwarten! Abb. 20.6 zeigt eine typische Auswahl von Bandornamenten, wobei in der Reihenfolge der Tabelle 3 jeweils ein Beispiel für eine Symmetriegruppe gegeben ist.

Wenn wir nun statt des eindimensionalen Bandornaments die zweidimensionale „Ornamentebene" betrachten, so ist es keineswegs verwunderlich, daß die Anzahl der möglichen Symmetrien zunimmt. Das bekannteste Beispiel für Flächenornamente sind die endlos wiederkehrenden Muster von Tapeten und Bodenbelägen. Die Besonderheit liegt hier darin, daß es entsprechend den zwei Dimensionen der Ebene *zwei* voneinander unabhängige Translationen gibt (dies steht im Gegensatz zum Bandornament, wo wir nur eine Translation haben). Abb. 20.7 verdeutlicht dies und zeigt die einfachste Möglichkeit der Flächendekoration. Das gesamte Muster beruht hier auf der Translation des Grundmotivs in zwei verschiedene Richtungen, wobei das Grundmotiv, der Buchstabe *b*, keine innere Symmetrie aufweist. Die von dem Grundmotiv und seinen Translationen eingenommenen Positionen bilden die Eckpunkte eines *unendlichen Gitters*, das das Grundgerüst für das gesamte Muster darstellt. Dieses Gitter besteht aus unendlich vielen kongruenten Parallelogrammen, von denen jedes als eine „Einheitszelle" betrachtet werden kann.[6] Insgesamt ähnelt diese Struktur der Atomanordnung in Kristallgittern, und tatsächlich benutzt die Kristallographie das gleiche mathematische Rüstzeug, das wir hier bei der Untersuchung der zweidimensionalen „Ornamentebene" verwendet haben.

Aus praktischer Erfahrung weiß man schon lange, daß es nur eine endliche Anzahl von Symmetrietypen gibt, die die Ebene symmetrisch aufteilen; endgültig bewiesen wurde dies jedoch erst 1891 von

6 Die Wahl der Einheitszelle ist nicht eindeutig. Es können verschiedene Parallelogramme — sogar Figuren, die nicht parallel sind — zugrunde gelegt werden, vorausgesetzt, sie enthalten keine anderen Gitterpunkte als die Scheitelpunkte. (Abb. 20.8 stellt drei Möglichkeiten dar.) Eben diese Freiheit, die Grundfigur beliebig auswählen zu können, ermöglicht eine Flächenaufteilung nach den individuellen Vorstellungen des Künstlers, wie etwa im Werk M.C. Eschers.

dem russischen Kristallographen E.S. Fedorov (1853—1919), der zeigen konnte, daß es genau siebzehn verschiedene Typen gibt. Diese siebzehn *Symmetriegruppen der Ebene*, die den sieben Symmetriegruppen des eindimensionalen Bandornaments entsprechen, decken alle Möglichkeiten der Flächenaufteilung ab.[7] Die begrenzte, ja mehr noch die außerordentlich geringe Anzahl der Symmetriegruppen ist hier noch erstaunlicher als beim eindimensionalen Bandornament; sie kann überhaupt nur mit Hilfe modernster Methoden der Algebra (genauer gesagt, der Gruppentheorie) erklärt werden. Um so überraschender ist es, daß Beispiele für alle siebzehn Gruppen in der Ornamentkunst des Altertums, insbesondere bei den Ägyptern, vertreten sind. Man könnte fast sagen, daß sie auf experimentellem Weg eine grundlegende mathematische Tatsache entdeckten, die erst rund vier Jahrtausende später bewiesen werden konnte. Hermann Weyl (1885—1955) schreibt dazu in seiner Abhandlung über Symmetrie[8]: „Man kann kaum die Tiefe der geometrischen Phantasie und Erfindungsgabe überschätzen, die in diesen Mustern zutage tritt... Die Kunst der Ornamentik enthält implizit das älteste uns bekannte Stück höherer Mathematik." In Abb. 20.9 ist jeweils ein Beispiel für die siebzehn Symmetriegruppen der Ebene gezeigt.

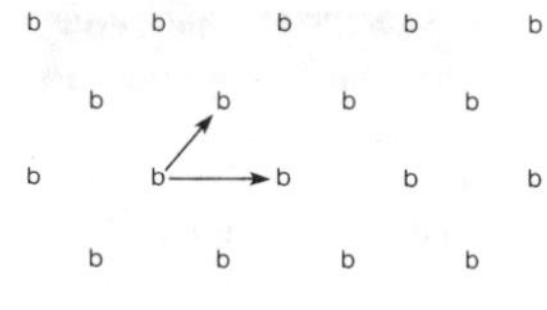

Abb. 20.7: Zwei unabhängige Translationen in der Ebene.

Unter den vielen Kulturen, die sich in der Ornamentkunst ausgezeichnet haben, nimmt der Islam eine Sonderstellung ein, denn niemand brachte diese Kunst zu größerer Vollkommenheit als die Moslems. Da ihre Religion es ihnen verbietet, sich ein Bild von Gott und seiner Schöpfung zu machen — ein Gebot, das die meisten Moslems sehr wörtlich nehmen —, haben sie sich mit großer Hingabe der abstrakten geometrischen Kunst gewidmet und Muster von überragender Schönheit geschaffen. Überall in der islamischen Welt — vom Felsendom in Jerusalem bis zur Alhambra in Granada — steht man voller Bewunderung vor den feinen, verschlungenen Ornamenten, die

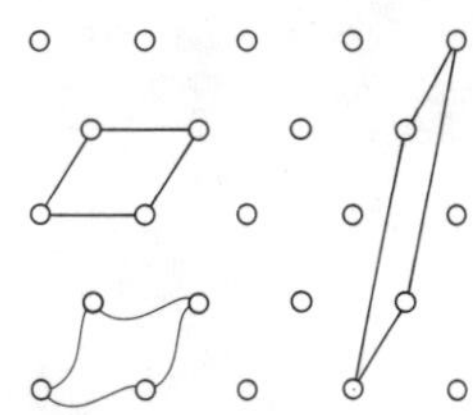

Abb. 20.8: Verschiedene Einheitszellen für ein und dasselbe Gitter.

7 Wie bei dem Bandornament müssen wir auch hier sorgsam zwischen den siebzehn Symmetriegruppen einerseits und der unendlichen Vielfalt der Ornamente andererseits unterscheiden. Das erstere stellt lediglich eine Klassifikation der Muster nach Symmetrieoperationen dar, während das letztere die Auswahl des Motivs für die Ausgestaltung des Musters betrifft. Ein Vergleich mit der Chemie bietet sich hier an: Zwar gibt es nur eine bestimmte Anzahl von natürlichen Elementen, 92 nämlich, doch können daraus unendlich viele Verbindungen entstehen.

Farben erhöhen die Anzahl der Symmetriemöglichkeiten ganz beträchtlich, wie man bereits am Beispiel eines einfachen Schachbrettes sehen kann, wo, ausgehend vom quadratischen Grundgerüst, bereits zwei Farben ein völlig neues Muster erzeugen. Dies gehört in das Gebiet der polychromatischen Symmetrie, die weitaus komplexer ist als die oben behandelte monochromatische Symmetrie. Eine eher technische Einführung in diese Thematik bietet das Buch *Symmetry in Science and Art* von A.V. Shubnikov and A.V. Koptsik, New York and London 1974.

8 Hermann Weyl: *Symmetrie*, Basel 1981.

Abb. 20.9: Die siebzehn ornamentalen Symmetriegruppen der Ebene. Aus: Phares G. O'Daffer und Stanley R. Clemens, *Geometry: An Investigative Approach*. Copyright © 1976 Addison-Wesley Publishing Company, Inc. Nachdruck mit freundlicher Genehmigung.

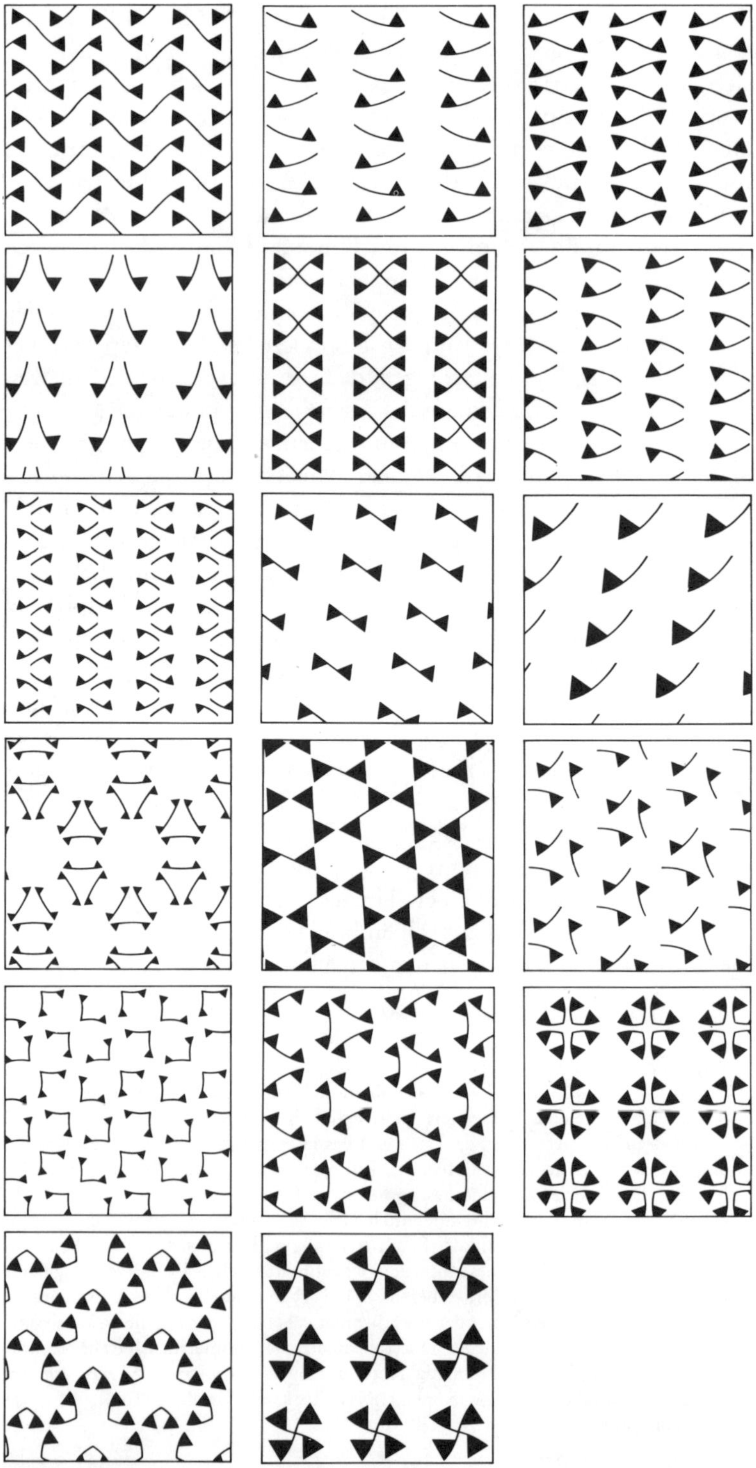

jeden Gegenstand, jedes Gebäude verzieren: die Keramikkacheln, die die Wände der Moscheen schmücken, die riesigen Orientteppiche, auf denen sich die Gläubigen zu ihren täglichen Gebeten versammeln, Messingteller und Tonwaren jeder Größe und Form. Die Motive, die diesen Reichtum schmücken, sind so vielfältig wie die Muster selbst; sie reichen von einer Vielzahl von Pflanzenrankenornamenten — worunter die Arabeske die häufigste Form ist — zu rein geometrischen Mustern aus Sternen und Polygonen, die auf höchst kunstvolle Weise miteinander verwoben sind. Um diese Pracht noch zu erhöhen, sind die Muster in leuchtenden Farben — hauptsächlich Gold und Blau — ausgemalt, wobei Blau die Unendlichkeit symbolisiert und Gold der Verherrlichung Allahs dienen soll.

Das der gesamten islamischen Kunst gemeinsame Thema ist geometrische Regelmäßigkeit, räumlicher Rhythmus und periodische Wiederholung. Der Islam mit seiner Verehrung eines allmächtigen Gottes, dem sich alle Menschen demütig unterwerfen müssen, fand in dem unendlichen Muster ein vollkommenes Sinnbild seiner Philosophie. Indem nur ein endlicher Ausschnitt eines in seiner Gesamtheit unendlichen Musters dargestellt ist, wird der Gläubige an seine Schwäche und Bedeutungslosigkeit angesichts der allmächtigen Herrschaft Allahs erinnert. Die Moslems, die gewissenhaft die griechische Geometrie studierten, machten von dem mathematischen Erbe ihrer Vorfahren höchsten künstlerischen Gebrauch — mit einem grundlegenden Unterschied jedoch. Während die Griechen das Unendliche fürchteten, berauschten sich die Moslems an ihm und maßen ihm größten ästhetischen und symbolischen Wert zu. Eigentlich geht es hier um zwei Arten des Unendlichen: das unendlich Große, dessen Symbol die regelmäßige Wiederholung eines Motivs ist und das eine Fortführung über alle physikalischen Grenzen hinaus impliziert; und das unendlich Kleine, das sich in dem Bemühen offenbart, noch den kleinsten Raum mit ornamentalen Details zu verzieren, die dann Teil des repetitiven Musters werden. Es scheint fast so, als ob die Moslems den leeren Raum fürchteten und so den griechischen *Horror infiniti* durch einen *Horror vacui* ersetzt hätten.[9]

9 Die Begriffe „Horror vacui, Amor infiniti" sind dem Buch *Ornament und Kunst. Schmucktrieb und Ordnungssinn in der Psychologie des dekorativen Schaffens* von E.H. Gombrich entnommen (Stuttgart 1982). Um Gombrich zu zitieren: „Der Trieb, der den Dekorateur veranlaßt, alle leeren Stellen auszufüllen, wird gewöhnlich *horror vacui* genannt und ist angeblich typisch für viele nicht-klassische Stile. Vielleicht wäre der Ausdruck *amor infiniti* eine passendere Beschreibung."

21 Maurits C. Escher – Meister des Unendlichen

Tiefe, tiefe Unendlichkeit! Ruhe, sich aus dem Nervenkrieg des täglichen Lebens wegzuträumen; über eine ruhige See auf dem Vorderdeck eines Schiffes zu einem Horizont fahren, der immer zurückweicht; auf die Wellen starren, die vorüberziehen, und ihrem eintönigen leisen Murmeln zuhören; sich in die Bewußtlosigkeit hineinträumen.

Maurits Cornelis Escher (1898–1972)[1]

Dadurch, daß ich mich sinnlich aufschließe für die Rätsel, die uns umringen, und meine Empfindungen überdenke und analysiere, komme ich in die Nähe der Mathematik. Obwohl exaktwissenschaftliches Training mir gänzlich fehlt, fühle ich mich öfters mehr mit Mathematikern als mit meinen Berufsgenossen verwandt.

Seinen Namen findet man nur selten in Abhandlungen über Kunst, da die Kritiker ihn meist ignorierten. Seine Bilder schmücken auch nicht die Wände weltbekannter Museen und Galerien, denn Öffentlichkeit war ihm zuwider. Will man seine Werke betrachten, muß man sie in Büchern über Mathematik oder Physik suchen, denn der Welt der Wissenschaft fühlte er sich enger verbunden als seinen Künstlerkollegen. Während er lange Zeit nur wenigen Interessierten bekannt war, erlangte er in den letzten fünfzehn Jahren seines Lebens plötzlich Berühmtheit. Allgemeine Anerkennung fand sein Genie jedoch erst nach seinem Tode. Kein anderer Künstler vermochte es so wie Maurits Cornelis Escher, die mathematischen Kuriositäten unserer Welt darzustellen.

Im Jahr 1898 in Leeuwarden, Holland, geboren, begann Escher seine Laufbahn zunächst als Landschaftsmaler. Besonders liebte er die heiteren Landschaften des Mittelmeers, und seine farbenprächtigen Bilder von kleinen Städten und Häfen in Italien und Südspanien sind von bezaubernder Schönheit und einer Einfachheit, die in starkem Gegensatz zu den höchst komplizierten Drucken seiner späteren Jahre steht. Diese frühen Werke hätten Escher sicherlich eine erfolgreiche Karriere als Landschaftsmaler garantiert, doch während eines Besuches der Alhambra in Granada im Jahr 1936 nahm sein künstlerisches Interesse eine vollkommen andere Richtung. Er war tief beeindruckt von den kunstvollen geometrischen Mustern, die die Wände dieses großen, aus dem 13./14. Jahrhundert stammenden Palastes schmücken, der ein Relikt aus der Zeit der arabischen Herrschaft in

1 Sämtliche Zitate in diesem Kapitel stammen von M.C. Escher. Sie sind den folgenden zwei Werken entnommen: *Leben und Werk des M.C. Escher*, hrsg. von J.L. Locher, Eltville 1984; und *Der Zauberspiegel des M.C. Escher* von Bruno Ernst, Berlin 1986.

Spanien ist. Drei Tage verbrachte Escher an diesem Ort; sorgfältig studierte er die Vielfalt der geometrischen Motive und kopierte einige, um sie später genauer zu untersuchen. Was er sah, beeinflußte ihn nachhaltig: Fortan beschäftigte er sich in seinen Werken zunehmend mit geometrischen Strukturen. Über das Problem der regelmäßigen Flächenaufteilung, das ihn seit seinem Besuch der Alhambra nicht mehr losließ, äußerte er sich Jahre später folgendermaßen: „Sie ist die reichste Quelle der Inspiration, die ich jemals angezapft habe, und sie ist noch keineswegs ausgetrocknet."

In Eschers späteren Werken spielen zahlreiche mathematische Begriffe eine Rolle: darunter Unendlichkeit, Relativität, Spiegelung und Inversion sowie das Verhältnis zwischen einem dreidimensionalen Objekt und seiner Darstellung auf einer zweidimensionalen Fläche. Insbesondere die Symmetrie im weitesten Sinne ist für ihn von zentraler Bedeutung. Escher verwendet alle vier Symmetrieoperationen und fügt ihnen noch eine fünfte hinzu, die ähnliche Abbildung. Zwei Themen also, Symmetrie und die Beschäftigung mit dem Unendlichen, sind bestimmend für das Wesen von Eschers Werk.[2]

Übrigens möchte ich nicht als Künstler etikettiert werden. Was ich immer angestrebt habe, ist, klar definierte Dinge auf die bestmögliche Weise und mit der größten Genauigkeit zu schildern.

Seine Werke zum Unendlichen lassen sich in drei Kategorien unterteilen:

1. unendliche Zyklen
2. regelmäßige Ebenenaufteilung
3. die „Limit"-Bilder.

In den Werken der ersten Kategorie drückt sich Eschers Interesse an Rhythmus und gleichmäßiger Wiederholung in der graphischen Darstellung einer Illusion aus, der Generationen von Erfindern und Tagträumern in der realen Welt vergeblich nachgejagt sind, dem Perpetuum mobile. Durch die Verwendung subtiler Kunstgriffe und versteckter „Tricks" erhalten seine Bilder etwas Groteskes, so als ob Escher Vergnügen daran fände, sich über die Naturgesetze lustig zu machen. Er selbst sagte dazu: „Ich kann es nicht unterlassen, mit unseren unwiderleglichen Sicherheiten zu spaßen. Es ist zum Beispiel eine Freude, mit Wissen und Willen Zwei- und Dreidimensionalitäten, flach und räumlich, durcheinanderzuwerfen und mit der Schwerkraft Spaß zu treiben." Wir haben bereits gesehen, wie Escher die topologischen Besonderheiten des Möbiusbandes für sich ausnutzte, um eine endlose Parade von Reitern oder sich endlos jagende Riesenameisen darzustellen. In seiner Lithographie *Wasserfall* (1961; Abb. 21.1) verzerrt Escher den Grundriß eines Gebäudes so geschickt, daß

Ich wollte nie etwas Mystisches darstellen; was manche Leute geheimnisvoll nennen, ist nichts als eine bewußte oder unbewußte Täuschung! Ich habe ein Spiel gespielt, mich ausgelebt in Bildgedanken mit keiner anderen Absicht, als die Möglichkeit des Darstellens selbst zu untersuchen. Alles, was ich in meinen Blättern biete, sind Berichte meiner Entdeckungen.

2 In den letzten Jahren erschienen zahlreiche Veröffentlichungen zum mathematischen Aspekt von Eschers Werk. Ein Teil dieser Literatur ist in der Bibliographie aufgeführt.

Abb. 21.1: M.C. Escher, *Wasserfall* (1961). © M.C. Escher Heirs c/o Cordon Art — Baarn — Holland.

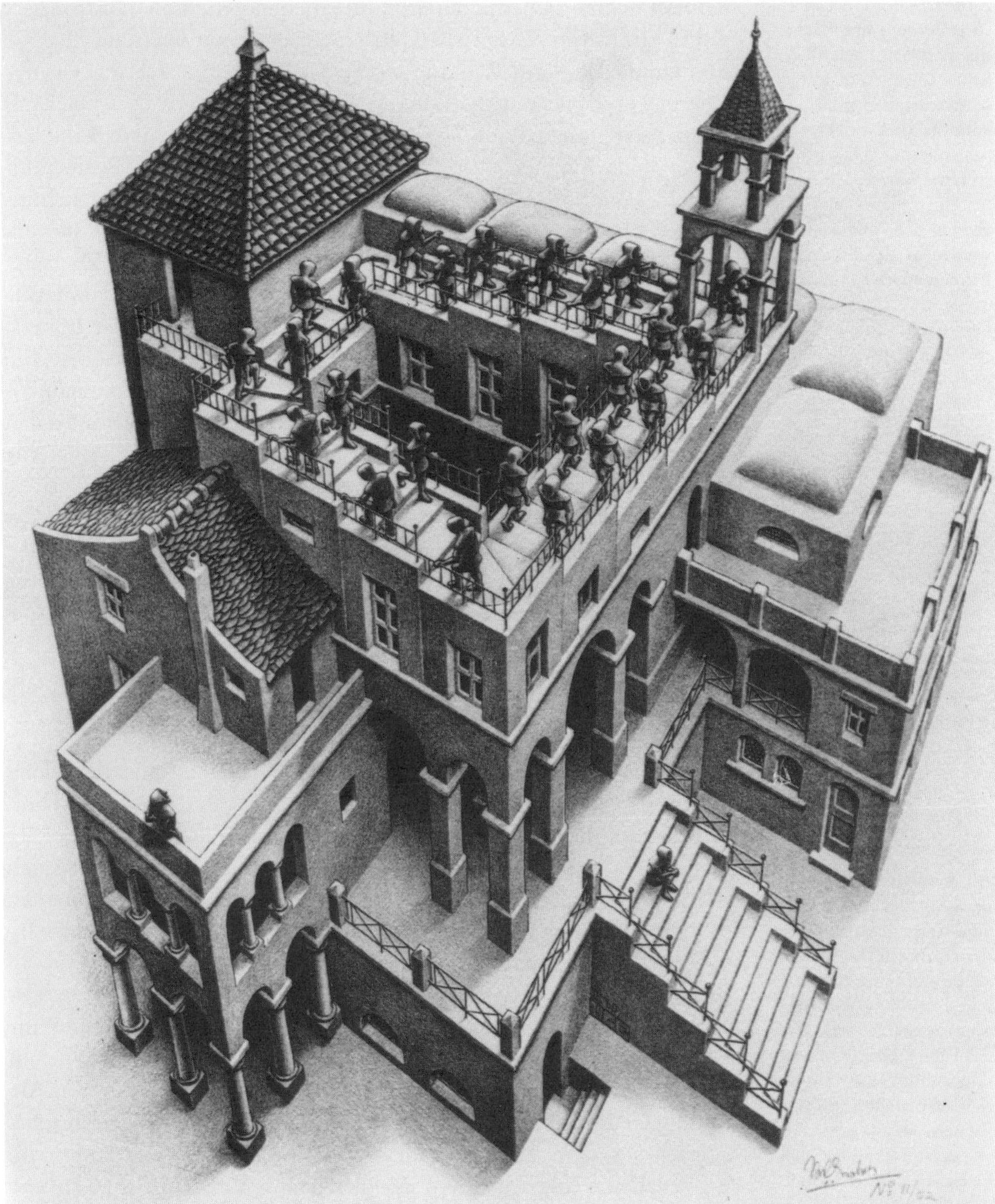

Abb. 21.2: M.C. Escher, *Treppauf und treppab* (1960). © M.C. Escher Heirs c/o Cordon Art — Baarn — Holland.

Eschers Definition von Flächenfüllung: Eine Fläche, die man sich nach allen Seiten unbegrenzt fortgesetzt vorstellen muß, kann nach einer beschränkten Zahl von bestimmten Systemen bis ins Unendliche aufgefüllt werden oder aufgeteilt werden in gleichförmige mathematische Figuren, die sich an allen Seiten begrenzen, ohne daß „leere Stellen" übrigbleiben.

der Betrachter sich mit einer unmöglichen Situation konfrontiert sieht: Ein Strom Wasser fließt in einem endlosen Kreislauf abwärts und treibt dabei ein Rad an — eine Maschine, die sich aus eigener Energie in Bewegung hält. In *Treppauf, treppab* (1960; Abb. 21.2) nutzt Escher auf geniale Weise die Gesetze der Perspektive: Eine Kolonne Soldaten marschiert hier eine Treppe hinauf, immer weiter aufwärts — nur um schließlich wieder am Ausgangspunkt anzukommen! Eschers Kommentar zu diesem Bild war: „Ja, ja, wir steigen, wir bilden uns ein, daß wir steigen, jede Stufe etwa zwanzig Zentimeter hoch, ungeheuer erschöpfend, aber wie kommen wir damit vorwärts? Gar nicht: Wir kommen keinen Schritt weiter oder höher."

Kennzeichnend für Escher wurde jedoch die zweite Kategorie, die regelmäßige Flächenaufteilung (oder manchmal auch Raumaufteilung). Die Vorstellung, ein Motiv endlos zu wiederholen, ohne dabei Überlappungen oder freie Räume entstehen zu lassen, stellte für Escher eine unwiderstehliche Herausforderung dar: „... [es blieb] eine stets spannende Beschäftigung, eine wahre Manie, von welcher ich besessen war und von der ich mich nur mit großer Mühe freimachen konnte." Doch anders als die Ornamente der islamischen Kunst, die ihn so inspiriert hatten, sind Eschers Motive selten abstrakt; im Gegenteil, es sind erkennbare Figuren — menschliche Wesen, Vögel, Fische und unbelebte Gegenstände aus dem täglichen Leben. Seine Ablehnung des rein Abstrakten formulierte Escher so:

> Die Mauren waren Meister darin, Flächen mit immer denselben Figuren lückenlos zu füllen. ... Schade, daß es der Islam verbot, Bilder zu machen. In ihren Mosaiken beschränkten sie sich auf abstrakte geometrische Formen. ... Die Beschränkung ist für mich um so unannehmbarer, als die Erkennbarkeit der Komponenten meiner eigenen Muster der Grund für mein nie schwindendes Interesse auf diesem Gebiet ist.

All dieser bewußten und persönlichen Anstrengung zum Trotz hat der Zeichner trotzdem das Gefühl, als ob sich eine Art magische Handlung vollzöge, wenn er seinen Stift über das Papier bewegt. Es ist ihm zumute, als ob nicht er die Formen bestimmt, sondern als ob statt dessen der unschuldige ebene Fleck, an dem er bastelt und sich abrackert, einen eigenen Willen bzw. Unwillen hat. Als ob er es ist, der die Bewegungen der zeichnenden Hand steuert oder hemmt, als ob der Zeichner ein spiritistisches Medium wäre.

Gerade diese Fähigkeit, abstrakte mathematische Ideen mit Hilfe konkreter, erkennbarer Figuren darzustellen, macht vielleicht Eschers Genie aus. Vergleichen wir zum Beispiel einmal die zwei Abbildungen 21.3 und 21.4: Die erste zeigt ein abstraktes griechisches Muster aus dem 6. Jahrhundert v. Chr., die zweite stammt von Escher. Beide Bilder gehören der gleichen Symmetriegruppe an und lassen genau zwei verschiedene Translationen zu; die eine Translation verläuft entlang einer Reihe, die andere über zwei Reihen hinweg.[3] Während das griechische Muster zwar durchaus ästhetisch, jedoch nicht besonders interessant wirkt, sprüht Eschers Muster vor Leben: Reihen von völlig identischen geflügelten Pferden füllen die Ebene aus. Bei näherer Betrachtung stellen wir fest, daß jeder schwarze Pega-

Abb. 21.3: Griechisches Muster, sechstes Jahrhundert v. Chr. Aus: Peter S. Stevens, *Handbook of Regular Patterns; An Introduction to Symmetry in Two Dimensions*, Cambridge, MA, 1981. Mit freundlicher Genehmigung.

◀

Abb. 21.4: M.C. Escher, *Pegasi*. © M.C. Escher Heirs c/o Cordon Art — Baarn — Holland.

sus von vier vollkommen identischen, weißen Pferden umgeben ist und umgekehrt! Tatsächlich läßt diese Arbeit zwei Interpretationen zu, die gleichberechtigt nebeneinander stehen: schwarze Pferde fliegen vor einem weißen Hintergrund dahin oder umgekehrt weiße Pferde vor einem schwarzen. Hierin zeigt sich noch ein anderes Thema, das Escher sehr am Herzen lag — Dualität. Die duale Wirkung wird in dieser Zeichnung durch den geschickten Einsatz der Symmetrieprinzipien erzielt: Die „leeren" Flächen zwischen zwei benachbarten Pferden, ob weiß oder schwarz, sind genaue Kopien voneinander; sie unterscheiden sich lediglich in der Farbe.

Vergleichen wir als nächstes die Abbildungen 21.5 und 21.6, die ebenfalls einer Symmetriegruppe angehören. Diese wird aus der horizontalen Translation entlang einer Reihe und aus der Gleitspiegelung

3 Diese Symmetriegruppe wurde bereits auf S. 191 besprochen. Sie stellt die einfachste der siebzehn Symmetriegruppen der Ebene dar und wird als Gruppe *p1* bezeichnet. Die anderen Gruppen, die in diesem Kapitel noch erwähnt werden, erhalten in der Reihenfolge ihres Auftretens die Bezeichnungen *pg*, *cm* und *p31m*.

Abb. 21.5: Peruanisches Muster. Aus: Peter S. Stevens, *Handbook of Regular Patterns; An Introduction to Symmetry in Two Dimensions*, Cambridge, MA, 1981. Mit freundlicher Genehmigung.

▶

Abb. 21.6: M.C. Escher, *Regelmäßige Flächenaufteilung III* (1957). © M.C. Escher Heirs c/o Cordon Art — Baarn — Holland.

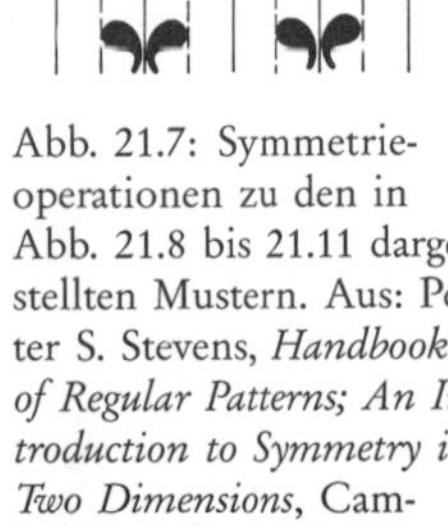

Abb. 21.7: Symmetrieoperationen zu den in Abb. 21.8 bis 21.11 dargestellten Mustern. Aus: Peter S. Stevens, *Handbook of Regular Patterns; An Introduction to Symmetry in Two Dimensions*, Cambridge, MA, 1981. Mit freundlicher Genehmigung.

an der vertikalen Achse zwischen zwei benachbarten Spalten gebildet.[4] Die erste Abbildung, ein peruanisches Muster, stellt wiederum ein abstraktes Muster dar — oder fast abstrakt, wenn man die Figur in jeder Umgrenzung als Schwanenkopf interpretieren will. Doch betrachten wir nun, was Escher aus diesem Grundmuster macht: Er füllt es mit zwei Gruppen von Reitern, die sich in entgegengesetzte Richtungen fortbewegen: die schwarzen von rechts nach links und

4 Diese Gruppe kann auch mit Hilfe zweier Gleitspiegelungen beschrieben werden. Das Motiv wird dabei an den Achsen zwischen den drei benachbarten vertikalen Spalten gespiegelt.

die weißen, die exakte Spiegelbilder der schwarzen sind, von links nach rechts. Wieder füllt die eine Reitergruppe exakt den Raum zwischen der anderen Gruppe aus. Das gleiche Muster hatte Escher elf Jahre zuvor auch in seinem vom Möbiusband inspirierten Druck *Reiter* verwendet (1946), diesmal nannte er es jedoch einfach *Regelmäßige Flächenaufteilung III*.

In den Pferde- und Reitermustern weist das Grundmotiv keine innere Symmetrie auf, was nicht verwunderlich ist, da wir die Figuren von der Seite betrachten. In den folgenden fünf Abbildungen besitzt das Grundmotiv jedoch eine bilaterale (oder Spiegel-)Symmetrie, wodurch wir bei einer neuen Symmetriegruppe gelangt sind. Sie besteht aus einer Spiegelung und zwei Gleitspiegelungen an jeweils parallelen vertikalen Achsen (Abb. 21.7). Muster, die in diese Gruppe fallen, sind sehr häufig anzutreffen; Beispiele dafür liefern die Abbildungen 21.8, ein mittelalterliches Wappenmotiv, 21.9, ein japanisches Muster aus dem 19. Jahrhundert, und 21.10, ein Ornament aus der Alhambra. Abb. 21.11 schließlich zeigt einen Ausschnitt aus Eschers Druck *Regelmäßige Flächenaufteilung II*, den er 1957 für ein gleichnamiges Buch entwarf.

Abb. 21.8: Mittelalterliches Wappenmotiv. Aus: Peter S. Stevens, *Handbook of Regular Patterns; An Introduction to Symmetry in Two Dimensions*, Cambridge, MA, 1981. Mit freundlicher Genehmigung.

In den bisher untersuchten Mustern spielten nur Translationen, Spiegelungen und Gleitspiegelungen eine Rolle. Fügen wir diesen Symmetrieoperationen die Drehung hinzu, entstehen neue Symmetriegruppen. Abb. 21.12 zeigt ein arabisches Muster, das typisch für die islamisch-persische Architektur ist. Seine Symmetrien sind in Abb. 21.13 dargestellt, wobei die dünnen Linien die Symmetrieachsen und die kleinen Dreiecke die Drehzentren für die Drehungen um 120° darstellen. Dieses Muster diente Escher als Grundlage für eines seiner schönsten Werke, das wir hier in Farbe abdrucken (siehe Farbtafel III, S. 174).

Abb. 21.9: Japanisches Muster aus dem neunzehnten Jahrhundert. Aus: Peter S. Stevens, *Handbook of Regular Patterns; An Introduction to Symmetry in Two Dimensions*, Cambridge, MA, 1981. Mit freundlicher Genehmigung.

In den Werken Eschers finden mindestens dreizehn der insgesamt siebzehn Symmetriegruppen der Ebene Verwendung.[5] Dies zeugt von seiner Begabung, mathematische Prinzipien intuitiv zu erfassen, obwohl er außer in der Schule keine besondere mathematische Ausbildung genoß. Escher selbst erklärte dazu:

5 Die Klassifizierung der Werke Eschers nach den siebzehn Symmetriegruppen der Ebene erweist sich als recht schwierig, da Escher in seinen Drucken auch Gebrauch von der Zwei-Farben-Symmetrie macht, wie Abb. 21.6 verdeutlicht: Bei horizontaler Translation bleibt die Figur invariant, bei der senkrechten Gleitspiegelung vertauschen die Reiter jedoch ihre Farbe. (In der streng monochromatischen Symmetrie ist einzig die Form invariant.) In seinen Mehrfarbendrucken wird die Klassifizierung noch wesentlich komplizierter, wie Farbtafel III zeigt. Eine ausführliche Behandlung dieser Thematik findet sich in dem Buch *Fantasy and Symmetry: The Periodic Drawings of M. C. Escher* von Caroline H. MacGillavry, New York 1976.

Abb. 21.10: Muster aus der Alhambra, Granada, Spanien. Aus: Peter S. Stevens, *Handbook of Regular Patterns; An Introduction to Symmetry in Two Dimensions*, Cambridge, MA, 1981. Mit freundlicher Genehmigung.

Abb. 21.11: M.C. Escher, *Regelmäßige Flächenaufteilung II (1957)*. © M.C. Escher Heirs c/o Cordon Art — Baarn — Holland.

Abb. 21.12: Arabisches Muster. Aus: Peter S. Stevens, *Handbook of Regular Patterns; An Introduction to Symmetry in Two Dimensions*, Cambridge, MA, 1981. Mit freundlicher Genehmigung.

Ich bekam nicht einmal ein „Befriedigend" in Mathematik. Das Komische ist, ich scheine mathematische Theorien anzuschneiden, ohne es selbst zu wissen. Nein, ich war ein netter, dummer Junge auf der Schule. Und dann sich vorzustellen, daß Mathematiker ihre Bücher mit meinen Bildern illustrieren! Und daß ich mit all den gelehrten Leuten wie ein Bruder und Kollege umgehe. Ich glaube, sie können sich überhaupt nicht vorstellen, daß ich nichts davon verstehe.

Bis 1955 verwendete Escher in seinen Flächenaufteilungen nur kongruente Figuren. Dann begann er jedoch auch andere Ansätze zu erforschen, das Unendliche darzustellen, ein Bemühen, das schließlich zur Entstehung eines seiner größten Meisterwerke führen sollte. Der Grund für diese Neuorientierung ist nicht bekannt; vielleicht war es sein Gefühl, die Flächenaufteilung nun vollkommen gemeistert zu haben und nichts mehr auf diesem Gebiet leisten zu können. Vielleicht war er aber auch nicht zufrieden mit der Art und Weise, wie die regelmäßige Flächenaufteilung das Wesen der Unendlichkeit zum Ausdruck brachte. In einem im Jahr 1959 veröffentlichten Artikel schrieb Escher:

> Was ist mit der regelmäßigen Flächenaufteilung erreicht worden? Noch keine Unendlichkeit, wohl aber ein Fragment davon, zum Beispiel ein Teil des „Reptilien-Universums". Wenn die Fläche, die sie — aneinandergepaßt — ausfüllen, unendlich groß wäre, könnte eine unendliche Zahl von ihnen darauf wiedergegeben werden. Aber es geht hier nicht um ein Gedankenspiel; wir sind uns dessen bewußt, daß wir in einer materiellen, dreidimensionalen Wirklichkeit leben, und es ist unmöglich, eine Fläche, die sich in allen Richtungen unendlich weit erstreckt, zu fabrizieren.

Escher löste dieses Problem, indem er den bereits bekannten vier Symmetrieoperationen eine fünfte hinzufügte: die ähnliche Abbildung. Lockert man die Anforderungen, die an die Invarianz einer Figur gestellt werden, das heißt, verzichtet man auf die Forderung, daß Größe *und* Gestalt einer Figur erhalten bleiben müssen und begnügt sich statt dessen mit der Invarianz der Gestalt, so ist es durchaus möglich, einen Eindruck von Unendlichkeit zu vermitteln, ohne sie jedoch tatsächlich zu erreichen. Dies ist das Prinzip, das Escher in den letzten Jahren seines Schaffens beherrschen sollte.

Der erste dieser „Limit"-Drucke, *Kleiner und Kleiner I* (1956) ist in Farbtafel IV auf S. 175 abgebildet. Wir sehen ein Gewimmel von exakt gleichförmigen, wenn auch spiegelverkehrten Reptilien, die zum Mittelpunkt immer kleiner werden. Tatsächlich folgt die Größe der Reptilien genau der geometrischen Folge 1, 1/2, 1/4, 1/8, ..., wie aus dem Gerüst hervorgeht, das Escher seiner Zeichnung zugrunde legte (Abb. 21.14). Das Zentrum ist also der Punkt, in dem die Grenze des unendlich Vielen und des unendlich Kleinen erreicht wird. So ganz zufrieden war Escher mit seinem Ergebnis jedoch noch nicht, denn die Methode der „Reduktion von außen nach innen" erfüllte seine „Sehnsucht nach einem geschlossenen Sinnbild der Unendlichkeit" nicht. Er hielt Ausschau nach einer Methode der „Reduktion von innen nach außen" und fand sie schließlich in einer Illustration des kanadischen Mathematikers H. S. M. Coxeter. Coxeters Zeichnung (Abb. 21.15) stand in Zusammenhang mit Henri Poincarés Modell einer nichteuklidischen Geometrie (vgl. Kapitel 16, S. 153); Escher, der sich nicht weiter für die theoretische Bedeutung interessierte, erkannte indessen sogleich ihr ästhetisches Potential:

Abb. 21.13: Symmetrieoperationen zu Abb. 21.12 und Farbtafel III. Aus: Peter S. Stevens, *Handbook of Regular Patterns; An Introduction to Symmetry in Two Dimensions*, Cambridge, MA, 1981. Mit freundlicher Genehmigung.

> Ich versuche daraus eine Methode zur Verkleinerung eines Flächenfüllungsmotivs von der Mitte eines Kreises aus zum Rand hin zu entwickeln, wo die kleinen Motive unendlich nahe zusammen zu stehen kommen. Mit seinem [Coxeters] Hokuspokustext kann ich nichts anfangen, aber das Bildchen hilft mir wahrscheinlich bei der Zusammensetzung einer Flächenaufteilung, die eine für mich völlig neue Variante meiner Serie „Flächenaufteilungen" zu werden verspricht. Eine zirkelförmige regelmäßige Flächenfüllung, die an allen Seiten logisch durch das unendlich Kleine begrenzt wird, ist doch bestimmt etwas Wunderschönes ...

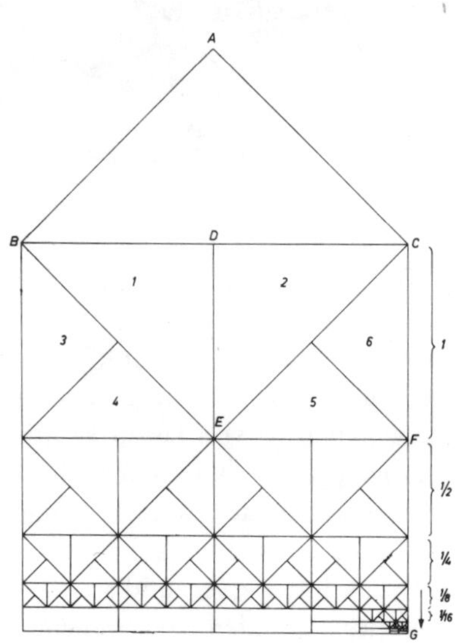

Abb. 21.14: M.C. Escher, Gerüst für *Kleiner und Kleiner*. © M.C. Escher Heirs c/o Cordon Art — Baarn — Holland.

Abb. 21.15: Die Zeichnung Coxeters. Aus: H.S.M. Coxeter, *Introduction to Geometry.* Copyright © 1969 John Wiley and Sons, Inc. Nachdruck mit freundlicher Genehmigung von John Wiley and Sons, Inc.

Abb. 21.16: M.C. Escher, *Kreislimit I* (1958). © M.C. Escher Heirs c/o Cordon Art – Baarn – Holland.

Trocken fügte er hinzu: „Gleichzeitig habe ich das Gefühl, daß ich mich immer weiter von demjenigen entferne, womit ich ‚Erfolg' beim „Publikum" haben könnte. Aber was kann ich machen, wenn ein solches Problem mich dermaßen fesselt, daß ich einfach meine Finger nicht davon lassen kann?"

Angeregt durch Coxeters Illustration entstanden vier der erfolgreichsten Drucke Eschers: er nannte sie einfach *Kreislimit I bis IV.* Der erste dieser Drucke, *Kreislimit I* (1958, Abb. 21.16), besteht aus abwechselnd weißen und schwarzen Fischen, die sich auf senkrecht zum begrenzenden Kreis stehenden Kreisbögen fortbewegen. Da sich jedoch die Fische einer Farbe immer entweder mit den Köpfen oder mit den Schwänzen berühren, hält Escher diesen Versuch für nicht ganz gelungen. „Es gibt keine Kontinuität, keine ‚Verkehrsrichtung', auch keine Einheit der Farben in jeder Gruppe." Diese Mängel behebt er in *Kreislimit III* (1959, Farbtafel V, S. 176), dem berühmtesten seiner Limit-Bilder. Es folgt Eschers eigene Beschreibung seines Werks:

> In dem farbigen Holzschnitt „Kreislimit III" sind die Unzulänglichkeiten von „Kreislimit I" weitgehend eliminiert. Wir haben nun nur noch Reihen mit „durchgehendem Verkehr", alle Fische, die zu einer Reihe gehören, haben dieselbe Farbe und schwimmen nacheinander — Kopf an Schwanz — entlang einer kreisförmigen Bahn von Rand zu Rand. Je mehr sie sich der Mitte nähern, um so größer werden sie. Vier Farben waren nötig, damit jede Reihe sich deutlich von ihrer Umgebung abheben kann. Wie alle diese Reihen von Fischen, die unendlich fern wie Raketen senkrecht aus dem Kreisrand aufsteigen und wieder dahin zurückfallen, erreicht nicht eine einzige Komponente jemals die Grenzlinie. Denn jenseits ist das „absolute Nichts". Und doch kann diese runde Welt nicht bestehen ohne die Leere rundherum — nicht einfach deshalb, weil ein Innen ein Außen voraussetzt, sondern auch deshalb, weil in dem „Nichts" die streng geometrisch geordneten, immateriellen Mittelpunkte der Kreisbogen liegen, aus denen das System aufgebaut ist.

Hätte man das Wesen des Poincaréschen Modells treffender Ausdrücken können?[6]

Eine andere Serie der „Limit-Drucke" verdient ebenfalls besondere Beachtung — die Serie nämlich, die auf der logarithmischen Spirale beruht. Wie wir gesehen haben, besitzt diese Kurve die charakteristische Eigenschaft, daß jeder Kurvenausschnitt die gleiche Form hat wie ein beliebiger anderer Ausschnitt (vgl. S. 98). Kein Wunder also, daß Escher die logarithmische Spirale als ein höchst brauchbares Motiv ansah, um seine Ideen in Bilder umzusetzen. In *Lebensweg II*

Escher über sein Werk „Drehstrudel" (1957): Ich habe eine Flächenaufteilung gemacht, die nur aus Fischen besteht, die sich spiralenweise in Schwarz in Richtung eines Zentrums (welches den Tod oder das Sterben symbolisiert) und sich zu gleicher Zeit in weißen Reihen, aus demselben Zentrum hervorgehend, nach außen (das Leben, die Geburt) „bewegen". Was gleichzeitig äußerst komisch und ungeheuer schwierig ist, besonders das Sichverkleinern der Fischfiguren bis ins Unendliche. Die äußersten Exemplare bekommen eine Länge von einem Meter sechzig, und ich will versuchen, die Verkleinerung fortzusetzen, bis es Pünktchen von einem Zentimeter sind.

6 Escher, der ein Exemplar von „Kreislimit III" an Coxeter geschickt hatte, konnte mit dessen Antwortschreiben nicht viel anfangen: „Es traf ein begeisterter Brief von Coxeter ein über meine gefärbten Fische, die ich ihm zugesandt hatte. Drei Seiten voller Auseinandersetzungen mit dem, was ich eigentlich wohl gemacht hatte. Schade, daß ich nichts, aber auch wirklich nichts davon verstehe." Coxeter hatte Escher einmal zu einer seiner Vorlesungen über nichteuklidische Geometrien mitgenommen, da er annahm, daß dieser seinen Ausführungen folgen könnte. Wie man jedoch aus Eschers Bemerkung schließen darf, blieben Coxeters Bemühungen fruchtlos.

Abb. 21.17: M.C. Escher, *Lebensweg II* (1958). © M.C. Escher Heirs c/o Cordon Art — Baarn — Holland.

(1958, Abb. 21.17) verwendete er vier ineinander verschlungene Spiralen, auf denen sich graue und weiße Fische nach innen und außen bewegen. Bei näherer Betrachtung stellen wir fest, daß alle sich nach innen bewegenden Fische grau und alle nach außen wandernden Fische weiß sind. Natürlich hat dies auch eine versteckte symbolische Bedeutung: Die weißen Fische, die aus dem Zentrum hervorkommen, verkörpern Geburt und Wachstum. Sobald sie den Rand erreichen, nehmen sie eine graue Farbe an und wenden sich wieder nach innen, dem Zentrum zu, das sie hervorbrachte. Damit vollendet sich der Zyklus von Leben und Tod.

Seinen vollendetsten Ausdruck findet dieser Gedanke in *Drehstrudel* (1957, Farbtafel VI, S. 177), das meiner Ansicht nach das schönste Werk Eschers ist. Zwei Systeme parallel verlaufender logarithmischer Spiralen, die im Zentrum der oberen Bildhälfte entspringen, erreichen nach einer unendlichen Anzahl von Drehungen ihre maximale Ausdehnung in der Mitte des Bildes. Dann ziehen sie sich allmählich zum Zentrum der unteren Bildhälfte hin wieder zusammen. Auf den Spiralarmen schwimmen friedlich rote und graue Fische — die roten

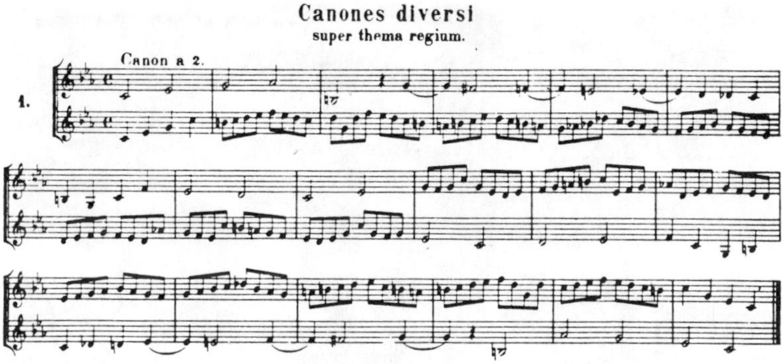

Abb. 21.18: J.S. Bach, Krebskanon aus dem *Musikalischen Opfer* (1747).

Fische haben ihren Ursprung im unteren Bildmittelpunkt und bewegen sich nach oben, während die grauen von oben kommen und in entgegengesetzte Richtung schwimmen. Das gesamte Bild kann um 180° um den Bildmittelpunkt gedreht werden, wodurch nur die roten Fische die Position der grauen einnehmen und umgekehrt. Die Ideen, die Escher so beschäftigten, sind hier auf meisterhafte Weise verkörpert: Seine Begeisterung für das Unendliche drückt sich darin aus, daß die zwei Spiralmittelpunkte unendlich weit entfernt und damit unerreichbar für unsere Fische sind; seine lebenslange Leidenschaft für Probleme der Flächenfüllung, Kongruenz und Ähnlichkeit und seine besondere Fähigkeit, Bewegung, Veränderung, Rhythmus und regelmäßige Wiederkehr darzustellen, zeigen sich darin, daß die roten und grauen Fische nicht nur exakte Spiegelbilder voneinander sind, sondern auch die Fläche zwischen den Spiralen vollständig ausfüllen. Es ist vielleicht symbolisch zu verstehen, daß die Stadt Utrecht ihm den Auftrag erteilte, eine Wandmalerei für den Utrechter Friedhof mit dem gleichen Motiv anzufertigen. Escher selbst führte die Arbeit dazu aus und schuf ein Bild von 3,7 m Durchmesser.

Nochmals zu „Drehstrudel“: Ich hantiere dabei eine neue Drucktechnik, die auf einer wunderhübschen Zweizahligkeit von Achsen basiert. Es ist schwierig, dies in Worten auszudrücken, aber es geht darauf hin, daß ich von jedem der Blöcke (wahrscheinlich drei Stück), die ich zu schneiden habe, nur die Hälfte von der Oberfläche, die sie zusammen ausfüllen müssen, mache. Die andere Hälfte wird dadurch erworben, daß die Blöcke, um hundertachzig Grad gedreht, wiederholt werden. Ich bezweifele, ob „das Publikum“ je verstehen, geschweige denn schätzen wird, welch eine meines Erachtens faszinierende Gehirngymnastik der Entstehung eines solchen Bildes vorausgegangen ist.

Wieder stoßen wir hier auf das erstaunliche mathematische Verständnis eines Künstlers, der doch eigentlich keine mathematische Ausbildung besaß. Darin gleicht Escher einem anderen Künstler, der zwar zwei Jahrhunderte vor ihm lebte und auch mit einem anderen Medium arbeitete, der aber wie Escher eine ausgeprägte mathematische Intuition besaß: die Rede ist von Johann Sebastian Bach (1685—1750). Beide Männer verabscheuten öffentliche Auftritte, und beide fanden erst nach ihrem Tod volle Anerkennung. Vor allem besaßen beide ein ausgeprägtes Gefühl für Struktur, Rhythmus und Regelmäßigkeit — zeitliche Regelmäßigkeit im Falle Bachs und räumliche Regelmäßigkeit bei Escher. Obwohl keiner der beiden es zugegeben hätte (oder sich dessen auch nur bewußt gewesen wäre), stellen

Abb. 21.19: M.C. Escher, *Tiefe* (1955). © M.C. Escher Heirs c/o Cordon Art — Baarn — Holland.

Über sein Werk „Kleiner und kleiner" (1956): Ich habe mich bemüht, das scheibenförmige Bild „Kleiner und kleiner" mehreren Besuchern zu erklären, aber es stellt sich als immer deutlicher heraus, daß man im allgemeinen für die Schönheit dieser unendlichen Welt-in-einer-verschlossenen-Fläche unempfindlich ist. Die meisten Leute verstehen einfach nicht, worum es geht.

sie „experimentelle" Mathematiker ersten Ranges dar.[7] Vielleicht ist es auch kein Zufall, daß gerade die Musik Bachs und die Zeichnungen Eschers in der heutigen Zeit so häufig in der populären Kunst aufgegriffen werden — so wird Bachs Musik in alle möglichen Stilrichtungen transkribiert, angefangen von Pop- und Rockmusik bis zu Computer- und Synthesizerklängen; und Eschers Motive blicken uns von T-Shirts, Postern, Plattenhüllen und Buchdeckeln entgegen. Ob den Künstlern diese Mode willkommen gewesen wäre, ist fraglich,

Abb. 21.20: M.C. Escher, *Kubische Raumaufteilung* (1952). © M.C. Escher Heirs c/o Cordon Art — Baarn — Holland.

vielleicht ist sie jedoch in unserem Zeitalter der Raumfahrt und Computertechnologie ein letzter Tribut an zwei große Geister, die jeder auf seine Weise Kunst und Wissenschaft miteinander verbunden haben.

Besonders bin ich froh über den Kontakt und die Freundschaft mit Mathematikern, denen ich viel zu verdanken habe. Sie haben mir oft neue Ideen in die Hand gegeben. Manchmal entsteht sogar eine Wechselwirkung zwischen ihnen und mir. Was können sie doch verspielt sein, jene gelehrten Herren und Damen!

7 Der Symmetriebegriff ist für die Musik Bachs von ebenso zentraler Bedeutung wie für die Zeichnungen Eschers. Die wohltemperierte Tonleiter, die sich dank Bach zur Standard-Tonleiter der westlichen Welt entwickelte, beruht tatsächlich auf einer Symmetriegruppe. (Da alle zwölf Töne der Tonleiter musikalisch äquivalent sind, bleibt eine in einer bestimmten Tonart gespielte Melodie invariant, wenn sie in eine andere Tonart transponiert wird.) Bach machte oft explizit Gebrauch von Symmetrieprinzipien; das berühmteste Beispiel ist vielleicht der „Krebskanon" aus dem „Musikalischen Opfer" (1747; Abb. 21.18), in dem die Melodie auch ihre eigene rückläufige Begleitung bildet — jede ist das exakte zeitliche Spiegelbild der anderen. Dies kann daher als das musikalische Äquivalent zu Eschers *Reitern* betrachtet werden, wo Thema und Hintergrund räumliche Spiegelbilder voneinander darstellen. Der Krebskanon bildet das Eröffnungsthema in Douglas R. Hofstadters Buch *Gödel, Escher, Bach: Ein endloses geflochtenes Band* (Stuttgart 1983).

22 Die modernen Kabbalisten

... hier in der unendlichen Wildnis der Welten, angesichts deren Unermeßlichkeit sogar die erhabene Vorstellungskraft versagt.
Percy Bysshe Shelley (1792–1822)

Während des zwölften Jahrhunderts entstand in Mitteleuropa eine mystische Bewegung innerhalb des Judentums, die *Kabbala*, deren Anhänger durch den Glauben an die Transzendenz Gottes zum Begriff des *Ên Sôf*, das heißt, zum Unendlichen fanden. Der *Kabbala* (hebräisch für „Überlieferung“) zufolge offenbart sich Gott den Menschen nur durch Sein Wirken und Handeln, niemals durch direktes In-Erscheinung-Treten. In den Schriften wird Gott zwar häufig erwähnt, doch sind dies nur Anspielungen auf Sein Wirken. In ihrem Streben nach geistiger Erfüllung suchten die Kabbalisten nach einer Verbindung zum göttlichen Geist bzw. zu Gott selbst. Sie fanden sie in einem System, das aus zehn Sphären, den Seinsstufen, bestand, den *Sefirot*, was wörtlich „Sphären“ und auch „Aufzählungen“ bedeutet. Im Mittelpunkt und Ursprung dieser Sphären liegt *Ên Sôf* (das Ewige), das zum Symbol für den unsichtbaren Gott wurde. Die dem *Ên Sôf* am nächsten liegende Sphäre heißt „Krone“, dann folgen „Weisheit“, „Einsicht“, „Gnade“ usw. Nach der Lehre der Kabbalisten kann man sich dem göttlichen Geist nur nähern, indem man die zehn Seinsstufen durchläuft. Dies könnte vielleicht im übertragenen Sinne als ein Vorläufer des mathematischen Grenzwertgedankens interpretiert werden, denn auch die Summe einer unendlichen Reihe kann nur angenähert und nicht wirklich erreicht werden. Die Kabbalisten stellten ihre *Sefirot* mit Hilfe verschiedener geometrischer Figuren dar (vgl. Abb. 22.1). Neue Interpretationen durch nachfolgende Generationen machten die Lehre zunehmend komplexer. Allmählich breitete sich die Kabbala in ganz Europa aus; ihren Höhepunkt erlebte sie in Spanien vor der Judenvertreibung im Jahr 1492. Danach verlagerte sich der Schwerpunkt nach Polen und Jerusalem, wo sie die moderne Chassidim-Bewegung mit beeinflußte.

... aber besinnen wir uns darauf, daß wir im Gebiete des unendlich Grossen und des kleinsten Untheilbaren uns befinden, jenes unbegreiflich wegen der Grösse und dieses wegen der Kleinheit; ... versucht einmal, beide zu combiniren ...
Galileo Galilei (1564–1642), Salviati in Unterredungen und mathematische Demonstrationen über zwei neue Wissenszweige (1638)

Die jüdische Religion, die niemals abstrakte Symbole, geschweige denn materielle Gegenstände verehrt hat, fand im *Ên Sôf*, im Unendlichen, einen symbolischen Ausdruck für ihr Streben nach dem göttlichen Geist.[1] Solche Bestrebungen sind natürlich allen Religionen

1 Der biblische Name für Gott ist eine Verschmelzung der drei hebräischen Wörtern: „Er war“, „Er ist“ und „Er wird sein“. Er ist damit ein Sinnbild der ewigen Gegenwart Gottes.

Abb. 22.1: Die zehn *Sephirot* der Kabbala, die sich um *Ên Sôf* („das Unendliche") anordnen. Die Bildinschriften sind hebräisch. Aus: Z'ev ben Shimon Halevi, *Kabbalah: Tradition of Hidden Knowledge.* London 1979, mit freundlicher Genehmigung des Autors. Illustration von James Russell.

eigen. Der Islam, dessen Wesensmerkmal die Vorstellung eines allmächtigen, allesbeherrschenden Gottes ist, drückte seine religiösen Sehnsüchte in den unvergleichlich schönen und komplexen geometrischen Mustern aus, die nur die Moslems in dieser Vollendung beherrschten. Die östlichen Religionen, Hinduismus und Buddhismus, verehren eine andere Art der Unendlichkeit und Ewigkeit; sie glauben an die Reinkarnation der Seele, die sich in endlosen Zyklen vollzieht.

Den sichtbarsten Ausdruck fand die Vorstellung der Unendlichkeit jedoch zweifellos im Christentum. Das dem christlichen Glauben so wesenhafte Thema der Auferstehung spiegelt sich in den imposanten Kirchen und Kathedralen wieder, die im Europa der Gotik und des Barock errichtet wurden. Die Kirche, einst ein Ort der Besinnung und des Gebetes, verwandelte sich allmählich in eine Stätte, die die Herrlichkeit Gottes preisen sollte. Um dieser Aufgabe gerecht zu werden, entwarfen die gotischen Architekten riesige, ehrfurchtgebietende Bauten, in denen die Gläubigen die Gegenwart Gottes spüren sollten. Der im Vergleich zu den gewaltigen Dimensionen zwergenhafte Mensch wurde gleich zweifach überwältigt: einmal von außen, von den steil sich erhebenden Mauern; und dann von innen, von der ungeheuren Weite des Raumes. Die in den Himmel ragenden gotischen Kathedralen mit ihren „Türmen, die wie mahnende Finger schweigend nach oben weisen" (so William Wordsworth in *The Excursion*), erwecken den Eindruck, als würden die Gesetze der Schwer-

Sicut erat in principio et nunc et semper et in saecula saeculorum.
Johann Sebastian Bach (1685 – 1750), aus dem Gloria des Magnificat

kraft für sie nicht gelten; die gesamte Konstruktion scheint sich über ihre erdgebundenen Fundamente zu erheben und ins Unendliche zu streben. Ebenso erzeugt das dämmerig erleuchtete Innere, das nur hier und da durch einen weit von oben einfallenden Lichtstrahl durchbrochen ist, in dem Besucher eine Vision von der Unermeßlichkeit der göttlichen Schöpfung.

Der Herr regiert, der Herr hat regiert, der Herr wird immer und ewig regieren.
Gebet vor der Herausnahme der Thora

Der Wunsch, durch die gewaltigen Bauten Ehrfurcht und ein Gefühl der Erleuchtung in den Menschen zu erzeugen, erreichte seinen Höhepunkt in der Zeit des Barock. Dieses Zeitalter, das gekennzeichnet war durch die großen Entdeckungen eines Descartes, Leibniz, Kepler und Newton, kündigte eine ungeahnte Erweiterung unseres Weltbilds an, im physikalischen wie im geistigen Sinne. Die Erde, die nicht länger den Mittelpunkt des Weltalls darstellte, schrumpfte zu einem winzigen Punkt in einem unendlichen Kosmos; und der Geist, endlich befreit von den starren religiösen Dogmen, konnte sich ungehindert der Erforschung neuer, unbekannter Perspektiven widmen. All dies führte zu einem wahren Triumph des Unendlichen. Einst aus der Wissenschaft ausgeschlossen und von den Griechen als schreckensreiche Vorstellung attackiert, wurde es schließlich zum Schlüsselbegriff einer neuen Ära. Zusammen leiteten das unendlich Große und das unendlich Kleine, die beiden gegensätzlichen Pole auf der Größenskala, ein neues und dynamisches Weltbild ein, das im Gegensatz zum statischen und endlichen Weltbild der Griechen stand. Diese zwei Pole des Unendlichen, die sich keineswegs widersprechen, lassen sich auf höchst konstruktive Weise miteinander verbinden. Die Differential- und Integralrechnung, deren Grundlage das unendlich Kleine ist, ermöglichte es den Physikern, irdische und astronomische Erscheinungen zu erklären, angefangen vom Phänomen der Gezeiten bis zu den Planetenbewegungen. In Verbindung mit dem Gravitationsgesetz Newtons trug sie zur Entstehung einer einheitlichen Theorie des Universums bei, einer Theorie, die nicht auf theologischer Spekulation, sondern auf mathematischer Beweisführung beruhte.

Ein Geschlecht vergeht, das andere kommt; die Erde aber bleibt immer bestehen.
Der Prediger Salomo 1,4

Diese neue Weltanschauung führte zu einschneidenden Veränderungen, die weit über die Wissenschaften hinaus spürbar wurden. So erlebten die Kunst, die Architektur und die Musik eine beispiellose Prachtentfaltung. Die Kunstschätze waren nicht länger nur in den Salons der Reichen zu besichtigen, sondern wurden auch dem Bürgertum zugänglich, so daß größere Säle erforderlich waren, um sie auszustellen. Die großen Kathedralen erfüllten also neben ihrer religiösen Funktion die Rolle riesiger Kunsthallen, und auch neue Bauten wurden errichtet, die diesen doppelten Zweck verfolgten. Es ist wohl kaum ein Zufall, daß der berühmte Londoner Architekt Sir Christopher Wren (1632—1723) die Arbeiten an seinem Meisterwerk, der St.

Pauls-Kathedrale, im Jahr 1675 aufnahm — etwa zehn Jahre nachdem Newton die Infinitesimalrechnung erfunden hatte — und sie im Jahr 1711 fertigstellte, im gleichen Jahr, als die Differential- und Integralrechnung erstmals veröffentlicht wurde. (Aus jener Zeit datiert auch Newtons Entdeckung des Gravitationsgesetzes, das er in seinem Werk *Principia* [1687] formulierte.) Jede Einzelheit dieses monumentalen Bauwerks — die riesige Kuppel ebenso wie die beeindruckende Weite des Raumes — stellt eine architektonische Huldigung an das neue Universum dar.

Auch in der Musik kündete die neue Ära den Beginn einer neuen Stilrichtung an, die gekennzeichnet war durch eine außerordentliche Erweiterung des Orchesters, und zwar sowohl was die Größe als auch den Tonumfang anbelangte. Musikalische Aufführungen, einst ein Privileg der Reichen, öffneten sich einem breiteren Publikum, das sie begierig aufnahm. Man kann sich gut vorstellen, welchen Eindruck Händels *Wassermusik* oder seine *Feuerwerksmusik* auf die Menschenmenge machte, die sich am Ufer der Themse versammelte, um einem unvergeßlichen Schauspiel beizuwohnen: Zu einem verschwenderischen Feuerwerk, das den Himmel auf unvergleichliche Weise illuminierte, spielte ein großes Orchester auf Booten neue, bislang nie vernommene Klänge und Harmonien. Die Periode des Barock mit ihrem grandiosen Stil war der Vorläufer der klassischen und später der romantischen Musik, die ihren Höhepunkt in den beeindruckenden Werken von Berlioz, Wagner und Mahler erreichte. Gustav Mahlers Achte Symphonie (1906), bekannt als die „Symphonie der Tausend", nahm zum Beispiel gigantische Ausmaße an: Es werden nicht weniger als acht Solisten, ein doppelter Chor und ein riesiges Orchester benötigt — eine Besetzung, die zehnmal größer ist als das noch hundert Jahre vorher übliche Kammerorchester Mozarts.

Gegen Ende des 19. Jahrhunderts schien das Unendliche also endlich seinen „Schrecken" verloren zu haben. Es feierte einen beispiellosen Triumph, der seiner erhabenen Bedeutung angemessen war. Doch nichts in der Geschichte ist von Dauer. Wenn wir uns nun dem Unendlichen in der Kosmologie zuwenden, werden wir feststellen, daß das zwanzigste Jahrhundert in mehr als einer Hinsicht eine Schmälerung dieses Triumphs hinnehmen mußte. Die Vorstellung eines endlichen Universums kam zu neuem Ansehen — obwohl in einem gänzlich anderem Sinne, als die alten Griechen oder Newton es vermuten konnten.

Eine Erde gibt es seit etwas mehr als einer Billion Jahren. Was die Frage nach ihrem Ende betrifft, so rate ich: abwarten und zusehen!
Albert Einstein (1879—1955)

Teil IV

Das Unendliche in der Kosmologie

Die Geschichte der Astronomie ist eine Geschichte von sich weitenden Horizonten.

Edwin Hubble (1889–1953)

Der Mensch blickt ins Unendliche. (Die Darstellung wird Camille Flammarion zugeschrieben, 19. Jahrhundert.)

23 Die Welt des Altertums

Twinkle, twinkle, little star
How I wonder what you are.

Englischer Reim

Die Himmel erzählen die Ehre Gottes, und die Feste verkündigt seiner Hände Werk.
Psalm 19,1

Seit Anbeginn der Geschichte beobachtet der Mensch den Himmel und ist von Staunen und Wundern erfüllt angesichts der Myriaden von Sternen, die wie winzige Edelsteine an die Himmelskuppel geheftet sind. Woraus bestehen die Sterne? Wie weit sind sie entfernt? Welche Botschaft übermitteln sie uns? Fragen wie diese, die der Ehrfurcht des Menschen vor der Größe der Schöpfung entspringen, bilden den Ursprung der Himmelskunde, der Astronomie. Es scheint paradox, daß ausgerechnet die Astronomie, die die entferntesten Objekte untersucht, die man sich vorstellen kann, die erste Wissenschaft im heutigen Sinne des Wortes darstellt. Dies ist um so bemerkenswerter, als zum Beispiel die Geologie oder die Biologie — Disziplinen, die sich mit unserem Planeten und seinen Bewohnern beschäftigen — erst in den vergangenen Jahrhunderten als Wissenschaften im eigentlichen Sinne entstanden sind. Je unerreichbarer ein Geheimnis ist, desto größer scheint das Verlangen zu sein, es zu lösen.

Besonders eine Frage beherrschte die Spekulationen des Menschen über das Universum: Ist das Universum endlich oder unendlich? Besitzt es eine Grenze, und wenn ja, wie weit entfernt ist sie? Oder ist das Weltall grenzenlos und erstreckt sich unendlich weit in alle Richtungen? Jede dieser Möglichkeiten führt zu Schlußfolgerungen, die unsere grundlegendsten Vorstellungen über Raum und Zeit in Frage zu stellen scheinen. Wenn das Universum eine Grenze hat, was liegt dann jenseits der Grenze? Leerer Raum? Das Nichts? Es ist in der Tat schwierig sich vorzustellen, in eine bestimmte Richtung immer weiterzugehen und irgendwann an einen Punkt zu stoßen, jenseits dessen nichts, nicht einmal Raum, existiert. Ebenso beunruhigend ist jedoch der Gedanke eines unendlichen Universums, das sich grenzenlos in Raum und Zeit ausdehnt. Welchen Sinn gäbe es für den Menschen in einem solchen Weltall? Müßte er dann nicht seinen Anspruch aufgeben, Mittelpunkt der göttlichen Schöpfung zu sein?

Die Geschichte der Astronomie ist die Geschichte des endlosen Kampfes zwischen diesen beiden gegensätzlichen Standpunkten. Beeinflußt nicht nur von der wissenschaftlichen Denkweise der Zeit, sondern auch von den jeweils vorherrschenden religiösen Dogmen, schwankten die im Laufe der Jahrhunderte vorgeschlagenen Weltmodelle von einem Extrem zum anderen. Und wie wir noch sehen werden, ist das Geheimnis auch heute noch keineswegs gelöst.

***

Nie werden wir aufhören, wie neugierige Kinder vor dem großen Geheimnis zu stehen, in das wir geboren wurden.
Albert Einstein (1879–1955)

In den alten Hochkulturen von Babylon, Ägypten, Indien, China und Mittelamerika gelangte die Astronomie bereits im zweiten Jahrtausend v. Chr. zu großer Blüte. Viertausend Jahre alte babylonischen Tontafeln in Keilschrift geben Zeugnis davon, mit welcher Genauigkeit die Babylonier Sonne, Mond, Sonnen- und Mondfinsternisse und die Bewegung der damals bekannten fünf Planeten beobachteten. Die Tempel der Ägypter und der Mayas wurden nach streng astronomischen Maßgaben gebaut. Der berühmte, dem Sonnengott Amon-Ra geweihte Tempel in Karnak (Theben) in Oberägypten wurde beispielsweise so konstruiert, daß das Innenheiligtum genau einmal im Jahr — am Tag der Sommersonnenwende — von der Sonne durchflutet wurde, während es sonst immer in Dunkelheit gehüllt lag. Dieses sicherlich spektakuläre Ereignis war aber von weitaus größerer Bedeutung, als es der astronomische Ursprung vermuten läßt, denn um die Zeit der Sommersonnenwende begann auch der Nil alljährlich über die Ufer zu treten, ein Ereignis, das für Ägypten lebensnotwendig war. Hervorragendes leisteten die Völker im Altertum vor allem in der Kunst der Zeitmessung; die von den Babyloniern und Mayas erstellten Kalender zeugen von bewundernswerter Genauigkeit. Ihr Interesse an der Astronomie beruhte zwar ebensosehr auf religiös-mythologischen Überzeugungen wie auf praktischer Notwendigkeit (etwa, die Jahreszeiten für landwirtschaftliche Zwecke vorherzusagen), doch was auch immer die Beweggründe sein mochten, die Tatsache bleibt bestehen, daß die Menschen im Altertum eifrige Beobachter des Himmels und erstklassige Astronomen waren.

Der Wandel der Astronomie von einer pragmatisch orientierten Kunst zu einer geistigen Disziplin, das heißt zu einer Wissenschaft, vollzog sich erst mit den Griechen. Wie in der Mathematik forderten sie auch hier, daß jede Theorie auf logischen Argumenten aufbauen sollte. Die Griechen waren die ersten, die Vermutungen über die physikalische Natur der Welt anstellten und ihre Spekulationen anhand von Beobachtungen überprüften. Darüber hinaus galt ihr Interesse nicht nur den eher erdbezogenen Aspekten der Astronomie, sondern insbesondere auch dem Weltall als Ganzem. Ihnen gebührt daher der Ruhm, die Kosmologie, die Wissenschaft vom Universum, begründet zu haben.

Die frühesten griechischen Modelle des Universums waren noch primitive Schöpfungen, die eher auf mythologischen Überzeugungen als auf unwiderlegbaren Fakten beruhten. Thales von Milet (ca. 624—548 v. Chr.), einer der frühen ionischen Philosophen (Ionien liegt im Westen der heutigen Türkei), stellte sich die Erde als eine flache Scheibe vor, die auf einem weiten Ozean schwamm und von einer Atmosphäre aus Dampf umgeben war. Dies stand in Einklang mit seiner Überzeugung, daß Wasser der „Urstoff" allen Lebens sei, aus dem alles andere erzeugt würde. Die Himmelskörper — Sonne, Mond, Planeten und Fixsterne — schwebten in anscheinend festem Abstand über der Erde in dieser Atmosphäre und umrundeten sie einmal in 24 Stunden. Dies ist nun in der Tat ein unbeholfenes Modell, um so mehr, als Thales zu den größten Denkern seiner Zeit gehörte. Er war ein Meister der Mathematik und soll auch die totale Sonnenfinsternis vorausgesagt haben, die am 28. Mai 585 v. Chr. stattfand. Der Legende nach löste die plötzliche Verfinsterung unter den sich bekämpfenden Armeen Lydiens (in Kleinasien) und Persiens so große Bestürzung aus, daß sie auf der Stelle die Waffen niederlegten und einen Friedensvertrag schlossen.

Anaximander (610—546 v. Chr.), ein Schüler des Thales, verbesserte das Modell und ersetzte die scheibenförmige Erde durch einen Zylinder. Weitaus bedeutsamer ist jedoch eine andere von ihm eingeführte Neuerung: das Schalenmodell. Seiner Ansicht nach bewegten sich die Himmelskörper auf verschiedenen „Schalen" und demnach in unterschiedlichen Entfernungen um die Erde. Merkwürdigerweise lagen in seinem Modell die Sterne näher an der Erde als der Mond. Das Phänomen der Bedeckung — das heißt, das zeitweilige Verschwinden eines Sterns hinter dem Mond aufgrund von dessen Bewegung — hätte ihm seinen Irrtum zeigen müssen, doch beachtete er diesen einfachen Umstand aus irgendeinem Grund nicht.

Die Vorstellung von Schalen oder Sphären, an die die Himmelskörper geheftet sind, beherrschte alle nachfolgenden griechischen Modelle des Universums. Spätere astronomische Untersuchungen beschränkten sich im allgemeinen auf die technischen Einzelheiten der Mechanik eines solchen Systems, weshalb die verschiedenen Modelle nur wenig voneinander abwichen. Das schwierigste Problem, das es dabei zu bewältigen galt, waren die komplizierten Planetenbewegungen, besonders ihre gelegentlichen Rückwärtsbewegungen. (Während einer solchen Rückwärtsbewegung scheint ein Planet von Osten nach Westen zu wandern, anstatt wie gewöhnlich von Westen nach Osten.) Um dieses komplexe Phänomen zu erklären, führte man immer mehr Schalen ein, bis schließlich mit dem Modell des Aristoteles (384—322 v. Chr.) ein Höhepunkt erreicht war. Dieses Modell wies nicht weniger als 56 Sphären auf, die durch die äußerste „göttliche Sphäre" in Bewegung gesetzt wurden. Ob die Griechen wirklich an die physikalische Existenz solcher Sphären glaubten oder ob das Sphärenmodell lediglich zur besseren Veranschaulichung der beobachteten Planetenbewegungen diente (ähnlich wie das Bohrsche

Atommodell die Spektrallinien des Wasserstoffatoms mit Hilfe von Schalen erklärt), darüber kann nur spekuliert werden. Die Bedeutung dieser Modelle liegt jedoch darin, daß die Griechen als erste ein Weltbild entwarfen, das trotz seiner Unausgereiftheit die astronomischen Phänomene, wie sie damals wahrgenommen wurden, erklärte.

Es ist weniger das Schalenmodell als solches, das uns naiv erscheinen sollte, als vielmehr die irrigen Vorstellungen von der Größe der Welt. Anaximanders Erde erstreckte sich — was keineswegs überraschend ist — vom westlichen Ende des Mittelmeers bei Gibraltar bis an die Ufer des Indischen Ozeans, ein Gebiet, das die damals bekannte Welt umschloß. Hinsichtlich der Größe der Himmelskörper unterschieden sich die Schätzungen der Griechen gewaltig. Heraklit (ca. 540—475 v. Chr.) stellte sich die Sonne als eine feurige Scheibe mit einem Durchmesser von etwa 30 Zentimetern vor — eine auch für damalige Zeiten absurde Zahl —, während Aristarch (ca. 320—250 v. Chr.) zwei Jahrhunderte später den Sonnendurchmesser auf immerhin sieben Erddurchmesser, oder ungefähr 80000 Kilometer, schätzte — eine Angabe, die die wahre Größe jedoch immer noch um das 16fache verfehlte. Noch naiver waren die Schätzungen der Griechen bezüglich der Größe des Universums. Empedokles (ca. 490—430 v. Chr.) stellte sich vor, die das Universum umgebende Kristallsphäre läge in einem nur dreimal so großen Abstand von der Erde wie der Mond, während spätere griechische Philosophen ganz darauf verzichteten, die Grenzen des Weltalls schätzen zu wollen. Daran taten sie wohl auch gut, denn sogar die wagemutigsten Schätzungen der Griechen hätten nicht angeben können, wie unermeßlich groß das Weltall wirklich ist.

Unter dem Aspekt, daß die Beobachtung die Grundlage jeder wissenschaftlichen Theorie darstellen sollte, kann man die weit hinter der Wirklichkeit zurückbleibenden Schätzungen der Griechen entschuldigen. Das Phänomen der *Parallaxe* — die scheinbare Veränderung der Position eines Objektes, wenn sich die Position des Beobachters ändert — war den Griechen wohlbekannt und spielte eine entscheidende Rolle in ihrer Argumentation. Während Sonne, Mond und die Planeten ihre Positionen in einer regelmäßigen und vorhersagbaren Weise verändern, scheinen sich die Fixsterne überhaupt nicht zu bewegen (das ist natürlich auch der Grund, warum sie „Fix"sterne genannt werden). Seit Jahrtausenden verharren diese Sterne praktisch unverändert in ihren Konstellationen und gaben damit den Menschen im Altertum den festen Bezugspunkt, den sie brauchten, um ein Gefühl der Sicherheit in einer sich verändernden Welt zu entwickeln. Das Fehlen sichtbarer Parallaxen der Fixsterne konnte nun auf zwei mögliche Ursachen zurückgeführt werden: Man konnte annehmen, daß die Erde unbeweglich und im Zentrum eines endlichen Weltalls gelegen sei, oder aber man nahm an, die Sterne seien so fern, daß eine durch die Erdbewegung ausgelöste Parallaxe zu klein sei, um mit bloßem Auge wahrgenommen zu werden. Die Griechen entschieden sich für die erste Erklärung. Für sie war ein unermeßlich großes Weltall, in dem die Erde zu einem unbedeutenden Punkt zusammenschrumpfen würde, einfach unvorstellbar — erinnern wir uns nur an ihren *Horror infiniti*. Für alle praktischen Belange scheint die Erde auch in der Tat bewegungslos im Mittelpunkt der Himmelskuppel zu verharren. Die Griechen gaben sich also mit der bequemeren und problemloseren Möglichkeit zufrieden: Sie glaubten an eine unbewegliche Erde, die für alle Zeiten Mittelpunkt eines endlichen, von der Kristallsphäre der Fixsterne begrenzten Universums sei.

Gelegentlich gab es auch Philosophen, die diesem bequemen Weltbild widersprachen. Demokrit (ca. 470—380 v. Chr.), der Begründer der atomistischen Schule, vermutete, daß die Milchstraße nicht das zusammenhängende Band diffusen Lichts sei, als welches sie sich dem bloßen Auge darstellt, sondern daß sie von einer Vielzahl winziger Sterne gebildet werde. Dies fügte sich natürlich gut in seine atomistische Philosophie ein, derzufolge das ganze Universum aus einer ungeheuren Anzahl winziger, unteilbarer Atome besteht. Die eigentliche Bedeutung dieser Theorie reicht jedoch noch weiter, denn wenn die Milchstraße aus unzählig vielen Sternen besteht, dann liegt die Vermutung nahe, daß auch die Entfernungen zwischen den Sternen ungeheuer groß sind. Dies könnte dann sofort erklären, warum man mit „unbewaffnetem" Auge nicht in der Lage ist, die einzelnen Bestandteile der Milchstraße zu erkennen. Aristoteles wurde sogar noch deutlicher; er erklärte, daß die Masse der Erde unendlich klein sei, verglichen mit dem sie umgebenden Weltall. Die gewagteste Hypothese stellte Aristarch von Samos (ca. 320—250 v. Chr.) auf, der vermutete, daß die Sonne und nicht die Erde der Mittelpunkt des Weltalls sei. Zudem interpretierte er das Fehlen einer beobachtbaren Parallaxe bei den Fixsternen völlig richtig als Zeichen eines unermeßlich großen, praktisch unendlichen Universums. Wie es jedoch so oft in der Geschichte der Menschheit der Fall ist, war die Zeit noch nicht reif für seine Idee: Den Griechen war der Gedanke eines unendlichen Weltalls, in dem die Erde nicht mehr im Mittelpunkt stünde, völlig unvorstellbar. Und so blieb der Ruhm, das heliozentrische Weltsystem entdeckt zu haben, Kopernikus vorbehalten.

Die griechischen Astronomen beschäftigten sich jedoch keineswegs nur mit kosmologischen Spekulationen. Auf näherliegenderen Gebieten machten sie einige sehr wichtige Entdeckungen. So erkannten sie als erste, daß die Erde eine Kugel ist, und vermaßen auch als erste ihre Größe. Diese berühmte, auf Eratosthenes im Jahre 240 v. Chr.

zurückgehende Messung des Erdumfangs gab den Wert bis auf ein paar hundert Kilometer genau an. Bei den meisten Griechen fand diese Zahl (ca. 40000 km) jedoch offensichtlich keinen Anklang, da sie eine Erde implizierte, die weitaus größer war als die, die sie kannten. Nachdem die tatsächliche Größe der Erde aber einmal allgemein anerkannt war, wurde sie als Maßstab benutzt, um astronomische Entfernungen zu bestimmen. Aristarch zum Beispiel berechnete mit Hilfe des Erdschattens, der während einer totalen Mondfinsternis auf der Mondoberfläche zu beobachten ist, die Entfernung zwischen Mond und Erde. Sein Ergebnis, das sich auf etwa 40 Erddurchmesser belief, wurde später von Hipparch (ca. 190—120 v. Chr.) korrigiert, der mit einem Wert von 30 Erddurchmessern dem tatsächlichen Abstand recht nahe kam. Bei seinen Berechnungen stützte sich Hipparch auf die neue Wissenschaft der Trigonometrie (wörtlich: „die Messung dreier Winkel" bzw. eines Dreiecks), die er selbst entwickelt hatte und die den griechischen Astronomen ein Werkzeug von unschätzbarem Wert für die Entfernungsbestimmung in die Hände gab. „Die Wissenschaft der Trigonometrie war in gewissem Sinn der Vorläufer des Teleskops. Sie brachte weit entfernte Objekte in meßbare Nähe und ermöglichte es dem Menschen erstmals, auf quantitative Weise die fernsten Winkel des Raums zu durchdringen, mit dem Ergebnis, daß die überkommenen Vorstellungen zur Struktur des Kosmos drastisch revidiert werden mußten."[1]

Die drastischen Veränderungen ließen jedoch noch einige Zeit auf sich warten — 1500 Jahre, um genau zu sein. Im zweiten Jahrhundert n. Chr. faßte der griechische Astronom und Geograph Claudius Ptolemäus das gesamte astronomische Wissen seiner Zeit in einem monumentalen dreizehnbändigen Werk, dem *Almagest,* zusammen, einem Werk, das vergleichbar ist mit Euklids *Elementen.*[2] Das Weltbild, das darin zum Ausdruck kam, war sehr einfach: Die Erde, kugelförmig und unbeweglich, befand sich im Mittelpunkt des Univer-

1 Stanley L. Jaki: *The Relevance of Physics*, Chicago 1966.

2 Wie im Falle Euklids, der vier Jahrhunderte früher lebte, ist auch über Ptolemäus nicht sehr viel bekannt. Wir kennen noch nicht einmal sein Geburts- oder Todesjahr. (Er war übrigens nicht mit der königlichen Dynastie der Ptolemäer verwandt, die Ägypten ein halbes Jahrhundert vor seiner Zeit regiert hatten.) Beide Männer lebten und arbeiteten in Alexandria, dem geistigen Zentrum der klassischen Welt. Wie Euklids *Elemente* ist auch der *Almagest* des Ptolemäus keine Beschreibung eigener Entdeckungen, sondern eine Zusammenfassung der astronomischen Beobachtungen und Theorien seiner Zeit. Daneben enthält er einen auf Hipparch zurückgehenden Katalog von etwa 1000 Sternen, in dem Ptolemäus 48 Sternbilder aufzählt und mit den Namen bezeichnet, die auch heute noch verwendet werden.

Der Name *Almagest* kommt aus dem Arabischen und bedeutet „das Größte". Wie die meisten griechischen Werke wurde auch der *Almagest* in der europäischen Kul-

sums, das von dem Himmelsgewölbe der Fixsterne begrenzt wurde. Dieses geozentrische und endliche Universum des Ptolemäus bestimmte das astronomische Weltbild in Europa bis ins 15. Jahrhundert. Mehr noch, es wurde zum offiziellen Dogma der römisch-katholischen Kirche, das von allen Gläubigen akzeptiert und vertreten werden mußte. Abweichende Auffassungen sollten als Ketzerei betrachtet und jedes Anzeichen eigenständigen Denkens schonungslos unterdrückt werden. Die Folgen waren verheerend für das Aufkommen der Wissenschaft in Europa, das „dunkle Mittelalter“ brach an.

tur durch die arabische Übersetzung bekannt. Der griechische Titel, ursprünglich *Syntaxis Mathematica* („Mathematische Sammlung“), hatte in späteren Jahren den Zusatz *magiste* („die größte“) erhalten, um das Werk von anderen, weniger bedeutenden zu unterscheiden. Bei den Arabern verwandelte sich das Griechische *magiste* nun in *Almagest.* Die im Jahr 1175 erstmals erschienene lateinische Übersetzung war bis ins 16. Jahrhundert die Grundlage des astronomischen Denkens in Europa.

24 Die neue Kosmologie

Öffne uns das Tor, durch das wir hinausblicken können in die unermeßliche, einheitliche Sternenwelt.

Giordano Bruno (1548–1600)

Wie unermeßlich muß also der Raum sein, der sich zu den entferntesten Fixsternen erstreckt! Wie ungeheuer und riesig die Tiefe dieser imaginären Sphäre! Wie weit entfernt von der Erde müssen die am weitesten getrennten Sterne sein und in einer Entfernung, die jedes Sehvermögen, jede Erfahrung und Vorstellungskraft übersteigt!
William Gilbert (1540–1603), De Magnete (1600)

Die Astronomie lag während des Mittelalters nicht vollständig brach. Viele arabische und jüdische Astronomen, die hauptsächlich im vom Islam beherrschten Spanien, aber auch in Persien und in der Türkei arbeiteten, stellten genaue Beobachtungen der Sterne und Planeten an und benutzten ihre Ergebnisse, um die astronomischen Tabellen und Almanache zu verbessern. Von größerer Tragweite war jedoch, daß diese Gelehrten viele der griechischen Werke über Mathematik und Astronomie wiederentdeckten und sie ins Arabische und von dort ins Lateinische übersetzten. Unsere Kenntnisse der griechischen Wissenschaften verdanken wir hauptsächlich diesen Übersetzungen. So wichtig diese Beiträge auch waren, so veränderten sie doch keineswegs das Bild, das sich der Mensch vom Universum machte. Dieses Weltbild war im wesentlichen das Aristotelisch-Ptolemäische: Die Erde lag unbeweglich im Mittelpunkt eines endlichen Universums, das aus sphärischen Schalen bestand; auf diesen Schalen waren die Planeten und Sterne angeordnet.

Eine Veränderung dieses Weltbilds kam nur sehr langsam in Gang. Nikolaus von Kues (Cusanus, 1401–1464), ein deutscher Gelehrter und Theologe, der an der Universität von Padua studiert hatte, war vielleicht der erste, der ein unendliches Universum in Betracht zog. In seinem bekannten Werk *De docta ignorantia* („Über die belehrte Unwissenheit"), das erst nach seinem Tod im Jahr 1489 veröffentlicht wurde, erklärte er, daß das Universum, da es unendlich sei, weder einen Mittelpunkt noch einen Rand besitze. Vielmehr könne jeder Punkt als Mittelpunkt betrachtet werden, genauso wie einem Beobachter auf See der Horizont in allen Richtungen gleich weit entfernt erscheine, ungeachtet dessen, wo er sich befinde. Hierbei war Cusanus zweifellos vom mathematischen Unendlichkeitsgedanken beeinflußt; die Existenz unendlich vieler Zahlen und die Möglichkeit einer unendlich fortgesetzten Teilung hatten ihn stets fasziniert. Cusanus' Weltbild und das seines Nachfolgers Giordano Bruno beruhten jedoch weniger auf wissenschaftlicher Argumentation als vielmehr auf theologischer Spekulation: Das Universum sei unendlich, weil der allmächtige Schöpfer Grenzen nicht dulden könne. So kann Cusanus, obwohl er die Erde aus ihrer Stellung im Mittelpunkt des

Universums vertrieb, nicht als Vorläufer der kopernikanischen Revolution gelten. Sein Einfluß auf die künftige theologische Denkweise war jedoch beträchtlich.

Vage Anspielungen auf ein unendliches Universum kamen auch von anderer Seite. Ausgehend vom ptolemäischen Modell, entwickelte der deutsche Astronom und Mathematiker Georg von Peurbach (1423—1461) eine Kosmologie, in der er der äußersten ptolemäischen Sphäre der Fixsterne noch eine weitere hinzufügte, die Sphäre des Primum Mobile, die alle anderen in Bewegung versetzte. Auch Petrus Apianus (1495—1552), ein Zeitgenosse des Kopernikus, fügte den bekannten Sphären noch eine weitere hinzu, das Empyreum, den Wohnsitz Gottes (Abb. 24.1). Diese „Modelle" des Universums waren fast ausschließlich theologische Schöpfungen, die das Aristotelische System ergänzen und verherrlichen sollten. Falls an der Gültigkeit dieser Weltbilder je Zweifel laut wurden, so geschah dies sorgsam hinter verschlossenen Türen, denn niemand wagte es, die offizielle Lehre der römisch-katholischen Kirche, die dogmatisch an dem alten System festhielt, öffentlich in Frage zu stellen. In einigen Fällen wurden sogar Modelle entwickelt, die noch hinter den Stand des ptolemäischen Systems zurückfielen. So glaubte Peurbach tatsächlich an

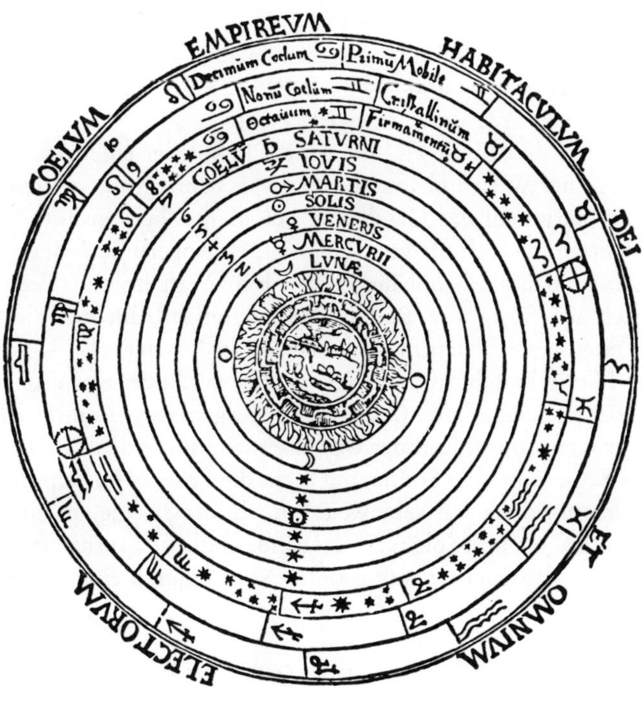

Abb. 24.1: Das Universum, wie es sich Petrus Apianus in seinem Werk *Cosmographia* (1533) vorstellte. Die äußerste Sphäre ist das *Empyreum*, der Wohnsitz Gottes. Aus: P. Apianus, *Cosmographia*, Nachdruck aus *Man's View of the Universe* von Gerald Tauber. Copyright © 1979 Crown Publishers, Inc. Mit freundlicher Genehmigung der Crown Publishers, Inc.

die Existenz kristalliner Sphären, eine Vorstellung, die sogar Ptolemäus nicht allzu wörtlich genommen hatte. Durch das Hinzufügen von immer mehr äußeren Sphären wurde jedoch zumindest indirekt eingestanden, daß das Universum in Wirklichkeit viel größer war, als man dachte, daß es vielleicht sogar unendlich sei.

Vor eben diesem Hintergrund ist die kopernikanische Revolution zu sehen. Der im Jahr 1473 in Polen geborene Nikolaus Kopernikus (die polnische Version seines Namens ist Nikołaj Kopernik) studierte zunächst an der Universität von Krakau Astronomie. Später zog er nach Italien, wo er Medizin und Rechtswissenschaften studierte, um seine Bildung abzurunden. Sein eigentliches Interesse galt jedoch der Astronomie, und so nahm er bei seiner Rückkehr in die Heimat im Jahr 1507 das Amt eines Domherrn an der Kirche von Frauenburg an, eine Stellung, die ihm ausreichend Zeit für seine astronomischen Studien ließ. Hier verbrachte Kopernikus den Rest seines Lebens, und hier schrieb er auch sein erstes Werk *Commentariolus*, das eigentlich nur eine Sammlung von Notizen für seine Freunde darstellte. Nichtsdestoweniger faßt diese Abhandlung bereits Kopernikus' neues Weltbild zusammen. Zu den wichtigsten Aussagen in seinen sieben Thesen gehören die folgenden:

1. Die Sonne und nicht die Erde befindet sich im Mittelpunkt des Universums.
2. Alle Planeten — einschließlich der Erde — bewegen sich um die Sonne.
3. Nicht die Drehung des Firmaments um die Erde bewirkt den Wechsel von Tag und Nacht. Die Ursache dafür ist vielmehr die Drehung der Erde um ihre eigene Achse.

Die Erdkugel dreht sich in 24 Stunden einmal um sich selbst, in einer natürlichen, gleichförmigen und wunderbar sanften, unspürbaren Bewegung, die mit ihrer Periode unseren Tag ausmacht, wobei es scheint, als ob sich die unermeßliche, unendliche Himmelskugel bewegt und uns umkreist.
Thomas Digges (1546–1595)

Diese drei Aussagen bildeten die Eckpfeiler einer neuen Kosmologie, einer Weltanschauung, die die bis dahin größte wissenschaftliche Revolution in der Geschichte der Menschheit auslöste. Ebenso bedeutsam, jedoch oft vernachlässigt, ist Kopernikus' vierte These, die besagt, daß die Größe des Himmels im Verhältnis zur Erde unermeßlich sei. Sogar der Radius der Erdumlaufbahn um die Sonne sei „nichts, verglichen mit der Sphäre der Fixsterne."[1]

Hierin besteht nun die Kernaussage der kopernikanischen oder heliozentrischen Lehre (Abb. 24.2), die, gemessen an ihrer Zielsetzung, gar nicht so revolutionär war, wie man immer denkt. Zwar bestimmte Kopernikus die Sonne und nicht die Erde als Mittelpunkt des Universums, doch war sein Weltall noch immer eine aus einer Vielzahl von Kugeln und Sphären bestehende endliche Konstruktion. Der Gedanke, daß auch andere geometrische Figuren eine Rolle im Plane-

1 Übersetzung aus dem Englischen. Vgl. Fußnote 2 auf S. 12.

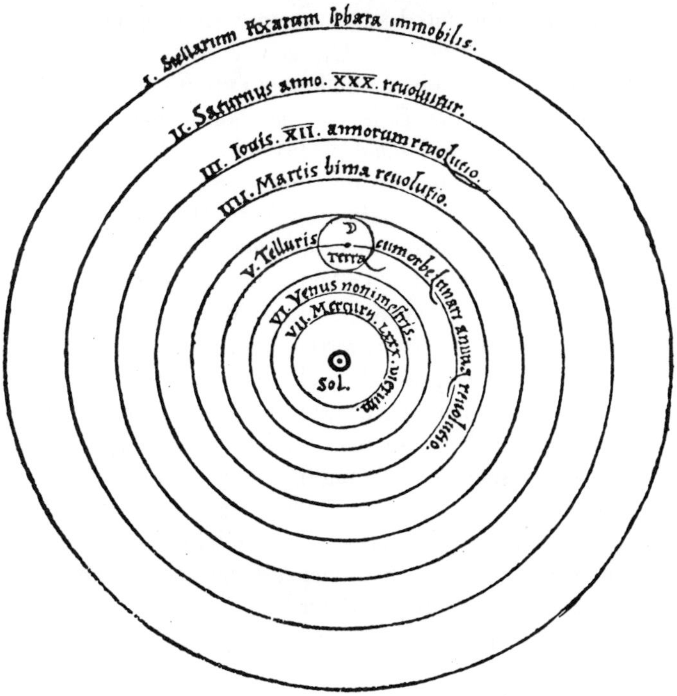

Abb. 24.2: Das Kopernikanische Universum. Aus *De revolutionibus orbium coelestium* (1543).

tensystem spielen könnten, wurde erst von Kepler entwickelt.[2] Das Fehlen stellarer Parallaxen — ein Phänomen, das bis dahin der Bewegungslosigkeit der Erde zugeschrieben wurde — überzeugte Koperni-

2 Das Ziel, das Kopernikus mit der Entwicklung seiner Lehre verfolgte, bestand darin, die ptolemäische Erklärung der Planetenbewegungen, insbesondere der Rückwärtsbewegungen, zu vereinfachen (vgl. S. 219). Im ptolemäischen System spielte der Begriff der Epizyklen eine wichtige Rolle. Ein *Epizyklus* ist ein Kreis, dessen Mittelpunkt sich auf der Kreislinie eines anderen Kreises fortbewegt. (Die entstehende Kurve sieht etwa wie eine kreisförmige Spule aus; sie kann mit Hilfe eines Spirographen erzeugt werden.) Ptolemäus führte diese Epizyklen ein, um die scheinbar unregelmäßige Bewegung der äußeren Planeten Mars, Jupiter und Saturn zu erklären. Da die Beobachtungen jedoch nicht ganz in das System paßten, wurden immer mehr Epizyklen notwendig, bis schließlich das ganze System außerordentlich kompliziert wurde. Kopernikus zeigte nun, daß die Epizyklen überflüssig werden, wenn man die Bewegung der Planeten nicht auf die Erde, sondern auf die Sonne bezieht. (Er behielt sie jedoch bei, um die veränderlichen Geschwindigkeiten der Planeten zu erklären, ein Phänomen, das erst ein Jahrhundert später vollständig verstanden wurde, als nämlich Johannes Kepler entdeckte, daß sich die Planeten auf ellipsenförmigen Bahnen um die Sonne bewegen.) Insgesamt gesehen war das kopernikanische System — zumindest von seiner Konzeption her — vor allem eine mathematische Theorie. Mit den tiefgreifenden philosophischen Interpretationen, die ihm von späteren Generationen zugeschrieben wurden, hatte es nicht viel zu tun. (Erinnern wir uns, daß auch Aristarch bereits im dritten Jahrhundert v. Chr. ein heliozentrisches Weltbild ins Auge gefaßt hatte.)

kus jedoch davon, daß das Universum weitaus größer sein müsse, als man je angenommen hatte. Um genau zu sein, folgerte er, daß der Radius der Fixsternsphäre mindestens tausendmal so groß sein müsse wie der Abstand der Erde von der Sonne bzw. mindestens fünfundsiebzigmal so groß wie der Abstand zwischen Saturn und Sonne. Er war sich also durchaus der immensen Kluft bewußt, die unser Sonnensystem von den Fixsternen trennt. Der Ruhm, das überkommene Bild eines kleinen Universums zerstört zu haben, eines Universums, das mit Hilfe irdischer Maßstäbe ausgemessen werden konnte, gebührt also ganz allein Kopernikus. Wenn er auch nicht wirklich ein unendliches Universum vertrat, so kann man ihm das nachsehen: „... [es] erscheint psychologisch durchaus verständlich, daß der Mann, der den ersten Schritt getan hatte, nämlich die Bewegung der Fixsterne anzuhalten, vor dem zweiten zögerte: sie in grenzenlosen Raum aufzulösen; es war genug für einen Menschen, die Erde zu bewegen und die Welt so zu vergrößern, daß sie unermeßlich — immensum — wurde; von ihm zu fordern, er hätte sie unendlich machen sollen, wäre offensichtlich zu viel verlangt", so Alexander Koyré, der bekannte Wissenschaftshistoriker.[3]

Mag auch der Name Kopernikus hartnäckig mit revolutionären Assoziationen verknüpft sein, so war der Domherr von Frauenburg doch ein ruhiger, zurückgezogener Mensch, dem nichts ferner lag, als die Welt verändern zu wollen. Er faßte seine Untersuchungen in einem sechsbändigen Werk unter dem Titel *De Revolutionibus* zusammen (der hier keineswegs den Gedanken an Revolution nahelegen soll, sondern lediglich auf die Kreisbewegungen der Himmelskörper Bezug nimmt), ein Werk, das sich zweifellos an Ptolemäus' *Almagest* anlehnte. Der größte Teil des Werkes (das Kernstück wurde im Jahr 1533 vollendet) beschäftigt sich mit den terrestrischen Aspekten der Astronomie; so behandelt Kopernikus die sphärische Trigonometrie, entwickelt eine Theorie der Sonnen- und Mondfinsternisse (Eklipsen) und ergänzt und überarbeitet den ptolemäischen Sternenkatalog. Nur im ersten Band seines Werkes erscheint ein Abriß seiner neuen Theorie, obwohl ein Großteil der späteren Ausführungen darauf beruht. Zweifellos aus Furcht, mit seinem Werk die katholische Kirche zu provozieren, schreckte Kopernikus davor zurück, sein monumentales Lebenswerk zu veröffentlichen. Einzig dem ständigen Zuspruch seiner wenigen Schüler ist es zu verdanken, daß er schließlich nachgab. Bis zur Veröffentlichung war es jedoch noch ein langer, hindernisreicher Weg. Als das Buch schließlich in Druck ging, war sein Ver-

3 Alexander Koyré: *Von der geschlossenen Welt zum unendlichen Universum*, Frankfurt 1980.

fasser bereits ein alter, kranker Mann, der kaum noch in der Lage war, die Fahnenabzüge zu korrigieren und das Vorwort des Herausgebers zu überprüfen, der darin nämlich alles zurücknahm, was Kopernikus in seinem Buch geschrieben hatte.[4] Ein erstes gedrucktes Exemplar seines Werkes *De Revolutionibus* erhielt Kopernikus erst wenige Stunden vor seinem Tod. Er starb am 24. Mai 1543.

Für die neue kopernikanische Kosmologie begann nun das Ringen um Anerkennung. Die erste Reaktion war ablehnend, doch immerhin blieb Kopernikus die Demütigung erspart, die Galileo ein Jahrhundert später erdulden mußte. Einer der wenigen Anhänger der neuen Lehre war der englische Astronom Thomas Digges (1546—1595), der im Jahr 1576 ein Buch veröffentlichte, in dem er nicht nur für das kopernikanische System Partei ergriff, sondern darüber hinaus als erster professioneller Astronom auch den Gedanken eines unendlichen Universums vertrat. Sein Weltbild ist in Abb. 24.3 skizziert. Deutlich zeigt sich, daß die Sonne, umgeben von den Umlaufbahnen der sechs Planeten, im Mittelpunkt des Universums liegt (der der Sonne am drittnächsten gelegene Planet ist die Erde). An die äußerste Planetensphäre, die Umlaufbahn des Saturn, schließt sich nach einem größeren Abstand die Sphäre der Fixsterne an. In diesem Abstand befindet sich eine Inschrift von Digges, die besagt: „Der Kreis der Fixsterne erstreckt sich in der Höhe kugelförmig unendlich aufwärts, und [ist] daher unbeweglich ..." Das Wort „daher" ist sehr aufschlußreich — es zeigt, daß Digges erkannte, wie absurd die Vorstellung war, daß ein unendlich großes Universum um eine winzige Erde oder um die Sonne kreisen sollte. Die Inschrift bezeugt ferner Gottes großartiger Schöpfung den gebührenden Respekt: Sie beschreibt den „Kreis der Fixsterne" als „Palast der Glückseligkeit, geschmückt mit allzeit leuchtenden, zahllosen prächtigen Lichtern", als „Heimstatt der Erwählten und der himmlischen Engel". Es ist kaum überraschend, daß der Astronom Digges zu den damals so vertrauten und weit verbreiteten theologischen Bildern griff, um sich seinen Seelenfrieden zu bewahren. Wir sehen hier deutlich den Zwiespalt, in dem sich der menschliche Geist befand, bevor er die Vorstellung eines grenzenlosen Universums akzeptieren konnte.

4 Der Herausgeber, Andreas Osiander (1498—1552), war ein lutherischer Pfarrer, der sich in der Reformation stark engagierte. Mit seinem umstrittenen Vorwort wollte er sich offensichtlich gegen eine mögliche Anklage wegen Häresie schützen. (Luther selbst war ein erklärter Gegner der neuen Theorie.) Da man jedoch allgemein annahm, das Vorwort stamme von Kopernikus, erlitt sein Ruf, ein kompromißloser Verfechter der Wahrheit zu sein, ernsten Schaden. Erst im Jahr 1609 entdeckte Kepler in einer Ausgabe von *De Revolutionibus* eine Notiz, die den wahren Autor des Vorworts enthüllte. Zu dieser Zeit war der Schaden jedoch bereits eingetreten, und es sollten noch viele Jahre vergehen, bis der Ruf Kopernikus' wiederhergestellt war.

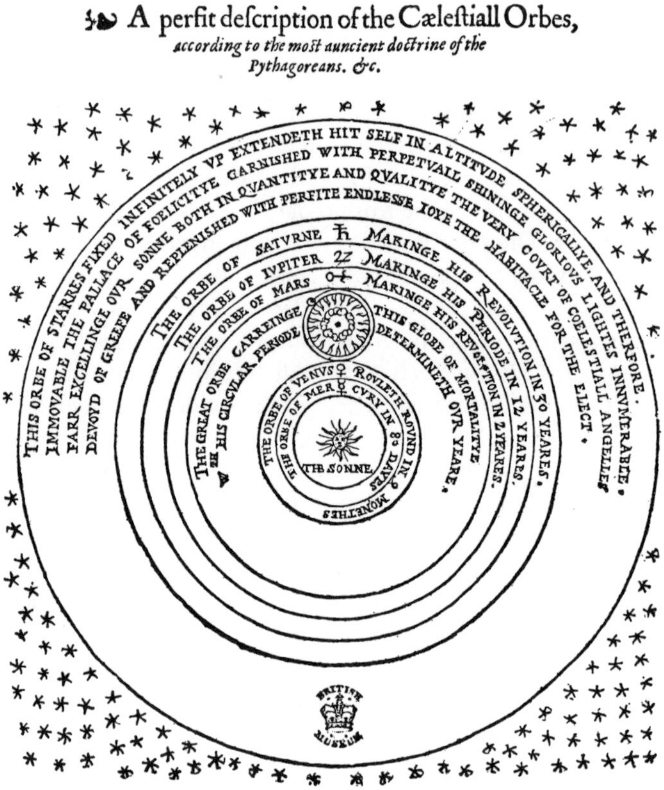

Abb. 24.3: Thomas Digges' Universum; wahrscheinlich wird hier erstmals explizit ein unendliches Universum dargestellt. Aus: Thomas Digges' Ergänzung zum Werk seines Vaters Leonard Digges, *Prognostications Euerlasting*, London 1576.

Denn es ist in Wahrheit unmöglich, mit irgendwelchem Sinn oder irgendwelcher Phantasie ... sich ernsthafterweise eine Oberfläche, eine Begrenzung, einen Rand vorzustellen, außerhalb dessen weder ein Körper noch leerer Raum wäre, auch wenn die Gottheit dort wäre.
Giordano Bruno (1548–1600) als Filoteo in „Zwiegespräche vom unendlichen All und den Welten"

Eine noch weitaus größere Vermischung von rationalem Denken und Mystizismus finden wir bei Giordano Bruno (1548–1600), einem Mann, der sich selbst opferte und den Märtyrertod starb, weil er sich weigerte, seine Überzeugungen preiszugeben. Es muß uns daher fast etwas enttäuschen, daß Bruno weder ein Wissenschaftler noch ein richtiger Philosoph war, sondern eher ein Prediger, oder ein Unruhestifter, der quer durch Westeuropa wanderte, seine unorthodoxen Ansichten verkündete und damit — vielleicht ganz bewußt — den Zorn der katholischen Kirche auf sich zog. Als Sohn armer Eltern trat Bruno im Alter von vierzehn Jahren in das Kloster der Dominikaner in Neapel ein, wo er Kopernikus' Werk *De Revolutionibus* kennenlernte. Sofort wurde er ein leidenschaftlicher Anhänger dieser neuen Kosmologie — eine Haltung, die seiner unabhängigen, fast rebellischen Natur sehr entgegenkam. Er, der jede Art blinden Gehorsams ablehnte, fand in Kopernikus ein verehrungswürdiges Vorbild, ein Symbol des Widerstands gegen die Kirche und ihre unumstößlichen Dogmen. (Wie wir gesehen haben, lag Kopernikus nichts ferner als dies.) Doch während der Mathematiker und Astronom Koperni-

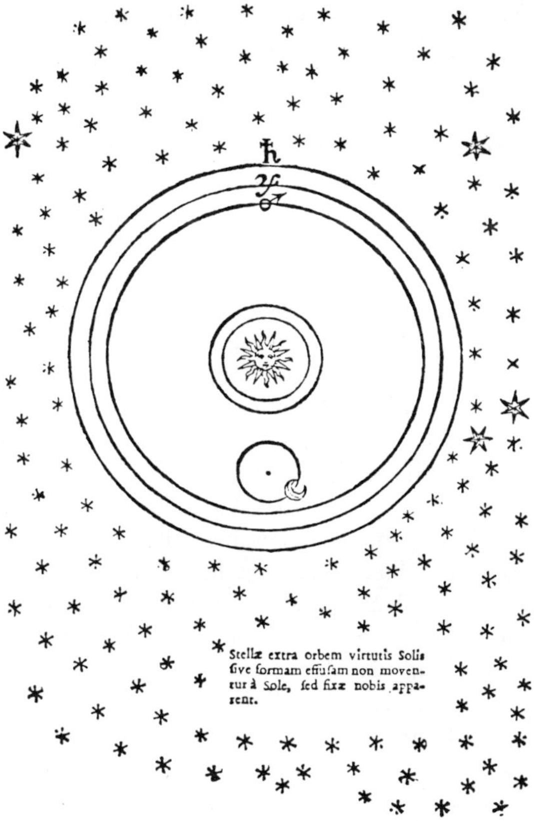

Abb. 24.4: Das Universum, wie es sich William Gilbert vorstellte. Aus seinem Werk *De mundo nostro sublunari*, Amsterdam 1651.

kus seine Lehre auf streng logische Argumente gründete, nahm der Träumer Bruno die Theorie seines Vorbilds auf und erweiterte sie in einem mystischen Sinne derart, daß sie das gesamte Universum umfaßte. Während sich Kopernikus hauptsächlich mit der Erde und ihrer Bewegung beschäftigte, hatte Bruno die Vision eines unendlichen Universums vor Augen, in dem es unendlich viele sonnenähnliche Sterne gab, alle von Planeten umkreist, auf denen intelligente Wesen lebten. Unendlichkeit war das Motto Giordano Brunos — Unendlichkeit von Raum und Zeit, Unendlichkeit im geistigen wie im physischen Sinne. Seine Spekulationen — fast muß man sie Gedankenflüge nennen — trugen ihn weit über unser eigenes Universum hinaus, in das Reich Gottes. Anders als seine Vorgänger griff er jedoch selten auf die traditionellen christlichen Symbole zurück, sondern knüpfte eher an das Buch der Weisheit im Alten Testament an. Gelegentlich drängt sich sogar der Gedanke an kabbalistische Schriften auf. Gottes ewige Weisheit verglich er beispielsweise mit einem Leuchten unend-

... und Giordano Bruno verkündet mit glühender Begeisterung – wie ein Gefangener, der die Mauern seines Gefängnisses einstürzen sieht – das Bersten der Sphären, die uns von den weitoffenen Räumen und unerschöpflichen Schätzen des sich ständig verändernden, ewigen und unendlichen Universums trennten.
Alexander Koyré, Von der geschlossenen Welt zum unendlichen Universum

lichen Lichts, das „durch das Aussenden von Strahlen zu uns gelangt und durch alles Seiende übertragen und verbreitet wird". Immer wieder kam er auf seine Vision der Unendlichkeit zurück, auf seine Vorstellung eines unermeßlichen Universums, das grenzenlos im Raum und ewig in der Zeit ist: „Es ist ein allgemeiner Ort, ein unermeßlicher Raum, den wir ruhig als Leere bezeichnen dürfen, in welcher unzählige Weltkugeln schweben wie diese, auf der wir leben und weben. Unendlich ist dieser Raum ..."

Das bekannteste Werk Giordano Brunos ist *De l'infinito universo et mondi* („Vom unendlichen All und den Welten"), das erstmals in Venedig im Jahr 1584 veröffentlicht wurde. Dieses Werk ist in Dialogform aufgebaut, wobei Filoteo, einer der vier Teilnehmer an diesem Streitgespräch, Bruno verkörpert. Das Buch beginnt mit der Frage Elpinos: „Wie sollte es möglich sein, daß das All unendlich wäre?", worauf Filoteo mit der Gegenfrage kontert: „Umgekehrt, wie sollte es möglich sein, daß das All endlich wäre?" Und so entwickelt sich der Dialog immer weiter, bis schließlich Filoteo die anderen von seinen Ansichten überzeugt hat. Hier wie auch in anderen Werken Giordano Brunos finden wir eine seltsame Mischung aus Spiritualität und logischer Argumentation. So begründet er zum Beispiel seine Vorstellung, daß das unendliche Universum weder Mittelpunkt noch Rand besitze, folgendermaßen: „Einem Körper von unendlicher Ausdehnung kann weder eine Mitte noch eine Grenze zugeschrieben werden ... wie wir denn auch in Hinsicht auf den größten Umkreis jener Ätherregion, die uns umfaßt und sich für uns als ein überall gleich weit entfernter Horizont darstellt, im Mittelpunkte zu stehen behaupten. Aber ebenso gut würden auch etwaige Mondbewohner glauben, daß unsre Erde als ihr Mond und viele andre Sterne, welche den Endpunkt der Radien ihres Gesichtskreises bilden, ihr Zentrum umkreisen. So ist die Erde im Verhältnis zum All nicht mehr und nicht weniger Mittelpunkt, als jeder beliebige andre Weltkörper." Hier entwickelt Bruno in einer logisch schlüssigen Argumentation das Relativitätsprinzip, das drei Jahrhunderte später eine so zentrale Rolle in der Physik spielen sollte. In seinem Gedicht *Vom Unermeßlichen und Unzählbaren* stoßen wir auf eine Argumentation ganz anderer Art: „Das Eine Unendliche ist vollkommen; nichts kann aus sich selbst größer oder besser sein. Dies ist das Ganze überall, Gott, universelle Natur. Nur das Unendliche kann Sein vollkommenes Abbild, Sein Spiegelbild sein, denn das Endliche ist unvollkommen; jede erdenkliche Welt ist unvollkommen, weshalb sich Böses und Gutes, Materie und Gestalt, Licht und Dunkelheit, Trauer und Freude vereinen und alle Dinge ständiger Bewegung und Veränderung unterworfen sind. Doch alle Dinge erreichen im Unendlichen eine Ordnung der Einheit, Wahrheit und Güte; darum heißt es *Universum*."

Es ist ein allgemeiner Ort, ein unermeßlicher Raum, den wir ruhig als Leere bezeichnen dürfen, in welcher unzählige Weltkugeln schweben wie diese, auf der wir leben und weben. Unendlich ist dieser Raum da es keinen Grund, keine Möglichkeit, keinen Sinn hat, ihn begrenzt zu setzen. Denn es gibt keinen Grund, auch keinen Mangel in der Begabung der Natur, sei es mit aktiver oder passiver Kraft, der die Existenz anderer Welten wo immer im Raum unmöglich machte; denn dieser ist seiner Beschaffenheit nach identisch mit unserem Raum, welcher überall mit Materie oder zumindest mit Äther erfüllt ist.
Giordano Bruno, Zwiegespräche vom unendlichen All und den Welten

Und wenn er auf sein Lieblingsthema, die Unendlichkeit der Welten, kommt, spricht er mit der Leidenschaft eines Predigers:

> So nur rühmen die Himmel die Herrlichkeit Gottes, so nur offenbart sich die Größe seines Reichs. Nicht auf einem, auf unzähligen Thronen strahlt seine Majestät, nicht auf einer Erde, auf einer Welt, auf zehnmal hunderttausenden, auf unzähligen.

Das Weltall ist ein Kreis, dessen Mittelpunkt überall, dessen Umfang nirgends ist.
Blaise Pascal (1623–1662)

Die letzten Lebensjahre Giordano Brunos gehören wohl für alle Zeiten zu den bewegendsten Kapiteln in der Geschichte der Menschheit. Da er mit seinen öffentlichen Predigten die kirchlichen Machthaber provozierte, wurde er von der Römischen Inquisition erbarmungslos gejagt, bis er schließlich in ihre Hände fiel. Hieran war Giordano Bruno selbst nicht ganz unschuldig, denn bereitwillig nahm er die Einladung Giovanni Mocenigos an, als dessen Lehrer nach Venedig zu kommen. Giovanno Mocenigo war jedoch ein Handlanger der Inquisition, und so waren die Folgen unvermeidlich: Bruno wurde festgenommen, der Ketzerei angeklagt, für schuldig befunden und zum Tode verurteilt. Was einen Menschen in dieser äußersten Kraftprobe aufrecht hält, werden wir wohl nie wissen, vielleicht war es seine grenzenlose Begeisterung für die Unermeßlichkeit des Universums – *seines* Universums –, die ihm Mut machte und die Kraft gab, dieses Martyrium zu ertragen. Er wurde am 17. Februar 1600 in Venedig auf dem Scheiterhaufen verbrannt; seinen Überzeugungen war er bis zuletzt treu geblieben.

25 Der Horizont weitet sich

Alles ist nur Teil eines gewaltigen Ganzen, dessen Körper die Natur und dessen Seele Gott ist.

Alexander Pope (1688—1744)

Seit dem tragischen Tode Giordano Brunos waren kaum zehn Jahre vergangen, als man eine sensationelle Entdeckung machte, die Bruno und seinem Vorbild Kopernikus recht geben sollte. Am 7. Januar 1610 richtete der schon damals berühmte Wissenschaftler Galileo Galilei sein neues Teleskop auf den Planeten Jupiter. Zu seiner Verwunderung stellte er fest, daß der Planet von vier kleinen Objekten umgeben war, die er richtig als Trabanten erkannte, die ihr Muttergestirn umkreisten. Er benannte sie die Mediceischen Gestirne, zu Ehren der Medici-Familie, in deren Dienst zu treten er hoffte. Hier hatte man nun erstmals ein vollständiges Sonnensystem in Miniaturform — eine Schar kleiner Körper, die einen großen umkreist. Die heliozentrische Lehre, die damals noch keineswegs allgemein anerkannt war, wurde hierdurch indirekt bestärkt. Noch mehr Auftrieb erhielt sie, als Galilei entdeckte, daß die Venus, ein näher als die Erde an der Sonne gelegener Planet, ähnliche Phasen wie der Mond aufweist — ein überzeugender Beweis dafür, daß sie die Sonne und nicht die Erde umkreist.[1] Als nächstes richtete er sein Teleskop auf den Mond und erblickte, was kein menschliches Auge je zuvor gesehen hatte — einen von Tälern und Bergen, von Ebenen und „Meeren" durchzogenen Himmelskörper — kurz, eine unvollkommene Welt, die — unserer eigenen nicht unähnlich — der griechischen Vorstellung einer vollkommenen Kristallkugel überhaupt nicht entsprach. Zur Krönung seiner Untersuchungen wandte sich Galilei nun der Milchstraße zu, jenem diffusen Lichtstreifen am Himmel, der in dunklen, sternklaren Nächten beobachtet werden kann. Er stellte fest, daß sie aus zahllosen Sternen besteht, die mit bloßem Auge nicht wahrgenommen werden können. Aus der Tatsache jedoch, daß sein Teleskop noch nicht einmal die hellsten dieser Sterne vergrößern konnte, schloß er, daß ihre Entfernung sehr groß sein mußte — der erste direkte Hinweis darauf, daß das Universum viel größer war, als man je

1 Dies ist an sich jedoch noch kein ausreichender Beweis dafür, daß auch die Erde um die Sonne kreist, so wie dies die kopernikanische Lehre verlangt, denn auch das System des Tycho Brahe lieferte eine in sich schlüssige Erklärung für die Phasen der inneren Planeten Mars und Venus. In diesem System kreisen die Planeten um die Sonne, und nur die Sonne kreist um die Erde.

zuvor angenommen hatte. Wir können uns leicht vorstellen, in welche Aufregung der neu erschlossene, weite Raum ihn versetzte. In seinem *Dialog über die beiden hauptsächlichsten Weltsysteme* schrieb er folgendes: „Vermöge des Fernrohrs ist uns nun aber der Himmel dreißig- bis vierzigmal näher gerückt, als er dem Aristoteles war, so daß wir an ihm hundert Dinge unterscheiden können, von denen er nichts wußte ... Deswegen können wir uns ein begründeteres Urteil über den Himmel und die Sonne bilden als Aristoteles." Mit diesen einfachen Worten leitete Galilei eine neue Epoche ein — das Zeitalter des Teleskops.

Das Ergebnis all dieser Entdeckungen war ein kleines, sehr beliebtes Buch mit dem Titel *Der Sternenbote*, in dem Galilei seine Erkenntnisse in den glühendsten Worten beschreibt. Das Buch wurde sofort ein überwältigender Erfolg und trug wesentlich zur Popularisierung der Astronomie bei. Unter seinen gelehrten Kollegen war die Reaktion jedoch weit weniger begeistert. Sie fürchteten, daß Galileis Entdeckungen ihre Autorität direkt bedrohen könnte, und machten sich daher sofort daran, ihn zum Schweigen zu bringen. Nach langen Manövern und vielen Intrigen gelang es ihnen, die Angelegenheit der Kirche zu unterbreiten. Galilei, der damals bereits ein alter Mann war, wurde nach Rom beordert, um vor dem Heiligen Stuhl zu erscheinen. Nach mehreren Anhörungen zwang man ihn, seine „Schuld", die darin bestand, das kopernikanische Weltbild zu lehren, einzugestehen und zu widerrufen. Galilei, der zweifellos das Schicksal Giordano Brunos vor Augen hatte, gab schließlich nach. Der Legende zufolge soll er jedoch trotzig ausgerufen haben: „Und sie bewegt sich doch." Dem Schicksal Brunos entging er nur sehr knapp; seine letzten Lebensjahre verbrachte er praktisch unter Hausarrest.[2] Er starb am 8. Januar 1642, völlig erblindet und durch sein langes Leiden verbittert.

An dieser Stelle möchte ich noch kurz zwei Zeitgenossen Galileis erwähnen, die völlig andere Weltbilder vertraten. Tycho Brahe (1546—1601), der große dänische Astronom, ein Empiriker, entwarf ein Planetensystem, das einen Kompromiß zwischen dem kopernikanischen und dem ptolemäischen System darstellte: Die fünf Planeten bewegen sich auf Kreisbahnen um die Sonne, die sich ihrerseits jedoch um die Erde bewegt. Tycho Brahe nahm das Fehlen jeder beobachtbaren Parallaxe als Beweis dafür, daß die Erde unbeweglich sei. Wie die Griechen lehnte er die Möglichkeit eines riesigen Univer-

2 Während dieses letzten Abschnitts seines Lebens schrieb Galilei einen zweiten „Dialog", *Unterredungen und Mathematische Demonstrationen*, in dem er sich auch mit dem mathematischen Unendlichen und seinen Paradoxien beschäftigte (vgl. Teil 1).

sums als Erklärung dieses Phänomens ab. Eine Zeitlang erfreute sich sein System großer Beliebtheit, besonders weil es eine Lösung für das Problem der Planetenbewegungen anbot, ohne auf ein heliozentrisches Weltbild zurückgreifen zu müssen. (Tatsächlich sind die beiden Systeme mathematisch äquivalent, denn die Körper bewegen sich relativ zueinander.) Tychos wichtigster Beitrag zur Astronomie ist jedoch ein anderer: Von seinem Observatorium auf der Insel Hven in Dänemark beobachtete er mit größter Sorgfalt die Positionen von Sternen und Planeten und lieferte so das umfangreiche Datenmaterial, aus dem Kepler (1571—1630) seine berühmten drei Gesetze der Planetenbewegung ableiten konnte.[3] Diese Gesetze sind das Ergebnis eines jahrelangen zähen Kampfes, der nicht gerade erleichtert wurde durch die Tatsache, daß Kepler ein überzeugter Pythagoreer war, der sich nicht nur von wissenschaftlichen Argumenten, sondern auch von mystischen Spekulationen leiten (oder irreleiten) ließ. Er bemühte sich, die Gesetze der Planetenbewegung auf die Geometrie der fünf regelmäßigen Körper zurückzuführen, von denen er annahm, daß sie den fünf Planeten entsprachen. Als dieser Versuch fehlschlug, wandte er sich den musikalischen Harmoniegesetzen zu und ordnete jedem Planeten entsprechend seiner Entfernung von der Sonne eine Melodie zu. Nichtsdestoweniger stellen die Keplerschen Gesetze eine Leistung von größter Bedeutung dar, denn erstmals verfügten die Astronomen über eine präzise quantitative Theorie, auf die sie ihre Berechnungen stützen konnten. Darüber hinaus überwand Kepler mit seiner Entdeckung, daß die Planeten sich in Ellipsen um die Sonne bewegen (das erste Keplersche Gesetz), endgültig die alte Vorstellung von Kristallsphären und markierte damit das Ende der griechischen Astronomie. Wie schon Tycho war jedoch auch Kepler nicht dazu bereit, die Möglichkeit eines unendlichen Universums anzuerkennen. Die Giordano Bruno so begeisternde Vision von der Unendlichkeit der Welten erfüllte ihn mit Entsetzen. In seiner Abhandlung *De stella nova* (Neue Sternkunde) schrieb er: „Es ist nicht gut für den Wanderer, in dieser Unendlichkeit umherzustreifen."

Allmählich war die Zeit reif, die neuen Entdeckungen in einer einzigen, allumfassenden Theorie zu vereinen. Diese Aufgabe fiel Isaac

3 Die Keplerschen Gesetze besagen:
1. Die Planeten bewegen sich in Ellipsen um die Sonne, wobei die Sonne in einem der beiden Brennpunkte der Ellipse liegt.
2. Die von der Sonne zum Planeten gezogene Verbindungslinie (der Radiusvektor) überstreicht in gleichen Zeiten gleiche Flächen.
3. Das Quadrat der Umlaufzeit jedes Planeten um die Sonne verhält sich proportional zur dritten Potenz seiner durchschnittlichen Entfernung von der Sonne.

Newton (1642—1727) zu, der im Todesjahr des Galilei am ersten Weihnachtstag (nach dem Julianischen Kalender) geboren wurde. Wenn wir Newton hier nur wenig Platz einräumen, so liegt dies ausschließlich daran, daß über sein Leben und Werk bereits sehr viel geschrieben wurde. Newtons einzigartige Leistung bestand darin, hinter den scheinbar zusammenhanglosen Einzelphänomenen das vereinheitlichende Prinzip zu erblicken — und dieses mathematisch auszudrücken. In diesem Sinn ist er als der Begründer der theoretischen Physik anzusehen. Er begriff, daß ein fallender Apfel und ein Planet, der sich um die Sonne bewegt, ein und demselben Gesetz gehorchen — dem Gravitationsgesetz.[4] (Zuerst hatte er dieses Gesetz nur für das System Mond — Erde aufgestellt, doch verallgemeinerte er es später für beliebige Körper.) Die Formulierung dieses Gesetzes in dem Werk *Principia* (1687) stellt die Geburtsstunde der modernen Astronomie dar.

Zusammen mit den drei Newtonschen Axiomen[5] stellt das Gravitationsgesetz die Grundlage der Himmelsmechanik dar. Sogar Einsteins allgemeine Relativitätstheorie, die Anfang dieses Jahrhunderts an die Stelle des Newtonschen Gravitationsgesetzes trat, konnte seine Bedeutung für die Bestimmung der Umlaufbahnen von Satelliten und Raumfahrzeugen nicht mindern. Die Bedeutung des Gesetzes geht jedoch weit über Fragen der Himmelsmechanik hinaus, denn wenn ein einziges Gesetz alle Phänomene der Gravitation, ob auf der Erde oder in den entferntesten Bereichen des Universums, zutreffend beschreibt, dann drängt sich unvermeidlich die Schlußfolgerung auf, daß das Universum unendlich ist. Newton selbst war nicht nur von

4 Dieses Gesetz besagt: Die Gravitationskraft, die zwischen zwei Körpern wirkt, verhält sich direkt proportional zum Produkt ihrer Massen und umgekehrt proportional zum Quadrat ihres Abstands r. (Daher rührt auch der häufig verwendete Ausdruck „$1/r^2$ Gesetz"). In mathematischer Schreibweise heißt das: $F = \frac{G\, m_1\, m_2}{r^2}$

Der Wert der Gravitationskonstanten G wurde im Jahr 1798 von dem englischen Chemiker und Physiker Henry Cavendish in einem sorgfältig ausgeführten klassischen Experiment bestimmt, in dem die extrem kleine Anziehungskraft zwischen zwei Bleikugeln gemessen wurde. Die Gravitationskonstante ist eine der fundamentalen Konstanten in der Physik (ihr Wert ist $6{,}67 \times 10^{-11}$ im SI-System — dem Maßsystem, dem die Einheiten Meter, Kilogramm und Sekunde zugrunde liegen).

5 Diese Axiome sind:

1. Jeder Körper beharrt in seinem Zustand der Ruhe oder der gleichförmigen geradlinigen Bewegung, wenn er nicht durch einwirkende Kräfte gezwungen wird, seinen Zustand zu ändern („Trägheitsgesetz").
2. Wenn eine Kraft auf einen Körper einwirkt, führt dies zu einer Beschleunigung des Körpers; die Beschleunigung *(a)* ist proportional zur Kraft *(F)* und umgekehrt proportional zur Masse *(m)* des Körpers *(F = ma)*.
3. Für jede Kraft gibt es eine ebenso große entgegengesetzte Kraft („actio = reactio").

Wenn die Materie unserer Sonne, unserer Planeten und die gesamte Materie des Universums über alle Himmel gleichmäßig verstreut wäre, und jedes Teilchen besäße eine eingeborene Schwere gegen alle anderen, und der gesamte Raum, über den diese Materie verteilt ist, wäre nur endlich: dann würde die Materie an der Außenseite dieses Raumes durch ihre Schwere zu der gesamten Materie im Innern hingezogen werden und folglich in die Mitte des Raumes fallen und dort eine große kugelförmige Masse bilden. Wenn aber die Materie über einen unendlichen Raum gleichmäßig verteilt wäre, könnte sie niemals zu einer Masse zusammentreten; sondern ein Teil würde zu einer Masse, ein anderer Teil zu einer anderen zusammentreten und so eine unendliche Anzahl großer Massen bilden, die in großer Entfernung voneinander über den gesamten unendlichen Raum verstreut wären. So könnten die Sonne und die Fixsterne gebildet sein.
Sir Isaac Newton (1642–1727)

der Unendlichkeit des Universums überzeugt, er vertrat auch die Ansicht, daß es homogen und isotrop, das heißt, in allen Richtungen gleich aufgebaut sei.[6] Nur ein solches Universum würde nicht in sich zusammenstürzen, da es durch die Gravitation im Gleichgewicht gehalten würde.

Newtons Hauptwerk, die *Principia*, übte einen nachhaltigen Einfluß auf die späteren Generationen von Wissenschaftlern aus. Mit seiner sehr ausführlichen Darlegung der Prinzipien der Mechanik stellte es, Euklids *Elementen* in der Mathematik vergleichbar, das maßgebliche Standardwerk in der Physik dar, dessen Grundlagen erst zu Beginn dieses Jahrhunderts in Frage gestellt wurden.[7] Der Erfolg, mit dem Newtons Theorie die bekannten Phänomene der Gravitation — die Planetenbewegungen, die Gezeiten und die Präzession der Tagundnachtgleichen (Äquinoktien)[8] — erklärte, überzeugte die meisten Physiker davon, daß tatsächlich *alle* in der Natur vorkommenden Phänomene durch eine kleine Anzahl grundlegender Prinzipien und mathematischer Gleichungen vorhergesagt werden könnten. Diese „deterministische" Weltanschauung sollte die Physik in den nächsten zwei Jahrhunderten beherrschen, bis schließlich auch

6 Eng ausgelegt könnte „Universum" hier ausschließlich das materielle Universum meinen, was wahrscheinlich auch die Bedeutung ist, die Newton vorschwebte (vgl. Zitat am Rand dieses Kapitels). Newton nahm jedoch ebenfalls an, daß der *Raum*, als geometrische Größe betrachtet, unendlich, isotrop und homogen sei, das heißt, daß er ein gewöhnlicher dreidimensionaler euklidischer Raum sei. Genau diese Vorstellung wurde im Jahr 1916 von Einstein in seiner allgemeinen Relativitätstheorie in Frage gestellt.

7 Die *Principia*, oder wie der vollständige Titel lautet, die *Philosophiae Naturalis Principia Mathematica* (Die mathematischen Prinzipien der Naturphilosophie) folgt dem gleichen strengen Aufbau wie Euklids *Elemente*: Definitionen, Axiome und Lehrsätze werden sorgfältig in logischer Ordnung entwickelt. Zweifellos war Newton, der den griechischen Wissenschaften große Bewunderung entgegenbrachte, von der Tradition seiner klassischen Vorgänger stark beeinflußt. Überraschenderweise verwendete Newton in dieser Arbeit an keiner Stelle die von ihm selbst zwanzig Jahre zuvor erfundene Differential- und Integralrechnung, jenen Teilbereich der Mathematik, der in der Physik bald unersetzlich werden sollte. Statt dessen beruht die *Principia* in sehr hohem Maße auf geometrischen Argumenten, worin sich wieder der Einfluß Euklids zeigt. Das Werk wurde 1687 zunächst in lateinischer Sprache veröffentlicht und erschien erst 1729, zwei Jahre nach Newtons Tod, in englischer Übersetzung.

8 Dieses Phänomen — eine langsame Rotation der Erdachse mit einer Periode von 26 000 Jahren — war zwar schon im Altertum bekannt, doch gelang es erst Newton, eine befriedigende Erklärung dafür zu finden. Er führte dieses Phänomen auf eine Störung der Gravitationsanziehung zwischen Sonne und Erde zurück, die dadurch verursacht wird, daß die Erde nicht vollkommen kugelförmig, sondern zu den Polen hin abgeflacht ist. Diese Erscheinung kann auch mit einem drehenden Kreisel verglichen werden, dessen Bewegung durch eine äußere Kraft gestört wird, wodurch sich die Achse langsam verlagert.

sie zu Beginn unseres Jahrhunderts in Frage gestellt und durch eine eher „probabilistische“ Sicht ersetzt wurde. Zur Zeit Newtons schien es jedoch, als ob der Durchbruch in die fernsten Teile des Universums und die Aufdeckung der verborgensten Geheimnisse unmittelbar bevorstünden.

26 Ein Paradoxon und seine Folgen

> ... Ich habe ein anderes Argument betonen hören, daß, falls die Anzahl der Fixsterne mehr als endlich wäre, die ganze Oberfläche ihrer scheinbaren Sphäre leuchtend wäre ...
>
> *Edmond Halley (1656–1742)*

Die Wissenschaftler waren nicht die einzigen, die die Erweiterung des Horizonts freudig begrüßten. Inspiriert durch die neuen Perspektiven, die das Teleskop eröffnete, machten sich nun die Philosophen und Literaten, die Naturalisten und Dichter daran, diese neue Kosmologie zu beschreiben. Ihre Phantasie trug sie in Gefilde, die auch das leistungsfähigste Teleskop nicht zu erreichen vermochte. In Anklang an Bruno entwickelte der englische Philosoph und Dichter Henry More (1614–1687) *seine* Version der Unendlichkeit der Welten:

The Centre of each severall world's a Sunne ...
About whose radiant crown the Planets runne,
Like reeling moths around a candle light;
These all together, one world I conceit,
And that even infinite such worlds there be,
That inexhausted Good that God is hight,
A full sufficient reason is to me.[1]

In seinem 1646 in London veröffentlichten Gedicht *Democritus Platonissans, or, An Essay upon the Infinity of Worlds Out of Platonick Principles* (in jener Zeit waren offensichtlich lange Titel notwendig, um die Aufmerksamkeit der Leser auf sich zu ziehen) erfreut sich More nicht nur an dem Gedanken eines unendlichen Universums, das unendlich viele Welten wie die unsere enthält, er betont auch die Ewigkeit der Zeit. Nachdem er „bewies",

That infinite space and infinite worlds there be:
This load laid down, I'm freely now dispos'd
A while to sing of times infinity.[2]

1 Der Mittelpunkt einer jeden Welt ist eine Sonne .../Um deren strahlende Krone die Planeten kreisen,/Wie Motten um das Kerzenlicht taumeln;/All diese Welten betrachte ich als eine;/Und daß es sogar unendlich viele dieser Welten gebe,/Dafür ist das unerschöpflich Gute, das Gott geheißen wird,/Mir ein vollkommen ausreichender Grund.

2 ... Daß es unendlichen Raum und unendliche Welten gibt:/Befreit von dieser Last, bin ich nun bereit,/eine Weile die unendliche Zeit zu besingen.

Edward Young (1683—1765), ein anderer Dichter, sah sogar den Urknall und die Entstehung des Universums voraus. In seinem Gedicht *Night Thoughts* (Klagen) sinnt er über die immensen Entfernungen nach, die ein Lichtstrahl zurücklegen muß:

> Wie entfernt sind nicht einige dieser nächtlichen Sonnen! So entfernt (sagt der forschende Weise), daß es nicht ungereimt wäre, zu zweifeln, ob Stralen, die bey der Geburt der Natur abreisten, auf dieser so fremden Welt schon angelangt seyn; da doch nichts nur halb so schnell als ihr Flug ist.

Er sieht ebenfalls eine Verbindung zwischen unendlichem Raum und unendlicher Zeit:

> Der gränzenlose Raum, den diese unermüdeten Wanderer durchirren, giebt uns auch den verschwisterten Gedanken von einer gränzenlosen Zeit ein.

Berauscht von der „mathematischen Herrlichkeit des Himmels" läßt Young seine Phantasie schweifen und begibt sich auf eine Reise ins Unbekannte:

> Reiß mich aus den Schranken der Erde, erlöse mein Herz aus dem engen Bezirke der Sonne; gieb meinem Geiste mehr Raum, und laß ihn durch noch unerforschte Provinzen des Verstandes umherschweifen ...
> Du pralest mit deinen Reisen durch entlegne Länder? Du Fremdling in der Welt! fang deine Reisen an; deine Reisen durch den ganzen Umkreis der Natur.

Während die Dichter des 18. Jahrhunderts die „Ästhetik des Unendlichen" feierten[3] und die Unendlichkeit der Welten oft mit einer Unendlichkeit von Worten beschrieben, machten die Astronomen gewaltige Fortschritte in der Erforschung des Himmels. Im Jahr 1781 entdeckte der deutschstämmige Engländer Sir Wilhelm Herschel (1738—1822), ein Musiker, der sich der Astronomie zugewandt hatte, einen neuen Planeten, der die Sonne in einer doppelt so großen Ent-

3 Dieser Ausdruck ist dem Buch *Mountain Gloom and Mountain Glory* (New York 1959) von Marjorie Hope Nicolson entlehnt, in dem sie den Einfluß schildert, den die großen astronomischen Entdeckungen des 18. Jahrhunderts auf die Weltanschauung der Philosophen und Naturalisten ausübten. Insbesondere berücksichtigt sie dabei ihre Wahrnehmung von Bergen.

fernung wie Saturn umkreist: Uranus. Dies war die erste Erweiterung des Sonnensystems seit dem Altertum, und sie löste eine gewaltige Aufregung unter den Wissenschaftlern aus. Weitere Neuentdeckungen sollten bald folgen. Die ersten Asteroiden oder Kleinen Planeten wurden im Jahr 1801 entdeckt, und Hunderte mehr folgten in den darauffolgenden Jahren. Dutzende neuer Kometen — unsichtbar für das bloße Auge — wurden durch das Teleskop entdeckt. Immer mehr Monde der großen Planeten wurden bekannt (Herschel selbst fand sechs Jahre, nachdem er Uranus entdeckt hatte, zwei seiner Trabanten). Bedeutsamer war jedoch, daß sich die Astronomen nun mit Hilfe immer größerer Teleskope auch Objekten jenseits unseres Sonnensystems zuwandten. Herschel war der erste, der mit seinem 12 Meter langen Teleskop, das einen Durchmesser von etwa 1,20 Meter hatte, eine systematische Vermessung des Himmels vornahm. Er entdeckte dabei Hunderte von Doppel- und Dreifachsternen, Sternhaufen und verschwommene Objekte, die er „Nebel" nannte — ein Ausdruck, der sich auf ihr diffuses, undeutliches Erscheinungsbild bezog. Herschels umfangreiche Katalogisierung der Sterne, die von seinem Sohn John (1792—1871) für die südliche Hemisphäre weitergeführt wurde, signalisierte eine Verlagerung des Interesses von unserem Sonnensystem weg zu den Fixsternen, eine Entwicklung, die in den zwanziger Jahren dieses Jahrhunderts ihren Höhepunkt erreichte, als man den Aufbau unserer eigenen Galaxie erkannte.

Spekulationen über die Milchstraße gab es natürlich schon im Altertum. Wie wir gesehen haben, kam Demokrit (im dritten Jahrhundert vor Christus) mit seiner Vermutung, daß sie eine riesige Ansammlung weit entfernter Sterne sei, der Wahrheit recht nahe. Die meisten Leute sahen jedoch in der Milchstraße nur den diffusen Lichtstreifen, jenen Milch- oder Feuerstrom, als der sie dem bloßen Auge erscheint. (Tatsächlich heißt die Milchstraße im Talmud *Nahr-di-Nur*, „Feuerstrom", während das moderne Wort „Galaxie" mit dem lateinischen Wort *Via Lactea*, „Milchstraße", gleichbedeutend ist.) Wie wir uns erinnern, war Galileo der erste, der die Milchstraße mit seinem Teleskop in unzählige Einzelsterne auflöste und damit den Beweis erbrachte, daß sie nicht aus zusammenhängender Materie besteht. Eine erste ausführliche Theorie über ihre Struktur wurde jedoch erst 1750 von dem englischen Instrumentenbauer und Amateurastronomen Thomas Wright of Durham (1711—1786) veröffentlicht. In seinem Buch *An Original Theory or New Hypothesis of the Universe* entwickelte er die These, daß die Fixsterne zwischen zwei unendlichen Ebenen liegen und eine Art Scheibe von endlicher Dicke bilden, die langsam um ihr Zentrum rotiert wie ein riesiger Mühlstein (Abb. 26.1). Betrachtet man diese „Scheibe" aus dem Innern, so sieht man entlang der Mittelebene natürlich wesentlich

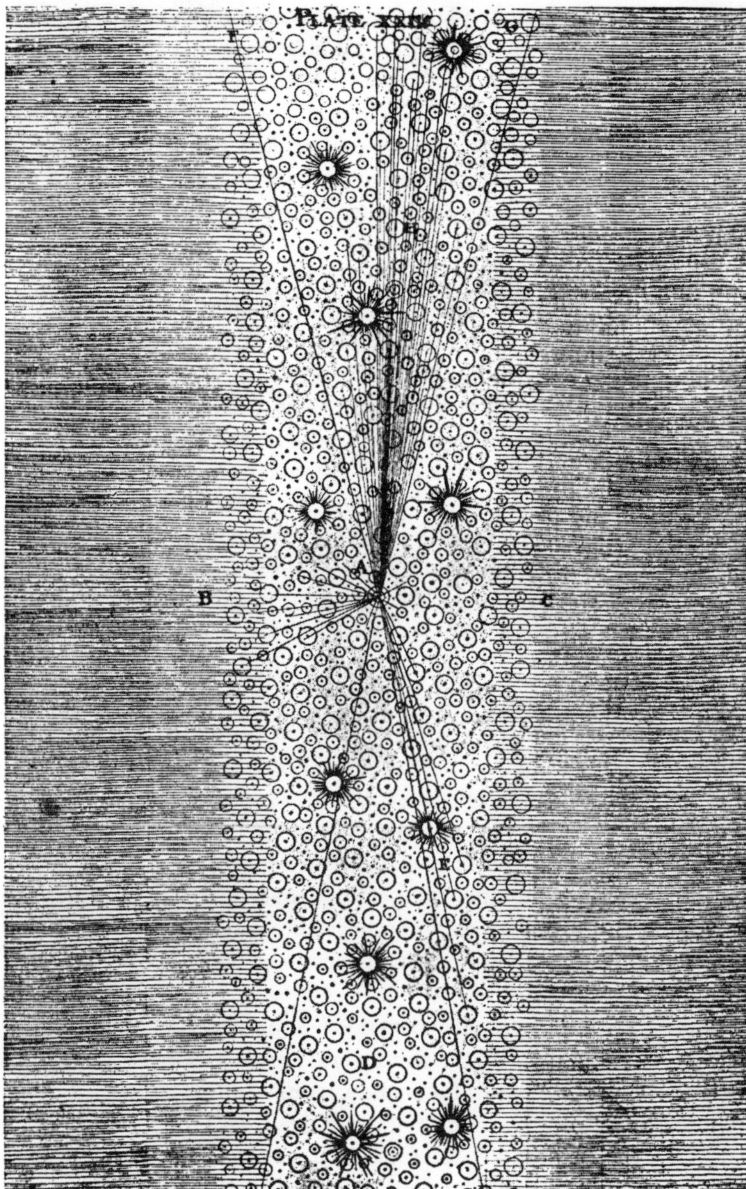

Abb. 26.1: Thomas Wrights Vorstellung von der Milchstraße. Aus seinem Werk *An Original Theory or New Hypothesis of the Universe*, 1750.

mehr Sterne als in jeder anderen Richtung; dies erzeugt den Eindruck eines zusammenhängenden, schwachen Lichtstreifens, der sich wie ein Gürtel durch den Himmel zieht. Wrights Theorie kam der wahren Struktur der Milchstraße schon recht nahe. Allerdings wissen wir heute, daß die Milchstraße nicht nur eine endliche Dicke, son-

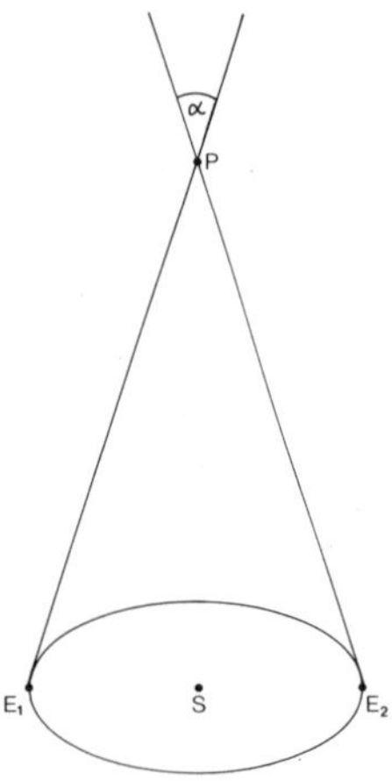

Abb. 26.2: Das Phänomen der Parallaxe: Die Bewegung der Erde *E* um die Sonne *S* bewirkt eine scheinbare Verschiebung in der Position eines Sterns *P*. Der Parallaxenwinkel ist *α*.

dern auch einen endlichen Durchmesser hat, und daß es darüber hinaus nicht nur eine, sondern zahllose andere Galaxien im Universum gibt.

Ein Problem entzog sich jedoch hartnäckig jeder Lösung, die Frage nach der Entfernung der Fixsterne. Nachdem man die Vorstellung von Kristallsphären einmal überwunden hatte, war es klar, daß die Sterne ungeheuer weit von der Erde entfernt sein mußten, doch immer noch schätzte man ihre Entfernung in den Dimensionen unseres Sonnensystems. Der deutsche Astronom Friedrich Wilhelm Bessel (1784—1846) war der erste, der auf diese drängende Frage eine fundierte Antwort gab und damit den wilden Vermutungen ein Ende bereitete. Im Jahr 1838 war er in der Lage, die Parallaxe eines schwachen Sterns, 61 Cygni (aus dem Sternbild Cygnus, dem Schwan) zu messen, die sich aus der Erdbewegung um die Sonne ergibt (Abb. 26.2). Von diesem Stern wußte man, daß er eine relativ schnelle Eigenbewegung aufweist, möglicherweise ein Zeichen dafür, daß er nicht allzu weit entfernt war. (Die *Eigenbewegung* eines Sterns ist seine tatsächliche Bewegung relativ zu den weit entfernten Fixsternen, während die *scheinbare* Bewegung nur auf der Bewegung des Beobachters beruht.) Obwohl die von Bessel gemessene Parallaxe außerordentlich klein war — nur etwa eine halbe Bogensekunde (der scheinbare Durchmesser des Mondes beträgt im Vergleich dazu ein halbes *Grad*, das sind 1800 Bogensekunden) —, ermöglichte sie es ihm doch, mit Hilfe der einfachen Trigonometrie die Entfernung des Sterns zu berechnen. Als er sein Ergebnis veröffentlichte, war die Überraschung groß: elf Lichtjahre bzw. mehrere hundert Millionen Kilometer. Bald nach Bessels Entdeckung fand man noch einen näher gelegenen Stern, Alpha Centauri, der mit einer Entfernung von etwa 4,3 Lichtjahren unserem Sonnensystem am nächsten liegt.[4] So gewann man zum ersten Mal eine Vorstellung für die Dimensionen des Weltalls außerhalb des Sonnensystems.

Zwölf Jahre vor Bessels Parallaxenbestimmung des Sterns 61 Cygni war ein Artikel in der Fachliteratur erschienen, der trotz seiner bemerkenswerten Thematik kaum Beachtung fand. In diesem Artikel stellte der Verfasser Heinrich Olbers (1758—1840) die Frage, warum der Nachthimmel dunkel sei. Olbers ist nicht als einer der Großen in der Geschichte der Astronomie bekannt, obwohl er einige hervorragende Beiträge leistete: Er entdeckte zwei neue Asteroiden, Pallas und Vesta, einen Kometen, der nach ihm benannt wurde, und

4 Tatsächlich ist Alpha Centauri ein aus drei Sternen bestehendes System, dessen schwächstes Mitglied, Proxima Centauri (erst im Jahr 1915 entdeckt), zur Zeit nur 4,2 Lichtjahre entfernt ist.

schließlich fand er den Asteroiden Ceres wieder, nachdem dieser während mehrerer Jahre als „verloren" galt. Heute ist Olbers hauptsächlich durch seinen 1826 veröffentlichten Artikel „Über die Durchsichtigkeit des Weltraums" bekannt, in dem er sein berühmtes Paradoxon entwickelte. Wenn das Universum unendlich ist, wie damals allgemein angenommen wurde, und wenn wir weiter voraussetzen, daß die Sterne im Durchschnitt gleichförmig im Raum verteilt sind (das heißt, daß das Weltall homogen und isotrop ist, wie Newton forderte), dann müßten wir, in welche Richtung wir auch schauen, Sterne erblicken. Die Lichtintensität, die wir von einer beliebigen Quelle empfangen, verhält sich nun aber proportional zum umgekehrten Quadrat des Abstands, das heißt, sie verringert sich mit zunehmendem Abstand zwischen Lichtquelle und Beobachter.[5] Andererseits folgt aus den genannten Voraussetzungen, daß wir uns das Universum als ein Gebilde vorstellen können, das aus unendlich vielen, kugelförmigen Schalen gleicher Dicke besteht, die konzentrisch um den Beobachter angelegt sind. (Diese Schalen haben natürlich nichts mit den Kristallsphären der alten Griechen gemein; sie sind lediglich ein gedankliches Hilfsmittel, das die mathematische Analyse des Problems erleichtern soll, vergleichbar mit der Aufteilung eines Körpers in dünne „Scheiben", um sein Volumen zu berechnen.) Aus der elementaren Geometrie folgt, daß das Volumen jeder Schale — und damit die Anzahl der darin enthaltenen Sterne — mit dem Quadrat ihres Radius *zunimmt*. Die Verminderung der Lichtintensität jedes einzelnen Sterns würde also dadurch kompensiert, daß die Anzahl der Sterne mit der Entfernung zunehmen würde, so lautete Olbers' Argumentation. Das Licht, das wir von jeder einzelnen Schale empfangen, sollte also insgesamt konstant bleiben, das heißt, nicht vom Radius der Schale abhängen. Addieren wir nun das Licht, das wir von *allen* Schalen empfangen, so ist das Ergebnis unendlich groß. Der Nachthimmel sollte also mit anderen Worten keineswegs dunkel, sondern taghell sein, erleuchtet von der unendlichen Vielzahl der Sterne im Universum!

Um dieses Paradoxon zu lösen, bot Olbers eine plausible Erklärung an. Er vermutete, daß der Raum zwischen den Sternen mit dunklen Wolken kosmischen Staubs erfüllt sei, die das Licht entfernter Sterne zum Teil absorbieren. Diese Annahme erwies sich als rich-

Jenseits (dieser Sterne) liegen andere Sonnen, die unendlich vielen anderen Systemen Licht und Leben spenden; Systeme, die sich in unermeßlichen Abständen voneinander befinden. Jedes System besteht aus zehntausend Mal zehntausend Welten, die alle in schneller, doch ruhiger, gleichmäßiger und harmonischer Bewegung sich befinden. — Der gesamte Raum scheint hell erleuchtet, und jedes Lichtteilchen eine Welt ... Und doch verhält sich diese unermeßliche Ansammlung von Sonnen und Welten zu dem, was jenseits des dem Menschen Vorstellbaren liegt, vielleicht nur wie ein Wassertropfen zum gesamten Ozean.
Aus einem Astronomie-Lehrbuch des 19. Jahrhunderts (Elijah H. Burrit, The Geography of the Heavens, 1845)

5 Auch Newtons Gravitationsgesetz ist proportional zum umgekehrten Quadrat des Abstands. Trotz dieser Ähnlichkeit sind die beiden Gesetze nicht verwandt: Das Gesetz über die Lichtintensität läßt sich geometrisch herleiten (aus der einfachen Überlegung nämlich, daß die Fläche quadratisch mit der linearen Ausdehnung wächst), während das Gravitationsgesetz ein rein physikalisches Gesetz ist, dessen Gültigkeit nicht so einfach zu beweisen ist.

tig, doch wissen wir heute, daß die Menge des interstellaren Staubs nicht ausreicht, um die Lichtabschwächung entfernter Sterne vollständig zu erklären. Die korrekte Lösung des Olbersschen Paradoxons konnte man zu jener Zeit nicht ahnen, denn sie erfordert eine Modifizierung der Grundvoraussetzungen, auf denen das Paradoxon überhaupt beruht: die Unendlichkeit, Homogenität und Isotropie des Universums (daneben ging Olbers auch stillschweigend von der Voraussetzung aus, daß das Universum unendlich alt sei und sich in der Zeit seines Bestehens nicht wesentlich verändert habe; das heißt, er vertrat die Ansicht eines statischen Universums). Heute wissen wir jedoch, daß das Universum endlich ist und expandiert. Diese Expansion erklärt nun schließlich, warum wir von weiter entfernten Sternen (bzw. Galaxien) immer weniger Licht empfangen. Wir werden uns dieser Erklärung, die auf dem Phänomen der „Rotverschiebung" beruht, im nächsten Kapitel zuwenden.

Die Reaktion auf Olbers' Artikel war — Schweigen. Die Astronomen waren viel zu sehr damit beschäftigt, die enorme Ausbeute der neuesten Beobachtungen zu verarbeiten, um sich mit theoretischen Problemen aufzuhalten, die womöglich reine Gehirnakrobatik waren. Olbers' Paradoxon geriet bald in Vergessenheit und wurde erst in unserem Jahrhundert wiederentdeckt, als man seine volle Tragweite erkannte.[6] Unterdessen ging der Strom der Entdeckungen jedoch unvermindert weiter. Im Jahr 1814 stellte der deutscher Optiker Joseph Fraunhofer (1787—1826) fest, daß Sonnenlicht, das durch einen schmalen Schlitz und durch ein Prisma gelenkt wird, ein Spektrum erzeugt, das Hunderte schmaler dunkler Linien aufweist. Dies war die Geburtsstunde der Spektroskopie, die sich zu einem der wichtigsten Werkzeuge in der Astrophysik — der Erforschung der physikalischen Struktur der Sterne — entwickeln sollte.[7] Im Jahr 1846 wurde

6 Es zeigt sich, daß Olbers nicht der erste war, der dieses Paradoxon bemerkte. Edmond Halley hatte sich bereits ein Jahrhundert vorher damit beschäftigt (vgl. Halleys Zitat am Beginn dieses Kapitels), und Newton, der ein unendliches, homogenes und isotropes Universum vertrat, war sich sehr wohl der Analogie bewußt, die das Paradoxon des dunklen Nachthimmels in der Gravitation besitzt. Eine ausführliche Darstellung der Geschichte des Paradoxons findet sich in dem Buch *The Paradox of Olbers' Paradox* von Stanley L. Jaki, New York 1969. Vgl. auch den Artikel „Why the Sky is Dark at Night" von Edward R. Harrison, *Physics Today*, Februar 1974, pp. 30—36.

7 Zwar waren Spektrallinien auch schon vor Fraunhofer bekannt, doch war er der erste, der sie systematisch untersuchte und mehr als 500 verschiedene entdeckte, darunter nicht nur Linien aus dem Sonnenspektrum, sondern auch aus dem Spektrum anderer Sterne. Es blieb jedoch Gustav Robert Kirchhoff (1824—1887) vorbehalten, die Fraunhoferschen Linien richtig zu interpretieren. Wenn ein chemisches Element stark erhitzt wird, beginnt es ab einer bestimmten Temperatur Licht einer bestimmten Farbe (das heißt, eines bestimmten Spektrums) auszusenden, wobei bei

ein weiterer großer Planet entdeckt — diesmal nicht zufällig, sondern aufgrund mathematischer Findigkeit.[8] Und so ist es kein Wunder, daß die Astronomen angesichts der Vielzahl neuer Entdeckungen, die ihre Aufmerksamkeit beanspruchte, das Olberssche Paradoxon ignorierten. Der Nachthimmel blieb somit noch ein weiteres Jahrhundert dunkel, bis sich wieder jemand mit ihm beschäftigte.

verschiedenen Wellenlängen breite Emissionslinien auftreten. Diese Emissionslinien sind charakteristisch für das jeweilige Element und ändern sich auch nicht, wenn das Element in einer chemischen Verbindung mit einem anderen Element vorliegt. Durch die Analyse des Spektrums eines leuchtenden Objekts (wie beispielsweise eines Sterns) läßt sich also seine chemische Zusammensetzung erschließen. Kirchhoff fand heraus, daß die *dunklen* Linien, die im Spektrum des Sonnenlichts zu erkennen sind, genau den Wellenlängen der Emissionslinien der verschiedenen Elemente entsprechen. Daraus folgerte er richtig, daß die Spektrallinien des Sonnenlichts eigentlich Absorptionslinien sind, die entstehen, wenn die kühleren Gase der Sonnenatmosphäre das Licht der entsprechenden Wellenlängen verschlucken. Die Spektralanalyse war und ist immer noch unsere grundlegende Informationsquelle über die chemische Zusammensetzung der Himmelskörper.

8 Den Astronomen war bereits längere Zeit aufgefallen, daß zwischen der errechneten Umlaufbahn des Uranus und seiner tatsächlich beobachteten eine Diskrepanz bestand. Als alle Versuche scheiterten, eine Übereinstimmung zwischen Rechnung und Beobachtung herzustellen, kam langsam der Verdacht auf, daß ein unbekannter transuranischer Planet die „richtige" Umlaufbahn des Uranus störe. Unabhängig voneinander begannen nun John Couch Adams (1819—1892) in England und Urbain Jean Joseph Leverrier (1811—1877) in Frankreich die Position dieses unbekannten Planeten zu berechnen. Die Geschichte der nun folgenden Suche und ihr schließlicher Erfolg — der Planet wurde am 23. September 1846 von dem deutschen Astronomen Johann Gottfried Galle (1812—1910) exakt an der vorhergesagten Position gesichtet — besitzt alle Elemente eines menschlichen Dramas. Die zwei Protagonisten Adams und Leverrier lieferten sich jedoch keinen bitteren Prioritätsstreit (wie Newton und Leibniz über die Entdeckung der Infinitesimalrechnung), vielmehr respektierten sie gegenseitig ihre Leistungen und wurden schließlich sogar Freunde. Abgesehen von diesem menschlichen Aspekt, zeigt die Entdeckung Neptuns wieder einmal, daß die Mathematik nicht nur in der Lage ist, bekannte Phänomene zu erklären; sie kann auch unbekannte vorhersagen. Ein fesselnder Bericht über jenes Ereignis findet sich in dem Buch *The Discovery of Neptune* von Morton Grosser, New York 1979.

27 Das expandierende Universum

> Es ist ziemlich sicher, daß unser Raum endlich, obgleich unbegrenzt ist. Unendlicher Raum ist einfach skandalös für das menschliche Denken.
>
> *Bischof Barnes*

Wenn man in einer klaren, mondlosen Herbstnacht zum Sternbild Andromeda aufschaut, dann sieht man dort vielleicht einen schwachen, diffusen Lichtfleck. Von der äußeren Erscheinung her kann er keineswegs mit den spektakuläreren Sehenswürdigkeiten des Himmels konkurrieren, wie beispielsweise mit der Mondoberfläche oder den Saturnringen. Sogar ein Teleskop bringt nicht viel mehr zum Vorschein: Man sieht den Umriß einer elliptischen Struktur, die sich zum Zentrum, dem Kern, hin verdichtet, aber das ist auch schon alles. Doch halt, bevor man dieses Objekt als uninteressant abtut, sollte man sich bewußt machen, daß man den großen Andromedanebel vor Augen hat, eine unserer eigenen Milchstraße sehr ähnliche Galaxie, die mit einer Entfernung von 2 000 000 Lichtjahren das entfernteste Objekt ist, das man mit bloßem Auge erkennen kann. Praktisch werfen wir hier also einen Blick in die Unendlichkeit.[1]

Erst im Jahr 1924 erkannte man den großen Andromedanebel als das, was er wirklich ist: als „Weltinsel", das heißt als eigene Milchstraße. In diesem Jahr gelang es dem amerikanischen Astronomen Edwin P. Hubble (1889–1953) mit Hilfe des leistungsstarken 2,5 m-Teleskops auf dem Mt. Wilson-Observatorium in Pasadena, Kalifornien, einzelne Sterne in den Spiralarmen des Nebels zu identifizieren. Ein Geheimnis, das die Astronomen das ganze 19. Jahrhundert hindurch beschäftigt hatte, war somit endlich gelöst.

Seit Herschels Vermessung des Himmels zu Beginn des 19. Jahrhunderts hatten die Astronomen über die Beschaffenheit der Nebel nachgegrübelt, jener diffusen, verschwommenen Lichtflecke, die scheinbar zufällig über den Himmel verstreut sind. Einige Nebel konnten einwandfrei als riesige, von nahen Sternen angestrahlte Gaswolken identifiziert werden, wie zum Beispiel der Nebel im Sternbild Orion, während andere ganz offenbar Sternhaufen von oft ku-

Am Anfang schuf Gott Himmel und Erde.
1. Buch Mose 1,1

1 Sogar die größten Teleskope sind nicht in der Lage, Einzelheiten extragalaktischer Objekte zu offenbaren. Dies ändert sich erst, wenn man die Photographie zu Hilfe nimmt. Der atemberaubende Anblick der Andromedagalaxie, der in Abb. 27.1 zu sehen ist, ist das Ergebnis einer sehr langen Belichtung.

Abb. 27.1: Die Andromedagalaxie, eine unserer eigenen Milchstraße sehr ähnliche Galaxie. Sie ist das am weitesten entfernte Objekt, das mit bloßem Auge noch zu erkennen ist. Ihre Entfernung beträgt etwa zwei Millionen Lichtjahre. Aufnahme vom Mt. Palomar-Observatorium.

gelförmiger Gestalt waren, die zum Teil mehrere tausend Sterne umfaßten. (Einer der bekanntesten ist wohl der prachtvolle Kugelsternhaufen M13 im Sternbild Herkules.) Eine Zeitlang wurden die Nebel in der Astronomie als Ärgernis betachtet, da sie durch ihr verschwommenes Erscheinungsbild leicht mit Kometen verwechselt werden konnten. (Zu jener Zeit war es noch vorrangigstes Ziel der Astronomie, neue Objekte im Sonnensystem zu entdecken.) Tatsächlich hatte der französische Astronom Charles Messier (1730—1817) zwischen 1781 und 1784, eigens um eine solche Verwechslung zu vermeiden, einen Katalog von 103 nebligen Objekten zusammengestellt, in dem er sie alle einzeln mit genauer Positionsangabe und Beschreibung ihres Anblicks durch das Teleskop aufführte. Dieser Katalog ist auch heute noch in Gebrauch — der Andromedanebel hat beispielsweise die Katalognummer M31 —, obwohl die Anzahl der bekannten

Nebel mittlerweile drastisch zugenommen hat: Allein im Jahr 1900 waren 15000 solcher „Nebel" bekannt.

Etwa ein Drittel der in Messiers Katalog aufgeführten Objekte wies, durch das Teleskop betrachtet, eindeutig eine elliptische Form auf, wodurch sie sich deutlich von den formlosen, diffusen Gasnebeln unterschieden. Einige dieser Objekte zeigten sogar schwache Spiralarme, die sich wie der Schweif eines rotierenden Rasensprengers vom elliptischen Zentrum nach außen erstreckten. Doch auch die leistungsfähigsten Teleskope des 19. Jahrhunderts waren nicht in der Lage, diese elliptischen Nebel in einzelne Sterne aufzulösen — eine Tatsache, die heftige Kontroversen in der neuzeitlichen Astronomie auslöste. Die meisten Astronomen waren der Überzeugung, daß diese Nebel ein Teil unserer Milchstraße seien und sich in deren äußersten Randgebieten befänden. Andere vermuteten jedoch, daß es sich bei ihnen um weit entfernte Milchstraßen handele, die der unsrigen ähnelten. Ein bedeutender Verfechter dieser Theorie war der Philosoph Immanuel Kant (1724—1804), der 1755 — nur fünf Jahre nachdem Thomas Wright seine Theorie über die Milchstraße veröffentlicht hatte — die kühne Vermutung äußerte, daß das Universum aus einer Vielzahl von „Weltinseln" oder Galaxien, wie man sie später nannte, bestehe.[2] Dies erinnert natürlich an Giordano Brunos Vorstellung eines unendlichen Universums, in dem unendliche viele, unserer Sonne ähnliche Sterne existierten. Kants Vorstellung bewegt sich jedoch in einem wesentlich größeren Maßstab. Kant stützte seine Theorie ebensowenig auf Beobachtungen wie Bruno, dennoch sollte ihm die Geschichte recht geben.

Das Rätsel der elliptischen Nebel konnte also ohne leistungsfähigere Teleskope nicht gelöst werden, und diese standen bis Anfang unseres Jahrhunderts nicht zur Verfügung. Der amerikanische Astronom Hubble, der im Jahr 1924 einzelne Sterne in den Spiralarmen der Andromedagalaxie entdeckte, lieferte damit ein starkes Indiz für die Richtigkeit der Theorie Kants. Der endgültige und unwiderlegbare Beweis dafür, daß die elliptischen Nebel extragalaktische Objekte sind, wurde jedoch erst etwas später im gleichen Jahr ebenfalls von Hubble erbracht, als er in der Lage war, eine besondere Klasse von Sternen in diesem Nebel zu identifizieren, aus denen sich die Entfernung bestimmen ließ. Es handelte sich dabei um sogenannte *Veränderliche Cepheiden* oder *Delta-Cephei-Sterne*, so benannt nach dem Sternbild Cepheus, in dem das erste Objekt dieser Art beobachtet wurde. Ein veränderlicher Stern ist, wie der Name schon sagt, ein

2 Der Ausdruck „Weltinseln" wurde von dem Naturforscher Alexander von Humboldt (1769—1859) geprägt.

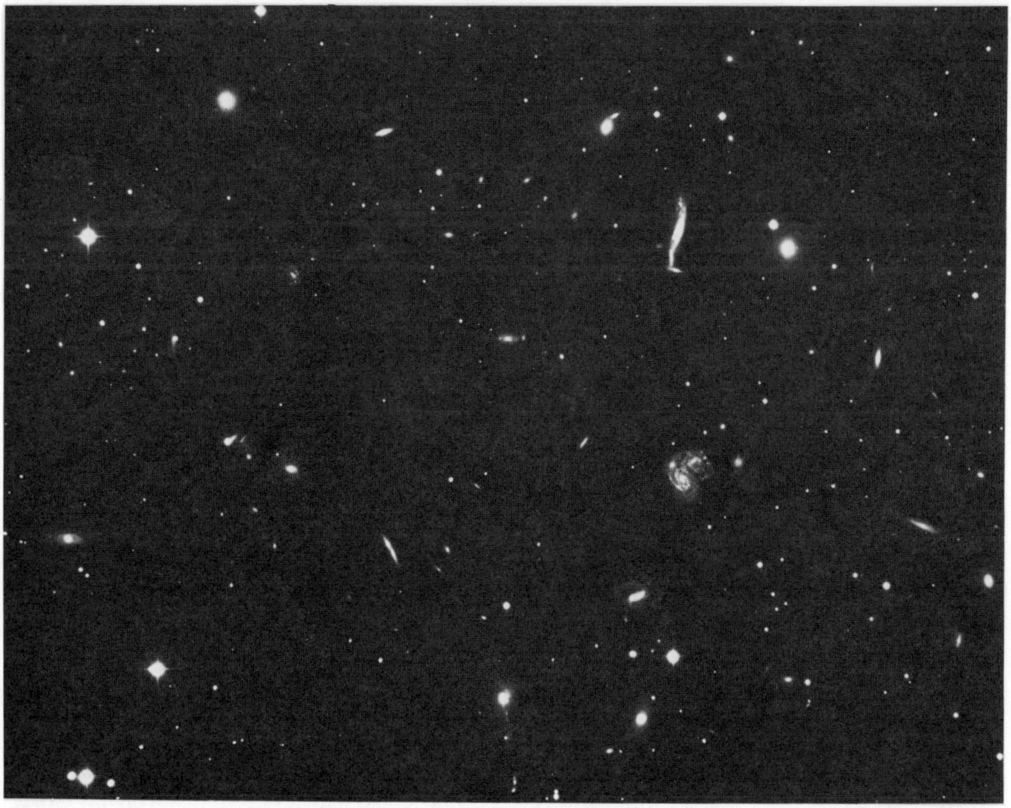

Abb. 27.2: Ein Galaxienhaufen im Sternbild Herkules. Abgesehen von den scharf umrissenen Objekten, die Sterne unserer eigenen Milchstraße darstellen, ist jedes Gebilde eine eigene Galaxie. Die Galaxien in diesem Haufen werden durch die Gravitationskraft zusammengehalten. Dieser Galaxienhaufen befindet sich ungefähr siebenhundert Millionen Lichtjahre weit entfernt. Er ist nicht mit dem zwar ebenfalls zum Sternbild Herkules gehörigen, doch in unserer eigenen Milchstraße angesiedelten Kugelsternhaufen M 13 zu verwechseln. Aufnahme vom Mt. Palomar-Observatorium.

Stern, dessen Helligkeit variiert. Einige dieser Sterne ändern ihre Helligkeit in unregelmäßigen, nicht vorhersagbaren Abständen, während andere periodischen Schwankungen unterworfen sind und eine Lichtkurve aufweisen, die sich zuverlässig wie eine Uhr wiederholt. Die Ursache für solche regelmäßigen Schwankungen kann zum Beispiel darin liegen, daß ein dunklerer Stern in periodischen Zeitabständen die Bahn seines helleren Begleiters kreuzt und ihn so für uns zeitweise verdunkelt. Häufiger ist die Veränderung jedoch auf physikalische Prozesse im Sterninnern zurückzuführen — wie etwa auf das periodische Pulsieren des Durchmessers eines Sterns, das fast den Eindruck erweckt, als ob der Stern atme. Die Cepheiden gehören zu dem letztgenannten Typ. Ihre Besonderheit besteht darin, daß die Periode direkt mit der Leuchtkraft korreliert ist, das heißt, alle Cepheiden der gleichen Periode haben ungefähr die gleiche absolute Helligkeit. Indem man also die Periode eines Cepheiden bestimmt, kann man auf seine Leuchtkraft, das heißt seine tatsächlich ausgesandte Lichtmenge, schließen. Vergleicht man dann die absolute Helligkeit mit der scheinbaren — der Helligkeit, die wir tatsächlich beobachten —, so können wir die Entfernung des Sterns abschätzen, denn die Leuchtkraft nimmt mit dem Quadrat des Abstands ab. Die Cepheiden stellen somit eine Art kosmischen Zollstocks dar, mit dem die Astronomen in der Lage waren, die Entfernungen zahlreicher Himmelsobjekte zu bestimmen. Als Hubble daher im Jahr 1924 einige Cepheiden in den Armen des Andromedanebels entdeckte, konnte er sofort ihre Entfernung bestimmen — etwa eine Million Lichtjahre, womit der Andromedanebel zweifelsfrei außerhalb unserer Milchstraße lag.[3] Diese Schätzung mußte zwar inzwischen revidiert werden und liegt nun doppelt so hoch, doch ist es Hubbles ursprüngliches Verdienst, die Existenz extragalaktischer Objekte im Universum klar bewiesen zu haben.

Die Hubblesche Entfernungsbestimmung des Andromedanebels war ein Durchbruch in der Geschichte der Astronomie, der in seiner Bedeutung der Besselschen Verwendung der Parallaxenmethode zur Entfernungsbestimmung des Sterns 61 Cygni gleichkommt.[4] Wenig später machte Hubble jedoch noch eine weitere Entdeckung, die sogar diese Errungenschaft in den Schatten stellte. Als er im Jahr 1929 die Spektren verschiedener extragalaktischer Nebel (künftig einfach Galaxien genannt) untersuchte, stellte er fest, daß ihre Spektrallinien relativ zu ihrer normalen Position im Spektrum verschoben waren, und zwar in der Regel zu den längeren Wellenlinien hin, das heißt zum roten Ende des Spektrums. Die Bedeutung dieser Entdeckung war Hubble sofort klar: Die Galaxien bewegen sich von uns fort.

Das Universum ist in keine Richtung begrenzt. Denn wenn dies so wäre, müßte es notwendigerweise irgendwo eine Grenze geben. Offensichtlich kann ein Ding jedoch nicht begrenzt sein, wenn es außerhalb seiner selbst nichts gibt, was es begrenzt ... In alle Richtungen gleichermaßen, zu dieser Seite und zu jener, nach oben und nach unten, ist das Universum also ohne Ende.
Lukrez (95—55 v. Chr.)

Um diese Schlußfolgerung zu verstehen, müssen wir einen kurzen Abstecher zurück ins Jahr 1842 machen: In diesem Jahr entdeckte der österreichische Physiker Christian Doppler (1803—1853) ein Phänomen, das heute seinen Namen trägt: den Doppler-Effekt. Wenn sich eine Strahlungsquelle relativ zum Beobachter bewegt, scheint sich für den Beobachter die Wellenlänge zu ändern: Bewegt sich die Strahlungsquelle vom Beobachter weg, verschieben sich die Wellen zu den größeren Wellenlängen, bewegt sie sich auf ihn zu, so

3 Erst einige Jahre zuvor war es Harlow Shapley (1885—1972) gelungen, den Aufbau unserer eigenen Milchstraße zu ergründen. Sie ist eine scheibenförmige Zusammenballung von ungefähr 100 Milliarden Sternen, deren Durchmesser etwa 100 000 Lichtjahre beträgt. Im Zentrum weist sie eine Ausbuchtung auf, den Kern der Galaxie. Unsere Sonne befindet sich in einem Arm der Galaxie, 30 000 Lichtjahre vom Zentrum entfernt. Herschel hatte sich also geirrt, als er annahm, die Sonne befände sich im galaktischen Zentrum.

4 Bei solchen immensen Entfernungen versagt die Parallaxenmethode völlig — sie kann mit einiger Zuverlässigkeit nur bis zu Entfernungen von etwa 100 Lichtjahren verwendet werden. Stellare Entfernungsbestimmungen sind im allgemeinen sehr ungenau, und Unsicherheiten bis zu 50% sind durchaus nicht ungewöhnlich.

verschieben sie sich zu den kürzeren. Ein einfaches Beispiel für den Doppler-Effekt liefert die Sirene eines sich nähernden Krankenwagens. Im Augenblick des Vorbeifahrens schlägt der Ton aufgrund der größeren Wellenlänge der Schallwellen deutlich hörbar nach unten um. Dopplers Entdeckung bezog sich ursprünglich nur auf Schallwellen (tatsächlich verifizierte er seine Theorie mit Hilfe eines auf einem Eisenbahnwagen plazierten Orchesters), doch erkannte man bald, daß ein analoger Effekt bei Wellenphänomenen jeder Art, einschließlich der elektromagnetischen Wellen (das heißt Licht), auftreten sollte.[5] Bestätigt wurde diese Annahme 1868 von Sir William Huggins (1824—1910), der entdeckte, daß die Spektrallinien verschiedener Sterne von ihren normalen Positionen im Sonnenspektrum abwichen. Er interpretierte dies korrekt als Dopplerverschiebung, die auf eine Bewegung der Sterne relativ zur Erde zurückzuführen war. Da es eine einfache Formel gibt, die die Verschiebung der Wellenlänge zur Geschwindigkeit der Quelle in Beziehung setzt, konnten die Radialgeschwindigkeiten stellarer Objekte (die Geschwindigkeiten entlang der Sichtlinie) mit großer Genauigkeit bestimmt werden. Tatsächlich benutzt man den Doppler-Effekt seither, um die Geschwindigkeit von Objekten jeder Art zu messen, angefangen von der Geschwindigkeitskontrolle im Straßenverkehr bis hin zur Raumfahrt.

In seiner historischen Entdeckung aus dem Jahr 1929 stellte Hubble nicht nur fest, daß sich die Galaxien von uns fortbewegen, er fand auch heraus, daß ihre Fluchtgeschwindigkeit proportional ihrer Entfernung ist: Je weiter eine Galaxie entfernt ist, desto größer

5 Der akustische und der optische Doppler-Effekt sind zwar qualitativ ähnliche Phänomene, doch unterscheiden sie sich quantitativ aufgrund der unterschiedlichen Bedingungen, denen sie unterliegen: Schallwellen pflanzen sich in einem Medium (der Luft) fort, während elektromagnetische Wellen durch das elektromagnetische Feld selbst übertragen werden. Die beiden Formeln, die hier für die Frequenz und nicht für die Wellenlänge angegeben werden, sind:

$$f = \frac{f'}{1 + v/c} \qquad \text{(der akustische Doppler-Effekt)}$$

$$f = \frac{f'\,(1 - v/c)}{\sqrt{1 - (v/c)^2}} \qquad \text{(der optische Doppler-Effekt)}$$

In beiden Formeln bezeichnet f die Frequenz der Wellen, wie sie von einem ruhenden Beobachter wahrgenommen wird, f' ist die Frequenz, die von einer bewegten Quelle ausgesandt wird, v ist die Geschwindigkeit der Quelle relativ zum Beobachter (sie wird positiv angegeben, wenn sich die Quelle vom Beobachter entfernt, und negativ, wenn sie sich auf ihn zu bewegt), und c ist die Geschwindigkeit der Wellen. Der Unterschied zwischen optischem und akustischem Doppler-Effekt macht sich nur bei Geschwindigkeiten bemerkbar, die relativ zur Wellengeschwindigkeit sehr hoch sind. Betrachten wir zum Beispiel eine Quelle, die sich vom Beobachter mit halber Wellengeschwindigkeit fortbewegt ($v/c = 1/2$): wir erhalten dann

Ich lasse es unbestimmt, ob nicht die uns unsichtbare Milchstraße zu noch unzähligen andern gehört und mit denselben wieder ein ganzes System ausmacht. Vielleicht ist das Licht dieser so unermeßlich entfernten Milchstraßen so schwach, daß wir es nicht sehen können.
Heinrich Lambert (1728–1777)

ist ihre Fluchtgeschwindigkeit.[6] Diese bemerkenswerte Schlußfolgerung, bekannt als das Hubblesche Gesetz, ist seither für Tausende von Galaxien bestätigt worden (während Hubble nur einige wenige untersuchen konnte, jene nämlich, deren Entfernung er mit einer gewissen Zuverlässigkeit bestimmen konnte). An dieser Stelle mag man sich vielleicht fragen, was an uns — bzw. an der Milchstraße — so Besonderes ist, daß sich alle Galaxien von uns entfernen? Um Arthur Eddington (1882–1944), den herausragenden englischen Astronomen, zu zitieren: „Wir begreifen nicht, warum man uns meidet, als sei unsere Insel eine Pestbeule im Universum."[7]

Seit Kopernikus die Erde aus dem Mittelpunkt des Universums „vertrieb", hat man die Vorstellung, daß irgendein Ort im Universum eine Sonderstellung haben könne, kategorisch abgelehnt. Diese Ablehnung jedweden bevorzugten Ortes ist einer der Eckpfeiler der Relativitätstheorie, derzufolge die fundamentalen Gesetze der Physik in allen Bezugssystemen gleichermaßen gelten sollten, ungeachtet dessen, wo sich der Beobachter befindet. Besonders in der Kosmologie spielt dieses Prinzip eine wichtige Rolle. Bekannt als das Kosmologische Prinzip besagt es, daß das Universum einem Beobachter auf der Erde im wesentlichen gleich erscheinen sollte wie einem Beobachter in einer entfernten Galaxie. Anders ausgedrückt: Das Universum ist homogen und isotrop. Dieses Prinzip kann natürlich nicht bewiesen werden (kein physikalisches Gesetz kann im mathematischen Sinne bewiesen werden), doch drängt sich diese Vermutung angesichts der

$f = (2/3)f' = 0{,}67f'$ für den akustischen und $f = (\sqrt{3}/3)f' = 0{,}58f'$ für den optischen Doppler-Effekt. Für eine Quelle, die sich dem Beobachter mit dieser Geschwindigkeit ($v/c = -1/2$) *nähert*, erhalten wir $f = 2f'$ bzw. $f = 1{,}73f'$. Diese und andere Zahlenbeispiele sind in der folgenden Tabelle zusammengefaßt, die das Verhältnis f/f' für verschiedene Werte von v/c angibt:

v/c	Akustisch	Optisch
1/2	0,67	0,58
1	0,50	0
–1/2	2	1,73
–1	∞	∞

6 Nahegelegene Galaxien können aufgrund ihrer eigenen Bewegungen innerhalb der „lokalen Gruppe", das ist die Familie der Galaxien, der auch wir angehören, von diesem Gesetz abweichen. So *nähert* sich uns die Andromedagalaxie zum Beispiel mit einer Geschwindigkeit von ungefähr 200 km/s. Das Hubblesche Gesetz gilt also nur für das Universum in einem großen Rahmen und nicht für lokale Bewegungen, die die Folge der gegenseitigen Gravitationsanziehung benachbarter Galaxien sind.

7 Es ist Eddingtons Bemühungen zu verdanken, daß Einsteins Relativitätstheorie erste Beachtung in der Öffentlichkeit fand. Er war maßgeblich an der Organisation jener berühmten Expedition beteiligt, die im Jahr 1919 während einer Sonnenfinsternis die Einsteinsche Vorhersage bestätigte, derzufolge Lichtstrahlen in der Nähe eines massiven Körpers wie der Sonne gekrümmt werden.

durchschnittlichen Verteilung der Galaxien am Himmel auf. Eine gegenteilige Annahme wäre darüber hinaus auch aus philosophischen Gründen nicht vertretbar, und obwohl philosophische Argumente an sich nicht die einzige oder gar die hauptsächliche Beweisführung darstellen sollten, haben sie doch trotzdem stets unsere wissenschaftliche Denkweise mitgeprägt. Aus diesen Gründen entwickelte sich das Kosmologische Prinzip zur grundlegenden Arbeitshypothese der modernen Kosmologie.[8]

So weit das Teleskop reicht, erblicken wir unermeßlichen, unbegrenzten Raum, erfüllt von Myriaden solcher Universen.
Jenka Mohr, Sky and Telescope, Oktober 1934

Eine logische Konsequenz des Kosmologischen Prinzips ist demnach, daß die Galaxien nicht nur von *uns* wegzustreben scheinen, mit einer Geschwindigkeit, die proportional zu ihrer Entfernung ist, sondern daß vielmehr *alle* Galaxien auseinanderstreben und daß folglich ein Beobachter in einer anderen Galaxie genau die gleiche Gesetzmäßigkeit beobachten würde. Mit anderen Worten heißt das, daß sich Beobachter in jeder beliebigen Galaxie als Mittelpunkt des Universums betrachten könnten, da sie die gleichen Gesetze beobachten würden wie Hubble. Dies kann jedoch nur eines bedeuten: *das Universum als Ganzes expandiert.* Um diese Situation zu veranschaulichen, verwendet man gern das Beispiel eines Luftballons, dessen Oberfläche gleichmäßig mit Punkten bemalt ist. Wenn nun der Ballon aufgeblasen wird, bewegen sich alle Punkte voneinander weg, und zwar mit einer Geschwindigkeit, die proportional ihrer Entfernung ist. Jeder Punkt könnte also völlig zu Recht für sich beanspruchen, *der* Mittelpunkt des Universums zu sein (das Universum ist in diesem Fall die Oberfläche des Ballons), von dem alle anderen Punkte entsprechend dem Hubbleschen Gesetz wegstreben. Dies geschieht in völliger Übereinstimmung mit dem Kosmologischen Prinzip.

Dann findet man kleinere, schwächere (Nebel) in stetig zunehmender Zahl, und wir wissen, daß wir so immer weiter in den Raum vorstoßen, bis wir schließlich bei den schwächsten Sternen, die wir noch mit den größten Teleskopen entdecken, an der Grenze der uns bekannten Welt landen.
Edwin Hubble (1889–1953)

Das Hubblesche Gesetz kann mathematisch durch die Formel $v = Hd$ ausgedrückt werden, wobei v die Fluchtgeschwindigkeit und d die Entfernung zweier Galaxien relativ zueinander ist. Der Proportionalitätsfaktor H, der aufgrund des Kosmologischen Prinzips für alle Galaxien zu einem beliebigen Zeitpunkt gleich groß sein muß, ist als die Hubble-Konstante bekannt. Ihr Wert wird gegenwärtig auf etwa 50 km/s pro Million Lichtjahre geschätzt. Dies bedeutet, daß ei-

8 Der einschränkende Zusatz „im wesentlichen“ in der Formulierung des Kosmologischen Prinzips ist hier sehr bedeutsam. Wenn man im Lebensmittelgeschäft ein Paket Zucker kauft, erwartet man, daß der Inhalt eine mehr oder weniger gleichmäßige, feine Beschaffenheit aufweist. Dies schließt jedoch die Möglichkeit nicht aus, daß der Zucker hier oder da kleine Klumpen bildet. Vollkommene Homogenität ist, wie die meisten mathematischen Vorstellungen, die in die physikalische Welt übertragen werden, eine Idealisierung. Es stellt sich nun heraus, daß auch Galaxien die Tendenz haben, sich zu kleinen Gruppen oder Haufen zusammenzuballen. Sie werden dabei von der gleichen Gravitationsanziehung zusammengehalten wie das Sonnensystem (siehe Abb. 27.2).

ne 1 Million Lichtjahre entfernte Galaxie mit einer Geschwindigkeit von 50 km/s von uns fortstrebt, während sich eine doppelt so weit entfernte Galaxie doppelt so schnell fortbewegt usw.[9] In diesem Zusammenhang muß jedoch daran erinnert werden, daß kosmologische Parameter naturgemäß großen Fehlern unterworfen sein können, und die Hubble-Konstante bildet da keine Ausnahme. Tatsächlich ist ihr Wert in den vergangenen Jahrzehnten mehrmals revidiert worden, und sogar heute differieren die verschiedenen Schätzungen gewaltig, sie reichen von der Hälfte des oben angegebenen Wertes bis zum Doppelten.

Ein geschlossenes System von Milchstraßen erfordert einen geschlossenen Raum. Wenn sich ein solches System ausdehnt, so erfordert es einen sich ausdehnenden Raum.
Sir Arthur Eddington (1882—1944), The Expanding Universe

Kurz bevor Hubble die Fluchtbewegung der Galaxien erkannte, setzte auf theoretischem Gebiet eine andere Entwicklung ein. Seit die griechische Vorstellung von Kristallsphären endgültig überwunden worden war, hatte sich die Überzeugung allgemein durchgesetzt, daß das materielle Universum unendlich sei und daß sich der Raum gleichförmig in alle Richtungen erstrecke. Diese Annahme wurde sowohl physikalisch als auch philosophisch plausibel begründet. Tatsächlich entwickelte schon der römische Philosoph Lukrez (95—55 v. Chr.) im ersten Jahrhundert v. Chr. folgende Argumentation: Was würde geschehen, wenn man einen Speer über die Grenze des Universums hinausschleudern würde? Lukrez zufolge wäre es unvorstellbar, daß irgend etwas seine Bewegung aufhalten sollte; das Universum könne folglich keine Grenze haben und müsse daher unendlich sein. (Offensichtlich traf Lukrez noch keine Unterscheidung zwischen „Unendlichkeit" und „Unbegrenztheit", ein Unterschied, der später bei der Entwicklung der nichteuklidischen Geometrie eine so entscheidende Rolle spielen sollte.) Viele Jahrhunderte später kam Isaac Newton zu der gleichen Schlußfolgerung, wenngleich seine Argumente rein physikalischer Natur waren (wir werden in Kürze darauf zurückkommen). Im Jahr 1917 jedoch, genau ein Jahr nach Vollendung seiner allgemeinen Relativitätstheorie, entdeckte Albert Einstein (1879—1955), daß seine Feldgleichungen eine Lösung zuließen, die ein endliches, aber unbegrenztes Universum ergab!

Wie bereits in Kapitel 16 erwähnt, benutzte Einstein die nichteuklidische Geometrie, um die Eigenschaften des Raums in einem Gravitationsfeld zu beschreiben. In der allgemeinen Relativitätstheorie wird Gravitation als eine Feldeigenschaft betrachtet und nicht als eine Kraft, die eine Fernwirkung ausübt, wie dies bei Newton der Fall war.[10] Der Raum selbst bzw. seine geometrischen Eigenschaften (seine sogenannte „Metrik") hängen von der Stärke des Gravitationsfeldes an jedem Punkt ab, die wiederum eine Funktion der Massendich-

9 Vergleiche jedoch Fußnote 6 auf S. 254.

te an diesem Punkt ist. In der Umgebung massereicher Objekte krümmt sich der Raum — das heißt, er zeigt nichteuklidische Eigenschaften. Als Einstein dieses Prinzip auf das Universum als Ganzes anwandte, stellte er fest, daß die durchschnittliche Massendichte groß genug ist, um den Raum so stark zu krümmen, daß er ein geschlossenes, endliches Universum bildet. Dieses Universum ist jedoch unbegrenzt, da man in jede beliebige Richtung weitergehen kann, ohne je an eine Grenze zu stoßen. Dies erinnert sofort an die Oberfläche unseres kugelförmigen Ballons; dabei sollten wir uns aber vergegenwärtigen, daß der „wirkliche" Raum — das Medium, in dem unsere physikalischen Ereignisse stattfinden — vierdimensional ist: Er besteht aus drei räumlichen Dimensionen (Länge, Breite, Höhe) und der Zeit. In der Tat betrachtet die Relativitätstheorie Raum und Zeit als eine untrennbare Einheit, das *Raum-Zeit-Kontinuum*, in dem jeder Punkt ein „Ereignis" darstellt. Vor diesem Hintergrund ist das Einsteinsche Universum zu verstehen.

Das Supersystem der Milchstraßen zerstreut sich, wie sich eine Rauchwolke zerstreut. Manchmal frage ich mich, ob es nicht eine höhere Größenordnung des Seins gibt, in welcher dies Universum in Tat und Wahrheit nichts ist als eine Rauchwolke.
Sir Arthur Eddington, The Expanding Universe

Bei der Entwicklung seines Modells des Universums stieß Einstein auf große Schwierigkeiten. Entsprechend der Newtonschen Gravitationstheorie kann sich nur ein unendliches, homogenes und isotropes Weltall im Gleichgewicht halten und dem andernfalls unvermeidlichen Gravitationskollaps entgehen. Dies stellte auch Newtons Hauptargument für seine Theorie eines unendlichen Weltalls dar. Einsteins Universum war jedoch *endlich*. Um zu verhindern, daß sein Weltall aufgrund des fehlenden Gleichgewichts in sich zusammenstürzte, war er gezwungen, wider besseres Wissen eine zusätzliche Größe, das sogenannte „kosmologische Glied", in seine Gleichungen einzuführen. Anders als die Newtonsche Gravitation, die eine Anziehungskraft ist, stellte das kosmologische Glied eine *Gravitationsabstoßung* dar, die sich jedoch nur auf sehr große Entfernungen bemerkbar machen würde. Zu jener Zeit gab es nicht den geringsten empirischen Hinweis auf die Existenz einer solchen Kraft, und Einstein führte sie daher nur sehr widerwillig ein. Darüber hinaus beeinträchtigte der zusätzliche Term auch die ästhetische Einfachheit seiner ursprünglichen Gleichungen, ein Prinzip, das in Einsteins Weltbild eine große Rolle spielte. Als Hubble später nachwies, daß die Galaxien auseinanderstreben, und damit das kosmologische Glied überflüssig wurde, verzichtete Einstein nur zu gern auf diesen Term und nannte seine ursprüngliche Einfügung den größten Fehler, den er je begangen habe.

10 Einsteins Gravitationstheorie steht nicht, wie so oft fälschlicherweise angenommen wird, im Widerspruch zu Newtons Theorie; sie stellt vielmehr eine Verbesserung dar. Für kleine Geschwindigkeiten und Massen stimmen die beiden Theorien überein.

Einsteins „Schwierigkeiten im Unendlichen" (wie Eddington sich ausdrückte) rühren daher, daß sein Modell des Universums statisch war. Größere Veränderungen des Universums in der Zeit waren darin nicht vorgesehen. Dies stand natürlich in Einklang mit den Beobachtungen jener Zeit, als man von der Hubbleschen Entdeckung noch nichts ahnte. Kurz nach der Veröffentlichung der Einsteinschen Ergebnisse entstanden zwei weitere auf der allgemeinen Relativitätstheorie beruhende Modelle: Das eine wurde von dem holländischen Astronomen Willem de Sitter (1872—1934) vorgeschlagen, das andere stammte von dem russischen Physiker Alexander Friedmann (1888—1925). Beide Modelle deuteten die Möglichkeit eines expandierenden Universums an, und als Hubble diese Vermutung durch seine Beobachtungen bestätigte, wurden die beiden Wissenschaftler über Nacht berühmt. Wenn Einsteins Universum einem statischen Ballon entspricht, dann wird das Universum de Sitters und Friedmanns durch einen sich ausdehnenden Ballon verkörpert.

Wenn das Universum expandiert, muß es früher sehr viel kleiner gewesen sein als heute — es muß also eine Zeit gegeben haben, in der die Galaxien sehr nahe zusammenlagen. Durch Extrapolation in die Vergangenheit sollte es möglich sein, den Zeitpunkt abzuschätzen, zu dem die Galaxien so nahe zusammenlagen, daß sie ein zusammenhängendes Ganzes darstellten — den Keim, aus dem unser Universum entstand. Dieses ursprüngliche Gebilde enthielt alle Materie und Strahlung des Universums und konzentrierte sich auf einen unvorstellbar kleinen Raum, es bildete eine „Singularität" von unendlicher Dichte. Dann ereignete sich eine gigantische Explosion, die das Universum in seinen heutigen Zustand der Expansion versetzte. Dieses Ereignis, der Urknall, stellt den Beginn des Universums dar, die Entstehung der Materie, wie wir sie heute kennen (das heißt, als stabile Elemente), den Anfang von Energie, Raum und Zeit. Aufgrund des heute allgemein akzeptierten Wertes der Hubble-Konstanten glaubt man, daß dieses Ereignis vor etwa zwölf bis achtzehn Milliarden Jahren stattgefunden hat.

Es gab einen Punkt, in welchem sich die Theorie nicht recht bewährte, und das war — das Unendliche. Mir scheint, Einstein bewies seine Größe durch die einfache und drastische Weise, mit welcher er die Schwierigkeiten im Unendlichen beseitigte: er hob es auf. Er veränderte seine Gleichungen ein wenig, wodurch der Raum sich in großen Entfernungen krümmte und wieder in sich selber schloß, dergestalt, daß ein Wanderer, der darin immer in einer Richtung vorwärts geht, nicht ins Unendliche, sondern wieder zurück zu seinem Ausgangspunkte gelangen muß. Und da es nun keine Unendlichkeit mehr gab, konnte es im Unendlichen auch keine Schwierigkeiten mehr geben. Q.e.d.
Sir Arthur Eddington, The Expanding Universe

Die Einzelheiten dieses Szenarios sind in den vergangenen Jahren sowohl in der Fach- als auch in der populärwissenschaftlichen Literatur so häufig beschrieben worden, daß ich an dieser Stelle auf eine weitere Darstellung verzichten kann. Kurz erwähnt werden muß in diesem Zusammenhang jedoch eine konkurrierende Theorie, die in den vierziger Jahren starke Verbreitung fand. Diese Theorie eines stationären Weltalls, bekannt als die „steady state theory", besagt, daß das Universum schon immer in seiner jetzigen Form bestanden hat. Um die Fluchtbewegung der Galaxien zu erklären, nimmt die steady state theory an, daß im Universum ständig neue Materie entsteht — und zwar nicht aus anderer Materie oder Energie (in der Relativitätstheorie sind Materie und Energie äquivalent), sondern aus dem Nichts. Diese Theorie ist aus zwei Gründen problematisch: Zum einen ist die Materieerzeugung, die nötig wäre, um die durchschnittliche Dichte des Universums aufrechtzuerhalten, so gering, daß sie experimentell praktisch nicht nachweisbar wäre (die erforderliche Entstehungsrate liegt bei einem Wasserstoffatom pro Kubikmeter alle tausend Jahre). Zum anderen widerspricht die Vorstellung, daß Materie aus dem Nichts entsteht, einem der grundlegendsten physikalischen Prinzipien, dem Energieerhaltungssatz. Trotz dieser offensichtlichen Mängel fand die steady state theory zahlreiche Anhänger, und zwar hauptsächlich deshalb, weil sie ein Problem umging, das die Glaubwürdigkeit der Urknall-Theorie einige Zeit sehr belastet hatte. Der Wert der Hubble-Konstanten war ursprünglich sehr viel höher angesetzt worden als heute, und so kam es, daß das Alter des Universums zunächst nur auf zwei Milliarden Jahre geschätzt wurde. Die radiologische Datierung von Gesteinsproben ergab jedoch allein für die Erde ein Alter von mindestens 3,6 Milliarden Jahren. (Der heute allgemein anerkannte Wert liegt bei 4,5 Milliarden Jahren.) „Es war eine peinliche Feststellung, daß die Erde doppelt so alt sein sollte wie das Universum" schrieb Gérard de Vaucouleurs im Jahr 1981. Die steady state theory vermied diese Peinlichkeit, indem sie ein Weltall postulierte, das unendlich alt war.

In der Zwischenzeit ist die Hubblesche Konstante jedoch mehrmals drastisch revidiert worden, und ihr heute allgemein anerkannter Wert läßt keinen Zweifel daran, daß das Universum viel älter ist als die Erde. Die Urknall-Theorie gewinnt so ihre Glaubwürdigkeit zurück. Den überzeugendsten Beweis zu ihren Gunsten lieferten jedoch Arno A. Penzias und Robert W. Wilson im Jahr 1965, als sie die Existenz einer schwachen Hintergrundstrahlung entdeckten, die das Universum in alle Richtungen gleichmäßig erfüllt. Diese sogenannte Drei-Grad-Kelvin-Strahlung[11] im Mikrowellenbereich gilt als das Überbleibsel jener Ur-Explosion, die das Universum entstehen ließ. Die Existenz dieser Strahlung war von verschiedenen theoretischen Studien vorhergesagt worden, und als sie schließlich (zufällig) entdeckt wurde, bestätigte dies die Urknall-Theorie nachhaltig.

11 Wie der Name sagt, handelt es sich dabei um dieselbe Art von Strahlung, wie sie von einem schwarzen Körper mit einer Temperatur von etwa 3 °K (über dem absoluten Nullpunkt) emittiert wird. Ein schwarzer Körper ist ein idealisiertes Objekt, das einfallende Strahlung nur absorbieren und nicht reflektieren kann. Diese Energie wird dann innerhalb des Körpers in Wärme umgewandelt. In unserem Fall ist das Universum selbst der schwarze Körper, und in diesem Sinn kann man davon sprechen, daß das Universum eine Temperatur von drei Grad Kelvin hat.

Um Ihnen eine Vorstellung zu geben von der ungeheuren Ausdehnung des Systems, das Gegenstand unserer Betrachtung sein wird, will ich Ihnen ein himmlisches Einmaleins aufschreiben. Wir beginnen mit einem Stern als der uns vertrautesten Einheit, einer Kugel, die der Sonne vergleichbar ist; dann geben: 100 000 Millionen Sterne eine Milchstraße, 100 000 Millionen Milchstraßen ein Universum.
Sir Arthur Eddington, The Expanding Universe

Unser gegenwärtiges Bild des Universums sieht also folgendermaßen aus: Wir leben in einem endlichen, doch unbegrenzten Universum, das vor etwa zwölf bis achtzehn Milliarden Jahren in einem Urknall entstand. Dieser Urknall löste die Expansion des Weltalls aus. Wird diese Expansion jedoch für immer fortschreiten? Dies hängt von der Massendichte im Universum ab. Liegt die Massendichte oberhalb eines bestimmten kritischen Wertes, so ist die Gravitationsanziehung so groß, daß die Expansion irgendwann zu einem Stillstand kommt und schließlich in ihr Gegenteil verkehrt wird. Es kommt zu einer Kontraktion des Universums in seinen Urzustand einer Singularität. Ein anderer Urknall wird dann ein neues Universum erzeugen, das den gleichen Kreislauf durchläuft usw. Dies ist eine Art kosmischer Erfüllung des hinduistischen Glaubens an die Reinkarnation der Seele. Wenn dagegen die Massendichte geringer als der kritische Wert ist, dann dehnt sich das Universum immer weiter aus, wenngleich die Expansionsrate abnimmt.[12] Die Bestimmung der Massendichte im Universum ist heute eine der Hauptaufgaben der Kosmologie, doch kann noch einige Zeit vergehen, bevor man in der Lage sein wird, dieses Problem zu lösen. Bis dahin bleibt die Frage nach der Zukunft des Universums offen.

12 Die Situation ist vergleichbar mit einem Stein, der mit einer gewissen Anfangsgeschwindigkeit in die Luft geworfen wird. Bei kleinen Geschwindigkeiten erreicht der Stein eine maximale Höhe und fällt dann zurück zu seinem Ausgangsort. Über einer bestimmten kritischen Geschwindigkeit (sie beträgt etwa 11 km/s) besitzt der Stein jedoch genügend kinetische Energie, um die Gravitationsanziehung der Erde zu überwinden und ins Unendliche zu entfliehen. (Anstatt die Geschwindigkeit des Steins zu variieren, könnten wir uns aber auch vorstellen, die Masse der Erde zu ändern: Je größer die Masse, desto größer die erforderliche Fluchtgeschwindigkeit.) Im Fall des Universums ist die Ausgangsgeschwindigkeit durch den Urknall vorgegeben.

28 Die modernen Atomisten

Das Mikroskop setzt dort an, wo das Teleskop endet. Wer kann sagen, welches der beiden die großartigere Sicht bietet?
Victor Hugo (1802–1885), Die Elenden

In unserer Geschichte des Unendlichen haben wir uns bislang hauptsächlich mit dem unendlich Großen beschäftigt. Dies liegt zum Teil daran, daß sich die Aufmerksamkeit seit Cantors bahnbrechenden Arbeiten in den achtziger Jahren des vergangenen Jahrhunderts sehr stark in diese Richtung konzentrierte; vielleicht liegt es aber auch daran, daß das unendlich Große die Phantasie in einem ungleich stärkeren Maße beflügelt, als dies dem unendlich Kleinen möglich ist. Diese Vorliebe ist jedoch kaum gerechtfertigt. In der Geschichte der Mathematik hat das unendlich Kleine eine mindestens ebenso bedeutsame Rolle gespielt wie sein Gegenstück auf der anderen Seite der Größenskala. Als Grundlage des Stetigkeitsbegriffs geht es bereits auf die alten Griechen zurück, die die Möglichkeit der unendlich fortgesetzten Teilung leidenschaftlich diskutierten. Als das Infinitesimale bildete es dann später die Grundlage der Differential- und Integralrechnung.[1] Von einem rein mathematischen Standpunkt aus gesehen, ist die Unterscheidung zwischen „groß" und „klein" ohnehin nicht so grundlegend, wie es den Anschein hat, denn mit Hilfe der Funktion $y = 1/x$ (bzw. ihrer zweidimensionalen Entsprechung, der Inversion) läßt sich das eine jederzeit in das andere überführen.

Dies ändert sich natürlich von Grund auf, wenn wir die Naturwissenschaften betrachten. Hier entspricht die Unterscheidung zwischen den zwei Arten des Unendlichen der Unterscheidung zwischen Mikrokosmos und Makrokosmos, zwischen subatomaren Teilchen und dem gesamten Universum. Die Suche nach dem Atom, jenem schwer faßbaren, kleinsten Teilchen, aus dem alle Materie besteht, führt uns wieder zurück zu den alten Griechen. Demokrit (ca.

Es gibt Geheimnisse in Geheimnissen, Götter über Göttern ... das ist es, was wir Unendlichkeit nennen.
Jean Cocteau (1889–1963)

1 Die durch das Infinitesimale ausgelöste Kontroverse (siehe Kapitel 2) konnte erst jüngst mit der Entwicklung eines neuen Zweigs der Mathematik, der sogenannten „Nichtstandard-Analysis", zufriedenstellend beigelegt werden. In dieser Theorie, die zum größten Teil von Abraham Robinson (1918–1974) entwickelt wurde, ist das Infinitesimale streng auf der Grundlage der Eigenschaften der reellen Zahlen definiert worden. Vgl. den Artikel „Nonstandard Analysis" von Martin Davis und Reuben Hersh, *Scientific American*, Juni 1972.

Der menschliche Geist hat sich selbst in viele schwierige Fragen verstrickt. Ist der Raum unendlich, und wenn ja, in welchem Sinne? Ist die Welt der Materie von unendlicher Ausdehnung, und ist die Materie darin überall gleichmäßig verteilt? Gibt es Atome, oder ist Materie unendlich teilbar?
James Clerk Maxwell (1831–1879)

470—380 v. Chr.) war der erste, der die — allerdings philosophisch begründete — These vertrat, daß Materie nicht unendlich teilbar sei, sondern aus winzigen, unzerstörbaren Teilchen bestehe, aus Atomen (griechisch: *atomos* = unteilbar), die in vielfältigen Kombinationen die Welt um uns herum bilden. Zwei Jahrtausende lang schlummerte diese Idee, bis sie schließlich von John Dalton (1766—1844) aufgegriffen und zum Eckpfeiler seiner Theorie der chemischen Verbindungen gemacht wurde.

In unserem eigenen Jahrhundert wurde das Atom zunächst durch den Atomkern und später durch die Elementarteilchen ersetzt. Der erste Hinweis darauf, daß das Atom vielleicht doch teilbar ist, kam um das Jahr 1900, als Henri Becquerel (1852—1908) die Radioaktivität entdeckte. Danach folgten die Experimente von Ernest Rutherford (1871—1937) zur Kernspaltung und im Jahr 1932 schließlich die Entdeckung des Neutrons durch Sir James Chadwick (1891—1974), womit bewiesen war, daß nicht nur das Atom, sondern auch der Kern aus noch kleineren Teilchen aufgebaut ist.

Seit jener Zeit hat die Suche nach *dem* letzten, wirklich unteilbaren Elementarteilchen gigantische Ausmaße angenommen; sie entwickelte sich zu einem wahren Wettrennen, an dem sich die gesamte wissenschaftliche Gemeinschaft beteiligt. Jedes Jahr werden unzählige neue „fundamentale" Teilchen entdeckt und gebührend gefeiert, nur um später doch in noch kleinere zerlegt zu werden. Die Liste der Neuentdeckungen sowie viele der Namen sind verwirrend: Baryonen, Leptonen, Mesonen und Quarks, um nur einige aufzuzählen. Es stellt sich nun die Frage, ob ein letztes Elementarteilchen überhaupt existiert oder ob wir nicht einer idealisierten Vorstellung hinterherjagen, die in der realen Welt ebensowenig existiert wie der mathematische Punkt. Vielleicht müssen wir uns damit abfinden, daß wir das letzte Geheimnis der Materie nie ergründen werden, weil sich wie in einem Spielzeugei in jeder Schale noch ein kleineres Ei verbirgt.[2]

Wir werden die Philosophie Demokrits und die Vorstellung von Elementarteilchen aufgeben müssen. Statt dessen sollten wir uns die Vorstellung fundamentaler Symmetrien zu eigen machen.
Werner Heisenberg (1901–1976)

Im Makrokosmos zumindest bleibt uns dieses Dilemma erspart. Hier, im Universum, finden wir eine geordnete Hierarchie vor, die darin besteht, daß kleinere Körper stets die größeren umkreisen: Monde wandern um ihre Planeten, Planeten umkreisen ihre Sonnen[3], und Sterne drehen sich langsam um die Zentren ihrer Gala-

2 Die Existenz eines „Atoms" der Energie ist dagegen unumstritten, seit Max Planck (1858—1947) im Jahr 1900 die Theorie aufstellte, daß Energie nur als Vielfaches einer fundamentalen Größe, eines „Quants", vorkomme. Diese Quanten, die später in Photonen umbenannt wurden, stellten die Grundlage der Quantentheorie dar.

3 Erst seit jüngerer Zeit finden sich sichere Anhaltspunkte dafür, daß auch andere Sterne als die Sonne von Planeten umkreist werden.

xien. Kleinere Galaxien kreisen wiederum um größere und bilden so lokale Gruppen oder Galaxienhaufen, dann Super-Galaxienhaufen und schließlich das gesamte Universum. Doch haben wir damit wirklich das Ende erreicht? Man kann natürlich darüber spekulieren, ob es noch andere Universen gibt, Universen, die sich wiederum in Gruppen zusammenfinden und ein noch größeres Ganzes bilden, immer weiter, wie in Cantors unendlicher Hierarchie des Unendlichen. Solche Spekulationen gehören jedoch in das Reich der Metaphysik. In der Wissenschaft müssen wir uns auf die beobachtbare Welt beschränken, und in diesem Sinne ist das Universum als die letzte Stufe unserer Hierarchie zu betrachten.

29 Wohin aber gehen wir?

In die Unendlichkeit!

NBC Evening News, 12. Juni 1983

Am 3. März 1972 wurde das Raumfahrzeug Pioneer 10 von seiner Abschußrampe in Cape Canaveral, Florida, mit Kurs auf die riesigen Planeten Jupiter und Saturn ins Weltall geschossen. Neben einer Fülle wissenschaftlicher Instrumente hatte die Raumsonde auch eine kleine vergoldete Plakette an Bord, auf der eine Botschaft ganz besonderer Art eingraviert war. Diese Plakette (Abb. 29.1) zeigte einen Mann und eine Frau vor dem Umriß des Raumschiffs; eine grobe Skizze des Sonnensystems, in der die Flugbahn des Raumschiffs und die Positionsangaben von vierzehn auffälligen Pulsaren unserer Galaxie eingezeichnet waren, sollte die Identifizierung des Ursprungsortes bzw. unseres Sonnensystems ermöglichen. Daneben war auch das Diagramm eines Wasserstoffatoms abgebildet; die Wellenlänge und Frequenz seiner Strahlung können universell als räumlicher und zeitlicher Maßstab benutzt werden. Vergleicht ein außerirdischer Wissenschaftler die Wellenlänge mit der im Binärcode angegebenen Zahl neben dem Bild der Frau, kann er die Größe der Wesen erschließen, die diese kosmische Botschaft aussandten. Auf ähnliche Weise ergibt sich aus dem Vergleich der beobachteten Frequenz jedes Pulsars mit den auf der Plakette angegebenen Daten die Zeit, die seit dem Start des Raumschiffs verstrichen ist (diese Rechnung basiert auf der Tatsache, daß die Frequenz eines Pulsars mit einer bekannten Rate abnimmt). Damit sandte der *Homo sapiens* eine Botschaft in den Weltraum, die einer möglichen außerirdischen Zivilisation Kunde von unserer Existenz in der Nische unserer Galaxie geben soll.

Ruhig — stürm'sch — behaucht — durchwühlt — durchras't — gränzlos = erhab'nes Bild der Ewigkeiten!
Lord Byron (1788–1824)
Junker Harold's Pilgerfahrt

Nach mehr als zwölf Jahren ungestörten Fluges, währenddessen die ersten Nahaufnahmen von Jupiter die Erde erreichten, kreuzte Pioneer 10 die Umlaufbahn von Neptun und verließ damit als erstes vom Menschen geschaffenes Objekt unser Sonnensystem.[1] Pioneer 10 entfernt sich von der Erde mit der unglaublichen Fluggeschwindigkeit von mehr als 50000 km/h und übermittelt dabei mit Hilfe

1 Pluto, der normalerweise als neunter und äußerster Planet unseres Sonnensystems die Sonne umkreist, besitzt eine sehr stark elliptische Umlaufbahn. Für eine kurze Zeit während seines 248 Jahre dauernden Sonnenumlaufs liegt daher seine Umlaufbahn innerhalb der von Neptun. Dies war während Pioneers zehnjährigem Flug der Fall und wird sich erst im Jahr 2000 wieder ändern.

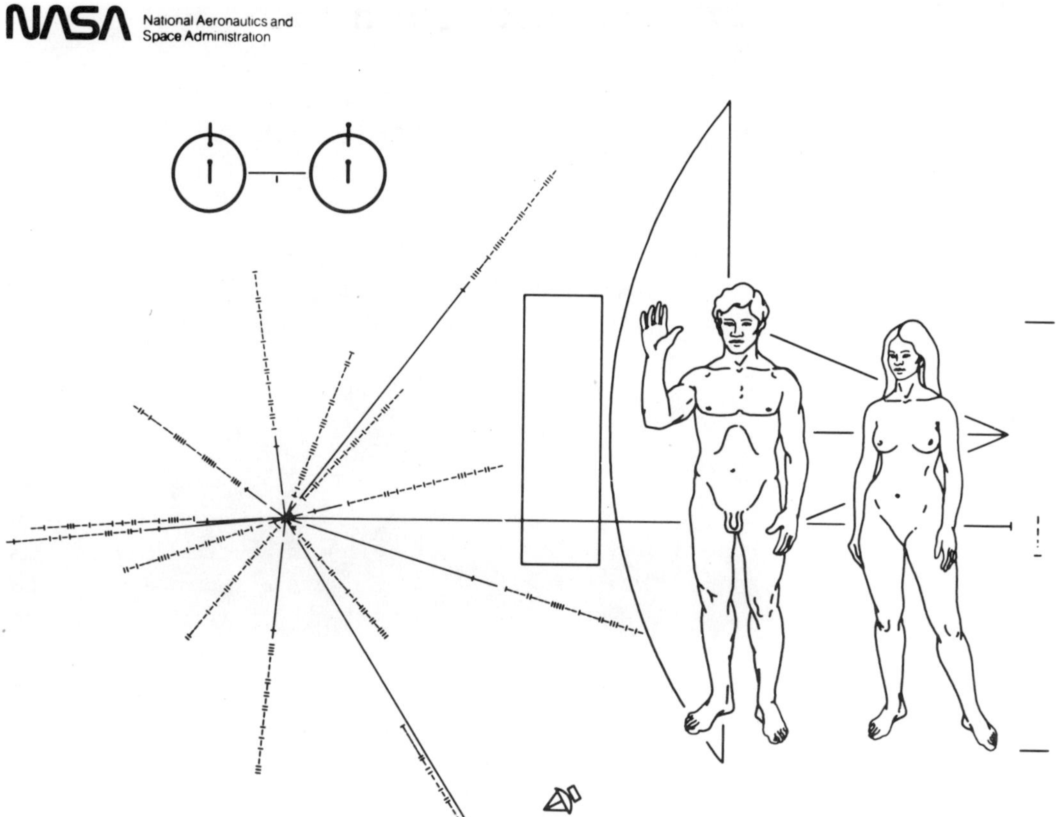

Abb. 29.1: Die Plakette an Bord der Pioneer-10-Sonde. Mit freundlicher Genehmigung der NASA.

eines winzigen 8-Watt-Senders schwache Signale, die zur Erde bereits mehr als 4,5 Milliarden Kilometer zurücklegen müssen. Für diese Entfernung benötigen die Signale (die sich mit Lichtgeschwindigkeit fortbewegen) 4 Stunden und 16 Minuten. Pioneer 10 und sein Zwillingsfahrzeug Pioneer 11 sollen noch bis ins Jahr 1994 Signale aussenden, doch dann werden die Plutoniumgeneratoren erschöpft sein. Die zwei Raumschiffe setzen ihre Reise durch den interstellaren Raum jedoch fort, und im Jahr 30620 n. Chr. wird Pioneer 10 den Stern Ross 248 passieren. Damit nähern sich Pioneer 10 und 11 der Unendlichkeit in einem Maße, wie es dem Menschen bisher unmög-

Höher stets und freier
Wie du aufwärts dringst,
Dich wie Wolkenfeuer
Tief durchs Blaue
schwingst
Und in dem Singen
schwebst und in dem
Schweben singst.
Percy Bysshe Shelley (1792–1822), An eine Lerche

Abb. 29.2: In die Unendlichkeit! Diese Photographie einer halbmondförmigen Erde und eines sichelförmigen Mondes — die erste dieser Art, die je von einem Raumfahrzeug ausgemacht wurde — entstand am 18. September 1977. Sie wurde aus einer Entfernung von mehr als zehn Millionen Kilometern von der Voyager-I-Sonde auf ihrem Flug in das äußere Sonnensystem aufgenommen. Mit freundlicher Genehmigung der NASA.

... sie hatten sich durch die Überschreitung der von Gott den Kreaturen der irdischen Welt gesteckten Grenzen außer Verbindung mit der Menschheit gesetzt.
Jules Verne (1828–1905), Von der Erde zum Mond

lich war.[2] Sie dringen in die Unendlichkeit des Raumes und der Zeit vor — in die Ewigkeit —, denn die zwei Raumfahrzeuge werden unseren Planeten weit überdauern. Lange nachdem die sterbende Sonne, die im Todeskampf zu einem Roten Riesen anschwillt, die Erde verbrannt hat, ziehen die zwei Pioneer-Sonden unbeschadet weiter ihre Bahnen, stumm und verlassen, zwei einsame Boten einer längst erloschenen Zivilisation.

Seit dem Beginn der Geschichte fragt sich der Mensch, ob er allein im Universum ist. Die Menschen im Altertum und später die römisch-katholische Kirche bestimmten die Erde zum Mittelpunkt der Welt, nicht nur im physikalischen, sondern auch in einem moralischen Sinne — die Erde war der einzige Planet, auf dem intelligente Lebewesen im Universum existieren durften. In der Renaissance, als Nikolaus Kopernikus die Erde aus ihrer zentralen Stellung verdrängte und sie durch die Sonne ersetzte, wandelte sich dieses Weltbild jedoch allmählich. Die neue Kosmologie führte dazu, daß der Mensch sich

Wenn wir die Sonne und alle Sterne, die wir mit bloßem Auge sehen, und die vielen hundert Millionen teleskopischer Sterne zusammennehmen, haben wir noch nicht das Ende der Welt erreicht. Wir haben nur eine Insel erforscht, eine Oase in der Wüste des Raumes. Jenseits liegen andere Inseln.
Sir Arthur Eddington (1882–1944)

2 Zwei weitere Raumsonden, Voyager I und II, sollen ebenfalls das Sonnensystem verlassen. Jede enthält eine digital kodierte Aufzeichnung von Bildern und Geräuschen auf unserem Planeten. Eine ausführliche Beschreibung der Voyager-Botschaft findet sich in *Signale der Erde. Unser Planet stellt sich vor*, von Carl Sagan, München 1980.

und seine Stellung im Universum mit ganz anderen Augen betrachtete. Brunos Vision eines unendlichen Universums, in dem es unzählige von intelligenten Lebewesen bevölkerte Planeten gab, beflügelte die Phantasie späterer Generationen. In unserer Zeit entwickelte sich die Suche nach extraterrestrischem Leben von einer rein spekulativen Phantasterei zu einer systematischen Erforschung des Universums; eine wahre Raumfahrtflotte durchkreuzt unser Sonnensystem auf der Suche nach neuen und fremden Welten; und riesige Radioteleskope horchen nahegelegene Sternsysteme auf mögliche intelligente Botschaften ab.

Bisher waren all diese Bemühungen jedoch fruchtlos, und die Frage, ob wir die einzigen Lebewesen im Universum sind, ist vielleicht das größte Geheimnis, das noch ungelöst ist. Doch was auch immer die Antwort auf diese Frage sein mag, letztliches Ziel all dieser Forschungen ist es, uns selbst und den kleinen Planeten, auf dem wir leben, besser kennenzulernen. Langsam und schmerzlich müssen wir erkennen, daß der Planet Erde nur eine winzige bewohnbare Insel inmitten eines riesigen, unwirtlichen Weltraumes ist. Viel zu lange haben wir diese Insel ausgebeutet in der selbstverständlichen Annahme, daß ihre Ressourcen bis in alle Ewigkeit reichen. Viel zu lange haben wir ihre Atmosphäre verschmutzt und mit unseren Abfällen das Wasser vergiftet. Das Zeitalter der Raumfahrt hat uns endlich bewußt gemacht, daß diese Ausbeutung nicht ewig so weitergehen kann, daß zwischen Mensch und Umwelt ein empfindliches Gleichgewicht besteht und wir durch die Störung dieses Gleichgewichts unsere eigene Existenz auf diesem Planeten gefährden. Als die Astronauten der Apollo 8 als erste Menschen den Mond umflogen, fand Walter Conkite die treffenden Worte: „Im Jahr 1968 flogen wir zum Mond und entdeckten die Erde."

... Freude und Staunen angesichts der Schönheit und Größe dieser Welt, von der sich der Mensch nur eine schwache Vorstellung machen kann.
Albert Einstein (1879–1955); Gedenktafel an seiner Statue in der National Academy of Science, Washington, D.C.

Nachwort

Das Schönste, was wir erfahren können, ist das Geheimnisvolle. Es ist die Quelle aller wahren Kunst und Wissenschaft.

Albert Einstein (1879–1955)[1]

Schaun und Scheinen ist nur Schaum,
Nichts als Traum in einem Traum.

Edgar Allan Poe (1809–1849)

Und leuchtend schien von weiter Himmelsau Der Sterne Saat: Vergißmeinnicht der Engel.
Henry Wadsworth Longfellow (1807–1882), Evangeline

Wir haben nun das Ende unserer Reise in die Unendlichkeit erreicht. Wir hörten vom *Horror infiniti* der Griechen, lernten die Begeisterung der Renaissance angesichts eines unendlichen Universums kennen und machten uns mit den mathematischen Errungenschaften des 19. und 20. Jahrhunderts vertraut, die das Unendliche entmystifizierten und auf eine solide Grundlage stellten. Wir erfuhren von den Versuchen des Menschen, das Unendliche auf technischem Weg zu erfassen — vom Turmbau zu Babel bis zur Pioneer-10-Sonde. Aber auch Künstler und Poeten kamen zu Wort; jeder stellte das Unendliche auf seine eigene Weise dar. Meiner Ansicht nach ist es gerade diese Vielfalt der Ansätze, die die Beschäftigung mit dem Unendlichen, oder eigentlich jede geistige Unternehmung, so anregend macht. Jeder von uns hat das Recht auf seine eigene Unendlichkeit.

Letztlich ist das Unendliche eine Vision, ein Bild. Ein Schüler der vierten Klasse stellte sich darunter folgendes vor:

Des Menschen Unglück entspringt, wie ich mir die Sache vorstelle, aus seiner Größe; es ist etwas Unendliches in ihm, das er trotz aller seiner Schlauheit nicht ganz unter dem Endlichen begraben kann.
Thomas Carlyle (1795–1881), Sartor Resartus

> Unendlich ist eine Zahl, bis zu der man nicht zählen kann. Es sind so viele Atome, wie es auf dem Planeten Erde, oder im ganzen Sonnensystem gibt. Unendlich ist die Anzahl der Regentropfen in einem Wolkenbruch. Es ist die Menge der Hausaufgaben, die man in der Schule aufbekommt ... Es ist so weit weg, wie das Ende eines Kreises. Unendlich ist die Entfernung des fernsten Sterns. Unendlich ist die Zeit, die vergeht, bis endlich Frieden auf der Welt und im Universum herrscht.[2]

Meine Vision des Unendlichen erfuhr ich, als ich eines Morgens auf dem Gateway Arch in St. Louis, dem symbolischen Tor zum Westen, stand. In der Ferne konnte ich die Ebene der Great Plains sehen, die sich endlos bis zum Horizont erstreckte; nicht die geringste Erhebung unterbrach die flache Landschaft. Ich dachte an die Pioniere, die hier zu Tausenden den Mississippi überquert hatten und sich auf

1 Übersetzung aus dem Englischen. Vgl. Fußnote 2 auf S. 12.
2 Glen Schuster aus Altoona, Wisconsin.

eine Reise gen Westen begeben hatten, eine Reise, deren Ende sie nicht absehen konnten und die ihnen deshalb wie eine Reise ins Unendliche vorgekommen sein muß. Eine weitere Vision des Unendlichen erlebte ich im Jahr 1967, als ich auf dem Gipfel des Gabal Katrina stand, dem höchsten Punkt der Sinai-Halbinsel (2637 Meter über dem Meeresspiegel). Wir hatten den Aufstieg kurz nach Mitternacht begonnen und erreichten den Gipfel unmittelbar vor Sonnenaufgang. Als die ersten Sonnenstrahlen die öde Wüstenlandschaft unter uns beleuchteten, konnte ich beobachten, wie der Schatten des Berges am westlichen Horizont entlangstreifte, so als ob er geradewegs aus dem Unendlichen käme. Es war ein atemberaubender Anblick! Bei Sonnenuntergang muß die Wirkung noch beeindruckender sein, wenn die Schatten mit zunehmender Geschwindigkeit länger werden und sich schließlich im Nichts auflösen.[3]

In Europa war die Grenze eine Landesgrenze, in Amerika war es der Horizont; bei jener mußte man anhalten, die andere erstreckte sich so weit, wie die Vorstellungskraft reichte.
Peter Davis in „Hometown U.S.A.", Family Weekly, 18. April 1982

Das Unendliche ist eine Vision. Einigen mag es nur als eine flüchtige Wolke erscheinen, als Trugbild eines Regenbogens. Anderen erscheint der gleiche Regenbogen als real — so real wie die Farben, die ihn bilden. Für den Mathematiker ist das Unendliche Realität. Die Mathematik könnte sogar kaum ohne die Unendlichkeit existieren, denn sie ist eine Eigenschaft, die schon den natürlichen Zahlen eigen ist, welche praktisch die Grundlage der gesamten Mathematik bilden. Während andere das Unendliche lediglich beschrieben haben, haben es sich die Mathematiker konkret zunutze gemacht, zum Beispiel für die Herstellung geographischer Karten. Das tiefste Verständnis für das Wesen des Unendlichen entwickelte vielleicht Georg Cantor, der erkannte, daß das Unendliche als etwas Abgeschlossenes, als ein Ganzes zu betrachten sei. Viele andere bemühten sich jedoch ebenfalls, das Unendliche zu erfassen. Erinnern wir uns an Giordano Bruno, der seine Vision eines unendlichen Universums mit dem Leben bezahlte; oder an Carl Friedrich Gauß, der die euklidische Ebene aus ihrer unantastbaren Sonderstellung verdrängte, die sie seit den Griechen innegehabt hatte. Oder denken wir an Maurits C. Escher, der das Unendliche in seinen unvergleichlichen Drucken wie kein anderer dargestellt hat. Wie in so vielen von Eschers Bildern, bei denen Realität und Illusion meisterhaft miteinander verwoben sind, müssen auch wir uns unsere eigene Vision des Unendlichen wählen. Ich möchte daher das letzte Wort dem Dichter geben:

Wir leben alle unter dem selben Himmel, doch haben wir nicht alle den selben Horizont.
Konrad Adenauer (1876—1967)[4]

3 Im Jahr 1975 berichteten zwei Bergsteiger, die den Mt. Everest kurz vor Sonnenuntergang bezwungen hatten, daß sich der Schatten des Berges bis in eine Entfernung von 350 Kilometern erstreckt habe. Auf dem Mond wäre dieser Effekt noch krasser, denn dort gibt es keine Atmosphäre, die den Blick trübt. Sobald die letzten Sonnenstrahlen hinter der Mondlandschaft untergehen, würde der Schatten der kleinsten Erhöhung buchstäblich im Unendlichen verschwinden.

4 Übersetzung aus dem Englischen. Vgl. Fußnote 2 auf S. 12.

Das Unendliche
von Giacomo Leopardi (1798–1837)

Allzeit war lieb mir der verlaßne Hügel,
Das Dorngesträuch auch, das von vielen Seiten
Die letzten Fernen meinem Blick verwehrt.
Doch wie ich sitz und staune, tun im Geist
Sich Räume ohne Grenzen jenseit auf,
Voll solchen Schweigens, wie's der Mensch nicht faßt,
Und tiefster Stille, daß beinah mein Herz
Im Schrecken sich verliert. Und wie ich jetzt
Des Windes Raunen in den Blättern höre
Und jenen Schweigensabgrund dieser Stimme
Vergleiche, wend ich mich dem Ewigen zu
Und dem Gewesenen und der heutigen Zeit,
Die lebt und mich umlärmt. Und so inmitten
Des Unermeßlichen ertrinkt mein Denken,
Und Schiffbruch leid ich gern in solchem Meere.

(Aus dem Italienischen übersetzt von Ludwig Wolde)

Anhang

1. Euklids Beweis für die Unendlichkeit der Primzahlen

Der Beweis, daß es unendlich viele Primzahlen gibt, wird Euklid zugeschrieben und gilt auch heute noch als ein Muster logischer Klarheit. Sein Beweis folgt der sogenannten *indirekten* Methode: Wir nehmen zunächst an, daß es nur eine endliche Anzahl n von Primzahlen gibt. Dann zeigen wir, daß diese Annahme zu einem logischen Widerspruch führt und folglich falsch ist.

Die n Primzahlen seien $p_1, p_2, p_3, \ldots p_n$. Nun erzeugen wir aus diesen Zahlen eine neue Zahl N, indem wir die Primzahlen miteinander multiplizieren und 1 addieren:

$$N = p_1 \, p_2 \, p_3 \ldots p_n + 1$$

Die Zahl N ist nun aufgrund ihrer Konstruktion größer als jede der Primzahlen $p_1, p_2, p_3, \ldots p_n$. Entsprechend unserer Voraussetzung, daß die Menge $p_1, p_2, p_3, \ldots p_n$ *alle* Primzahlen umfaßt, kann N keine Primzahl sein. Sie muß folglich eine zusammengesetzte Zahl sein, die sich nach dem Fundamentalsatz der Arithmetik in Primzahlen zerlegen läßt. Wenn wir jedoch versuchen, N durch die in unserer Menge enthaltenen Primzahlen zu teilen, erhalten wir stets den Rest 1 (denn zu dem Produkt hatten wir ja 1 hinzuaddiert). N ist also durch *keine* der aufgezählten Primzahlen teilbar. Dies kann nun folgendes bedeuten: Entweder ist N eine Primzahl, die nicht in unserer ursprünglichen Menge enthalten ist, oder N kann in Faktoren zerlegt werden, von denen mindestens einer eine neue, nicht in der ursprünglichen Menge enthaltene Primzahl darstellt. In beiden Fällen führt die ursprüngliche Annahme zu einem Widerspruch, denn unsere Menge sollte ja *alle* Primzahlen umfassen. Die Annahme ist folglich nicht haltbar, das heißt, die Menge der Primzahlen kann nicht endlich sein, sie ist unendlich.

Zur Veranschaulichung nehmen wir einmal an, daß die Menge aller Primzahlen die Elemente 2, 3 und 5 enthalte. Dann ist $N = 2 \cdot 3 \cdot 5 + 1 = 31$, eine neue Primzahl, die nicht in unserer Ausgangsmenge enthalten ist. Besteht unsere Menge dagegen aus den Primzahlen 3, 5, 7, dann ist $N = 3 \cdot 5 \cdot 7 + 1 = 106$, eine Zahl, die in die Primzahlfaktoren 2 und 53 zerlegt werden kann. Unsere Menge wird also um zwei Primzahlen erweitert. Dieser Prozeß kann beliebig wiederholt werden: Aus unserer neuen Menge erzeugen wir eine neue Zahl N, nämlich $2 \cdot 3 \cdot 5 \cdot 31 + 1 = 931 = 7 \cdot 7 \cdot 19$. Wiederum erhalten wir zwei neue Primzahlen, 7 und 19. Indem wir diesen Prozeß fortsetzen, lösen wir sozusagen eine Art mathematischer „Kettenreaktion“ aus, die immer mehr Primzahlen erzeugt.

2. Ein Beweis für die Irrationalität von $\sqrt{2}$

Es gibt mindestens drei verschiedene Beweise, um zu zeigen, daß $\sqrt{2}$ eine irrationale Zahl ist. Wir wollen hier den algebraischen Beweis vorführen, der auf dem Fundamentalsatz der Arithmetik beruht. Die Pythagoreer, die als erste die Irrationalität von $\sqrt{2}$ entdeckten, verwendeten jedoch aller Wahrscheinlichkeit nach einen anderen Beweis, der auf geometrischen Argumenten beruhte.[1]

Auch hier gehen wir wieder nach der indirekten Methode vor. Angenommen, $\sqrt{2}$ sei rational, dann kann man sie als Quotient zweier ganzer Zahlen schreiben:

$$\sqrt{2} = m/n \tag{1}$$

Quadrieren wir diese Gleichung, so erhalten wir: $2 = m^2/n^2$ bzw.:

$$m^2 = 2n^2 \tag{2}$$

Da nun m und n ganze Zahlen sind, kann man sie auf genau eine Weise in Primfaktoren zerlegen. Sei zum Beispiel $m = p_1 p_2 \ldots p_r$ und $n = q_1 q_2 \ldots q_s$. Setzen wir dies nun in die Gleichung (2) ein, so erhalten wir:

$$(p_1 p_2 \ldots p_r)^2 = 2\,(q_1 q_2 \ldots q_s)^2$$

bzw.

$$p_1 p_1 p_2 p_2 \ldots p_r p_r = 2\, q_1 q_1 q_2 q_2 \ldots q_s q_s \tag{3}$$

Unter den Primzahlfaktoren p_i und q_i taucht nun *vielleicht* die Primzahl 2 auf (sie taucht mit Sicherheit auf, wenn eine der beiden Zahlen m oder n eine gerade Zahl ist). Wenn sie vorkommt, muß sie in *gerader* Anzahl auf der linken Seite der Gleichung (3) vorkommen (denn dort erscheint jede Primzahl zweimal) und in *ungerader* Anzahl auf der rechten Seite (denn dort erscheint 2 bereits einmal). Dies gilt auch dann, wenn 2 nicht als Primzahlfaktor unter den p_i und q_i vorkommt; in diesem Fall tritt 2 auf der linken Seite gar nicht und

1 Siehe zum Beispiel Howard Eves: *An Introduction to the History of Mathematics*, 4. Auflage, New York 1976, S. 65.

auf der rechten Seite einmal auf. In beiden Fällen stoßen wir hier auf einen Widerspruch, denn da die Zerlegung einer Zahl in Primzahlfaktoren eindeutig ist, kann die Primzahl 2 nicht in gerader Anzahl auf der einen Seite und in ungerader Zahl auf der anderen Seite der Gleichung auftreten. Die Gleichungen (3) und folglich auch (1) können daher nicht wahr sein: $\sqrt{2}$ kann nicht als Quotient zweier ganzer Zahlen geschrieben werden und muß somit eine irrationale Zahl sein.

Der gleiche Beweis kann herangezogen werden, um zu zeigen, daß die Quadratwurzel jeder Primzahl irrational ist. Um jedoch zu zeigen, daß die Zahlen π und e irrational sind, benötigen wir stärkere Methoden. Die Irrationalität von π wurde 1768 von dem Elsässer Mathematiker Johann Heinrich Lambert (1728—1777) bewiesen. Mehr als hundert Jahre später, im Jahr 1882, gelang schließlich auch der Beweis, daß π nicht nur eine irrationale, sondern eine *transzendente* Zahl ist (vgl. Fußnote 1. S. 29). Dieser Beweis wurde von dem deutschen Mathematiker Ferdinand Lindemann (1852—1939) erbracht und zog sich über dreizehn Seiten. Die Stellung dieser wichtigen Zahl war damit endlich geklärt, und vier Jahrtausende der Spekulationen und des Rätselratens um das Wesen jener Zahl kamen zu einem Ende.

3. Die Konvergenz der geometrischen Reihe und die Divergenz der harmonischen Reihe

Um zu zeigen, daß die geometrische Reihe $a + aq + aq^2 + \ldots$ für $-1 < q < 1$ konvergiert, betrachten wir zunächst die *endliche* geometrische Reihe:

$$S = a + aq + aq^2 \ldots + aq^{n-1} \qquad (1)$$

(Die Reihe hat n Glieder: a ist das *Anfangsglied*, und q bezeichnet den *Quotienten*. Multipliziert man beide Seiten der Gleichung (1) mit q, erhalten wir:

$$qS = aq + aq^2 + \ldots + aq^{n-1} + q^n \qquad (2)$$

[Beachten Sie, daß jedes Glied der Gleichung (2) im Vergleich zur Gleichung (1) um ein Glied nach rechts verschoben wurde.] Subtrahieren wir nun die Gleichung (2) von Gleichung (1), so heben sich fast alle Glieder gegeneinander auf, und nur das erste und das letzte bleiben übrig:

$$S - qS = a - aq^n \qquad (3)$$

Durch Ausklammern erhalten wir: $S(1 - q) = a(1 - q^n)$ bzw.

$$S = \frac{a(1 - q^n)}{1 - q} \qquad (4)$$

Diese Formel gibt also in allgemeiner Form die Summe der ersten n Glieder der geometrischen Reihe an.

Der einzige Ausdruck, der in der Gleichung (4) von n abhängt, ist q^n. Wenn der absolute Betrag von q kleiner als 1 ist (das heißt, wenn $-1 < q < 1$), dann strebt der Ausdruck q^n für wachsendes n gegen 0; das heißt: $q_n \to 0$ für $n \to \infty$. Während also die Anzahl der Glieder der Reihe über alle Grenzen wächst, nähert sich die Summe dem Grenzwert $a/(1 - q)$, *vorausgesetzt* $-1 < q < 1$. Wir sagen, daß die unendliche geometrische Reihe $a + aq + aq^2 \ldots$ konvergiert bzw. daß ihre Summe

$$S = \frac{a}{1 - q} \qquad (5)$$

beträgt. Es muß hier nochmals betont werden, daß die Formel dann und nur dann sinnvoll ist, wenn $-1 < q < 1$. Für Werte von q, deren absoluter Betrag > 1 ist, gilt die Formel nicht. Nehmen wir zum Beispiel $a = 1$ und $q = 2$ an. Die rechte Seite der Gleichung (5) ergibt dann $1/(1 - 2) = -1$, obwohl die entsprechende Reihe $1 + 2 + 4 + 8 + \ldots$ doch offensichtlich divergiert.

Um zu zeigen, daß die harmonische Reihe divergiert, verwenden wir die *Vergleichsmethode*: Dabei stellen wir eine gegebene Reihe einer anderen, der sog. „Vergleichsreihe" gegenüber, deren Konvergenz oder Divergenz bekannt ist. Wenn jedes Glied der ursprünglichen Reihe kleiner als das entsprechende Glied der Vergleichsreihe ist und diese erwiesenermaßen konvergiert, dann konvergiert auch die gegebene Reihe. Wenn dagegen jedes Glied der ursprünglichen Reihe *größer* als das entsprechende Glied der Vergleichsreihe ist und diese *divergiert*, so divergiert auch die ursprüngliche Reihe. Wir werden zeigen, daß die harmonische Reihe zur letzteren Gruppe gehört.

S bezeichne die harmonische Reihe:

$$S = 1 + 1/2 + \underbrace{1/3 + 1/4} + \underbrace{1/5 + 1/6 + 1/7 + 1/8} + \ldots \qquad (6)$$

In den zusammengefaßten Gruppen wird nun jedes Glied durch das jeweils letzte Gruppenglied ersetzt; auf diese Weise erzeugen wir eine neue Reihe S':

$$S' = 1 + 1/2 + \underbrace{1/4 + 1/4} + \underbrace{1/8 + 1/8 + 1/8 + 1/8} + \ldots \qquad (7)$$

In dieser neu erzeugten Reihe ist jedes Glied *kleiner* oder gleich dem entsprechenden Glied der ursprünglichen Reihe (zum Beispiel $1/4 < 1/3$, $1/8 < 1/5$ usw.). Jede Partialsumme von S' ist also kleiner als die entsprechende Partialsumme von S: $S'_n < S_n$ bzw. $S_n > S'_n$, wobei S_n und S'_n die ersten n Partialsummen von S bzw. S' darstellen. Da jede der zusammengefaßten Gruppen in S'_n die Summe 1/2 hat, können wir die Reihe S' auch folgendermaßen schreiben:

$$S' = 1 + 1/2 + 1/2 + 1/2 \ldots \tag{8}$$

Diese Reihe divergiert ganz offensichtlich. Folglich muß auch die harmonische Reihe divergieren.

Dieser Beweis sagt jedoch nichts darüber aus, wie schnell die harmonische Reihe divergiert. Es handelt sich um einen typischen *Existenzbeweis*, in dem ein mathematisches Faktum zwar bewiesen wird (in diesem Fall die Divergenz der harmonischen Reihe), in dem jedoch nicht der geringste Hinweis auf die Zahlenwerte der in Frage stehenden Größen gegeben wird (hier die „Geschwindigkeit" der Divergenz). Ein weiterer berühmter Existenzsatz ist, daß $\sqrt{2}$ irrational ist: Auch hier erfahren wir nichts über den numerischen Wert der Zahl. Er muß aus einem anderen Satz, dem Satz des Pythagoras, erschlossen werden (siehe S. 64). In diesem Sinn bietet der Beweis für die Konvergenz der geometrischen Reihe einen wesentlichen Vorteil: Wir erhalten hier eine Formel, mit der man die Summe berechnen kann. Die geometrische Reihe ist eine der wenigen unendlichen Reihen, für die eine solche Formel relativ mühelos aufgestellt bzw. überhaupt gefunden werden kann (siehe Abels Zitat auf S. 48).

4. Wie gelangt man zu einigen der Formeln auf S. 72?

Vorgestellt wird eine heuristische Herleitung der zwei Formeln, die auf S. 72 für den Goldenen Schnitt angegeben sind. Eine strengere Beweisführung findet sich in dem Buch *Uses of Infinity* von Leo Zippin, The Mathematical Association of America, Washington, D.C., 1962, S. 82—85 und 140—141.

Ausgangspunkt ist die Gleichung $\phi = 1/x = x/(1 - x)$ (siehe S. 70). Indem wir von jeder Seite den Kehrwert bilden, erhalten wir $1/\phi = x = (1 - x)/x$. Formen wir nun die rechte Seite um in: $1/x - 1$ bzw. $\phi - 1$, so lautet unsere Gleichung $1/\phi = \phi - 1$. Durch Ausmultiplizieren erhalten wir dann: $\phi^2 - \phi - 1 = 0$. Der übliche Weg, um eine solche Gleichung zu lösen, besteht in der Anwendung der binomischen Formel, die für die positive Wurzel die Zahl $\phi = (1 + \sqrt{5})/2 \approx 1{,}618$ ergibt. Es gibt jedoch auch eine andere Methode: wir isolieren den bestimmenden Term der Gleichung und „lösen" sie dann für ϕ auf, indem wir so tun, als seien alle anderen Terme bekannt:

$$\phi^2 = 1 + \phi, \text{ so daß } \phi = \sqrt{1 + \phi}$$

Das ϕ in der Quadratwurzel auf der rechten Seite der Gleichung ist natürlich identisch mit dem ϕ auf der linken Seite und so steht es uns frei, das ϕ in der Wurzel durch den äquivalenten Ausdruck $\sqrt{1 + \phi}$ zu ersetzen: $\phi = \sqrt{1 + \sqrt{1 + \phi}}$. Nachdem wir diese Substitution einmal vorgenommen haben, hindert uns nichts daran, sie nochmals auszuführen. Wir erhalten so die Folge:

$$\phi = \sqrt{1 + \phi} = \sqrt{1 + \sqrt{1 + \phi}} = \sqrt{1 + \sqrt{1 + \sqrt{1 + \phi}}} = \ldots$$

Dieser Prozeß kann natürlich beliebig fortgeführt werden, wobei das ϕ in der Wurzel immer weiter nach rechts verschoben wird.

Entscheidend in diesem Zusammenhang ist die Frage nach der Konvergenz des Prozesses. Konvergiert er, erhalten wir vielleicht ein interessantes Ergebnis. Konvergiert er nicht, verschwenden wir nur unsere Zeit. In unserem Fall ist es nicht schwierig zu zeigen, daß die Werte tatsächlich konvergieren. Wir schreiben also völlig zurecht:

$$\phi = \sqrt{1 + \sqrt{1 + \sqrt{1 + \ldots}}}$$

wobei dieser Ausdruck die unendliche Wurzel auf S. 72 ist. Die ersten Glieder dieses Ausdrucks lassen sich leicht auf einem Taschenrechner, oder noch besser auf einem programmierbaren Taschenrechner ausrechnen. Sie konvergieren gegen 1,618...

Um den Kettenbruch für ϕ herzuleiten, beginnen wir wieder mit der Gleichung $1/\phi = \phi - 1$ und lösen sie nach ϕ auf: $\phi = 1 + 1/\phi$. Dann ersetzen wir wiederum das ϕ auf der rechten Seite durch den gesamten Ausdruck und wiederholen diesen Vorgang beliebig oft:

$$\phi = 1 + 1/\phi = 1 + 1/(1 + 1/\phi) = 1 + 1/(1 + 1/(1 + 1/\phi)) = \ldots$$

Auch hier kann gezeigt werden, daß dieser Prozeß konvergiert. Wir erhalten den unendlichen Kettenbruch:

$$\phi = 1 + \cfrac{1}{1 + \cfrac{1}{1 + \cfrac{1}{1 + \ldots}}}$$

Ist ein solcher iterativer Prozeß zwangsläufig konvergent? Wir beginnen unsere Untersuchung wieder einmal mit der ursprünglichen Gleichung $1/x = x/(1 - x)$. Indem wir diese Gleichung über Kreuz multiplizieren, erhalten wir $x^2 = 1 - x$, woraus folgt: $x = \sqrt{1 - x}$. Ersetzen wir das x auf der rechten Seite durch den gesamten Ausdruck, so lautet die Gleichung: $x = \sqrt{1 - \sqrt{1 - x}}$. Wiederholen wir diesen Vorgang beliebig oft, erhalten wir die Folge

$$x = \sqrt{1 - x} = \sqrt{1 - \sqrt{1 - x}} = \sqrt{1 - \sqrt{1 - \sqrt{1 - x}}} = \sqrt{1 - \sqrt{1 - \sqrt{1 - \ldots}}}$$

wobei wir x absichtlich aus unserem Blickfeld verschwinden ließen. Rechnen wir die ersten Glieder dieser Folge aus, erhalten wir $x_1 = 1$; $x_2 = 0$; $x_3 = 1$; $x_4 = 0$, usw.[2] Die Folge konvergiert also nicht gegen den erwarteten Wert $1/\phi = 0{,}618$, sondern wechselt stets zwischen 0 und 1.

Ein zuverlässiges Kriterium, das uns angibt, wann eine Gleichung der Form $x = f(x)$ durch ein iteratives Verfahren gelöst werden kann, findet sich in fortgeschrittenen Lehrbüchern der Differential- und Integralrechnung. Siehe zum Beispiel: R. Courant, *Vorlesungen über Differential- und Integralrechnung,* Berlin, Göttingen, Heidelberg 1971, Bd. 1, S. 315.

Viètes unendliches Produkt für π läßt sich aus der trigonometrischen Gleichung $\sin \phi/\phi = \cos \phi/2 \cdot \cos \phi/4 \cdot \cos \phi/8 \ldots$ herleiten, indem man $\phi = 90° = \pi/2$ Radiant (rad) setzt. Dabei gilt $\sin \pi/2 = 1$ und $\cos \pi/4 = \sqrt{2}/2$. Anschließend wird der Halbwinkelsatz $\cos \phi/2 = \sqrt{(1 + \cos \phi)/2}$ wiederholt angewendet.

Die verbleibenden Ausdrücke in der Tabelle 2 (S. 72) können nur mit Hilfe der Differential- und Integralrechnung (siehe wiederum R. Courant) hergeleitet werden. Zwar gelang es Leonhard Euler im Jahr 1736 die Summe der unendlichen Reihe $1/1^2 + 1/2^2 + 1/3^3 + \ldots$ zu finden, indem er eine Eigenschaft der Wurzeln endlicher Polynome auf die unendliche Reihe für die Funktion $\sin \phi$ übertrug. Doch übersah er dabei völlig, daß unendliche Prozesse anders als endliche Polynome nicht unbedingt den gewöhnlichen Regeln der Algebra unterliegen müssen. Sein Ansatz war nichtsdestoweniger erfolgreich: er zeigte, daß die Reihe gegen $\pi^2/6$ konvergiert und fand damit eine der schönsten Formeln in der Mathematik überhaupt. Einzelheiten

2 Streng genommen ist unsere Folge durch die Gleichungen $x_0 = 0$, $x_i = \sqrt{1 - x_{i-1}}$ für $i = 1, 2, 3, \ldots$ definiert. Ähnliche Definitionen gelten auch für die oben untersuchten Folgen.

finden Sie in dem Buch von Petr Beckmann: *A History of* π, Boulder, Colorado, 1977, S. 152—153. Damit in Zusammenhang stehende Ergebnisse sind in dem Werk von George F. Simmons, *Calculus with Analytic Geometry* erläutert, New York, 1985, S. 742—745 und 823—825.

5. Einige Eigenschaften der Inversion am Kreis

Im folgenden werden wir zwei der im Text beschriebenen Eigenschaften der Inversion am Kreis beweisen. Wir nehmen an, daß unser Inversionskreis der Einheitskreis ist, das heißt, der Kreis, dessen Radius 1 beträgt und dessen Mittelpunkt O ist. Dieser Kreis wird mit c bezeichnet.

Eigenschaft 1: Die Inversion bildet Geraden, die nicht durch O gehen, in Kreise ab, die O berühren, und umgekehrt.

Beweis: Gegeben sei die Gerade l (Abb. A5.1). Wir wählen nun zwei Punkte auf ihr, P und Q, wobei P näher an O liegt als jeder beliebige Punkt Q. Die Bildpunkte von P und Q bei Inversion sind P' und Q'. Es gilt: $OP' = 1/OP$ und $OQ' = 1/OQ$ bzw.

$$OP \cdot OP' = OQ \cdot OQ' = 1 \tag{1}$$

woraus folgt

$$\frac{OP}{OQ} = \frac{OQ'}{OP'} \tag{2}$$

Dies bedeutet jedoch, daß die Dreiecke $\Delta\ OPQ$ und $\Delta\ OQ'P'$ *ähnlich* sind (beiden Dreiecken ist der Winkel $\sphericalangle\ POQ$ gemeinsam). Da P der Punkt auf l ist, der O am nächsten liegt, steht die Gerade durch O und P senkrecht auf l; das $\Delta\ OPQ$ ist folglich rechtwinklig und hat seinen rechten Winkel bei P. Daraus folgt, daß das Dreieck $\Delta\ OQ'P'$ ebenfalls rechtwinklig ist, wobei sein rechter Winkel bei Q' liegt. Diese Folgerung ist für jeden beliebigen Punkt Q auf l wahr, ungeachtet seiner Position. Nun machen wir uns einen wohlbekannten Satz der euklidischen Geometrie zunutze: Der geometrische Ort all jener Punkte, von denen aus eine gegebene Strecke im rechten Winkel gesehen wird, ist ein Kreis, dessen Durchmesser die Länge der Strecke ist. Wenn sich Q also auf der Geraden l bewegt, beschreibt sein Bildpunkt Q' einen Kreis k mit dem Durchmesser OP'. Dieser Kreis verläuft durch O.

Die Gerade *l* in Abb. A5.1 verläuft zwar außerhalb des Inversionskreises *c*, der Beweis ist jedoch völlig allgemein; er gilt auch, wenn *l* den Kreis *c* schneidet (solange er *O* nicht berührt). In diesem Fall liegt der Bildkreis *k* teilweise außerhalb von *c* (vgl. Abb. 12.3).

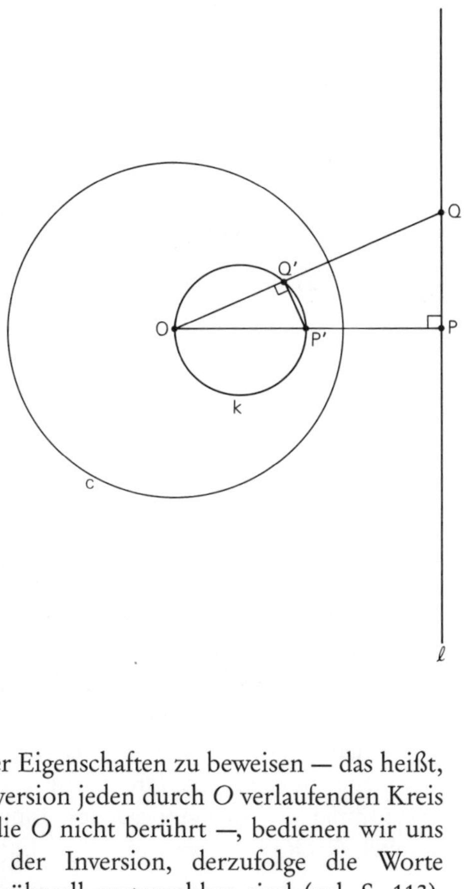

Abb. A5.1

Um die Umkehrung dieser Eigenschaften zu beweisen — das heißt, um zu beweisen, daß die Inversion jeden durch *O* verlaufenden Kreis in eine Gerade überführt, die *O* nicht berührt —, bedienen wir uns der Symmetrieeigenschaft der Inversion, derzufolge die Worte „Punkt" und „Bildpunkt" überall austauschbar sind (vgl. S. 113). Wenn der Punkt *Q'* also einen Kreis durch *O* beschreibt, dann bewegt sich sein Bildpunkt, der Punkt *Q*, entlang einer Geraden, die nicht durch *O* verläuft. Damit ist die erste Eigenschaft bewiesen.

Eigenschaft 2: Die Inversion bildet Kreise, die nicht durch *O* verlaufen, in Kreise ab, die ebenfalls nicht durch *O* verlaufen.

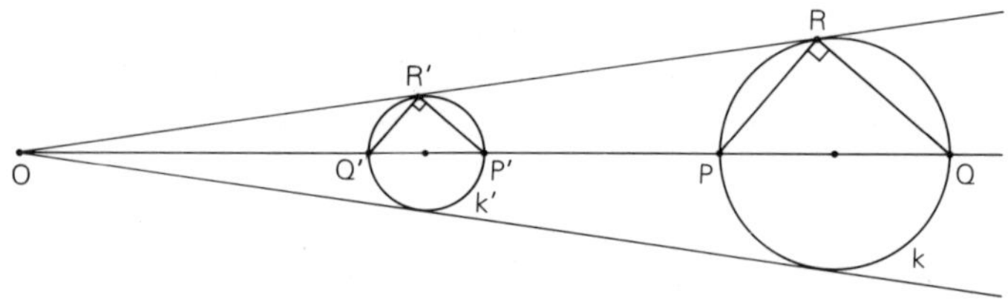

Abb. A5.2

Beweis: Gegeben sei der Kreis k (Abb. A5.2) und drei Punkte auf k: der Punkt P, der O am nächsten liegt, der Punkt Q, der O am fernsten liegt, und ein beliebiger Punkt R. (In Abb. A5.2 berührt die Gerade durch O und R den Kreis k zwar, doch ist dies nicht erforderlich; jeder *beliebige* Punkt auf k erfüllt die gleiche Funktion.) Die Strecke PQ bildet folglich einen Durchmesser von k. Betrachten wir nun die Bildpunkte P', Q' und R'. Hier gilt: $OP' = 1/OP$, $OQ' = 1/OQ$ und $OR' = 1/OR$. Daraus folgt:

$$OP \cdot OP' = OQ \cdot OQ' = OR \cdot OR' = 1 \tag{3}$$

bzw.

$$\frac{OP}{OR} = \frac{OR'}{OP'}, \quad \frac{OQ}{OR} = \frac{OR'}{OQ'} \tag{4}$$

Auch hier wieder ist der Winkel $\sphericalangle\, POR$ den beiden Dreiecken $\Delta\, OPR$ und $\Delta\, OR'P'$ gemeinsam. Diese Dreiecke sind folglich ähnlich, ebenso wie die Dreiecke $\Delta\, OQR$ und $\Delta\, OR'Q'$. Nehmen wir nun an, daß sich R im Uhrzeigersinn um den Kreis k bewegt. Der Winkel $\sphericalangle\, PRQ$, der dem Durchmesser PQ gegenüber liegt, ist dann ein rechter Winkel. (Man beachte, daß der Winkel ebenfalls im Uhrzeigersinn gemessen ist, von P über R zu Q.) Unser Ziel ist es nun, zu beweisen, daß der Winkel $\sphericalangle\, P'R'Q'$ ebenfalls ein rechter Winkel ist, jedoch entgegen dem Uhrzeigersinn gemessen.

Dies läßt sich mit Hilfe eines zweiten Satzes aus der elementaren Geometrie beweisen: Im Dreieck ist jeder Außenwinkel so groß wie die Summe der nichtanliegenden Innenwinkel (Abb. A5.3). Der Winkel $\sphericalangle\, OQ'R'$ ist also gleich $\sphericalangle\, OP'R' + P'R'Q'$, bzw.

Abb. A5.3

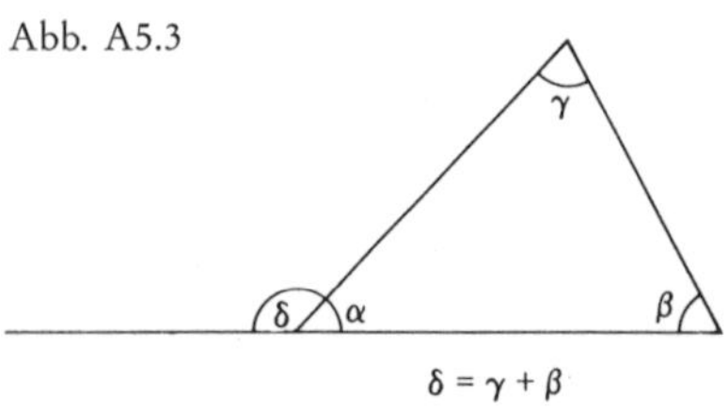

$$\sphericalangle\, P'R'Q' = \sphericalangle\, OQ'R' - \sphericalangle\, OP'R' \tag{5}$$

Da jedoch die Dreiecke Δ *OPR* und Δ *OR'P'* ähnlich sind, ebenso wie die Dreiecke Δ *OQR* und Δ OR'Q', erhalten wir $\sphericalangle$ *OQ'R'* = $\sphericalangle$ *ORQ* und $\sphericalangle$ *OP'R'* = $\sphericalangle$ *ORP.* Aus Gleichung (5) ergibt sich daher

$$\sphericalangle P'R'Q' = \sphericalangle ORQW - \sphericalangle ORP = \sphericalangle PRQ = 90^\circ \quad (6)$$

Der Winkel $\sphericalangle$ *P'R'Q'* beträgt folglich 90°. Bewegt sich also *R* auf dem Kreis *k*, der den Durchmesser *PQ* besitzt, so beschreibt *R'* einen Kreis *k'* mit dem Durchmesser *P'Q'.* Damit ist der Beweis abgeschlossen.

Man beachte, daß der Winkel $\sphericalangle$ *PRQ* im Uhrzeigersinn gemessen wird, sein „Bildwinkel" $\sphericalangle$ *P'R'Q'* dagegen entgegen dem Uhrzeigersinn. Bewegt sich also der Punkt *R* im Uhrzeigersinn auf *k*, so wandert der Punkt *R'* entgegen dem Uhrzeigersinn auf *k'.* Bei Inversion wie auch bei Spiegelung verkehrt sich somit stets der Drehsinn.

Ein weiterer interessanter Aspekt ist, daß die Inversion zwar den Kreis *k* in den Kreis *k'* abbildet, daß jedoch der Mittelpunkt von *k* *nicht* in den Mittelpunkt von *k'* überführt wird. Das heißt, bei Inversion bleibt zwar die Kreisform erhalten, die Eigenschaft, Mittelpunkt des Kreises zu sein, geht jedoch verloren. Der Grund dafür liegt darin, daß die Eigenschaft, „Mittelpunkt eines Kreises zu sein", auf dem Entfernungsbegriff beruht (der Mittelpunkt ist der Punkt des Kreises, von dem alle Punkte des Kreises gleich weit entfernt liegen); Entfernung ist jedoch, wie gezeigt wurde, eine Eigenschaft, die bei Inversion nicht erhalten bleibt.

Die hier gegebenen Beweise sind sogenannte „synthetische" Beweise — sie beruhen vollständig auf geometrischen Konstruktionen. Die gleichen Eigenschaften lassen sich auch „analytisch" beweisen; das heißt mit Methoden der analytischen Geometrie. Diese Methode ist effizienter, da ein und derselbe Beweis ausreicht, um beide Eigenschaften zu zeigen.[3]

Eine dritte Eigenschaft der Inversion, die Winkeltreue, erläutern wir im Zusammenhang mit der stereographischen Projektion.

Bevor wir uns jedoch der stereographischen Projektion zuwenden, möchte ich abschließend erläutern, wie der Bildpunkt eines gegebenen Punktes *P* bezüglich des Einheitskreises *c* geometrisch konstruiert wird. Nehmen wir an, *P* liegt außerhalb von *c* (Abb. A5.4). Wir nehmen nun den Zirkel und schlagen um den Punkt *P* einen Kreis mit dem Radius *PO.* Der Kreis schneidet den Einheitskreis *c* in den Punkten *R* und *S.* Nun schlagen wir um *R* einen Kreis mit dem Ra-

3 Vgl. Felix Klein: *Elementarmathematik vom höheren Standpunkt aus*, Leipzig 1911 und 1913 (Unveränderter Nachdruck Heidelberg 1968).

dius *RO*. Dort, wo der Bogen die Gerade *OP* schneidet, liegt der Bildpunkt *Q* von *P*.

Um dies zu beweisen, halten wir zunächst fest, daß gemäß unserer Konstruktion gilt: $PO = PR$ und $RO = RQ$. Die Dreiecke Δ *OPR* und Δ *ORQ* sind also gleichschenklig und darüber hinaus ähnlich, da der Winkel $\sphericalangle$ *POR* beiden Dreiecken gemeinsam ist. Es gilt also: $OP/OR = OR/OQ$ oder $OP \cdot OQ = 1$, woraus folgt, daß Q der Bildpunkt von *P* ist.

Wenn *P* innerhalb von *c* liegt, verlängern wir die Strecke *OP* um ein ganzzahliges Vielfaches, bis wir einen Punkt *P'* außerhalb von *c* erhalten. Nehmen wir an, wir benötigen dazu *n* Verlängerungen, so daß gilt: $OP' = nOP$. Wir finden nun den Bildpunkt *Q'* von *P'* wie zuvor und verlängern dann die Strecke *OQ' n-mal*, bis wir den Punkt Q erhalten. Dieser Punkt ist der Bildpunkt von *P*, was man aus folgender Gleichung ersehen kann: $OP \cdot OQ = OP \cdot (nOQ') = (nOP) \cdot OQ' = OP' \cdot OQ' = OR^2$.

Bitte beachten Sie, daß die Konstruktion in beiden Fällen allein mit Hilfe des Zirkels möglich ist. Die Geraden durch die Punkte *PR, RO* und *RQ* in der Abbildung sind für die Konstruktion nicht erforderlich.

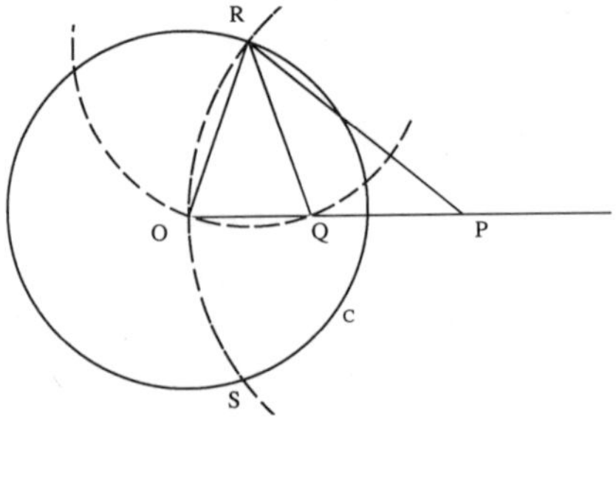

Abb. A5.4

6. Einige Eigenschaften der stereographischen Projektion

Es sollen drei der im Text genannten Eigenschaften der stereographischen Projektion bewiesen werden. Wir nehmen an, daß unsere Kugel den Durchmesser 1 hat (der Radius ist folglich 1/2). Dadurch ist gewährleistet, daß das Bild des Äquators der Einheitskreis in der Ebene ist. Die Kugel berührt die Ebene der Karte am Südpol *S*. Abb. A6.1 zeigt die Kugel im Querschnitt; die Strecke *EE* stellt den Äquator dar.

Abb. A6.1

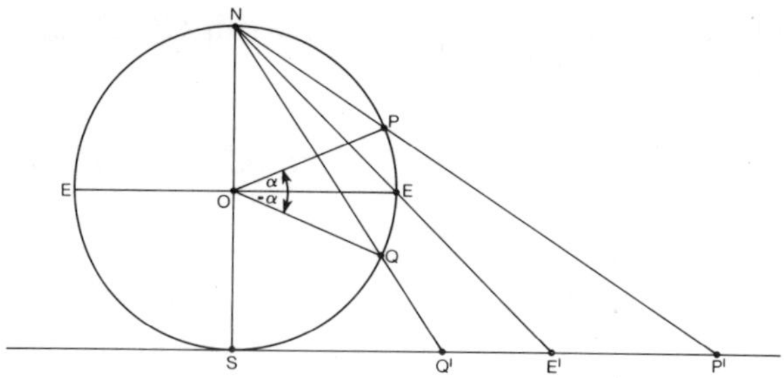

Eigenschaft 1: Die stereographische Projektion bildet zwei Punkte, die auf gleichem Längengrad, jedoch entgegengesetzt gleichem Breitengrad liegen, in zwei zueinander inverse Punkte auf der Karte ab. Mit anderen Worten: Die Spiegelung der Kugel an ihrer Äquatorebene entspricht einer Inversion in der Ebene der Karte.

Beweis: Gegeben seien zwei Punkte P und Q auf den Breitengraden α und $-\alpha$. Wir machen uns nun einen Satz der elementaren Geometrie zunutze: Der Umfangswinkel eines Kreises ist genau halb so groß wie der demselben Bogen zugehörige Mittelpunktswinkel (Abb. A6.2). Daraus ergibt sich also (vgl. Abb. A6.1):

$\sphericalangle ENP = \alpha/2$, da $\sphericalangle ENP$ und $\sphericalangle EOP$ den gleichen Bogen EP einschließen;

$\sphericalangle ENQ = -\alpha/2$, da $\sphericalangle ENQ$ und $\sphericalangle EOQ$ den gleichen Bogen EQ einschließen;

$\sphericalangle ENS = 45°$, da $\sphericalangle ENS$ und $\sphericalangle EOS$ den gleichen Bogen ES einschließen.

Es gilt also $\sphericalangle PNS = 45° + \alpha/2$ und $\sphericalangle QNS = 45° - \alpha/2$. Mit Hilfe der trigonometrischen Tangensfunktion (geschrieben „tan“)

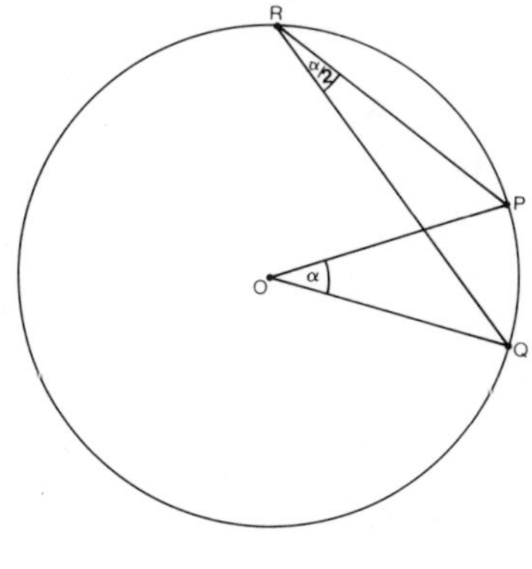

Abb. A6.2

bestimmen wir die Länge der Strecken SQ', SE' und SP'. Dabei erinnern wir uns, daß $NS = 1$ ist:

$$SQ' = \tan(45° - \alpha/2),\ SE' = \tan 45° = 1,\ SP' = \tan(45° + \alpha/2)$$

Unter Verwendung zweier wohlbekannter trigonometrischer Identitäten (der sogenannten „Additionstheoreme") kann man die erste und die dritte dieser Gleichungen auch auf folgende Weise schreiben:

$$SQ' = \frac{1 - \tan \alpha/2}{1 + \tan \alpha/2}, \qquad SP' = \frac{1 + \tan \alpha/2}{1 - \tan \alpha/2}$$

Daraus folgt, $SP' \cdot SQ' = 1$, womit bewiesen ist, daß die Bildpunkte P' und Q' zueinander invers sind bezüglich des Äquatorkreises auf der Karte.

Eigenschaft 2: Die stereographische Projektion transformiert jeden Kreis auf der Kugel in einen Kreis oder eine Gerade auf der Karte, und umgekehrt.

Beweis: Wir werden hier nur den zweiten Teil dieser Aussage beweisen, die Behauptung nämlich, die die Geraden betrifft. Was den ersten Teil anbelangt, so möchte ich den interessierten Leser auf andere Literatur verweisen.[4]

Gegeben sei die Gerade l in der Ebene. Jeder Punkt auf l wird nun zurück auf die Kugel projiziert, indem er durch eine Gerade mit dem Nordpol verbunden wird (Abb. A6.3). Die Schar der so erzeugten Geraden liegt in einer Ebene, die durch l und N definiert ist. Diese

Abb. A6.3

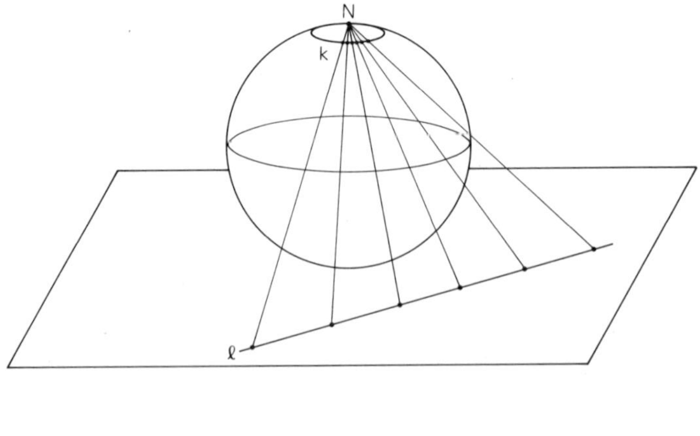

4 Vgl. Konrad Knopp: *Elemente der Funktionentheorie*, Berlin 1949, S. 41—48.

Ebene schneidet die Kugel in einem Kreis *k*, der durch *N* verläuft. Jede Gerade in der Ebene der Karte (einschließlich der Geraden, die aus *S* hervorgehen) wird also auf einen Kreis abgebildet, der durch den Nordpol der Kugel verläuft.

Um die Umkehrung dieser Aussage zu beweisen, benutzen wir die Symmetrieeigenschaft unserer Projektion: Wenn *P'* der Bildpunkt von *P* ist, dann ist *P* auch Bildpunkt von *P'*. Wie bei der Inversion können also auch hier die Worte „Punkt" und „Bildpunkt" überall vertauscht werden. Daraus folgt, daß jeder Kreis durch den Nordpol in eine Gerade auf der Karte überführt wird.

Eigenschaft 3: Die stereographische Projektion ist konform (winkeltreu).

Wenn sich zwei Kurven der Kartenebene unter einem bestimmten Winkel α schneiden, dann schneiden sich auch die Bildkurven auf der Kugel unter dem gleichen Winkel α. Mit anderen Worten, die Projektion ist winkeltreu.

Beweis: Zunächst müssen wir klären, was wir unter dem Schnittwinkel zweier Kurven verstehen. Darunter versteht man den Winkel, den die zwei *Tangenten* an die Kurven im Schnittpunkt einschließen (Abb. A6.4). In einer kleinen Umgebung um den Schnittpunkt *P* können die Tangenten t_1 und t_2 als Approximation an die jeweiligen Kurven k_1 und k_2 betrachtet werden.

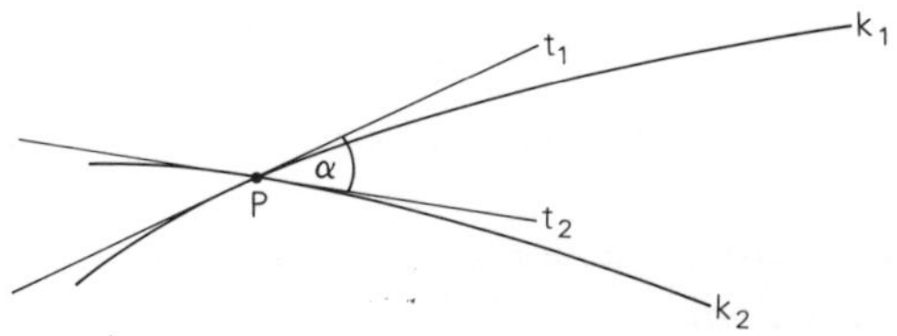

Abb. A6.4

Nun werden diese Tangenten auf die Kugel projiziert. Jede wird dabei in einen Kreis durch den Nordpol *N* abgebildet; diese Kreise, c_1 und c_2, schneiden sich genau in *zwei* Punkten auf der Kugel — in *N* und in *P'*, dem Bildpunkt von *P* bei der Projektion. Wie aus der Kreisgeometrie folgt, sind die beiden Schnittwinkel bei *N* und *P'* gleich groß. In dem Punkt *N* sind die Tangenten an c_1 und c_2 jedoch horizontal und daher parallel (im Raum) zu den Geraden t_1 und t_2. Der Schnittwinkel von c_1 und c_2 in *N*, und somit auch in *P'*, ist gleich dem Schnittwinkel der ursprünglichen Kurven in *P*, was zu beweisen war.

Die konforme Eigenschaft der stereographischen Projektion beinhaltet, daß die Inversion ebenfalls konform ist. Dies folgt daraus, daß die Inversion am Kreis der Spiegelung an der Äquatorebene der Kugel entspricht (Eigenschaft 1). Da sowohl die Spiegelung als auch die Projektion der Ebene auf die Kugel winkeltreu sind, bleiben die Schnittwinkel zweier Kurven bei Inversion erhalten. (Bitte beachten Sie, daß bei Spiegelung der Drehsinn des Winkels umgekehrt wird. Das heißt, der Winkelbetrag bleibt erhalten; die Richtung ändert sich jedoch.) Zwei senkrechte Geraden, die nicht durch den Ursprung der Inversion verlaufen, gehen in ein Paar *orthogonaler Kreise* über (Kreise, die sich im rechten Winkel schneiden), die beide O berühren. In Kapitel 12 haben wir auch gesehen, wie eine Hyperbel durch Inversion in eine kleine 8-förmige Figur überführt wird, die im Inversionszentrum liegt (Abb. 12.5c). Die zwei Schleifen schneiden sich — wie erwartet — im rechten Winkel, denn die zwei Äste der Hyperbel „treffen“ sich im unendlich fernen Punkt und stehen dort senkrecht aufeinander. Durch die Eigenschaft der Winkeltreue ermöglicht es die Inversion also tatsächlich, das Unendliche zu erforschen!

7. Der Beweis, daß es nur fünf regelmäßige Polyeder gibt

Der Beweis wird mit Hilfe der Eulerschen Formel geführt, die die Flächenzahl F, die Kantenzahl K und die Eckenzahl E für jedes einfach verbundene Polyeder (das heißt, für ein Polyeder, das keine „Löcher“ aufweist) zueinander in Beziehung setzt:

$$E - K + F = 2 \quad (1)$$

Angenommen, unser Körper besitzt F deckungsgleiche Flächen, von denen jede ein regelmäßiges n-seitiges Vieleck ist. (Für den Würfel gilt beispielsweise $F = 6$, $n = 4$.) Zählen wir nun alle Flächen ab, erhalten wir

$$nF = 2K \quad (2)$$

denn jede Kante gehört zu zwei Flächen, die folglich doppelt in das Produkt nF eingehen. Nehmen wir weiter an, daß an jeder Ecke E r Kanten zusammentreffen. (Für den Würfel sind das $E = 8$ und $r = 3$.) Zählt man nun die Kanten, so erhält man

$$rE = 2K \quad (3)$$

da zwei Ecken stets durch eine Kante verbunden sind. Setzen wir F

und E aus den Gleichungen (2) und (3) in die Gleichung (1) ein, so erhalten wir

$$\frac{2K}{r} - K + \frac{2K}{n} = 2$$

oder

$$\frac{1}{n} + \frac{1}{r} = \frac{1}{K} + \frac{1}{2} \tag{4}$$

Da ein Polygon mindestens drei Seiten aufweist und an einer Ecke des Polyeders mindestens drei Kanten zusammentreffen, folgt daraus für n und r die Bedingung: $n \geq 3$ und $r \geq 3$. Gleichzeitig impliziert Gleichung (4) jedoch, daß n und r nicht *beide* größer als 3 sein können, da sonst die linke Seite von Gleichung (4) kleiner (oder gleich) 1/2 würde und K in diesem Fall eine negative Zahl bzw. im Fall von $n = r = 4$ nicht definiert wäre. Wir müssen nun also nur noch herausfinden, welche Werte r annehmen kann, wenn $n = 3$, bzw. welche Werte n annehmen kann, wenn $r = 3$ ist:

Für $n = 3$ wird die Gleichung (4):

$$\frac{1}{K} = \frac{1}{r} + \frac{1}{3} - \frac{1}{2} = \frac{1}{r} - \frac{1}{6}$$

Die möglichen Werte von r sind also 3, 4 oder 5 (für $r = 6$ ist K nicht definiert; für jeden größeren Wert als 6 wird K negativ). Die entsprechenden Werte von K sind 6, 12 und 30, wodurch die entsprechenden Polyeder, das Tetraeder, das Oktaeder und das Ikosaeder, gegeben sind.

Auf die gleiche Weise erhalten wir für $r = 3$ die Werte $n = 3$, 4 oder 5. [Man beachte, daß die Gleichung (4) symmetrisch für n und r ist, was bedeutet, daß diese Variablen ausgetauscht werden können.] Es ergeben sich dabei die Werte $K = 6$, 12 oder 30, wobei dies dem Tetraeder, dem Würfel und dem Dodekaeder entspricht. (Diese Körper sind die dualen Gegenstücke zu jenen, die man für $n = 3$ erhält — eine Folge der eben erwähnten Symmetrie, siehe S. 128). Diese Fälle erschöpfen alle Möglichkeiten. Im Gegensatz zu den unendlich vielen regulären Polygonen in der Ebene gibt es also nur fünf regelmäßige Körper im Raum.

8. Der Begriff der Gruppe

Eine *Gruppe* ist eine beliebige Ansammlung von Objekten oder „Elementen", die die folgenden vier Bedingungen erfüllen (dabei ist es völlig unerheblich, welcher Art die Objekte sind):

1. Zwischen zwei beliebigen Elementen der Gruppe ist eine Verknüpfung definiert derart, daß das Ergebnis der Verknüpfung wieder ein Element der Gruppe ist. Mangels eines besseren Namens wird diese Verknüpfung häufig *Multiplikation* genannt (obwohl die Gruppenelemente nicht unbedingt Zahlen sein müssen und die Gruppen-„Multiplikation" auch nicht unbedingt eine Multiplikation darstellt). Das Ergebnis einer solchen „Multiplikation" zweier Elemente a und b ist das Produkt ab. Da ab stets ein Element der Gruppe sein muß, sagt man, die Elemente der Gruppe sind bezüglich der Multiplikation *abgeschlossen*.

2. Unter den Gruppenelementen gibt es ein sogenanntes *Einselement*, bezeichnet mit e, für das gilt: $ae = a$, für alle Elemente a der Gruppe. Die Verknüpfung des Einselements mit irgendeinem anderen Gruppenelement führt dieses also in sich selbst über.

3. Zu jedem Gruppenelement a gibt es ein Element b, für das gilt: $ab = e$; b ist das sogenannte Inverse zu a.

4. Für alle Elemente der Gruppe gilt das *Assoziativgesetz*. Das heißt, wenn a, b und c Gruppenelemente sind, so gilt: $a(bc) = (ab)c$. Die Reihenfolge der Zusammenfassung der Gruppenelemente spielt also keine Rolle.

Man beachte, daß das Kommutativgesetz nicht zu den erforderlichen Gruppenpostulaten gehört; es ist also durchaus möglich, daß gilt $ab \neq ba$.

Es folgen einige Beispiele für Gruppen.

1. Die Menge der ganzen Zahlen bildet bezüglich der Addition eine Gruppe. 0 spielt hier die Rolle des Einselements e, und das Inverse einer Zahl ist jeweils durch dieselbe Zahl mit dem umgekehrten Vorzeichen gegeben. (Für jede ganze Zahl a gilt also: $a + 0 = a$ und $a + (-a) = 0$.) Da die Summe zweier ganzer Zahlen wieder eine ganze Zahl ergibt, ist die erste Bedingung (Abgeschlossenheit) erfüllt. Wir wissen ferner, daß die Addition zweier Zahlen assoziativ ist.

2. Die Menge der rationalen Zahlen außer 0 ist bezüglich der Multiplikation eine Gruppe. Das Einselement ist hier $e = 1$, und das Inverse einer Zahl a ist ihr Kehrwert $1/a$. Wie wir aus den Eigenschaften der rationalen Zahlen wissen, sind auch die Bedingungen der Abgeschlossenheit und der Assoziativität hier erfüllt.

3. Die Menge der Zahlen $\{1, -1, i, -i\}$, wobei $i^2 = -1$, ist bezüglich der Multiplikation eine Gruppe. Dies ist nun ein Beispiel einer *endlichen* Gruppe, während die vorigen Beispiele Gruppen mit un-

endlich vielen Elementen darstellten. Man beachte, daß auch die Untermenge {1, —1} bezüglich der Multiplikation eine Gruppe bildet, da alle vier Bedingungen erfüllt sind. (Dies gilt nicht für die Menge {*i*, —*i*}, da diese Menge bezüglich der Multiplikation nicht abgeschlossen ist; so ist zum Beispiel $i \cdot i = -1$. Darüber hinaus besitzt diese Gruppe kein Einselement.) Die Menge {1, —1} ist also eine *Untergruppe* der größeren Gruppe. Die „Multiplikationstabelle" für die gesamte Gruppe sieht folgendermaßen aus:

	1	− 1	*i*	− *i*
1	1	− 1	*i*	− *i*
− 1	− 1	1	− *i*	*i*
i	*i*	− *i*	− 1	1
− *i*	− *i*	*i*	1	− 1

4. Ein Beispiel für eine *abstrakte* Gruppe — das heißt für eine Gruppe, deren Elemente keine Zahlen sind — ist die Menge aller Vektoren in der Ebene. Ein *Vektor* ist eine gerichtete Größe; er wird in der Regel durch einen Pfeil oder eine gerichtete Strecke dargestellt und mit fettgedruckten Buchstaben bezeichnet, wobei der erste Buchstabe den Anfangspunkt des Vektors und der zweite Buchstabe den Endpunkt angibt. (Beispiele für Vektoren sind Translationen, Geschwindigkeiten oder Kräfte.) Die Gruppenoperation ist hier die Vektoraddition, die entsprechend der bekannten „Dreiecksregel" durchgeführt wird: Um die Vektoren **AB** und **CD** zu addieren (Abb. A8.1), verschieben wir zunächst **CD** parallel zu sich selbst, bis der

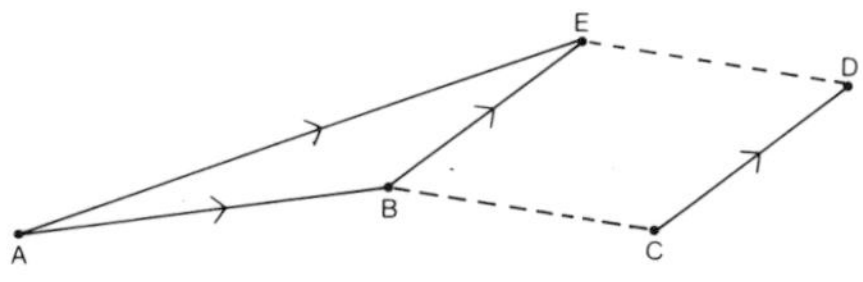

Abb. A8.1: Die Vektoraddition.

Anfangspunkt *C* mit dem Endpunkt *B* des Vektors **AB** zusammenfällt. (Bitte beachten Sie, daß die Vektoren **CD** und **BE** gleich sind; sowohl ihr Betrag als auch ihre Richtung sind identisch.) Die Summe **AB** + **BE** erhält man nun, indem man den Anfangspunkt *A* des Vektors **AB** mit dem Endpunkt *E* des Vektors **BE** verbindet; auf diese Weise entsteht ein neuer Vektor **AE**. Der Nullvektor ist jeder Vektor der Form **AA**, das heißt er ist ein Punkt. Das Inverse des Vektors **AB** ist der „Gegenvektor" **BA** — der den gleichen Betrag besitzt, jedoch entgegengesetzt gerichtet ist. (Es gilt nun **AB** + **BA** = **AA**, womit die Bedingung Nr. 3 erfüllt ist.) Schließlich ist zu beweisen, daß die

Bedingung der Assoziativität erfüllt ist: **AB** + (**BC** + **CD**) = (**AB** + **BC**) + **CD**. Und in der Tat kann man zeigen, daß die linke Seite dieser Gleichung in Übereinstimmung mit der Dreiecksregel gleichbedeutend ist mit **AB** + **BD**, was **AD** ergibt, während die rechte Seite gleich **AC** + **CD** ist, was wiederum **AD** ergibt, womit die Bedingung der Assoziativität bewiesen ist.

Da die Translationen Vektoren sind, bildet die Menge aller Translationen in der Ebene eine Gruppe. Genau auf diese Gruppe wurde in Kapitel 20 Bezug genommen, als die Symmetrieelemente einer Figur erläutert wurden.

Es kann nun auch gezeigt werden, daß die Menge der sechs Symmetrieoperationen am gleichseitigen Dreieck (siehe S. 187) eine Gruppe bildet. Die Gruppenoperation ist hier die *Kombination* zweier Symmetrieoperationen bzw. ihre aufeinanderfolgende Anwendung. (Dies ist ein Beispiel für eine nicht-kommutative Gruppe.)[5]

Abschließend möchte ich noch kurz auf die Kombination zweier Spiegelungen eingehen. Wenn wir zwei Spiegelungen an parallelen Spiegeln kombinieren, erhalten wir eine *Translation* über eine Entfernung, die dem doppelten Abstand der Spiegel voneinander entspricht (Abb. A8.2). Dies ist ein Phänomen, das uns aus dem Friseursalon wohl vertraut ist: Dort sehen wir unser Gesicht in jedem zweiten Spiegelbild. Kombiniert man zwei Spiegelungen an einem Paar gewinkelter Spiegel (wie im Kaleidoskop), so erhält man eine Drehung um einen Winkel, der doppelt so groß ist wie der Winkel zwischen den geneigten Spiegeln. Drehpunkt ist der Schnittpunkt zwischen den beiden Spiegeln (Abb. A8.3). Man kann dies sehen, wenn

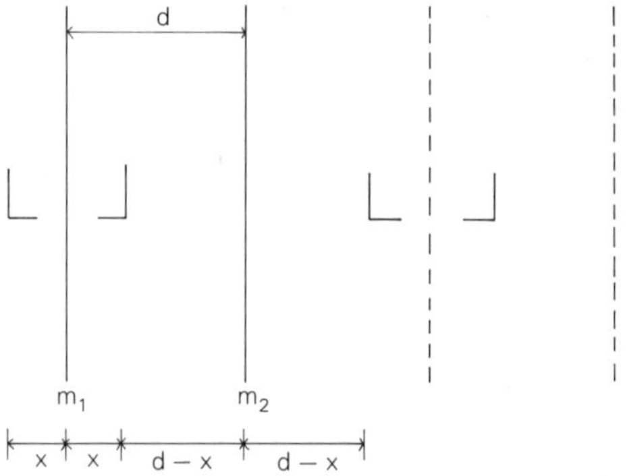

Abb. A8.2: Zwei Reflexionen an parallelen Spiegeln führen zu einer Translation über zwei Spiegel hinweg, wobei die Entfernung der Spiegelbilder dem doppelten Abstand der Spiegel voneinander entspricht. (Es gilt: $x + x + (d - x) + (d - x) = 2d$).

5 Einzelheiten finden sich in W. W. Sawyer: *Prelude to Mathematics*, Harmondsworth, 1966.

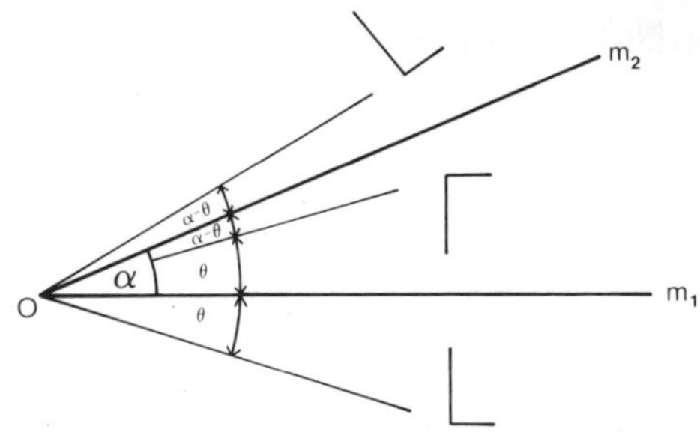

Abb. A8.3: Zwei Reflexionen an zueinander geneigten Spiegeln führen zu einer Drehung um einen Winkel, der doppelt so groß ist wie der Winkel zwischen den geneigten Spiegeln. (Es gilt: $\theta + \theta + (\alpha - \theta) + (\alpha - \theta) = 2\alpha$).

man zwischen zwei Spiegeln steht, die einen rechten Winkel bilden: Wir sehen dann unser Spiegelbild in jedem der Spiegel, schauen wir jedoch in Richtung ihrer Schnittlinie, sehen wir uns so, wie uns jemand anders sehen würde — wir sehen also unser wahres Bild, gedreht um 180°. Diese beiden Ergebnisse sind von Bedeutung für die Tatsache, daß die Anzahl der möglichen Symmetriegruppen (sowohl entlang einer Achse als auch in der Ebene) endlich ist.

9. Cantors Beweis, daß die Potenzmenge mehr Elemente besitzt als die sie erzeugende Menge

In der folgenden Diskussion werden wir die Terminologie der modernen Mengenlehre verwenden: Die Anzahl der Elemente einer Menge, ob endlich oder unendlich, wird durch die *Kardinalzahl* angegeben (ursprünglich hatte Cantor den Begriff der *Mächtigkeit* verwendet). Die Menge aller Teilmengen einer gegebenen Menge ist ihre *Potenzmenge.*

Gegeben sei die Menge *S* und ihre Potenzmenge *S*'. Wir wollen nun zeigen, daß *S*' stets mehr Elemente besitzt als *S;* das heißt also, daß *S*' eine größere Kardinalzahl besitzt als *S*.

Für eine endliche Menge läßt sich dies mit Hilfe der vollständigen Induktion ganz einfach beweisen. Wenn *S n* Elemente hat, dann hat *S*' 2^n Elemente. Für alle $n > 1, 2, 3, \ldots$ gilt: $2^n > n$, womit wir unsere Behauptung bewiesen haben.

Für *unendliche* Mengen ist dieser Beweis jedoch bedeutungslos, da der Ausdruck 2^n für $n = \infty$ nicht definiert ist. Cantor mußte seinen Beweis also völlig auf den Begriff der *eineindeutigen Zuordnung* gründen: Er zeigte, daß eine solche Beziehung zwischen *S* und *S*' *nicht* hergestellt werden kann. Sein Beweis ist naturgemäß sehr abstrakt, da die Regeln der gewöhnlichen (das heißt, der endlichen) Algebra hier nicht angewendet werden können.

Nehmen wir an, eine solche 1:1 Entsprechung *existiert* tatsächlich. Dies würde bedeuten, daß jedem Element *s* der Menge *S* genau ein Element *s'* der Menge *S'* zugeordnet werden kann, und umgekehrt. Symbolisch ausgedrückt, heißt das: $s \longleftrightarrow s'$. Das Element *s*, dessen „Abbild" *s'* ist, wird das „erzeugende Element" von *s'* genannt. (Da es sich hier jedoch um eine 1:1-Entsprechung handelt, können die Worte „erzeugendes Element" und „Abbild" natürlich überall vertauscht werden.) Wichtig ist in diesem Zusammenhang, daß die Zuordnungsregel ganz willkürlich gewählt werden kann, solange die Bedingung der 1:1-Entsprechung erfüllt ist. Um dies zu verdeutlichen, nehmen wir folgendes Beispiel an: $S = \{a, b, c\}$. Die Menge aller Teilmengen von *S* ist dann: $S' = \{\{a\}, \{b\}, \{c\}, \{a, b\}, \{a, c\}, \{b, c\}, \{a, b, c\}, \{\ \}\}$. (*S'* enthält sowohl die Menge *S* selbst als auch die leere Menge $\{\ \}$.) Unsere Zuordnung sei: $a \rightarrow \{a, b\}$, $b \rightarrow \{b, c\}$, $c \rightarrow \{a\}$. (Da wir wissen, daß *S* und *S'* nicht eindeutig umkehrbar aufeinander abgebildet werden können, haben wir das Symbol $\rightarrow$ statt $\longleftrightarrow$ gewählt.)

Die Elemente von *S'* können nun in zwei Klassen unterteilt werden: jene Elemente (bzw. Teilmengen von *S*), die ihre erzeugenden Elemente enthalten, und jene, für die dies nicht gilt. In unserem obigen Beispiel fallen die beiden Teilmengen $\{a, b\}$ und $\{b, c\}$ in die erste Gruppe, da entsprechend unserer Zuordnungsregel *a* die erste Menge erzeugt und *b* die zweite. Die Teilmenge $\{a\}$ gehört jedoch der zweiten Gruppe an, da ihr erzeugendes Element *c* nicht in ihr enthalten ist.

Wir bilden nun eine neue Menge *T*, die all jene Elemente von *S* enthält, deren Abbilder der zweiten Klasse von Teilmengen angehören, das heißt, wir bilden die Menge jener Elemente von *S*, die *nicht* in ihren Abbildern enthalten sind. Da *T* aus Elementen von *S* besteht, ist *T* eine Teilmenge von *S* und folglich ein Element von *S'*. Da es nun eine 1:1-Entsprechung zwischen *S* und *S'* gibt, muß *T* ein erzeugendes Element in *S* haben. Dieser Generator sei s^*.

Es stellt sich nun die Frage, ob s^* in *T* enthalten ist. Wenn es so wäre, würde dies der Definition von *T* widersprechen, als der Menge jener Elemente von *S* nämlich, die *nicht* in ihren Abbildern enthalten sind. s^* ist folglich nicht Element von *T*. Dies widerspricht jedoch wiederum der Definition von *T*, derzufolge *T* die Menge *all* jener Elemente von *S* ist, die nicht in ihren Abbildern enthalten sind. s^* kann aber offensichtlich nicht gleichzeitig Element und doch nicht Element von *T* sein. Die Annahme, daß es eine 1:1-Entsprechung zwischen *S* und *S'* gibt, ist demnach falsch.

Auf diese Weise wurde also bewiesen, daß eine Menge *S* und ihre Potenzmenge *S'* verschiedene Kardinalzahlen besitzen müssen. Um nun herauszufinden, welche Menge die größere Kardinalzahl hat, stellen wir folgende Überlegungen an: Mit Hilfe der trivialen Zuordnungsregel $s \rightarrow \{s\}$ kann jedem Element *s* von *S* ein Element von *S'* zugeordnet werden. Jedes Element von *S* besitzt also ein Abbild in *S'*, während umgekehrt nicht jedes Element von *S'* über ein erzeugendes Element in *S* verfügt. *S'* weist also mehr Elemente auf als *S*: Die Kardinalzahl einer Menge ist folglich stets kleiner als die Kardinalzahl ihrer Potenzmenge.

10. Jüngere Entwicklungen in der Mengentheorie

Es folgt ein kurzer Überblick über die Entwicklungen in der Mengenlehre seit Cantors bahnbrechenden Arbeiten in den achtziger Jahren des vergangenen Jahrhunderts. Ausführlichere Darstellungen findet der interessierte Leser in der umfangreichen Literatur zu diesem Gebiet.[6]

Die erste dieser Entwicklungen leitete Cantor selbst ein. Im Jahr 1891 beschäftigte er sich mit dem Gedanken, die Mengenlehre auf die größte denkbare Menge überhaupt anzuwenden, die *Menge aller Mengen*. Dies hätte nur die logische Erweiterung seiner früheren Arbeiten dargestellt, doch stieß er sofort auf Schwierigkeiten: Welche Kardinalzahl müßte diese Menge haben? Offensichtlich müßte sie größer sein als alle denkbaren Kardinalzahlen. Andererseits hatte Cantor ja früher bewiesen, daß zu jeder beliebigen Menge eine Menge mit einer größeren Kardinalzahl erzeugt werden kann, indem man die Menge ihrer Teilmengen bildet. Die Menge aller Mengen kann also *nicht* die größte denkbare Kardinalzahl haben. Dies stellte nur die erste in einer ganzen Reihe von Paradoxien oder *Antinomien* dar, die direkt aus der Definition des Mengenbegriffs hervorgingen.

Im Jahr 1902 entwickelte der britische Mathematiker und Philosoph Bertrand Russell (1872—1970) eine andere Paradoxie. Zu den zahlreichen verschiedenen Mengen, die man sich vorstellen kann, gehören auch solche mit der merkwürdigen Eigenschaft, daß sie sich selbst als Element besitzen. Es sei zum Beispiel *S die Menge aller Objekte, die sich mit genau dreizehn deutschen Wörtern beschreiben lassen.* Da die Menge *S* selbst genau dreizehn Wörter zu ihrer Beschreibung benötigt, ist sie ein Element von sich selbst. Betrachten wir nun die Menge *R* aller Mengen, die sich *nicht* selbst enthalten. Enthält *R* sich selbst? Wenn dies der Fall wäre, widerspräche dies der Definition von *R*. Wenn dies nicht der Fall wäre, dann müßte *R* sich selbst enthalten,

6 Siehe zum Beispiel den Artikel „Non-Cantorian Set Theory" von Paul J. Cohen und Reuben Hersh, *Scientific American*, Dezember 1967. Einen hervorragenden Überblick über die Entwicklung der Mathematik im 19. und 20. Jahrhundert bietet auch das Buch *Mathematics: The Loss of Certainty* von Morris Kline, New York 1980.

denn R ist definiert als die Menge *aller* Mengen, die sich nicht selbst enthalten. R muß also gleichzeitig Element und nicht Element von sich selbst sein, was offensichtlich unmöglich ist. Im Jahr 1918 lieferte Russell eine etwas anschaulichere Version dieser Paradoxie: In einem kleinen Ort, wo es nur einen Dorfbarbier gab, warb dieser vor seiner Tür mit der Aufschrift: „Ich rasiere alle Leute im Dorf, die sich nicht selbst rasieren." Und in kleinerer Schrift war hinzugefügt: „Dieses Angebot gilt nicht für jene, die sich selbst rasieren." Zu seiner Bestürzung entdeckte der Barbier eines Tages, daß er sein Versprechen gar nicht erfüllen konnte, denn wer sollte ihn rasieren? Wenn er sich selbst rasierte, würde er damit seiner eigenen Aussagen widersprechen, nur solche Leute zu rasieren, die sich nicht selbst rasierten. Wenn er sich dagegen nicht selbst rasierte, würde dies ebenfalls seiner Aussage widersprechen, da er sich gemäß seinem Angebot selbst rasieren *mußte*!

Eine Vielzahl ähnlicher Paradoxien ist seitdem entdeckt worden. „Ich bin ein Lügner!" ist vielleicht das Geständnis eines Menschen in einem Moment der Schwäche. Sagt er jedoch die Wahrheit? Wenn es die Wahrheit ist, dann war sein Geständnis eine Lüge, was jedoch bedeutet, daß er kein Lügner ist. Wenn er jedoch kein Lügner ist, dann ist sein Geständnis wahr, und er *ist wirklich* ein Lügner. Ein anderes Beispiel sind die folgenden zwei Aussagen:

Der folgende Satz ist falsch.
Der vorangegangene Satz ist wahr.

Jeder Satz ist für sich genommen eine gültige Aussage; zusammengenommen bilden sie jedoch einen widersprüchlichen Circulus vitiosus, eine Art logischer Entsprechung zu Eschers unmöglichen graphischen Schleifen.[7]

Paradoxien wie diese veranlaßten verschiedene Mathematiker, die Grundlagen der Mengenlehre zu überdenken. Es verbreitete sich zunehmend das Gefühl, daß die Mengenlehre — so erfolgreich sie auch bei der Beschreibung unendlicher Mengen war — nicht auf Cantors intuitiver Definition einer Menge gegründet werden könnte, einer Definition, derzufolge eine Menge „eine Zusammenfassung von bestimmten, wohlunterschiedenen Objekten m unserer Anschauung und unseres Denkens zu einem Ganzen M" ist. Wie Russell zeigte, kann diese Definition insbesondere dann zu Schwierigkeiten führen, wenn sie unkritisch auch auf Mengen wie die Menge aller Mengen übertragen wird. Er schlug vor, daß bei der Definition einer beliebi-

7 In diesen Zusammenhang gehört auch die Aussage: „Zu jeder Regel gibt es eine Ausnahme." Wenn dies wahr wäre, dann müßte auch diese Aussage eine Ausnahme haben; das heißt, es muß einige Regeln geben, die *keine* Ausnahmen haben. Dann ist jedoch die Aussage falsch! Der Satz ist also in sich selbst widersprüchlich.

gen Menge von Objekten die Menge selbst nicht Teil der Definition sein sollte: das, was alle Elemente einer Menge umfasse, dürfe nicht selbst Teil dieser Menge sein. Ein großer Teil der oben erwähnten Paradoxien kann so vermieden werden.

Doch auch diese Einschränkung konnte die Mengenlehre nicht vollständig von derartigen logischen Fallen befreien. In dem Bemühen, die Mengenlehre auf eine solide, unerschütterliche Grundlage zu stellen, entwickelte der deutsche Mathematiker Ernst Zermelo (1871—1953) im Jahr 1908 ein aus neun Axiomen bestehendes System, in dem der Begriff der Menge definiert und Regeln für den Umgang mit Mengen aufgestellt wurden. Das System gleicht in gewisser Weise dem Euklidischen Axiomensystem, in dem die grundlegenden Begriffe der Geometrie definiert und Regeln für ihren Gebrauch festgelegt wurden. Insbesondere definieren die neun Axiome die grundlegenden Beziehungen zwischen zwei Mengen (Gleichheit, Vereinigung und Teilmenge) und gewährleisten die Existenz der leeren Menge, die Existenz von unendlichen Mengen und die Existenz der Potenzmengen einer Menge. Im Jahr 1922 verbesserte Abraham A. Fränkel (1891—1965)[8] Zermelos Axiomensystem, das seitdem als das Zermelo-Fränkelsche (ZF) System bekannt ist und die Ausgangsbasis für den größten Teil der Forschung auf dem Gebiet der Mengenlehre darstellt.

Eine Sonderstellung unter den ZF-Axiomen nimmt das sogenannte *Auswahlaxiom* ein, das erhebliche Kontroversen auslöste. Dieses berühmte Axiom besagt folgendes: *Wenn S eine (endliche oder unendliche) Menge nicht-leerer Mengen ist, und wenn keine zwei Mengen in S ein gemeinsames Element haben, dann ist es möglich, eine neue Menge zu bilden, die „Auswahlmenge", die aus genau einem Element jeder der Mengen in S besteht.*

Für endliche Mengen ist dieses Axiom ganz einleuchtend: Wir brauchen nur jeweils ein Element aus jeder der Mengen in *S* herauszugreifen, und schon erhalten wir die Auswahlmenge. Im Zusammenhang mit *unendlichen* Mengen stellt sich jedoch die Frage, wie man überhaupt eine Auswahl treffen kann? Diese Frage mag zwar trivial erscheinen, doch hat die Erfahrung gezeigt, daß im Umgang mit unendlichen Mengen nichts als selbstverständlich angenommen werden kann. Wir haben ja bereits erlebt, daß eine andere, ebenfalls einleuchtend erscheinende Aussage aufgrund ihrer subtilen Einbezie-

8 Abraham (oder in der hebräischen Version, Avraham Halevi) Fränkel war 1956 mein Lehrer an der Hebrew University of Jerusalem. Seine überragenden Mathematikvorlesungen, in die er zahlreiche Anekdoten einfließen ließ, machten ihn bei Studenten und Kollegen gleichermaßen zu einer legendären Figur. Ich freue mich, daß ich ihm in diesem Buch meine Hochachtung aussprechen kann.

hung des Unendlichen die Mathematiker zwang, ihre grundlegendsten Annahmen in Zweifel zu ziehen. Diese Aussage war das Fünfte Euklidische Axiom, das berühmte Parallelenpostulat. In der Mengenlehre hat das Auswahlaxiom eine entsprechende Stellung eingenommen. Viele Mathematiker hatten den Eindruck, daß das Auswahlaxiom nicht ebenso selbstverständlich sei wie beispielsweise das erste der ZF-Axiome, das die Gleichheit zweier Mengen definiert („Zwei Mengen sind gleich dann und nur dann, wenn sie die gleichen Elemente enthalten.").

Das Auswahlaxiom ist so bedeutsam, weil die Beweise zahlreicher Theoreme der Mengenlehre von seiner Anerkennung abhängen, ebenso wie viele Theoreme der euklidischen Geometrie auf der Annahme des fünften Postulats beruhen (so etwa der Satz, daß die Summe der Innenwinkel in einem Dreieck 180° beträgt). Aus diesem Grund widerstrebte es den Mathematikern, das Axiom einfach abzuschaffen. Anstatt darauf zu verzichten, versuchten sie zunächst, es aus den anderen ZF-Axiomen zu beweisen. Diese Bemühungen blieben jedoch vergeblich. Im Jahr 1938 bewies der österreichisch-amerikanische Mathematiker Kurt Gödel (1906—1978), daß das Auswahlaxiom konsistent mit den anderen ZF-Axiomen ist, das heißt, daß es nicht durch sie widerlegt werden kann. Im Jahr 1963 zeigte dann schließlich Paul Cohen (geb. 1934), daß das Auswahlaxiom durch die anderen ZF-Axiome weder widerlegt noch bewiesen werden kann. Das Axiom ist mit anderen Worten unabhängig von den restlichen Axiomen der Mengenlehre. Dies wurde von Gödel und Cohen auch für die Kontinuumshypothese gezeigt (Cantors Vermutung, daß es keine transfinite Kardinalzahl zwischen $\aleph_0$ und C gibt, siehe S. 87). Das berühmte Problem, mit dem Hilbert die Mathematiker in seiner historischen Ansprache aus dem Jahr 1900 herausgefordert hatte, war damit schließlich gelöst worden, jedoch auf eine Art, die weder er noch seine Zeitgenossen hatten voraussehen können.

So hatte der Begriff des Unendlichen also zum zweiten Mal die Entwicklung der Mathematik verändert. Die Erkenntnis, daß das fünfte Axiom unabhängig von den anderen euklidischen Axiomen ist, bedeutete, daß es durch andere, nicht-äquivalente Axiome ersetzt werden konnte. Dies führte zur Entstehung *verschiedener* nicht-euklidischer Geometrien. Analog dazu führte die Entdeckung, daß das Auswahlaxiom logisch unabhängig von den anderen ZF-Axiomen ist, zur Entstehung verschiedener *nicht-Cantorscher* Mengenlehren. Die Analogie der beiden Entwicklungen geht sogar noch weiter, denn ebenso wie die Mathematiker im 19. Jahrhundert geometrische Modelle verwendeten, in denen sie das Parallelenaxiom durch andere Postulate ersetzten, benutzten Gödel und Cohen in ihren Beweisen „Modelle" verschiedener Mengenlehren, in denen sie das Auswahlaxiom durch verschiedene alternative Axiome ersetzten. Diese Modelle sind in Wirklichkeit neue *Interpretationen* bekannter Strukturen, in denen die neuen Axiome gelten (die euklidische Kugel wird zum Beispiel als nicht-euklidische Ebene interpretiert).

Naturgemäß sind die in der nicht-Cantorschen Mengenlehre verwendeten Modelle wesentlich abstrakter als ihre nicht-euklidischen Entsprechungen, und man kann sie sich nicht leicht veranschaulichen. Ihre Wirkung war jedoch in beiden Fällen die gleiche: Sie verdeutlichten die *relative* Natur der Mathematik. Seit Thales und Pythagoras hatte die Mathematik als die Wissenschaft absoluter, unfehlbarer Wahrheit gegolten; ihre Aussagen wurden als vorbildlich für alle anderen Wissenschaften angesehen; ihren Ergebnissen vertraute man vorbehaltlos. Einer uralten Redensart zufolge ist eine Antwort in der Mathematik entweder richtig oder falsch. Dies zeigt die hohe Wertschätzung, die Laien ebenso wie Fachleute dieser Wissenschaft entgegenbrachten. Im 19. Jahrhundert setzte man diesem Mythos jedoch ein Ende. Wie Gauß, Lobatschewski und Bolyai zeigten, gibt es verschiedene Geometrien, die von einem logischen Standpunkt betrachtet alle gleichermaßen „wahr" sind. Für welche dieser Geometrien wir uns entscheiden, hängt einzig und allein von den Voraussetzungen (Axiomen) ab, die wir zugrunde legen. In unserem Jahrhundert zeigten Gödel und Cohen, daß dies auch für die Mengenlehre gilt. Die Bedeutung dieser Entdeckung geht jedoch weit über die Mengenlehre hinaus. Da die meisten Mathematiker darin übereinstimmen, daß die Mengenlehre das Fundament ist, auf der das gesamte Gebäude der Mathematik errichtet werden sollte, kommt diese Entdeckung der Erkenntnis gleich, daß es nicht nur *die* Mathematik, sondern viele verschiedene mathematische Systeme gibt.[9]

Werden diese abstrakten Entwicklungen jemals eine „praktische" Anwendung in der realen Welt finden? Natürlich läßt sich diese Frage nicht mit letzter Sicherheit beantworten, betrachtet man jedoch die Vergangenheit, so scheint dies durchaus möglich. Die Geschichte

9 Zehn Jahre bevor Gödel seine Arbeit über das Auswahlaxiom veröffentlichte, gelang in der Physik eine Entdeckung von ähnlicher Tragweite. Im Jahr 1927 formulierte Werner Heisenberg (1901—1976) seine berühmte Unschärferelation, derzufolge es unmöglich ist, gleichzeitig Ort und Impuls (das heißt Geschwindigkeit) eines Teilchens genau zu bestimmen. Dieser Zustand ist nicht auf ungenaue Meßinstrumente zurückzuführen, sondern ist vielmehr die Folge des Welle-Teilchen-Dualismus, der es ermöglicht, Materie entweder als Welle oder als Teilchen zu beschreiben. Die klassische Vorstellung, daß Größen wie Ort, Geschwindigkeit oder Beschleunigung, zumindest theoretisch, mit beliebiger Genauigkeit bestimmt werden könnten, mußte damit endgültig aufgegeben werden. Diese Entdeckung markierte also das Ende des Determinismus in der Physik, ebenso wie Gödels Theorem das Ende des Determinismus in der Mathematik bedeutete.

der Mathematik ist überaus reich an Entdeckungen, die zunächst völlig abstrakt schienen, die jedoch später größte Bedeutung in anderen Wissenschaften erlangten. Ein Beispiel dafür ist die Schaffung der nichteuklidischen Geometrie, die zuerst nur als ein rein theoretisches Konstrukt anerkannt wurde, die jedoch später in der allgemeinen Relativitätstheorie von großem Nutzen war. Ein anderes, sehr eindrucksvolles Beispiel liefert die Gruppentheorie, jener Zweig der Algebra, der noch vor einem Jahrhundert als die abstrakteste mathematische Schöpfung überhaupt angesehen wurde und heute ein unentbehrliches Werkzeug in fast jedem Bereich der Physik ist. Diese Beispiele machen deutlich, daß die Entwicklung der Mathematik, und der Wissenschaft im allgemeinen, völlig unvorhersehbar ist. Die Möglichkeit, daß irgendein unbekannter Teilbereich plötzlich zur vordersten Front der Wissenschaft avanciert, ist nie von der Hand zu weisen. Wie der Physiker Niels Bohr (1885—1962) einmal sagte: „Es ist sehr schwierig, Voraussagen zu treffen — vor allem über die Zukunft."

Bibliographie

Die folgende Bibliographie ist zwangsläufig unvollständig. Besonders im Bereich der Kosmologie sind in den letzten Jahren so viele Bücher über Vergangenheit und Zukunft des Universums erschienen, daß es nahezu unmöglich ist, sie alle aufzuführen.

Teil I

1. Petr Beckmann: *A History of Pi*, Colorado 1977. Ein faszinierendes Buch nicht nur über die Geschichte des π, sondern über die Geschichte der Mathematik als Teil unserer Kultur.
2. Bernhard Bolzano: *Paradoxien des Unendlichen*, Frankfurt 1975 (Ursprünglich herausgegeben aus dem schriftlichen Nachlaß des Verfassers von Dr. Fr. Prihonsky, Leipzig 1851). Ein kleines Büchlein von beträchtlicher historischer Bedeutung, da es dreißig Jahre vor Cantor einige seiner Gedanken vorwegnimmt.
3. Carl B. Boyer: *A History of Mathematics*, New York 1968. Eine höchst lesenswerte Geschichte der Mathematik von den frühen Anfängen in Babylonien und Ägypten bis ins zwanzigste Jahrhundert.
4. Carl B. Boyer: *The History of Calculus and Its Conceptual Development*, New York 1959. Diese Arbeit beschäftigt sich unter anderem eingehend mit der Entwicklung der Begriffe „Grenzwert" und „Stetigkeit".
5. Stephen I. Brown: *Some Prime Comparisons*, Virginia 1978. Dieses Buch diskutiert die Bestimmbarkeit und die Verteilung der Primzahlen. High School- bis College-Niveau.
6. Bryan H. Bunch: *Mathematical Fallacies and Paradoxes*, New York 1982. Die Kapitel 2 und 8 behandeln verschiedene Paradoxien des Unendlichen. High School- bis College-Niveau.
7. David M. Burton: *The History of Mathematics: An Introduction*, Boston 1985. Dieses Lehrbuch ist vergleichbar mit jenen von Boyer und Eves. Kapitel 12 beschäftigt sich mit Cantor und der modernen Mengenlehre.
8. Ronald Calinger: *Classics of Mathematics*, Oak Park, Illinois 1982. Über hundert Kurzbiographien bedeutender Mathematiker und Auszüge aus ihren Werken.
9. Georg Cantor: *Beiträge zur Begründung der transfiniten Mengenlehre*, in: *Mathematische Annalen* 46 (1895), S. 481—512 und 49 (1897), S. 207—246. Cantors revolutionäre Ideen zum Unendlichen in seinen eigenen Worten. Abgesehen von der Einleitung ist die Darstellung jedoch sehr technisch.
10. Richard Courant und Herbert Robbins: *Was ist Mathematik*, Berlin, Heidelberg 1973. Eine elementare Einführung in die höhere Mathematik. Ausführliche Beschäftigung mit Fragen der Arithmetik, Algebra, Geometrie und der Infinitesimalrechnung, wobei oft Fragen des Unendlichen berücksichtigt werden.
11. Tobias Dantzig: *Number: The Language of Science*, New York 1954. Eine Kulturgeschichte der Zahlen und des Unendlichen.
12. Joseph Warren Dauben: *Georg Cantor: His Mathematics and Philosophy of the Infinite*, Cambridge, Massachusetts 1979. Eine Biographie des Begründers der modernen Mengenlehre.
13. Philip J. Davis: *The Lore of Large Numbers*, The Mathematical Association of America, Washington, D.C. 1961. Die Arithmetik sehr großer Zahlen. College-Niveau.

14. Philip J. Davis und Reuben Hersh: *Erfahrung Mathematik*, Basel 1985. Ein einführendes Werk, das zahlreiche Aspekte der Mathematik abdeckt, darunter nichteuklidische Geometrien, Primzahlen, das Unendliche und vieles mehr.
15. Clayton W. Dodge: *Numbers & Mathematics*, Boston 1975. Eine technische Abhandlung über Zahlen, unter besonderer Berücksichtigung des historischen Hintergrunds. Kapitel 13 diskutiert die moderne Mengenlehre. College-Niveau.
16. Howard Eves: *An Introduction to the History of Mathematics*, New York 1976. Ein exzellentes Lehrbuch über die Geschichte der Mathematik mit einer Vielzahl interessanter Aufgaben und ihren Lösungen.
17. Howard Eves und Carroll V. Newsom: *An Introduction to the Foundation and Fundamental Concepts of Mathematics*, New York 1965. Eine Diskussion der Grundlagen der Mathematik auf College-Niveau. Behandelt werden unter anderem Euklids *Elemente*, nicht-euklidische Geometrien, Mengenlehre und Logik.
18. George Gamow: *Eins, zwei, drei ... Unendlichkeit*, München 1958. Eine populärwissenschaftliche Abhandlung über Zahlen und Unendlichkeit.
19. Donald W. Hight: *A Concept of Limits*, New York 1977. Eine Diskussion des Grenzwertbegriffs auf College-Niveau.
20. L.B.J. Jolley: *Summation of Series*, New York 1961 (erstmals erschienen 1925). Eine umfangreiche, systematische Sammlung von endlichen und unendlichen Reihen. Ein Vergnügen für alle, die von Zahlen fasziniert sind.
21. E. Kamke: *Mengenlehre*, Berlin 1971. Eine Diskussion der modernen Mengenlehre auf Hochschulniveau. Der erste Teil beschäftigt sich mit der Arithmetik des Unendlichen.
22. Edward Kasner und James Newman: *Mathematics and the Imagination*, New York 1958. Diese klassische populärwissenschaftliche Darstellung der Mathematik behandelt das Unendliche und verwandte Themen. Mathematische Vorkenntnisse sind nur in geringem Maß erforderlich.
23. Morris Kline: *Mathematical Thought from Ancient to Modern Times*, New York 1972. Kapitel 20 dieses sehr ausführlichen Werks ist eine Geschichte der unendlichen Reihen.
24. Morris Kline: *Mathematics: The Loss of Certainty*, New York 1980. Eine historische Diskussion der Auswirkungen, die die Entdeckung der Infinitesimalrechnung, der nicht-euklidischen Geometrie und der modernen Mengenlehre auf die Entwicklung der Mathematik gehabt hat.
25. Edna E. Kramer: *The Nature and Growth of Modern Mathematics* (in zwei Bänden), Greenwich, Connecticut 1974. Eine hervorragende Geschichte der modernen Mathematik. Kenntnisse in der Mathematik werden nicht vorausgesetzt.
26. Lillian R. Lieber: *Infinity*, New York 1961. Eine unterhaltsame Darstellung des mathematischen Unendlichen, in Gedichtform geschrieben und mit zahlreichen Anmerkungen und lustigen Anekdoten versehen. Auch elementare Begriffe der Infinitesimalrechnung werden erläutert. High-School bis College-Niveau.
27. Edward A. Maziarz und Thomas Greenwood: *Greek Mathematical Philosophy*, New York 1968. Eine Diskussion der griechischen Vorstellung von Zahlen, Stetigkeit und Unendlichkeit und der Kontroversen, die diese Begriffe auslösten.
28. J.R. Newman: *The World of Mathematics* (vier Bände), New York 1956. Eine Anthologie von mathematischen Schriften. Band 3 enthält Essays von Bertrand Russell und Hans Hahn über das Unendliche.
29. Constance Reid: *A Long Way from Euclid*, New York 1963. Ein populärwissenschaftliches Buch über Zahlen, Geometrie und Unendlichkeit. Richtet sich an Laien und Schüler.
30. Rudy Rucker: *Infinity and the Mind: The Science and Philosophy of the Infinite*, Boston 1982. Eine Diskussion verschiedener mathematischer und philosophischer Aspekte des Unendlichen, wobei besonderes Gewicht auf Fragen der Logik gelegt wird.
31. George F. Simmons: *Calculus with Analytic Geometry*, New York 1985. Dieses Lehrbuch der Differential- und Integralrechnung zeichnet sich durch einen sehr

ausführlichen Anhang aus, in dem zahlreiche unendliche Prozesse erläutert werden, darunter auch viele der in diesem Buch behandelten Formeln. Ein weiterer Anhang enthält biographische Anmerkungen zu vielen Persönlichkeiten, die in der Geschichte der Mathematik eine Rolle gespielt haben. (Hochschul-Niveau.)

32. Ernst Sondheimer und Alan Rogerson: *Numbers and Infinity: A Historical Account of Mathematical Concepts*, Cambridge 1981. Der Titel dieses Taschenbuchs sagt bereits alles — es handelt sich um eine historische Betrachtung von Zahlen, Mengen, dem Unendlichen und verwandten Fragestellungen. College-Niveau.
33. D.J. Struik: *A Source Book in Mathematics, 1200—1800*, Cambridge, MA, 1969. Eine Sammlung von Originalschriften bedeutender Mathematiker.
34. Otto Toeplitz: *Die Entwicklung der Infinitesimalrechnung*, Heidelberg 1949. Ein Lehrbuch der Infinitesimalrechnung unter besonderer Berücksichtigung der historischen Aspekte. Sehr interessant ist das erste Kapitel über das Wesen des unendlichen Prozesses.
35. David Wells: *The Penguin Dictionary of Curious and Interesting Numbers*, Harmondsworth 1986. Es ist ein Vergnügen, in diesem kleinen Taschenbuch herumzublättern; es bietet Hunderte von numerischen Fakten, Vermutungen und Kuriositäten, die nach der Größe der betreffenden Zahlen geordnet sind.
36. Leo Zippin: *Uses of Infinity*, The Mathematical Association of America, Washington, D.C., 1962. Ein Werk über Zahlen und das Unendliche. College-Niveau.

Teil II

1. Lewis Carroll (Charles L. Dodgson): *Euclid and his Modern Rivals*, New York 1973. (Erste Veröffentlichung 1879.) Dieses in der Form eines Theaterstücks geschriebene Buch stellt in humorvoller Weise die im 19. Jahrhundert aktuelle Kontroverse um die nichteuklidischen Geometrien dar. „Hätte jemand anders als Lewis Carroll dieses ungewöhnliche Buch schreiben können? Wahrscheinlich nicht", so heißt es in einer Buchbesprechung im Klappentext.
2. Theodore Andrea Cook: *The Curves of Life*, New York 1979 (erste Auflage 1914). Eine sehr ausführliche Darstellung der logarithmischen Spirale in Kunst und Natur, mit einer Vielzahl von Photographien und Illustrationen.
3. H.S.M. Coxeter: *Unvergängliche Geometrie*, Basel 1981. Eine Einführung in die Geometrie unter dem Aspekt von Symmetrie- und Transformationsgruppen.
4. Euklid: *Die Elemente*, herausgegeben und übersetzt von Clemens Thaer, 7. unveränderte Auflage, Darmstadt 1980. Die *Elemente* gelten neben der Bibel als das am häufigsten übersetzte Werk in der Geschichte.
5. Howard Eves: *A Survey of Geometry*, Boston 1972. Ein Lehrbuch, das sich ausführlich mit der euklidischen, nicht-euklidischen und projektiven Geometrie, Transformationen etc. beschäftigt.
6. Matila Ghyka: *The Geometry of Art and Life*, New York 1977. Ein elementares Werk, das sich mit verschiedenen geometrischen Problemen und ihrem Einfluß auf die Kunst auseinandersetzt. Behandelt werden unter anderem Verhältnisse in Raum und Zeit, der Goldene Schnitt und die regelmäßige Flächen- und Raumaufteilung. Das Buch enthält zahlreiche Photographien und Abbildungen.
7. Patrick Hughes und George Brecht: *Die Scheinwelt des Paradoxons. Eine kommentierte Anthologie in Wort und Bild*, Wiesbaden 1978. Eine Zusammenstellung von amüsanten Paradoxien, die zum Teil auf dem Unendlichen beruhen; keine tiefgehende Analyse.
8. David Hilbert und S. Cohn-Vossen: *Anschauliche Geometrie*, Berlin 1932. Eine elementare — jedoch keineswegs einfache — Darstellung der Geometrie. Aus-

führlich behandelt werden Flächen- und Raumaufteilung, projektive und nichteuklidische Geometrie, Topologie etc.

9. H.E. Huntley: *The Divine Proportion: A Study in Mathematical Beauty*, New York 1970. Erläuterung verschiedener Begriffe der Mathematik (der Goldene Schnitt, die logarithmische Spirale, das Pascalsche Dreieck, Fibonacci-Zahlen) und ihre ästhetische Bedeutung. Zahlreiche Abbildungen.
10. Konrad Knopp: *Elemente der Funktionentheorie*, Berlin 1949. Ein Klassiker der Mathematik. Behandelt werden Themen wie komplexe Zahlen, Inversion am Kreis und die Theorie der Funktionen einer komplexen Veränderlichen. Kapitel 3 untersucht die stereographische Projektion.
11. Benoit B. Mandelbrot: *Die fraktale Geometrie der Natur*, Basel 1987. Eine reich illustrierte Abhandlung über die neue Geometrie der Fraktale (die fraktale Dimension), unter besonderer Berücksichtigung der sogenannten „pathologischen Kurven".
12. Albert E. Meder: *Topics from Inversive Geometry*, Boston 1967. Eine Diskussion der Inversion am Kreis für College-Anfänger. Verwendet werden Methoden der analytischen Geometrie.
13. Bruno Murari: *Discovery of the Circle*, New York 1970. Ein Kunstband über den Kreis in seinen vielfältigen Erscheinungsformen in Kunst und Geometrie. Mit zahlreichen Abbildungen und Photographien. Es gibt auch einen Begleitband, *Discovery of the Square*.
14. Phares G. O'Daffer und Stanley R. Clemens: *Geometry: An Investigative Approach*, Menlo Park, California, 1977. Ein elementares Lehrbuch, das sich ausführlich mit Flächen- und Raumaufteilung, Transformationen und Symmetrie beschäftigt.
15. Dan Pedoe: *Geometry and the Liberal Arts*, New York 1976. Diskutiert den Einfluß verschiedener geometrischer Begriffe auf die bildende Kunst; darunter der Goldene Schnitt, Perspektive und Proportionen.
16. Garth E. Runion: *The Golden Section and Related Curiosa*, Glenview, Illinois, 1972. Eine mathematische Diskussion des Goldenen Schnitts, der logarithmischen Spirale und der Fibonacci-Zahlen. High School- bis College-Niveau.
17. Robert C. Yates: *Curves and Their Properties*, The National Council of Teachers of Mathematics, Reston, Virginia, 1952. Eine Enzyklopädie gewöhnlicher und nicht so gewöhnlicher Kurven. Beschreibung ihrer Eigenschaften und graphische Darstellung. Viele der Kurven hängen mit dem Unendlichen zusammen.

Teil III

1. F.H. Bool, J.R. Kist, J.L. Locher und F. Wierda: *Leben und Werk des M.C. Escher* (Hrsg. J.L. Locher), Eltville 1984. Eine ausführliche Biographie M.C. Eschers mit einem Gesamtverzeichnis seines graphischen Werks. Enthalten ist auch der vollständige Text seiner Abhandlung über regelmäßige Flächenaufteilung. Das Buch enthält hervorragende Reproduktionen aller Drucke Eschers.
2. F.J. Budden: *The Fascination of Groups*, London 1972. Ein rein mathematisches Werk, das aufgrund seiner Thematik trotzdem hier aufgeführt werden soll. Es enthält eine elementare, doch sehr ausführliche Beschreibung der algebraischen Gruppen, ihrer Eigenschaften sowie ihrer Bedeutung für die Analyse der Symmetrie geometrischer Muster. Zahlreiche Beispiele und Aufgaben verdeutlichen die vielfältigen Aspekte der Gruppen.
3. Edwards B. Edwards: *Pattern and Design with Dynamic Symmetry*, New York 1967 (erste Auflage 1932). Dieses kleine Büchlein enthält zahlreiche Zeichnungen, die auf der logarithmischen Spirale beruhen. Diskutiert wird der Begriff der dynamischen Symmetrie sowie ihre Anwendung in der Kunst.
4. Bruno Ernst: *Der Zauberspiegel des M.C. Escher*, Berlin 1986. Dieses Buch, das von einem Mathematiker und engen Freund Eschers geschrieben wurde, stellt

eine hervorragende Einführung in die mathematischen Aspekte von Eschers Werk dar.

5. M.C. Escher: *Art and Science* (Proceedings of the International Congress on M.C. Escher, Rom, Italien, 26.—28. März 1985); hrsg. von H.S. Coxeter, M. Emmer, R. Penrose und M.L. Teuber, Amsterdam 1987 (2. Aufl.). Diese Monographie beschäftigt sich ausführlich mit den Werken Eschers und berücksichtigt dabei besonders die mathematischen Prinzipien, die diesen zugrundeliegen. Vorgestellt werden auch einige neuere Entwicklungen der regelmäßigen Aufteilung (Parkettierung) von Ebenen sowie computererzeugte Graphiken, die auf Eschers Arbeiten aufbauen. Das Werk ist reich, zum Teil farbig, illustriert. Ein Buch, das jeder, der von Escher fasziniert ist, kennen sollte.
6. E.H. Gombrich: *Ornament und Kunst. Schmucktrieb und Ordnungssinn in der Psychologie des dekorativen Schaffens*, Stuttgart 1982. Dieses sehr gründliche Werk befaßt sich mit nahezu allen Aspekten dekorativer Kunst. Es enthält zahlreiche Abbildungen und Photographien.
7. Branko Gruenbaum und G.C. Shepard: *Tilings and Patterns*, New York 1986. Ein Standardwerk über die Flächenaufteilung; erläutert werden auch einige der jüngst entdeckten Ergebnisse der nicht-periodischen Flächenaufteilung.
8. Owen Jones: *Grammatik der Ornamente. Von der verschiedenen Stilarten der Ornamente.* (Faks. der Londoner Ausgabe 1868). Ein Atlas der Ornamente. Dieser Klassiker enthält mehr als 100 Farbtafeln, auf denen eine Vielzahl verschiedener ornamentaler Muster aus dem alten Ägypten bis zum Zeitalter des Barock abgebildet sind.
9. Jochen Jung und J.L. Locher: *Die Welten des M.C. Escher*, München 1971. Enthält zahlreiche, zum Teil farbige Abbildungen von Eschers graphischem Werk sowie verschiedene Artikel über seine Arbeiten, darunter Eschers eigene Abhandlung „Unendlichkeitsannäherungen".
10. Caroline H. MacGillavry: *Fantasy & Symmetry; The Periodic Drawings of M. C. Escher*, New York 1976. Ein graphischer Streifzug durch das Werk Eschers, angeordnet und klassifiziert nach den jeweiligen Symmetrieelementen.
11. Marjorie Hope Nicolson: *Mountain Gloom and Mountain Glory: The Development of the Aesthetics of the Infinite*, New York 1959. Das Buch diskutiert die großen physikalischen und astronomischen Entdeckungen des 17. und 18. Jahrhunderts und ihren Einfluß auf unsere Wahrnehmung von Raum und Zeit. Enthalten sind zahlreiche Gedichte und literarische Kommentare zum Unendlichen.
12. Robert Sietsema: *Design of the Ancient World*, New York 1978. Eine Sammlung graphischer Muster aus verschiedenen alten Kulturen.
13. Peter R. Stevens: *Handbook of Regular Pattern: An Introduction to Symmetry in Two Dimensions*, Cambridge, Massachusetts, 1981. Eine reich illustrierte Enzyklopädie regelmäßiger Muster, die nach ihrer Zugehörigkeit zu den verschiedenen Symmetriegruppen klassifiziert sind.
14. Peter R. Stevens: *Zauber der Formen der Natur*, München 1983.
15. Hermann Weyl: *Symmetrie*, Basel 1981. Das klassische Werk über die mathematischen und ästhetischen Aspekte von Symmetrie mit einer nicht zu technischen Diskussion der Symmetriegruppen. Zahlreiche Abbildungen.

Teil IV

1. Emile Borel: *Zeit und Raum. Von Euklid bis Einstein*, 1931. Ein populärwissenschaftliches, jedoch leicht überholtes Buch über Raum, Zeit, die allgemeine und die spezielle Relativitätstheorie. Besonders interessant ist die Diskussion der Beziehung zwischen physikalischem und mathematischem Raum.
2. Paul Davies: *The Edge of Infinity*, New York 1981. Eine populärwissenschaftli-

che Zusammemfassung neuerer Entwicklungen in der Kosmologie — schwarze Löcher, Singularitäten und der Urknall.

3. Paul Davies: *Am Ende ein neuer Anfang. Die Biographie des Universums*, Berlin 1984.
4. Sir Arthur Eddington: *Dehnt sich das Weltall aus?* Stuttgart 1933. Der Autor, einer der größten Astronomen des frühen 20. Jahrhunderts, behandelt in diesem kleinen Buch in verständlicher Weise die Fluchtbewegung der Galaxien. Natürlich ist die Diskussion längst überholt, doch bietet es eine anregende Lektüre.
5. Timothy Ferris: *Die rote Grenze*, Basel 1982. Ein populärwissenschaftliches Werk über schwarze Löcher, Quasare und das expandierende Weltall sowie faszinierende Porträts der Wissenschaftler, die hinter diesen Entdeckungen stehen.
6. Timothy Ferris: *Galaxien*, Basel 1981. Ein atemberaubendes Photoalbum des Universums, wobei das Hauptaugenmerk auf Galaxien und Galaxienhaufen liegt.
7. Alexander Koyré: *Von der geschlossenen Welt zum unendlichen Universum*, Frankfurt 1980. Die historische Entwicklung der Vorstellung eines unendlichen Universums.
8. Philip Morrison, Phylis Morrison und das Studio von Ray and Charles Eames: *Zehn^{hoch}. Dimensionen zwischen Quarks und Galaxien.* Heidelberg 1984. Eine photographische Reise durch das Universum; die Stationen sind ihrer Größe nach geordnet, von den subatomaren Teilchen zum Weltall.
9. Milton K. Munitz: *Theories of the Universe from Babylonian Myth to Modern Science*, Glencoe, Illinois 1957. Eine Anthologie von Schriften zur Struktur des Kosmos vom Altertum bis heute.
10. Dorothy Wiley Singer: *Giordano Bruno: His Life and Thought*, mit der englischen Übersetzung des Werkes „De l'infinito, universo e mondi". (Deutsch: „Zwiegespräche vom unendlichen All und den Welten", übersetzt von Ludwig Kuhlenbeck, in: Giordano Bruno: Gesammelte Werke, Jena 1904). Eine Biographie des Mannes, der sein Leben opferte, weil er an ein unendliches Universum glaubte.
11. Steven Weinberg: *Die ersten drei Minuten*, München 1977. Ein populärwissenschaftliches und sehr lesenswertes Buch über die Entwicklung des Universums unmittelbar nach dem Urknall. Enthalten ist auch eine faszinierende Beschreibung der Entdeckung der Drei-Grad-Kelvin Strahlung im Mikrowellenbereich, die ein Nachhall des Urknalls ist.
12. Louise B. Young: *The Mystery of Matter*, New York 1965. Eine Anthologie von Schriften über die Struktur der Materie, die atomistische Theorie und die Frage, ob Materie unendlich teilbar ist.

Index

C

D

E

F

G

H

Q

R

S